高等职业教育“十三五”规划教材
高等职业教育机电类专业规划教材

S7-1200 PLC 技术及应用

姚晓宁　主编
钱晓忠　郭　琼　参编

電子工業出版社
Publishing House of Electronics Industry
北京 · BEIJING

内 容 简 介

随着企业信息化的需求和智能制造技术的推进，设备的互连互通及数据共享成为必要，S7-1200 PLC强大的控制功能和通信功能，适合中、小型项目的开发应用及控制层设备的互连互通，能很好地满足企业自动化和信息化的需求。本书以 S7-1200 PLC 为基础，详细讲解其软件系统、硬件结构，以及基本指令、工艺指令、通信指令等指令系统，并以实际应用案例及项目引导出相关知识点。通过实际项目的构建及运行呈现 PLC 控制系统设计与应用的全过程，全书注重知识的应用和解决实际问题能力的培养。最后一章介绍了 SCL 编程语言在复杂流程、数据处理等方面的使用。

本书在内容安排上强调 PLC 技术的实际应用，紧密结合控制技术的新发展和新应用，内容丰富，图文并茂，可作为高职高专院校电气类专业的教材，也可作为从事 PLC 控制系统设计与项目开发的技术人员的培训或参考资料。

图书在版编目（CIP）数据

S7-1200 PLC 技术及应用/姚晓宁主编.—北京：电子工业出版社，2018.8（2025.2重印）

ISBN 978-7-121-34523-4

Ⅰ. ①S… Ⅱ. ①姚… Ⅲ. ①PLC 技术—高等学校—教材 Ⅳ. ①TM571.61

中国版本图书馆 CIP 数据核字（2018）第 128576 号

策划编辑：朱怀永
责任编辑：朱怀永　　　　文字编辑：李　静
印　　刷：固安县铭成印刷有限公司
装　　订：固安县铭成印刷有限公司
出版发行：电子工业出版社
　　　　　北京市海淀区万寿路 173 信箱　邮编 100036
开　　本：787×1092　1/16　印张：15.25　字数：390.4 千字
版　　次：2018 年 8月第 1 版
印　　次：2025 年 2月第 8 次印刷
定　　价：39.80 元

凡所购买电子工业出版社图书有缺损问题，请向购买书店调换。若书店售缺，请与本社发行部联系，联系及邮购电话：（010）88254888，88258888。

质量投诉请发邮件至 zlts@phei.com.cn，盗版侵权举报请发邮件至 dbqq@phei.com.cn。

本书咨询联系方式：（010）88254608 或 zhy@phei.com.cn。

前　言

可编程序控制器（PLC）是一种以微型计算机为核心的通用工业控制器。从其产生到现在，其控制功能和应用领域不断拓展，实现由单体设备的简单逻辑控制到运动控制、过程控制及集散控制等各种复杂任务的跨越。现在的 PLC 在模拟量处理、数字运算、人机接口和工业控制网络等方面的应用能力都已大幅提高，成为工业控制领域的主流控制设备之一。

随着制造业向智能制造的转型发展和工业生产规模的不断扩大，企业信息化建设需求明显，过程控制日趋复杂，因此工业控制向综合自动化和信息化的方向发展。工业通信网络和系统集成技术，作为企业综合自动化和信息化的基础，是企业实现先进控制、过程优化、精益生产和高效管理的技术保证，对工业自动化领域的发展起到举足轻重的作用。

S7-1200 产品定位中、低端小型 PLC 市场，其硬件由紧凑模块化结构组成，系统 I/O 点数、内存容量均比 S7-200 PLC 多出 30%，且将最新的控制技术和通信技术应用其中。S7-1200 PLC 强大的控制功能和通信功能，适合中、小型项目的开发应用及与第三方设备通信的应用场合，能很好地满足当前企业自动化和信息化的需求，因此在市场上占据越来越多的份额。

本书是作者根据多年的工程经验和教学经验，结合 PLC 的发展和自动化技术的发展编写和整理的。全书共分为 8 章，围绕 S7-1200 PLC 介绍其软件系统、硬件结构、基本指令、通信指令及相关应用。第 1～3 章为基础篇，介绍了 PLC 的发展、基本原理和系统结构，以及 TIA Portal 编程软件；第 4～5 章主要介绍 S7-1200 PLC 的数据类型、程序结构及常用指令系统；第 6 章介绍 PLC 系统设计和实现的方法；第 7 章介绍 S7-1200 PLC 的通信知识，包括常用的 S7 通信、Modbus RTU 通信及 Modbus TCP 等协议指令及应用案例；第 8 章介绍 SCL 编程语言的特点、常用指令及应用案例。

本书在编写时考虑课程所涉及的知识点多、内容广等特点，以及高职高专学生的知识结构现状，结合应用实际，以案例分析和项目开发带动知识点学习，引导学生了解和学习与 PLC 系统相关的知识及应用，注重培养学生解决实际问题的能力。

本书内容选择合理、层次分明、结构清楚、图文并茂、面向应用，适合作为高职高专院校电气自动化、机电一体化、工业机器人技术等专业的教学用书，也可作为工程人员的培训教材或相关科研人员的参考用书。

本书由无锡职业技术学院姚晓宁老师任主编，郭琼、钱晓忠和刘志刚老师任参编。本书在编写过程中参考了大量书籍、文献和相关手册，在此向各位相关作者深表感谢；同时由于编者水平有限及技术的不断发展，难免有疏漏或不恰当之处，敬请读者批评指正。

编　者

2018 年 6 月

目　录

第 1 章　PLC 概述

1.1　PLC 的产生与发展

PLC 是可编程序控制器的简称，它是一种数字运算电子系统，是以微处理器为基础，综合计算机技术、自动控制技术和通信技术发展而来的一种新型工业控制装置。它具有结构简单、编程方便、可靠性高等优点，已广泛应用于工业过程的自动控制中。

PLC 的概念于 1968 年由美国最大的汽车制造商通用汽车公司（GM 公司）提出，其目的是适应生产工艺不断更新的需求，设计一种新型的工业控制器取代继电接触器控制装置，并要求把计算机控制的优点（功能完备，灵活性、通用性好）和继电接触器控制的优点（简单易懂、使用方便、价格便宜）结合起来，设想将继电接触器控制的硬接线逻辑转变为计算机的软件逻辑编程，且要求编程简单，使不熟悉计算机的人员也能很快掌握其使用技术。

1969 年，美国数字设备公司（DEC 公司）研制出第一台可编程序控制器，并在美国通用汽车公司的自动装配线上试用成功，取得满意的效果，可编程序控制器自此诞生。

可编程序控制器英文名为 Programmable Logic Controller，简称 PLC，但并不意味 PLC 只具有逻辑功能。它是一种新型、通用的自动控制装置，是“专为在工业环境下应用而设计”的计算机。这种工业计算机采用“面向用户的指令”，因此编程方便，能完成逻辑运算、顺序控制、运动控制、过程控制等功能，还具有“数字量或模拟量的输入/输出控制”等能力。

PLC 的定义有许多种，国际电工委员会（IEC）对 PLC 的定义：可编程序控制器是一种专为在工业环境下应用而设计的数字运算操作的电子装置。它采用可编程序的存储器，用于在其内部存储执行逻辑运算、顺序控制、定时、计数和算术运算等操作的指令，并通过数字的或模拟的输入和输出，控制各种类型的机械或生产过程。可编程序控制器及其有关的外围设备，都应按易于与工业控制系统形成一个整体、易于扩展其功能的原则设计。

PLC 自问世以来，经过几十年的快速发展，其功能越来越强大，应用范围也越来越广泛，现已形成了完整的产品系列，强大的软、硬件功能已接近或达到计算机功能。目前，世界著名的电气自动化生产厂家几乎都生产 PLC，产品种类繁多。PLC 产品在工业控制领域中无处不见，并扩展到楼宇自动化、家庭自动化、商业、公共事业、测试设备和农业等领域。

但，目前 PLC 的应用主要集中在自动化领域，不同的企业对自动化程度的要求不相同。不仅需要发展适合大、中型企业的高水准的 PLC 网络系统，而且也要发展适合小型企业、性价比高的小型 PLC 控制系统。所以 PLC 控制系统将朝着两个方向发展：一是向小型化、微型化方向发展；二是向大型化、网络化、高性能、多功能、智能化方向发展，使之能与计算机组成分布式控制系统，实现大规模、复杂系统的数据共享和综合控制。

PLC 具有通用性强、使用方便、适应面广、可靠性高、抗干扰能力强和编程简单等特点，已成为当前工业自动化领域使用量最多的控制设备，并跃居工业自动化三大支柱（PLC、机器人和 CAD/CAM）的首位。

1.2 PLC 的特点与应用

1．PLC 的特点

（1）抗干扰能力强、可靠性高

在工业现场存在电磁干扰、电源波动、机械振动、温度和湿度的变化等因素，这些因素都会影响计算机的正常工作。而 PLC 从硬件和软件两个方面都采取了一系列的抗干扰措施，使其能够安全、可靠地工作在恶劣的工业环境中。

在硬件方面，PLC 采用大规模和超大规模的集成电路，采用隔离、滤波、屏蔽、接地等抗干扰措施，并采取耐热、防潮、防尘、抗震等措施；在软件上，PLC 采用周期扫描工作方式，减少由于外界环境干扰引起的故障，系统程序中设有故障检测和自诊断程序，能对系统硬件电路等故障实现检测和判断，并采用数字滤波等抗干扰和故障诊断措施。以上这些使 PLC 具有较高的抗干扰能力和可靠性。

（2）接口丰富、使用方便

PLC 针对不同的工业现场信号，如交流或直流、开关量或模拟量等，提供相应的 I/O 模块进行连接；为提高操作性能，它还有多种人机对话的接口模块；针对工业网络构建，它还有多种通信联网的接口模块等。通过丰富的接口模块，可以快速、方便地组建功能多样的控制系统。

同时，PLC 可以在各种工业环境下直接运行，使用时只需将现场的各种设备与 PLC 相应的 I/O 端口相连即可投入运行。各种模块均有运行和故障指示装置，便于用户了解运行情况和查找故障。由于采用模块化结构，因此一旦某模块发生故障，用户可以通过更换模块的方法使系统迅速恢复运行。

（3）编程方式灵活、简单易学

PLC 的编程语言目前有梯形图（LAD）、指令表（IL）、顺序功能图（SFC）、功能块图（FBD）和结构化控制语言（SCL）5 种，其中梯形图、顺序功能图、功能块图是图形化编程语言，指令表、结构化文本是文字语言，用户可根据 PLC 支持的语言类型和个人掌握知识灵活选择。尤其是编程语言中的梯形图，它是从继电接触器电路图直接演变过来的，也是 PLC 使用最多的一种编程语言，这种编程语言形象直观、上手容易、编程方便，技术人员无须深入学习即可掌握使用。

（4）功能强大、通用性好

PLC 内部有大量可供用户使用的编程元件，具有很强的功能，可以实现非常复杂的控制功能。另外，PLC 的产品已经标准化、系列化、模块化，配备品种齐全的各种硬件装置供用户使用，用户能灵活方便地进行系统配置，组成不同功能、不同规模的控制系统。

2．PLC 的应用

随着 PLC 技术的发展，PLC 的应用领域已经从最初的单机、逻辑控制，发展到能够联网的、功能丰富的控制。目前，PLC 已广泛应用于钢铁、石油、化工、电力、建材、机械制造、汽车、轻纺、交通运输、环保及文化娱乐等各个行业。

（1）逻辑控制

通过开关量“与”“或”“非”等逻辑指令的组合，以取代传统的继电接触器控制电路，实现逻辑控制、定时控制与顺序控制，既可用于单台设备的控制，也可用于多机群控及自动化流水线控制。这也是 PLC 最基本、最广泛的应用领域和最初能完成的基本功能，例如，印刷机、注塑机、机床、电镀流水线和电梯等的控制。

（2）运动控制

运动控制通常采用数字控制技术（NC），这是 20 世纪 50 年代诞生于美国的基于计算机的控制技术。目前，先进国家的金属切削机床，数控化的比率已达 40%～80%。PLC 可通过高速脉冲输出和脉冲接收功能，配合强大的数据处理及运算能力，通过 NC 技术实现各种运动控制功能。

PLC 可以使用专用的运动控制模块，对步进电机或伺服电机的单轴或多轴的位置进行控制。PLC 把描述位置的数据传送给模块，其输出信号驱动设备移动一轴或多轴到目标位置。每个轴移动时，位置控制模块保持适当的速度和加速度，确保运动平滑，如各种机械、机床、机器人和电梯等场合。

（3）过程控制

过程控制是指对温度、压力、流量等模拟量的控制。对于温度、压力、流量等模拟量，PLC 提供了配套的模数（A/D）和数模（D/A）转换模块，使 PLC 可以很方便地处理这些模拟量。作为工业控制计算机，PLC 能编制各种各样的控制算法程序，可以很方便地进行闭环控制，从而实现较高精度的过程控制。PID 调节是一般闭环控制系统中用得较多的调节方法，大、中型 PLC 都有 PID 模块，目前许多小型 PLC 也具有此功能模块。PID 处理模块一般是运行专用的 PID 子程序。过程控制在冶金、化工、热处理、锅炉控制等场合都有非常广泛的应用。

（4）联网和通信功能

PLC 具有很强的联网和通信能力，PLC 能与计算机、智能仪表、智能执行装置联成网络，适应了当今计算机集成制造系统（CIMS）及智能化工厂发展的需要。使设备级的控制、生产线的控制、工厂管理层的控制连成一个整体，形成控制自动化与管理自动化的有机集成，从而创造更高的企业效益。

1.3 PLC 的分类与主要产品

1．PLC 的分类

PLC 可以按以下两种方法分类。

（1）按 PLC 的点数分类

根据 PLC 可扩展的输入/输出点数，可以将 PLC 分为小型、中型和大型。小型 PLC 的输入/输出点数在 256 点以下，适合于单机控制或小型系统的控制；中型 PLC 的输入/输出点数为 256～2048 个点，控制功能比较丰富，可控制较为复杂的连续生产过程，还可以对多个下一级的可编程序控制器进行监控，它适合中型或大型控制系统；大型 PLC 的输入/输出点数在 2048 点以上，不仅能完成较复杂的算术运算还能进行复杂的矩阵运算，可用于对设备进行直接控制，还可以对多个下一级的可编程序控制器进行监控。

（2）按 PLC 的结构分类

按 PLC 的结构分类，PLC 可分为整体式和模块式。整体式 PLC 将电源、CPU、存储器、I/O 系统都集中在一个小箱体内，小型 PLC 多为整体式 PLC，如图 1-1 所示；模块式 PLC 按功能分成若干模块，如电源模块、CPU 模块、输入模块、输出模块、连接模块等，再根据系统要求，组合不同的模块，形成不同用途的 PLC 系统，大、中型的 PLC 多为模块式 PLC，如图 1-2 所示。

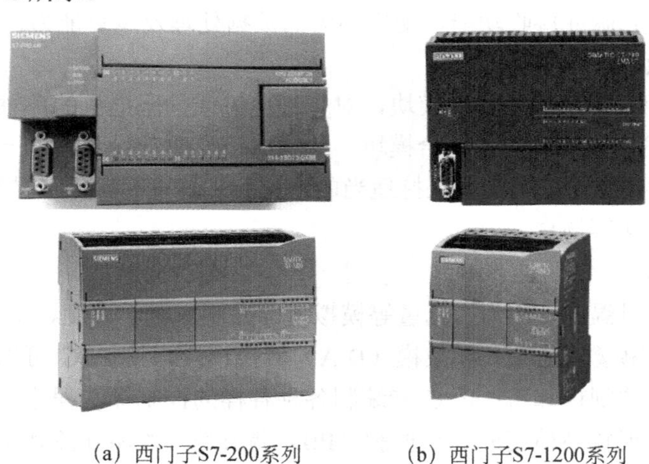

（a）西门子S7-200系列　（b）西门子S7-1200系列

图 1-1　整体式 PLC

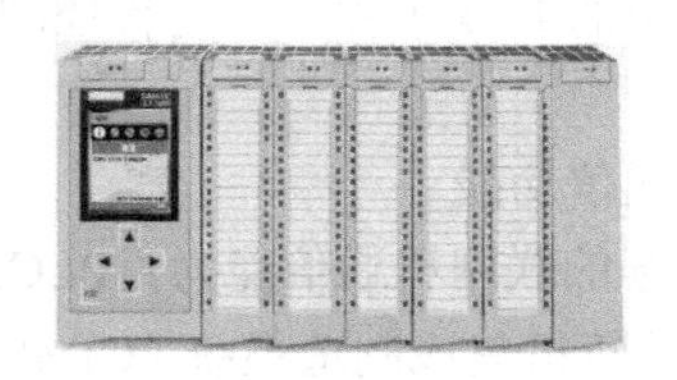

（a）西门子S7-300系列　（b）西门子S7-1500系列

图 1-2　模块式 PLC

2．PLC的主要产品

目前，全球PLC产品生产厂家有200多家，比较著名的有美国的AB、通用（GE）；日本的三菱（MITSBISHI）、欧姆龙（OMRON）、富士电机（FUJI）、松下电工；德国的西门子（SIEMENS）；法国的TE（Telemecanique）、施耐德（SCHNEIDER）；韩国的三星（SUMSUNG）与LG等。

我国PLC产品研制、生产和应用发展也很快。20世纪70年代末和80年代初，我国引进了不少国外的PLC成套设备。此后，在传统设备改造和新设备设计中，PLC的应用逐年增多，并取得显著的经济效益。我国从20世纪90年代开始生产PLC，也拥有较多的PLC品牌，如台湾永宏、台达，深圳汇川、无锡信捷等。目前应用较广的PLC生产厂家及主要产品见表1-1。

表1-1 目前应用较广的PLC生产厂家及主要产品

国家	公司	产品型号
美国	通用GE	90-30、90-70、VersaMax、PACSystems
日本	三菱MITSUBISHI	FX_{2N}、FX_{3U}、FX_{5U}、A系列、Q系列
德国	西门子SIEMENS	S7-200 SMART、S7-1200、S7-300、S7-400、S7-1500
法国	施耐德SCHNEIDER	M258、M340、Premium、Quantumn
中国	深圳汇川	H2U、H3U、AM600、AM610
中国	无锡信捷	XC系列、XD2、XD3、XD5、XDM

1.4 PLC的基本结构及工作原理

1.4.1 PLC的基本结构

各种PLC的组成结构基本相同，主要由CPU、电源、存储器和输入/输出接口单元等组成。PLC的基本结构如图1-3所示。

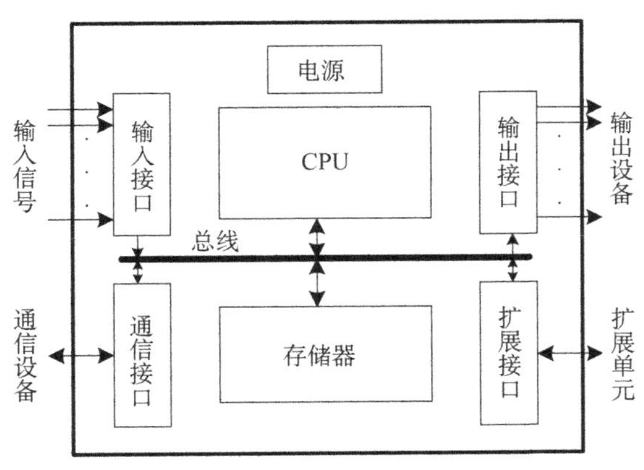

图1-3 PLC的基本结构

1．中央处理单元（CPU）

中央处理器单元（CPU）是 PLC 的核心部件，一般由控制器、运算器和寄存器组成。CPU 通过地址总线、数据总线、控制总线与存储单元、输入/输出接口、通信接口、扩展接口相连。它不断地采集输入信号，执行用户程序，刷新系统的输出。

2．存储器

PLC 的存储器包括系统存储器和用户存储器两种。系统存储器用于存放 PLC 厂家编写的系统程序，用于开机自检、程序解释等功能，用户不能访问和修改，一般固化在只读存储器 ROM 中；用户存储器用于存放 PLC 的用户程序，设计和调试时需要不断修改，一般存放在读写存储器 RAM 中。如用户调试的程序需要长期使用，也可选择将其写入可电擦除的 E^2PROM 存储卡中，实现长期保存。

3．输入/输出（I/O）接口单元

PLC 的输入/输出（I/O）接口单元是 CPU 与外部设备连接的桥梁，通过 I/O 接口，PLC 可实现对工业设备或生产过程的参数检测和过程控制。PLC 的输入接口电路的作用是将按钮、行程开关或传感器等产生的信号送入 CPU；PLC 的输出接口电路的作用是将 CPU 向外输出的信号转换成可以驱动外部执行元件的信号，以便控制线圈、指示灯、电控阀等外部器件。PLC 的输入/输出接口电路一般采用光电耦合隔离技术，可以有效保护内部电路。

（1）输入接口电路

PLC 的输入接口电路可分为直流输入电路和交流输入电路。直流输入电路的延迟时间比较短，可以直接与接近开关、光电开关等电子输入装置连接；交流输入电路适合在油雾、粉尘等恶劣环境下使用。

直流输入电路如图 1-4 所示，图中只画出了 PLC 其中一路的直流输入电路，方框内为 PLC 输入的内部电路，方框外为 PLC 的外部信号输入电路。当外部开关接通时，输入信号为“1”，直流 24V 电压经限流电阻、RC 滤波电路和光电耦合电路后传送到 PLC 内部。

交流输入电路与直流输入电路类似，外接的输入电源为 220V 交流电源。

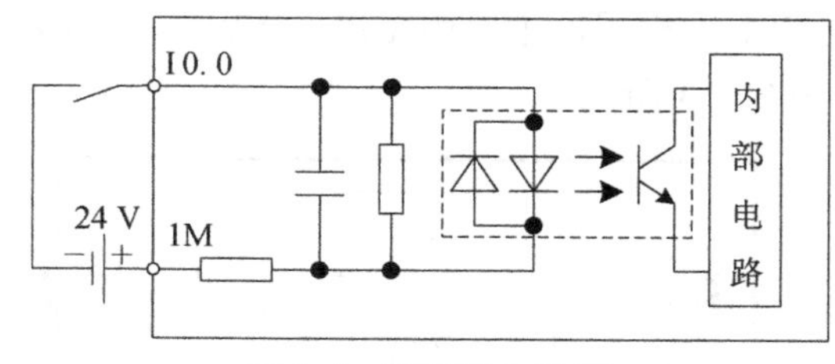

图 1-4　直流输入电路

（2）输出接口电路

输出接口电路通常有 3 种类型：继电接触器输出、晶体管输出和晶闸管输出。

继电接触器输出的优点是电压范围宽、导通压降小、价格便宜，既可以控制直流负载，也可以控制交流负载；缺点是触点寿命短，转换频率低。

晶体管输出的优点是寿命长、无噪声、可靠性高、转换速度快，可驱动直流负载；缺点是价格高，过载能力较差。

晶闸管输出的优点是寿命长、无噪声、可靠性高，可驱动交流负载；缺点是价格高，过载能力较差。

继电接触器输出电路如图 1-5 所示，图中只画出了 PLC 其中一路的继电接触器输出电路，方框内为 PLC 输出接口内部电路，方框外为 PLC 的外部负载控制电路。当输出为“1”时，接通内部继电接触器线圈 J，触点闭合，从而控制外部电路导通，负载动作。

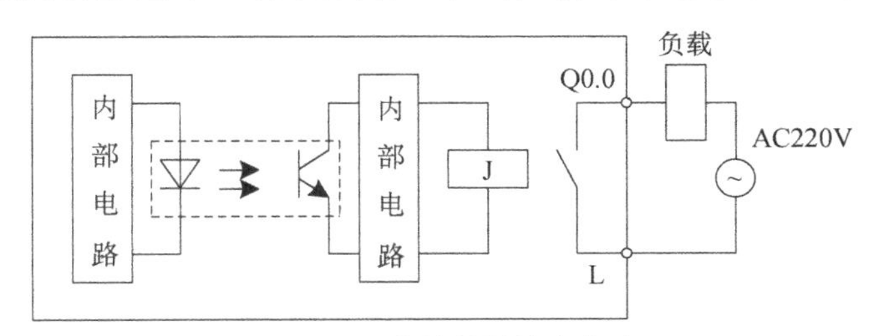

图 1-5 继电接触器输出电路

晶体管输出、晶闸管输出和继电接触器输出的电路类似，只是用晶体管或晶闸管代替继电接触器控制外部负载。

4．扩展接口和通信接口

PLC 的扩展接口的作用是将扩展模块与基本单元相连，使 PLC 的配置更加灵活，控制功能更为丰富，以满足不同控制系统的需要；通信接口的功能是通过这些通信接口可以和人机界面（HMI）、驱动器、其他的 PLC 或计算机相连，从而实现“人—机”或“机—机”之间的对话。

5．电源

PLC 一般使用外部 220V 交流电源或 24V 直流电源驱动，PLC 的内部电源为中央处理器 CPU、存储器等电路提供 5V、12V、24V 的直流电源。

1.4.2 PLC 的工作原理

PLC 有两种工作方式，即 RUN（运行）和 STOP（停止）。在 RUN 方式中，CPU 执行用户程序，并输出运算结果；在 STOP 方式中，CPU 不执行用户程序，但可将用户程序和硬件配置信息下载到 PLC 中。

PLC 控制系统与继电接触器控制系统在运行方式上存在本质的区别。继电接触器控制系统采用“并行运行”方式，各条支路同时上电，当一个继电接触器的线圈通电或者断电，该继电接触器的所有触点都会立即同时动作；而 PLC 采用“周期循环扫描”工作方式，CPU 通过逐行扫描并执行用户程序，即如果一个逻辑线圈接通或断开，该线圈的所有触点并不会立即动作，必须等到扫描执行该触点时才会动作。

一般来说，当 PLC 运行后，其工作过程可分为输入采样阶段、程序执行阶段和输出刷新阶段。完成上述三个阶段即称为一个扫描周期。

在整个运行期间，PLC 的 CPU 以一定的扫描速度重复执行上述三个阶段。PLC 的周期扫描工作过程如图 1-6 所示。在图 1-6 中，输入映像寄存器是指在 PLC 的存储器中设置一块用来存放输入信号的存储区域，而输出映像寄存器是用来存放输出信号的存储区域；元件映像存储器是包括输入映像寄存器和输出映像寄存器在内的所有PLC梯形图中的编程元件的映像存储区域的统称。

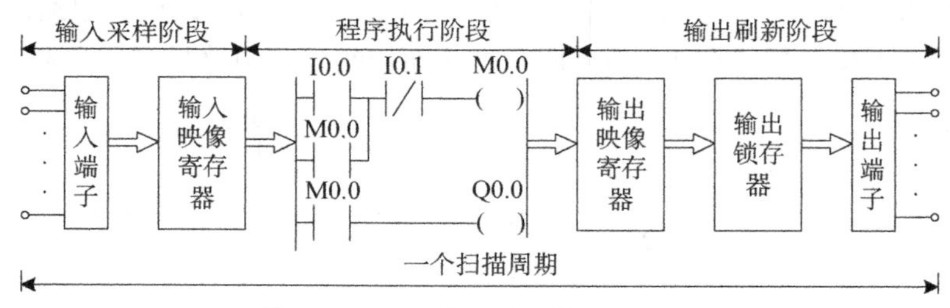

图 1-6　PLC 的周期扫描工作过程

1．输入采样阶段

PLC 将各输入状态存入对应的输入映像寄存器中，此时，输入映像寄存器被刷新，接着进入程序执行阶段。在程序执行阶段或输出刷新阶段，输入元件映像寄存器与外界隔绝，无论输入端子信号怎么变化，其内容保持不变，直到下一个扫描周期的输入采样阶段才将输入端子的新内容重新写入。

2．程序执行阶段

PLC 根据最新读入的输入信号，以先左后右、先上后下的顺序逐行扫描，执行一次程序，结果存入输出映像寄存器中。对于输出元件映像寄存器，每个元件（除输入映像寄存器外）的状态会随着程序的执行而变化。

3．输出刷新阶段

在所有指令执行完毕后，输出映像寄存器中所有输出继电接触器的状态（“1”或“0”）在输出刷新阶段统一转存到输出锁存器中，并通过输出端子输出以驱动外部负载。

1.4.3　PLC 控制系统与继电接触器控制系统的比较

继电接触器控制系统是采用硬件和接线实现的，它通过选择合适的分立元件（接触器、主令电器、各类继电接触器等），按照控制要求采用导线将触点相互连接，从而形成并实现既定的逻辑控制；如控制要求改变，硬件构成及接线都需进行相应地调整。

而 PLC 控制系统采用程序存储器控制，其控制逻辑以程序方式存储在内存中，系统要完成的控制任务是通过执行存放在存储器中的程序实现的；如控制要求改变，硬件电路连接可不用调整或简单改动，主要通过程序调整实现，这种方式也称“软接线”。

星-三角降压启动继电接触器控制方式如图 1-7 所示，主电路、控制电路由导线相互连接分立元件的各端子构成，其控制逻辑包含在控制电路中，通过连线体现。

星-三角降压启动 PLC 控制方式如图 1-8 所示，其主电路不变，控制电路由 PLC 接线图和程序两部分实现；而控制逻辑通过软件，即编写相应程序实现。

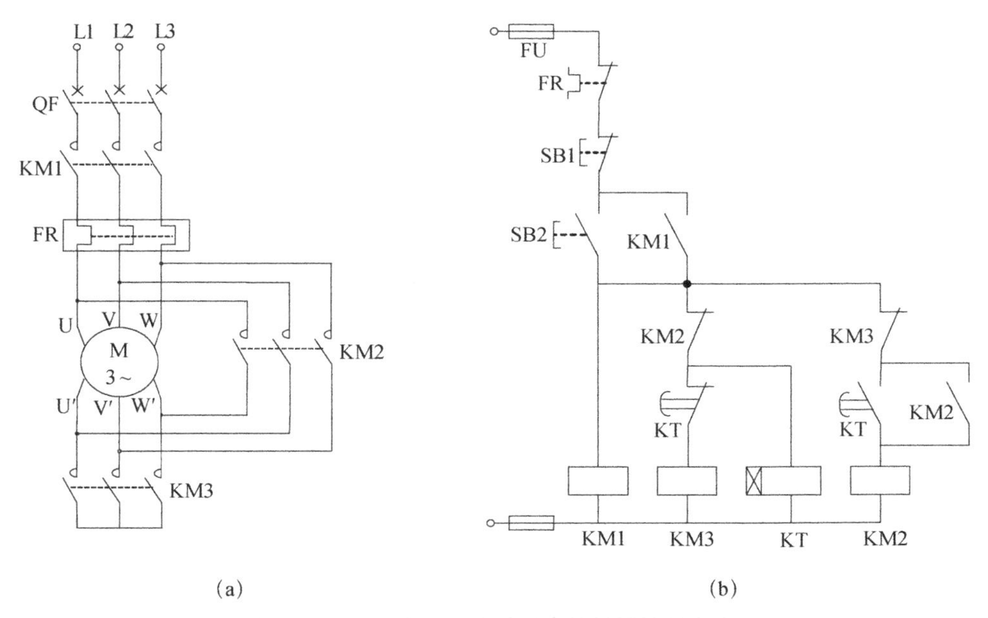

(a)　　(b)

图 1-7　星–三角降压启动继电接触器控制方式

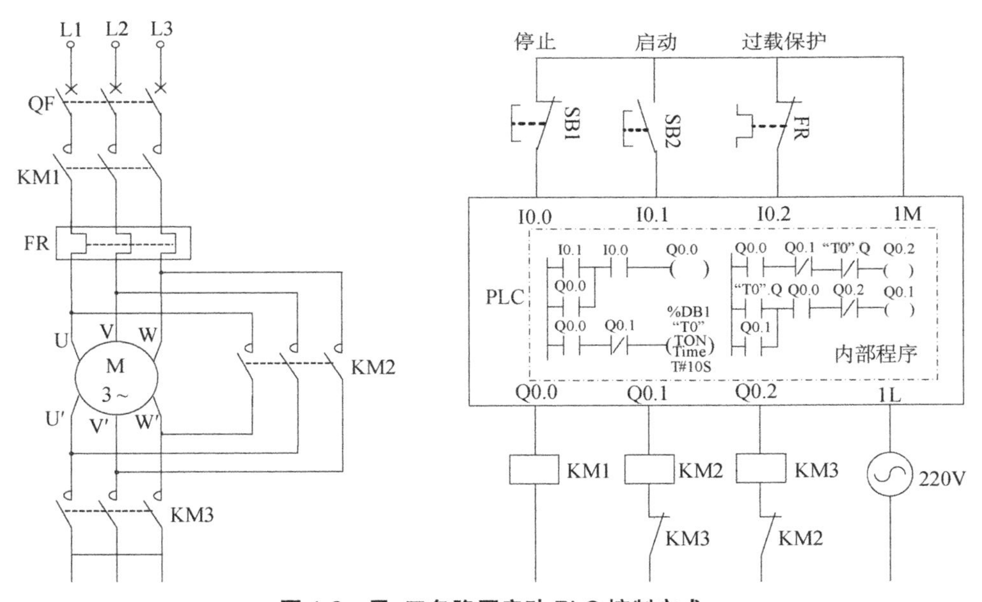

图 1-8　星–三角降压启动 PLC 控制方式

比较 PLC 控制与继电接触器控制两种控制方式。

① PLC 控制系统与继电接触器控制系统的输入、输出部分基本相同，输入部分都是由按钮、开关、传感器等组成的；输出部分都是由接触器、执行器、电磁阀等部件构成的。

② PLC 控制采用软件编程取代继电接触器控制系统中大量的中间继电接触器、时间继电接触器、计数器等器件，使控制系统体积、安装、接线工作量大大减少，可以有效减少系统维修工作量和提高工作可靠性。

③ PLC 控制系统不仅可以替代继电接触器控制系统，而且当生产工艺、控制要求发生

简单调整时，不需要重新连线，只需要相应修改程序或配合程序对硬件接线做很少的变动就可以。

④ PLC 控制系统除了具有传统继电接触器控制系统所具有的功能外，还具有模拟量控制、高速计数、开环或闭环过程控制及通信联网等功能。

习题 1

1. PLC 产生的背景是什么？

2. PLC 具有哪些特点？主要应用在哪些方面？

3. PLC 与工业 PC 机的主要区别有哪些？

4. PLC 按 I/O 点数可分为哪几类？各自适合于什么系统控制？

5. 整体式 PLC 与模块式 PLC 各有什么特点？

6. PLC 主要由____________、____________、____________和____________组成。

7. PLC 按硬件结构分为____________和____________两种。

8. PLC 输出接口电路一般有____________、____________和____________等类型，其中____________既可驱动交流负载又可驱动直流负载。

9. PLC 常用的存储器有____________、____________、____________。其中__________和____________用来存放用户程序，____________用来存放系统程序。

10. 简述 PLC 的扫描工作过程。

11. PLC 控制系统与继电接触器控制系统在运行方式上有何不同？

第2章 S7-1200 PLC的认识

2.1 S7-1200 PLC 产品

1. 西门子 S7 系列 PLC 产品

西门子 S7 系列 PLC 产品目前有 S7-200、S7-200 smart、S7-1200、S7-300、S7-400、S7-1500 等。

原产品系列包括 S7-200、S7-200 smart、S7-300、S7-400，其中 S7-200、S7-200 smart 产品为小型 PLC，采用 STEP7-Micro/Win 软件编程，无须设备组态，西门子目前已停产除中国 S7-200 CN 以外的 S7-200 生产线；S7-300 和 S7-400 为中、大型 PLC，采用 STEP7 编程软件，需进行设备组态。

S7-1200、S7-1500 是西门子公司推出的新一代 PLC 产品，是 SIMATIC PLC 产品家族中的旗舰产品。S7-1200 适用于中、小型控制系统的集成及应用，而 S7-1500 则为中、高端自动化控制任务量身定制，适合较复杂的控制。S7-1200、S7-1500 PLC 的组态、编程，采用西门子全集成自动化的理念，将控制器、HMI、驱动等完美地集成到一个统一的平台——TIA Portal 软件。

TIA（Totally Integrated Automation，全集成自动化），是西门子公司提出的一种全新的系统优化架构，其基于西门子丰富的产品系列和优化的自动化系统，遵循工业自动化领域的国际标准，着眼于满足先进自动化理念的所有需求，为各行业提供整体的自动化解决方案。

目前，S7 系列中，除 S7-200 外，S7-1200、S7-300、S7-400、S7-1500 的 PLC 产品都可在 TIA Portal 软件中进行项目的开发、编程、集成和仿真，可以在同一开发环境下组态开发 PLC、人机界面（WinCC）和驱动系统等，并可通过仿真软件（S7-PLCSIM）进行项目的离线仿真、监控和调试。统一的数据库使各个系统之间轻松、快速地进行互连互通，真正达到控制系统的全集成自动化。

2. S7-1200 PLC 的产品特性

S7-1200 PLC 作为西门子公司推出的新一代小型 PLC，其将微处理器、集成电源、输入和输出电路、高速运动控制 I/O，以及板载模拟量组合到一个设计紧凑的外壳中以形成功能强大的控制器，且为用户提供丰富的编程指令，可用于控制更为多样的自动化设备。CPU 集成的 PROFINET 接口，可用于编程，或与 PC、HMI 面板或其他 CPU 通信，该接口提供

10/100Mbit/s 的数据传输速率，支持 TCP/IP、ISO-on-TCP 协议和 S7 通信。

S7-1200 产品定位小型 PLC，与 S7-200 相比，无论从现场安装、接线及编程方式的灵活性方面，还是从通信功能、系统诊断和柔性控制方面，都有显著的提高和创新，更加适合中、小型项目的开发、应用及与第三方设备通信场合。其硬件结构由紧凑模块化结构组成，系统 I/O 点数、内存容量均比 S7-200 PLC 多出 30%，充分满足市场针对小型 PLC 的需求。

S7-1200 PLC 系统包括 PLC 模块及可选的信号板、通信板、电池板、信号模块、通信模块及工艺模块等。其特性简要介绍如下。

（1）模块紧凑

S7-1200 PLC 延续了 S7-200 PLC 的紧凑结构。CPU1214C 的宽度仅有 110mm，CPU 1212C 和 CPU 1211C 的宽度也仅有 90mm；通信模块和信号模块的体积也十分小，使得这个紧凑的模块化系统大大节省了空间，从而在安装过程中具有更高的灵活性。

另外，S7-1200 PLC 在本体上设计了插入式扩展板接口，通过选择不同的信号板或通信板，可以方便地补充 I/O 点数、AI/AO 通道和通信通道，以解决工程中可能出现的 DI/DO 和 AI/AO 不够用的实际问题及扩展 PLC 的通信功能。

（2）控制功能强大

系统最多集成 6 个高速计数器（3 个 100kHz、3 个 30kHz），用于计数和测量；系统最多集成 4 个 100kHz 的高速脉冲输出，用于步进电机和伺服驱动器的速度和位置控制等；系统支持多达 16 路 PID 控制回路，支持 PID 自整定，提供自整定调谐面板等功能。

（3）编程资源丰富

S7-1200 PLC 编程方式类似于 S7-300 和 S7-400。例如，提供 OB 组织块、FB 功能块、FC 功能、DB 数据块等编程资源。

目前，市面上很少会有低端 PLC 的编程语言能够支持复杂的数据结构（如数组、结构等），一般都采用扁平数据类型，如 BOOL/INT/WOED/DWORD/REAL 等数据类型；但 S7-1200 PLC 继承了 S7-300 和 S7-400 中、高端 PLC 所具备的支持数组、结构等复杂数据结构的特性。

在西门子的 S7-200、S7-300、S7-400 PLC 中，编程指令根据数据类型进行分类，例如，整数的加、减、乘、除，实数的加、减、乘、除等；而在 S7-1200 编程时不区分数据类型，只是调用功能块，在使用功能块时用户再根据需求选择或改变相应的数据类型。

（4）通信方式多样灵活

S7-1200 PLC 集成 PROFINET 接口，符合自动化推崇工业以太网通信的趋势，可用于编程、HMI 连接及 CPU 与 CPU 的通信；与第三方设备通信一直都是许多自动化产品的软肋，而 S7-1200 配备 CM 1241 模块，支持 RS232/422/485 通信，并提供丰富多样的通信功能块指令配置通信参数，以供用户选择和使用；提供丰富的处理字符的扩展指令，从而增强 S7-1200 PLC 对通信中 ASCII 字符处理的能力，扩大 S7-1200 PLC 与第三方通信的范围。

（5）高效的开发环境

S7-1200 PLC 已集成到 TIA Portal 开发平台中，使项目的组态、编程、调试及新功能的使用更加方便。由于 TIA Portal 软件已整合了控制器、人机界面、驱动器件、PC、交换机等，通过使用一个共享的数据库，使各种复杂的软件和硬件功能可以高效配合，完成各种自动化任务。全集成自动化软件的使用，可以让用户在自动化系统的组态、编程上节省大量的时间和精力，从而关注工艺改进和设备研发，提高生产效率，加快项目开发进度。

2.2　S7-1200 PLC 的硬件结构

PLC 模块（以下统称 CPU 模块）是 PLC 系统的基本单元，包括电源、CPU、输入/输出（I/O）点和存储器等，是 PLC 控制系统的基本组成部分。它实际上也是一个完整的控制系统，可以独立完成一定的控制任务。

S7-1200 CPU 模块有 5 种类型，分别是 CPU 1211C、CPU 1212C、CPU 1214C、CPU 1215C 及 CPU 1217C，CPU 模块技术规范见表 2-1。每种 CPU 又可分为 3 种版本，CPU 版本特性见表 2-2。

表 2-1　CPU 模块技术规范

型号 特征		CPU 1211C	CPU 1212C	CPU 1214C	CPU 1215C	CPU 1217C
物理尺寸（mm）		90×100×75		110×100×75	130×100×75	150×100×75
用户存储器	装载	1MB	2MB	4MB		
	工作	50KB	75KB	100 KB	125 KB	150 KB
	保持性	10KB				
本机数字量 I/O		6I/4Q	8I/6Q	14I/10Q		
本机模拟量 AI/AQ		2AI			2AI/2AO	
过程映像大小		输入（I）/输出（Q）：1024/1024（B）				
位存储器（M）		4096（B）		8192（B）		
扩展模块		—	2	8		
信号板（SB）、电池板（BB）或通信板（CB）		1				
通信模块		3				
高速计数器	数量	最多可组态 6 个使用任意内置或 SB 输入的高速计数器				
	1MHz	—				Ib.2～Ib.5
	100kHz	Ia.0～Ia.5				
	30kHz	—	Ia.6～Ia.7	Ia.6～Ib.5		Ia.6～Ib.1
	200kHz	与 SB1221 DI×24V DC 200kHz 和 SB1221 DI 4×5V DC 200kHz 一起使用时最高可达 200kHz				

续表

型号 特征		CPU 1211C	CPU 1212C	CPU 1214C	CPU 1215C	CPU 1217C
脉冲输出	数量	最多可组态 4 个使用任意内置或 SB 输出的脉冲输出				
	1MHz	—				Qa.0～Qa.3
	100kHz	Qa.0～Qa.3				Qa.4～Qb.1
	20kHz	—	Qa.4～Qa.5	Qa.4～Qb.1		—
	备注	继电接触器输出的 CPU 模块必须安装数字信号板（SB）才能使用脉冲输出				
数据日志	数量	每次最多打开 8 个				
	大小	每个数据日志为 500MB 或受最大可用装载存储器容量限制				
存储卡（选件）		有				
实时时钟保持时间		通常为 20 天，40℃时至少 12 天（免维护超级电容）				
PROFINET 接口		1			2	
实数的数学运算执行速度		2.3μs/指令				
布尔运算的执行速度		0.08μs/指令				

表 2-2　CPU 版本特性

版本（A/B/C）	电源电压（A）	输入回路电压（B）	输出回路电压（C）
DC/DC/DC	DC 24V	DC 24V	晶体管输出 DC 24V
DC/DC/Relay	DC 24V	DC 24V	继电接触器输出 DC 5～30V 或 AC 5～250V
AC/DC/Relay	AC 85～264V	DC 24V	继电接触器输出 DC 5～30V 或 AC 5～250V

S7-1200 CPU 模块外形结构如图 2-1 所示。CPU 模块可以通过采用扩展信号板或扩展模块等方式扩充输入/输出点数及功能。CPU 模块共有性能说明如下。

① 集成的 24V 传感器电源输出可供传感器和编码器使用，也可用作输入回路的电源。

② 集成的 2 点模拟量输入信号范围为 0～10V，精度为 10 位，输入电阻≥100kΩ。

③ 高速脉冲输出仅限于 DC 输出型，最多可组态 4 个高速脉冲发生器。

④ 信号板的扩展位置（信号板插槽）如图 2-1 所示，拆装信号板如图 2-2 所示。通过信号板向控制器添加数字量或模拟量输入/输出，而不必改变其体积。

S7-1200 PLC 除了提供信号板扩展 CPU 的能力外，还提供各种信号模块（SM）给 CPU 增加附加功能，也可以安装附加的通信模块（CM）以支持其他通信协议，PLC 系统如图 2-3 所示。PLC 最多可以扩展 3 块通信模块和 8 块信号模块。通信模块连接在 CPU 的左侧，信号模块连接在 CPU 的右侧。通信模块（CM）技术规范见表 2-3。信号模块（SM）技术规范见表 2-4。信号板（SB）技术规范见表 2-5。

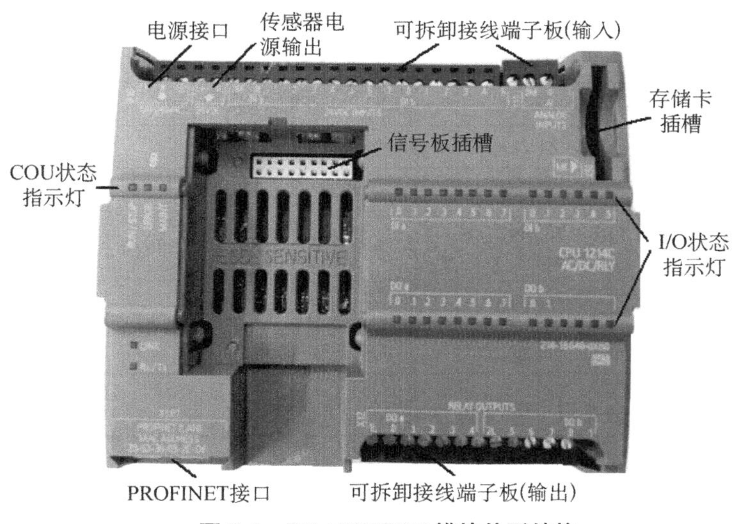

图 2-1 S7-1200CPU 模块外形结构

图 2-2 拆装信号板

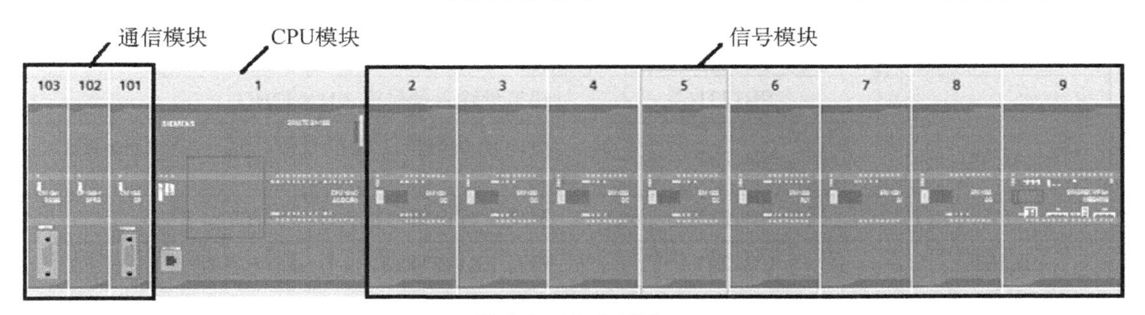

图 2-3 PLC 系统

表 2-3 通信模块（CM）技术规范

模块分类	模块名称	模块作用
Industrial Remote Communication	CP1242-7	接入 GSM/GPRS 网络
	CP1243-1 DNP3	通过 DPN3 协议将 PLC 接入控制中心
	CP1243-1 IEC	通过 IEC 协议将 PLC 接入控制中心
PROFIBUS	CM1242-5	PLC 作为 PROFIBUS DP 从站
	CM1243-5	PLC 作为 PROFIBUS DP 主站
点到点	CM1241（RS232）	带有 RS232 接口的通信模块
	CM1241（RS485）	带有 RS485 接口的通信模块
	CM1241（RS422/485）	带有 RS422/485 接口的通信模块
标志系统	RF120C	带有 RS422 接口，用于识别标签的通信模块
AS-i 接口	CM1243-2	用于 AS 接口的通信模块，支持 AS-i 规范

表 2-4 信号模块（SM）技术规范

模块类别	输入模块	输出模块	混合模块
数字量模块	DI 8×24VDC	DQ 8×24VDC	DI 8/DQ 8×24VDC
		DQ 8×Relay	DI 8×24VDC/DQ 8×Relay
	DI 16×24VDC	DQ 16×24VDC	DI 16/DQ 16×24VDC
		DQ 16×Relay	DI 16×24VDC/DQ 16×Relay
		DQ 8×NO/NC Relay	DI 8×120VAC/DQ 8×Relay
模拟量模块	4 路模拟量输入	2 路模拟量输出	4 路模拟量输入/2 路模拟量输出
	8 路模拟量输入	4 路模拟量输出	

表 2-5 信号板（SB）技术规范

模块分类	模块名称	模块作用
DI/DQ	SB1221	数字量输入信号板 DI4
	SB1222	数字量输出信号板 DQ4
	SB1223	数字量输入/输出信号板 DI2/DQ2
AI/AQ	SB1231	模拟量输入信号板 AI1×12BIT
	SB1231	热电耦和热电阻模拟量输入信号板 AI1×RTD、AI1×TC
	SB1232	模拟量输出信号板 AQ1×12BIT
通信板	CB1241	带有 RS485 接口，9 针 D-sub 插座

2.3 CPU 存储器

由表 2-1 可见，CPU 提供了 3 种用于存储用户程序、数据和组态的存储区。

1．装载存储器

装载存储器是一个非易失性存储区，用于存储用户程序、数据和工艺对象、硬件配置等组态信息。将项目下载到 CPU 后，CPU 会先将组态信息、程序存储在装载存储区中。该存储区位于存储卡（如存在）或 CPU 中，CPU 能够在断电后继续保持该非易失性存储区，存储卡支持的存储空间比 CPU 内置的存储空间更大。

2．工作存储器

工作存储器是一个易失性存储器，用于在执行用户程序时存储用户程序代码和数据块。工作存储区集成在 CPU 中，不能进行扩展。程序运行时，CPU 会将一些项目内容从装载存储器复制到工作存储器中，该易失性存储区的数据在断电后将会丢失，而在恢复供电时由 CPU 恢复。

3．保持性存储器

保持性存储器也是非易失性存储器，在系统出现电源故障或者断电时，可以保存有限数量的数据。这些数据必须预先定义为具有保持功能，如整个 DB 块、DB 块中的部分数据、位存储器 M 区、定时器和计数器等。断电过程中，CPU 使用保持性存储器存储所选用户存储单元的值。如果发生断电或掉电，CPU 将在上电时恢复这些保持性值。例如，用户根据情况可设置位存储器（M）的保持性存储器的大小。

2.4　S7-1200 PLC 的外部接线

PLC 控制系统的设计中，虽然接线工作量较继电接触器控制系统的比重减小，但它是编程设计工作的基础。只有在正确无误地完成接线的前提下，才能确保编程设计工作的顺利进行和系统正确运行。

图 2-4 为 CPU 1214C 的 3 种版本的接线端子及外部接线图，该 PLC 是具有 24 个 I/O 点的基本单元。下面以 CPU 1214C 型号为例讲解 S7-1200 PLC 的端子排构成及外部接线。

1．电源端子

L1、N 端子是模块电源的输入端子，如果是交流，一般直接使用工频交流电（AC120～240V），L1 端子接交流电源相线，N 端子接交流电源的中性线，⏚ 为接地端子。

2．传感器电源输出端子

PLC 的 L+、M 端子输出 24V 直流电源，为输入器件和扩展模块供电。注意不要将外部电源接至此端子，以防损坏设备。

3．输入端子

DI a（0～7）、DI b（0～5）为输入端子，共 14 个输入点；1M 为输入端子的公共端，可接直流电源的正端（源型输入）或负端（漏型输入），如图 2-4 所示。DC 输入端子如连接交流电源将会损坏 PLC。CPU 1214C 还具有两路模拟量输入端子，可接收外部传感器或变送器输入的 0～10V 标准电压信号，其中 AI0 和 AI1 端子连接输入电压信号的正端，2M 端子连接电压信号的负端。

4．输出端子

DQ a（0～7）、DQ b（0～1）为输出端子，共 10 个输出点；图 2-4（a）和图 2-4（b）为继电接触器输出，每 5 个一组，分为两组输出，每组有一个对应的公共端子 1L、2L，使用时注意同组的输出端子只能使用同一种电压等级，其中 DQ a（0～4）的公共端子为 1L，DQa（5～7）和 DQb（0～1）的公共端子为 2L。图 2-4（c）为晶体管输出，3L+连接外部 DC 24V 电源“+”端，3M 为公共端，连接外部 DC 24V 电源“−”端。PLC 输出端子驱动负载能力有限，应注意相应的技术指标。

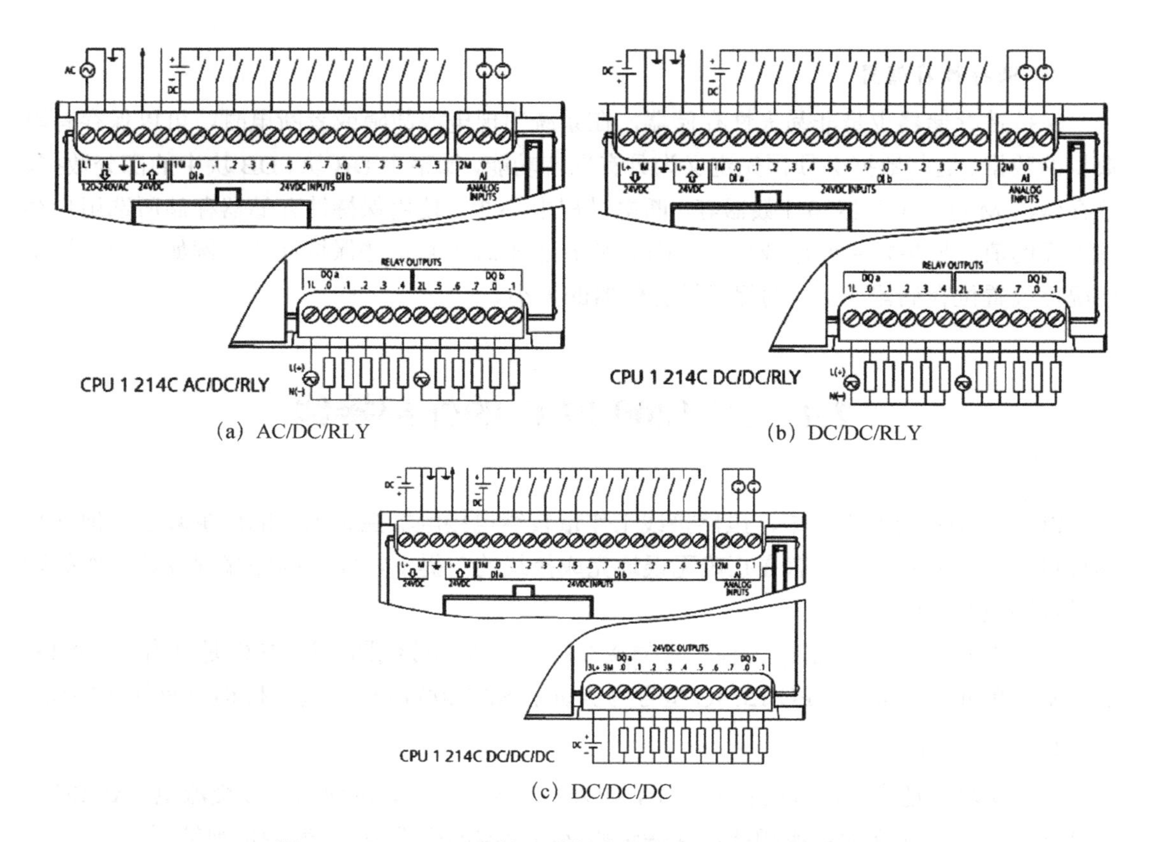

(a) AC/DC/RLY (b) DC/DC/RLY

(c) DC/DC/DC

图 2-4 CPU 1214C 的 3 种版本的接线端子及外部接线图

2.5 CPU 的工作模式

CPU 的工作模式描述了 CPU 的工作状态，但 S7-1200 CPU 本体上没有用于更改工作模式的物理开关；只有使用软件在线监控时，通过相应工具按钮进行更改。如图 2-5 所示为 CPU 模块在线操作界面。CPU 有 3 种工作模式，其意义如下。

1．运行模式（RUN）

运行模式下，CPU 执行用户程序，更新输入和输出信号，响应中断请求，对故障信息进行处理等，但在该模式下无法下载任何项目。

2．停止模式（STOP）

停止模式下，CPU 不执行用户程序，但用户可以下载项目。如果给 CPU 装载程序，在停止模式下 CPU 将检测已配置的模块是否满足启动条件。

3．存储器复位（MRES）

只有 CPU 在 STOP 状态下，才可以使用 MRES 模式；存储器复位主要用于对 CPU 的数据进行初始化，使 CPU 切换到初始状态，即工作存储器中的内容和所有保持性、非保持性数据被删除，只有诊断缓冲区、时间、IP 地址被保留。切换成 MRES 模式的提示界面如图 2-6 所示。

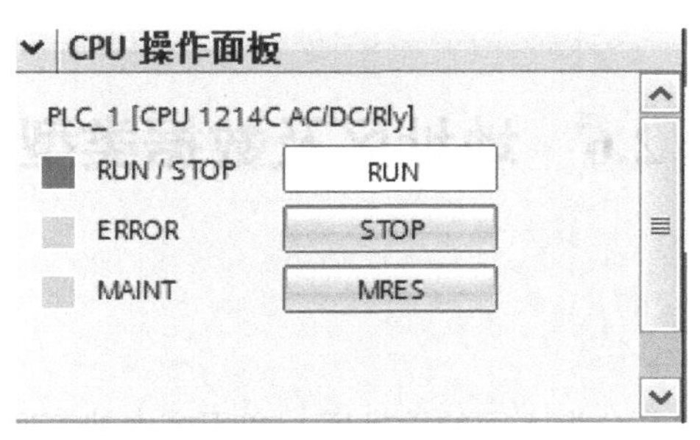

图 2-5 CPU 模块在线操作界面

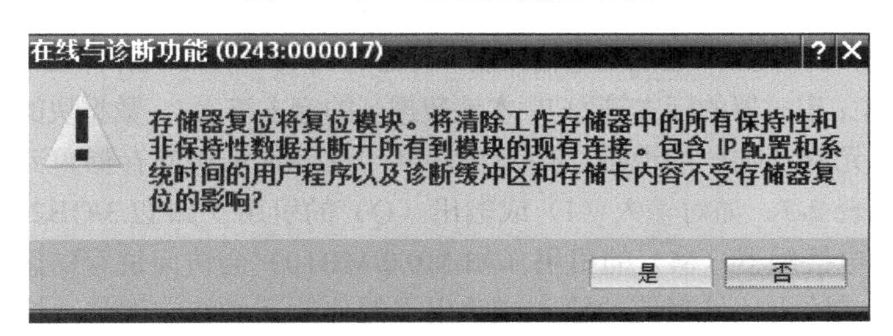

图 2-6 切换成 MRES 模式的提示界面

CPU 模块还提供以下指示工作状态的状态指示灯。

① RUN/STOP 指示灯：黄色表示 STOP 模式，绿色表示 RUN 模式。

② ERROR 指示灯：红色灯闪烁时，表明出现 CPU 内部错误、存储卡错误或组态错误；红色灯常亮时，表明硬件出现故障。

③ MAINT（维护）指示灯：在插入或取出存储卡或版本错误时，黄色灯将闪烁；如果有 I/O 点被强制或安装电池板后电量过低，黄色灯将会常亮。

CPU 状态指示灯详细说明见表 2-6。

表 2-6 CPU 状态指示灯详细说明

说明	STOP/RUN 黄色/绿色	ERROR 红色	MAINT 黄色
断电	灭	灭	灭
启动、自检或固件更新	闪烁（黄色和绿色交替）	—	灭
停止模式	亮（黄色）	—	—
运行模式	亮（绿色）	—	—
取出存储卡	亮（黄色）	—	闪烁
错误	亮（黄色或绿色）	闪烁	—
请求维护 ● 强制 I/O ● 需要更换电池（如果安装电池板）	亮（黄色或绿色）	—	亮
硬件出现故障	亮（黄色）	亮	灭
LED 测试或 CPU 固件出现故障	闪烁 （黄色和绿色交替）	闪烁	闪烁
CPU 组态版本未知或不兼容	亮（黄色）	闪烁	闪烁

2.6　地址区及数据类型

1. 地址区的划分

（1）CPU 地址区的划分

S7-1200 CPU 将存储器划分为不同的地址区，在程序中就可通过指令直接访问存储于不同地址区的数据。一般每种元件分配一个存储区域，并采用不同字母作为区域标志符。如过程映像输入区，区域标志符为 I；过程映像输出区，标志符为 Q；标志位存储器的标志符为 M；计数器的标志符为 C；定时器的标志符为 T；本地数据区的标志符为 L；数据块的标志符为 DB 等。

每个存储单元都有唯一的地址，用户程序利用这些地址访问存储单元中的信息。各类地址区域性能见表 2-7。如对输入（I）或输出（Q）的引用（如 I2.3/QB20）会访问过程映像区，对中间继电接触器（M）的引用（如 M0.0/MB10）会访问位存储区。强制功能可将与外围设备输入或输出地址对应的输入或输出点的值改写成特定的值，编程软件的在线监视表格提供强制功能。各类地址区的保持特性用于在断电时可否存储所选地址单元的数值。

表 2-7　各类地址区域性能

地址区标示	功能	强制	保持性
I（过程映像输入）	在扫描周期开始时从物理输入复制	无	无
I：P（物理输入）	立即读取 CPU、SB、SM 上的物理输入点	支持	无
Q（过程映像输出）	在扫描周期开始时复制到物理输出	无	无
Q：P（物理输出）	立即写入 CPU、SB、SM 上的物理输出点	支持	无
M（位存储器）	用于控制的中间数据存储器	无	支持（可选）
L（临时存储器）	存储临时数据，这些数据仅在本地范围内有效	无	否
DB（数据块）	数据存储器，分为全局 DB 块和背景 DB 块	无	支持（可选）

当存储器进行地址区划分后，用户即可通过特定的地址寻找对应的变量；同时，在 TIA Portal 软件中要求每个变量必须定义符号名称，如用户未定义，软件也会为其自动分配名称，默认从“Tag_1”开始分配，所以用户还可以通过符号访问变量。

CPU 提供了以下几个选项，用于在执行用户程序期间存储数据。

① 全局存储器：CPU 提供各种专用存储器，其中包括输入（I）、输出（Q）和位存储器（M）；所有代码块可以无限制地访问该类存储器。

② 数据块（DB）：可在用户程序中加入 DB 以存储程序块的数据。从相关程序块开始执行一直到结束，存储的数据始终存在。全局 DB 块存储所有程序块可使用的数据，而背景 DB 块存储特定程序块 FB 的数据并由 FB 的参数构造。

③ 临时存储器：只要调用程序块，CPU 的操作系统就会分配要在执行块期间使用的临时或本地存储器（L）；程序块执行完成后，CPU 将重新分配本地存储器，以用于执行其他程序块。

（2）过程映像输入区（I）

过程映像输入区位于 CPU 的系统存储区，CPU 仅在每个扫描周期的循环 OB 执行之前对外围（物理）输入点进行采样，并将这些值写入到过程映像输入区。使用过程映像输入区的好处是能够在一个程序执行周期中始终保持数据的一致性；采用地址标志符“I”访问过程映像区；可以按位、字节、字或双字访问输入过程映像；允许对过程映像输入进行读写访问，但过程映像输入通常为只读。如一台型号为 CPU 1214C 的 PLC，有 6 个输入点，其过程映像输入区地址可设为 I0.0～I0.5。

要访问输入模块（SM）上的输入点对应的过程映像输入区，如数字量输入模块 SM 1221，DI16×24 VDC，有 16 个输入点，占 2 个字节；如设置其起始地址为 4，则位地址为 I4.0～I4.7、I5.0～I5.7；按字节访问为 IB4、IB5 两个字节，按字访问为 IW4。

（3）过程映像输出区（Q）

过程映像输出区位于 CPU 的系统存储区，在循环执行用户程序时，CPU 将程序逻辑运算后的输出值存放到过程映像输出区中，并在一个程序执行周期结束后，将存储在输出过程映像中的值复制到物理输出点。采用地址标志符“Q”访问过程映像输出区，可以按位、字节、字或双字访问输出过程映像，允许对过程映像输出进行读写访问。如一台型号为 CPU 1214C 的 PLC，有 4 个输出点，其过程映像输出区地址可设为 Q0.0～Q0.3。

要访问输出模块（SM）上的输出点对应的过程映像输出区，如数字量输出模块 SM 1222，DQ16×24 VDC，有 16 个输出点，占 2 个字节；如设置其起始地址为 8，则位地址为 Q8.0～Q8.7、Q9.0～Q9.7；按字节访问为 QB8、QB9 两个字节，按字访问为 QW8。

（4）直接访问 I/O 地址

完成一个控制系统的硬件组态后，其 PLC、扩展模块等的 I/O 点的逻辑地址将对应到 SIMATIC S7-1200 CPU 的过程映像区中。在每个程序执行周期过程中，CPU 会自动处理物理地址和过程映像区之间的数据交换。

如果希望直接访问 PLC 或扩展模块物理地址的数据，可在 I/O 地址或符号名称后附加后缀“：P”，这种方式称为直接访问，如%I0.3：P，%Q1.7：P 或 Stop：P。一般，I_：P 访问为只读访问，Q_：P 访问为只写访问。

（5）位存储区（M）

位存储区位于 CPU 的系统存储区，地址标志符为“M”。位存储区（M）用于存储操作的中间状态或其他控制信息，可以按位、字节、字或双字访问位存储区。M 存储器允许读访问和写访问。任何程序块 OB、FC 或 FB 都可以访问 M 存储器中的数据，也就是说这些数据可以全局性地用于用户程序中的所有元素。

（6）数据块（DB）

用户可在存储器中建立一个或多个数据块，每个数据块可大可小，但 CPU 对数据块数量及数据总量受寻址范围和工作内存的限制。数据块可用来存储用户程序中程序块的变量数据，与临时数据不同，当程序块执行结束或数据块关闭时，数据块中的数据保持不变。

DB 没有专门的 STEP 7 指令，STEP 7 按数据顺序自动地为 DB 块中的变量分配地址。可分为共享数据块和背景数据块。共享数据块属于任何程序块，它含有生产线或生产设备所需的数值，可以在程序的任何位置直接使用；背景数据块直接属于某个程序块，例如，如果 DB1 专属于功能块 FB1，则 FB1 的相关变量就存储在背景数据块中，背景数据块不是由用户编辑的，而是由编辑器自动生成的，用户只需编写功能块程序。

在 S7-1200 中，DB 块分为两种，一种为优化的 DB 块，另一种为标准 DB 块。每次添加一个新的全局 DB 块时，默认类型为优化的 DB 块。优化的 DB 块中的每个变量对应的存储地址，由系统优化后自动进行分配，具有更快的访问速度；但只能使用符号寻址，不支持指针寻址。而标准 DB 块，按照变量的建立顺序分配存储地址，故每个变量具有偏移地址，可以进行符号寻址，也支持指针寻址；但访问速度较慢。新建的 DB 块，可通过其“属性”选项中是否选择“优化的块访问”复选框来调整，数据块的类型调整如图 2-7 所示。

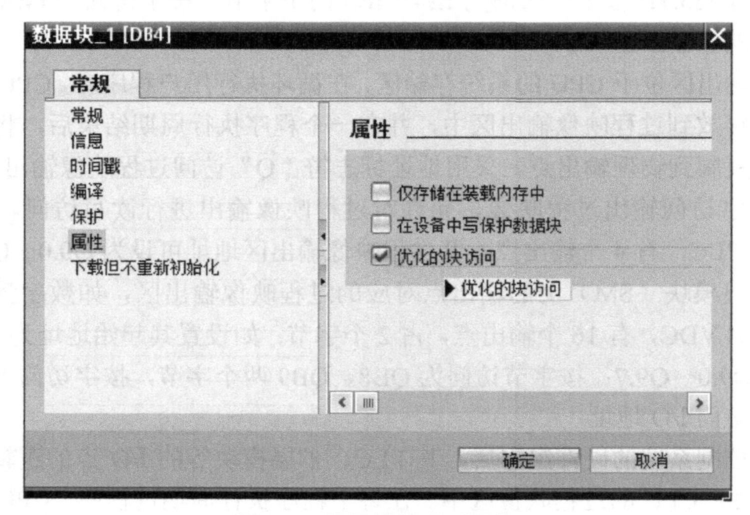

图 2-7　数据块的类型调整

2．数据类型

用户程序中的所有数据必须通过数据类型识别，数据类型用于指定数据元素的大小及如何解释数据。在 PLC 中，每个指令参数至少支持一种数据类型，而有些指令参数支持多种数据类型。

PLC 数字系统内的最小信息单位为“位”（针对二进制数）。一个位只能存储一种状态，即“0”（假或非真）或“1”（真）。当处理较复杂的数据时，CPU 将数据位编成组实现，8 个位组成一组称为一个字节。

S7-1200 PLC 的指令参数所用的基本数据类型有 1 位布尔型（BOOL）、8 位字节型（BYTE）、16 位无符号整数（WORD）、16 位有符号整数（INT）、32 位无符号双字整数（DWORD）、32 位有符号双字整数（DINT）、32 位实数型（REAL）等类型。

不同的数据类型具有不同的数据长度和数值范围。在上述数据类型中，用字节（B）、字（W）、双字（D）分别表示 8 位、16 位、32 位数据的数据长度。不同的数据长度及对应的数值范围见表 2-8。例如，数据长度为字（W）型的无符号整数（UINT）的数值范围为 0～65535。不同数据长度的数值所能表示的数值范围是不同的。

表 2-8 不同的数据长度及对应的数值范围

关键词	数据长度（位）	范围及表示方法	范例
BOOL（位）	1	0，1	1 或 0，True 或 False
BYTE（字节）	8	16#00～16#FF	16#56，16#1F
WORD（字）	16（2 个字节）	16#0000～16#FFFF	16#1234，16#235C
DWORD（双字）	32（4 个字节）	16#0000_0000～16#FFFF_FFFF	16#ABCD1234
CHAR（字符串）	8	16#00～16#FF	'A'，'B'，'@'
SINT（短整数）	8	-128～127	12，-35
USINT（无符号短整数）	8	0～255	12
INT（整数）	16	-32768～+32767	123，-67
UINT（无符号整数）	16	0～65535	12345
DINT（双整数）	32	-214783648～214783647	12345，-12345
UDINT（无符号双整数）	32	0～4294967295	12345
REAL（实数）	32	±1.175495e-38～±3.402823e+38	5.6，1.52E-5
LREAL（长实数）	64	$\pm 2.23\times10^{-308}$～$\pm 1.79\times10^{308}$	123.456，3.4E-3
TIME（时间）	32	T#-24D_20H_31M_23S_648MS～ T#24D_20H_31M_23S_647MS 分辨率为 1ms	T#2D_2H_1M_15S_25 MST#5m_30s
DTL（长型日期和时间）	12 个字节	最小值：DTL#1970-01-01-00:00:00.0 最大值：DTL#2554-12-31-23:59:59.9 99999999	DTL#2008-12-16-20:30: 20.250
STRING	变量	0～254 字节字符	'ABC'

在 SIMATIC 指令集中，指令的操作数具有一定的数据长度。如整数乘法指令的操作数是字型数据；数据传送指令的操作数可以是字节、字或双字型数据。在编写程序时，应该特别注意保持变量数据类型的一致性，否则在程序编译、下载时可能会报错。

3．寻址方式

S7-1200 CPU 将程序中的各类信息和数据存储在不同的存储器单元，每个单元都确定一个唯一的地址，CPU 通过地址访问其对应的数据，称为寻址。

（1）位寻址格式

对于 I、Q、M、L、DB 这些存储器，按位寻址的格式为 Ax.y。其中，A 为存储器区域名称，x 为字节地址，y 为字节内的位地址，如 I1.5、Q0.1、M10.0、L100.6、DB0.DBX10.0 等。

（2）字节、字和双字寻址格式

对于 I、Q、M、L、DB 这些存储器，可以按字节、字、双字寻址，格式为 ATx。其中，A 为存储器区域名称，T 的取值可以是 B（字节）、W（字）、D（双字），x 为字节地址，如 IB0、QW2、DB0.DBD0 等。字节组成字，字组成双字，字节、字、双字寻址格式示例如图 2-8 所示。MB50 表示以字节的方式存取；MW50 表示由 MB50、MB51 两个字节组成的字（MB50 为高 8 位字节、MB51 为低 8 位字节）；MD50 表示由 MB50～MB53 四个字节组成的双字（MB50 为最高 8 位字节，MB53 为最低 8 位字节）。

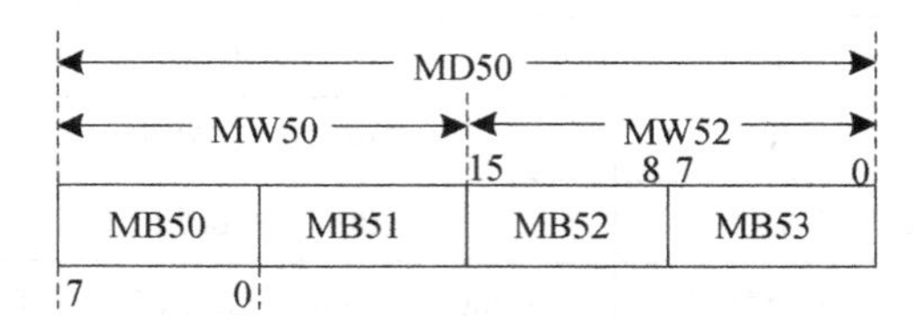

图 2-8　字节、字、双字寻址格式示例

（3）实数

实数（REAL）是 32 位的小数，又称浮点数。浮点数的优点是使用很小的存储空间（4B）表示非常大和非常小的数。S7-1200 中的 REAL 数据类型符合 IEEE754 浮点数标准，即一个 REAL 数值由符号位 s（1 位）、指数 e（8 位）、尾数 m（23 位）构成，其数值等于 $\pm1.m\times2^{(e-127)}$。

PLC 输入和输出的数值大多是整数，如模拟量输入值和模拟量输出值，用浮点数处理这些数据需要进行整数和浮点数之间的转换，浮点数的运算速度比整数的运算速度慢。在编程软件中，用十进制小数表示浮点数。例如，100 是整数，100.0 是浮点数。

TIA Portal 编程软件简化了符号编程。用户可以为数据地址创建符号名称，如与存储器地址和 I/O 点相关的 PLC 变量，或在程序块中使用局部变量进行命名，这样用户在编写程序时，通过输入指令参数的变量名称，直接调用这些变量。

2.7　PLC 的编程语言

PLC 程序是设计人员根据控制系统的实际控制要求，通过 PLC 的编程语言进行编制的。根据国际电工委员会制定的工业控制编程语言标准（IEC1131-3），PLC 的编程语言有以下 5 种，分别为梯形图（Ladder Diagram，LAD）、指令表（Instruction List，IL）、顺序功能图（Sequential Function Chart，SFC）、功能块图（Function Block Diagram，FBD）及结构化控制语言（Structured Control Language，SCL）。不同型号的 PLC 编程软件对以上 5 种编程语言的支持种类是不同的，早期的 PLC 仅支持梯形图编程语言和指令表编程语言。

1．梯形图（LAD）

梯形图语言是 PLC 程序设计中最常用的编程语言，它是与继电接触器线路类似的一种图形化的编程语言，由触点、线圈和指令框组成。由于梯形图与电气操作原理图相对应，具有直观性和对应性，且与原有继电接触器控制表达方式相一致，电气设计人员易于掌握。因此，梯形图编程语言得到广泛地应用。

梯形图编程语言与原有的继电接触器控制的不同点是，梯形图中的能流不是实际意义的电流，内部的继电接触器也不是实际存在的继电接触器，应用时，需要与原有继电接触器控制的概念进行区别。

如图 2-9 所示是典型电动机单向运转控制电路图（启保停控制）和对应梯形图。

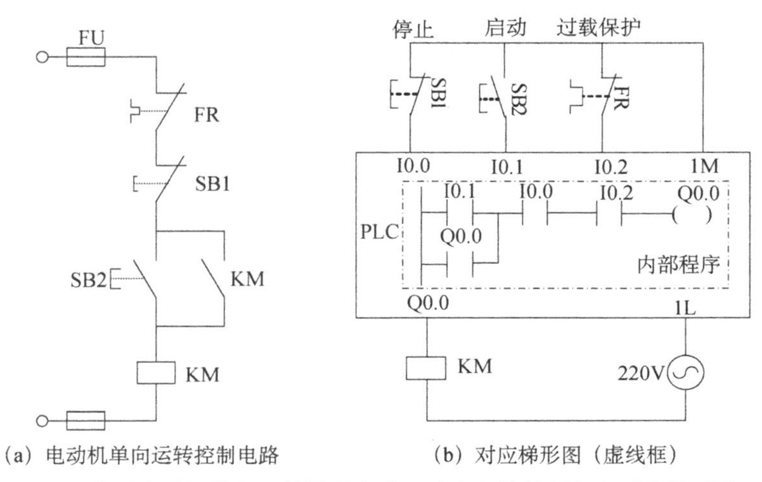

(a) 电动机单向运转控制电路　　(b) 对应梯形图（虚线框）

图 2-9　典型电动机单向运转控制电路图（启保停控制）和对应梯形图

创建梯形图时，每个 LAD 程序段都必须使用线圈或功能框指令终止，不能使用触点、比较指令或检测指令等终止程序段。左、右垂线类似于继电接触器控制图的电源线，称为左母线、右母线。左母线可看成能量提供者，触点闭合则能量流过，触点断开则能量阻断，这种能量流可称为能流。来自能源的“能流”是通过一系列逻辑控制条件，根据运算结果决定逻辑输出的，不是真实的物理流动。

在编程软件中输入对应逻辑关系的梯形图，梯形图示例如图 2-10 所示。触点代表逻辑控制条件，有动合触点和动断触点两种形式；线圈代表逻辑“输出”结果，“能流”通过则线圈得电；功能框是代表某种特定功能的指令，“能流”通过方框则执行其功能，如数据运算、定时、计数等。

触点和线圈组成的电路称为程序段，STEP 7 编程软件自动为程序段编号，如图 2-10 中的“程序段 1”“程序段 2”等。在梯形图编程时，只有一个梯级编制完整后才能继续后面的程序编制；按照从左至右、从上至下的顺序，左侧总是安排输入触点，并且把并联触点多的支路靠近左侧；输入触点不论是外部的按钮、开关，还是继电接触器触点，图形符号只用动合触点和动断触点两种方式标示，而不计其物理属性；输出线圈则用括号标示。

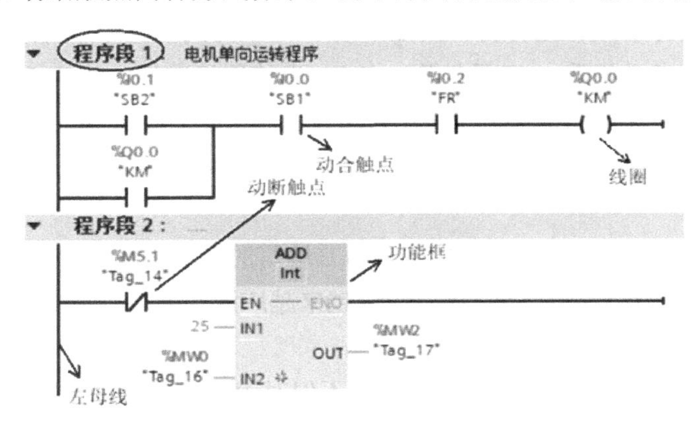

图 2-10　梯形图示例

按照 PLC 的循环扫描工作方式，系统在运行梯形图程序时周而复始地按照“从左至右、从上至下”的扫描顺序对系统内部的各种任务进行查询、判断和执行，完成自动控制任务。

2．功能块图（FBD）

与梯形图一样，FBD 也是一种图形化编程语言，是与数字逻辑电路类似的一种 PLC 编程语言。FBD 采用功能块图的形式表示模块所具有的功能，不同的功能模块有不同的功能。FBD 基本沿用半导体逻辑电路的逻辑方块图，有数字电路基础的技术人员很容易上手。

如图 2-11 所示是电机单向运转的功能块图。

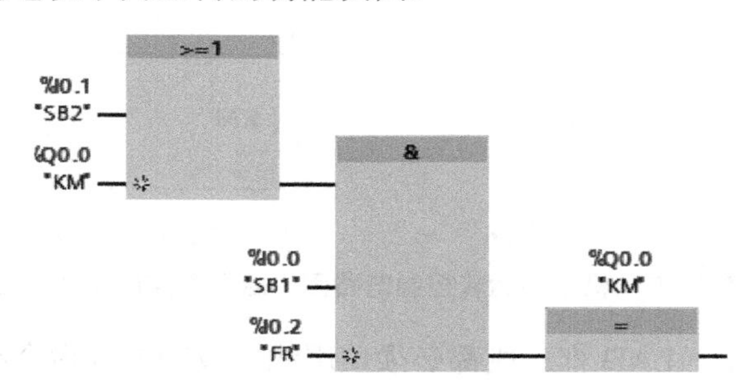

图 2-11　电机单向运转的功能块图

3．结构化控制语言（SCL）

在 TIA Portal 中，结构化文本被称为结构化控制语言。结构化控制语言是一种类似 PASCAL 的高级编程语言，不仅可以完成 PLC 典型应用（如输入/输出、定时、计数等），还可以具有循环、选择、数组、高级函数等高级语言的特性。SCL 非常适合复杂的运算功能、数学函数、数据处理和管理及过程优化等，是今后主要的编程语言。

SCL 编程语言采用计算机的描述方式描述系统中各种变量之间的各种运算关系，完成所需的功能或操作。但相比 BASIC 语言、PASCAL 语言或 C 语言等高级语言，SCL 编程语言在语句的表达方法及语句的种类等方面都进行了简化，在编写其他编程语言较难实现的用户程序时具有一定的优势。

SCL 编程语言采用高级语言进行编程，可以完成较复杂的控制运算；但需要编程人员具有一定的高级语言的背景知识，对工程设计人员要求较高；直观性和操作性较差。

SCL 指令使用标准编程运算符，例如，用（：=）表示赋值，具有算术功能（+表示相加，–表示相减，*表示相乘，/表示相除）。SCL 也使用标准的 PASCAL 程序控制操作，如 IF-THEN-ELSE、CASE、REPEAT-UNTIL、GOTO 和 RETURN。SCL 编程语言中的语法元素还可以使用所有的 PASCAL 参考。许多 SCL 的其他指令（如定时器和计数器）与 LAD 和 FBD 指令匹配。

如图 2-12 所示是电机单向运转的 SCL 语言编写的控制程序。

在大、中型 PLC 编程中，SCL 语言应用越来越广泛，可以非常方便地描述控制系统中各个变量的关系。

在 PLC 控制系统设计中，要求设计人员不但对 PLC 的硬件性能了解，也要了解 PLC 对编程语言支持的种类和用法，以便编写更加灵活和优化的自动控制程序。

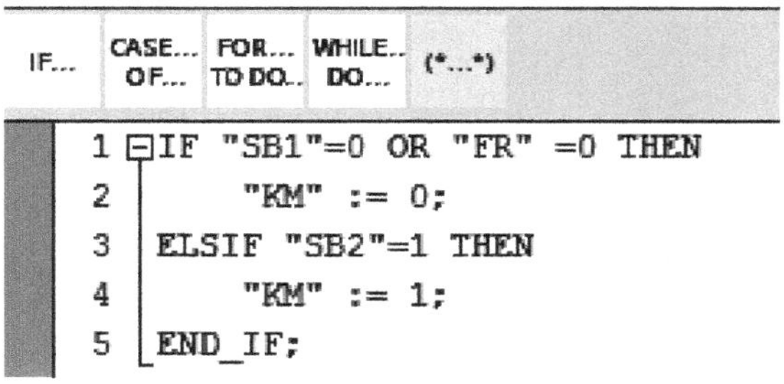

IF... CASE... OF... FOR... TO DO... WHILE... DO... (*...*)

```
1 IF "SB1"=0 OR "FR" =0 THEN
2     "KM" := 0;
3 ELSIF "SB2"=1 THEN
4     "KM" := 1;
5 END_IF;
```

图 2-12　电机单向运转的 SCL 语言编写的控制程序

习题 2

1. S7-1200 产品有哪些特性？

2. S7-1200 CPU 提供了哪 3 种用于存储用户程序、数据和组态的存储区？

3. 试解释 S7-1200 CPU DC/DC/DC、DC/DC/Rly 及 AC/DC/Rly3 种版本的含义。

4. CPU 1214C DC/DC/Rly 型 PLC 的输入端接入一个按钮、一个限位开关，还有一个接近开关；输出端为一个 220V 的交流接触器和一个电磁阀，请画出它的外部接线图。

5. S7-1200 CPU 有哪 3 种工作模式？各有什么作用？

6. 什么是位软元件？它与硬件开关有什么区别？

7. S7-1200 PLC 有哪几种寻址方式？各有什么特点?

8. S7-1200 PLC 最多可以扩展________块通信模块和________块信号模块。

9. 根据 IEC1131-3，PLC 的编程语言可包括________、________、________、________、________及结构化控制语言。

10. 梯形图是一种图形化的编程语言，由________、________和________组成。

第 3 章 TIA Portal 编程软件及使用

3.1 TIA Portal 编程软件特点

TIA Portal 是全集成自动化软件（Totally Integrated Automation Portal）的简称，是西门子公司发布的一款全新的全集成自动化软件。它将全部自动化组态设计工具完美地整合到一个开发环境中，是工业领域第一个带有组态设计环境的自动化软件。

TIA Portal 为全集成自动化提供一个统一的工程平台，在这个平台上，不同功能的软件可以同时运行，如用于 PLC 组态和程序编辑的 STEP 7 软件、用于 HMI 编程的 WinCC 软件、用于驱动装置的 StartDrive 软件等，用户能够更为快速、直观地开发和调试自动化系统。如图 3-1 所示为 TIA Portal 软件平台支持的产品类型，可支持不同类型的控制器、HMI、PC 机及伺服驱动等系统。

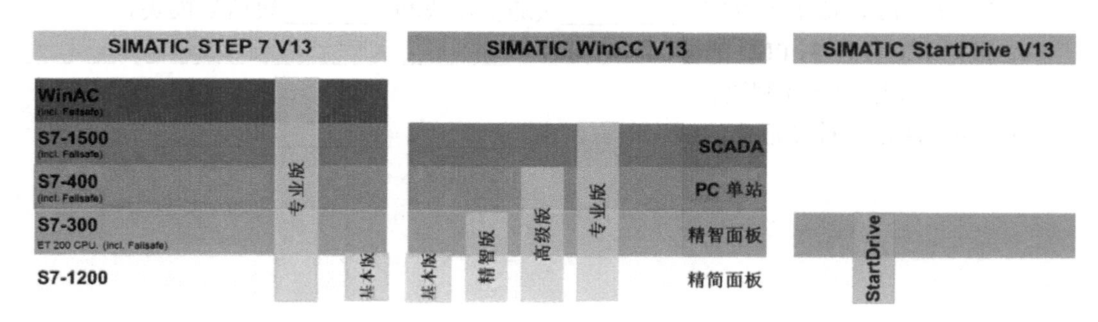

图 3-1 TIA Portal 软件平台支持的产品类型

TIA Portal 具有以下优点。

① 便于公共数据管理。

② 易于处理程序、组态数据和可视化数据。

③ 可使用拖放操作轻松编辑。

④ 易于将数据加载到设备。

⑤ 支持图形组态和诊断。

由于 TIA Portal 平台集成的特点，统一的数据管理和通信、集成的信息安全和丰富功能，在提高开发效率、缩短开发周期、提升项目安全性等方面效果明显。但，同样由于该软件集成的功能太多，导致其运行速度较慢，对计算机配置要求较高。

3.2 编程软件的安装

SIMATIC STEP 7 可分为 SIMATIC STEP 7 Basic 和 SIMATIC STEP 7 Professional 两种版本。Basic 是基础版，用于 S7-1200 PLC；Professional 是专业版，可用于 S7-1200、S7-300、S7-400、S7-1500 及 WinAC 等设备。

以 SIMATIC STEP 7 Professional V13 SP1 软件安装为例，对计算机硬件要求：处理器，CoreTMi5-3320M3.3GHz 及以上配置；内存，至少 8G；硬盘，300GBSSD；显示器，15.6″宽屏显示，分辨率 1920×1080。对操作系统要求：32 位或 64 位 Windows 7 、Windows 8.1；Microsoft Windows Server。

近年，西门子公司陆续又推出了 SIMATIC STEP 7 Professional V13 SP2、SIMATIC STEP 7 Professional V14、SIMATIC STEP 7 Professional V15 新版本的编程软件，对硬件和操作系统的要求也有调整和变化，安装时需注意。

SIMATIC STEP 7 Professional V13 SP1 软件安装步骤如下（必须以管理员权限安装）：

① 执行 STEP 7 Professional V13 SP1 文件夹根目录下的 Start.exe，安装界面如图 3-2 所示。

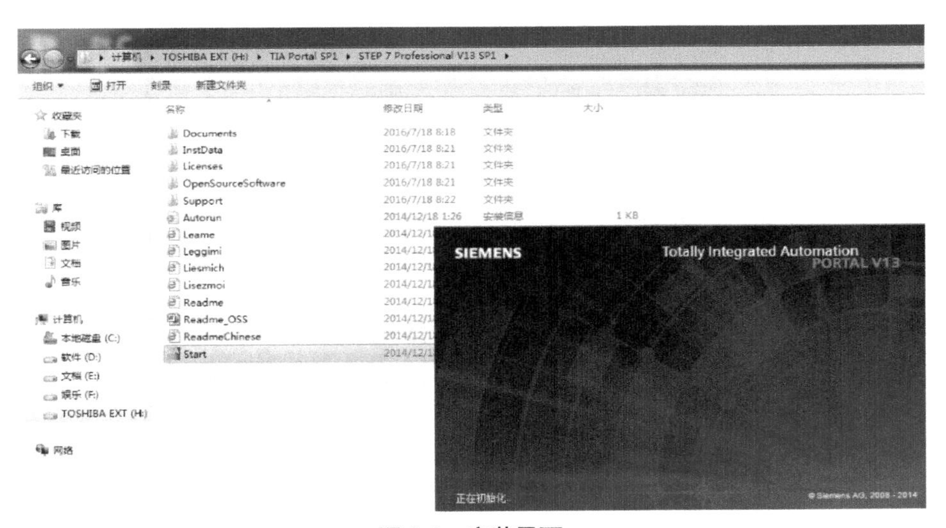

图 3-2 安装界面

② 安装程序进入后，选择需要安装的语言，如中文，选择安装语言如图 3-3 所示，单击“下一步（N）”按钮。

③ 按提示逐步安装所有项目。计算机性能不同，安装软件所用的时间也不同，一般需要花费四五十分钟。在安装过程中要求选择产品语言、要安装的产品配置、许可证条款、安全控制等选项，并进入安装阶段，中间过程如图 3-4～3-8 所示，继续安装界面如图 3-9 所示。

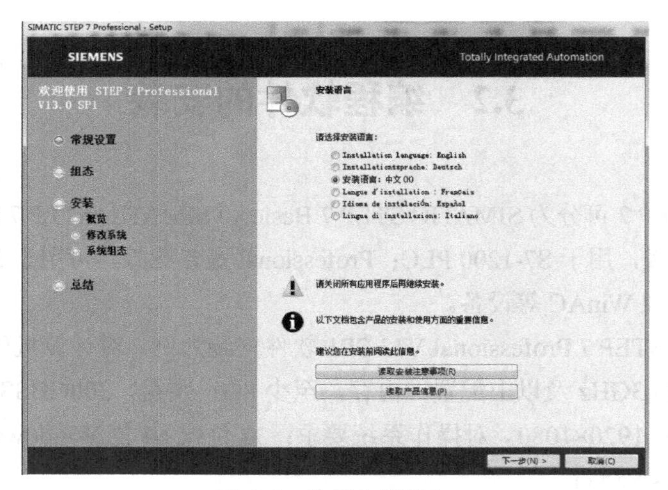

图 3-3　选择安装语言

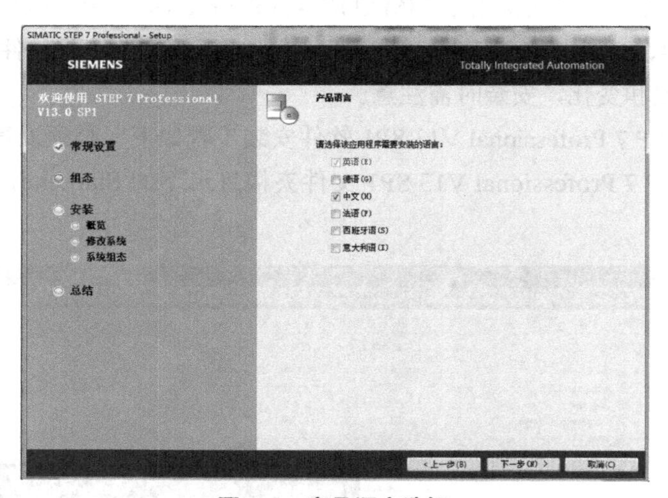

图 3-4　产品语言选择

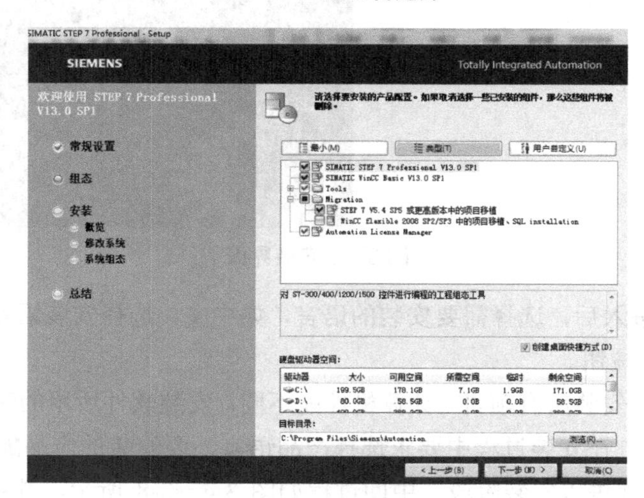

图 3-5　产品配置选择

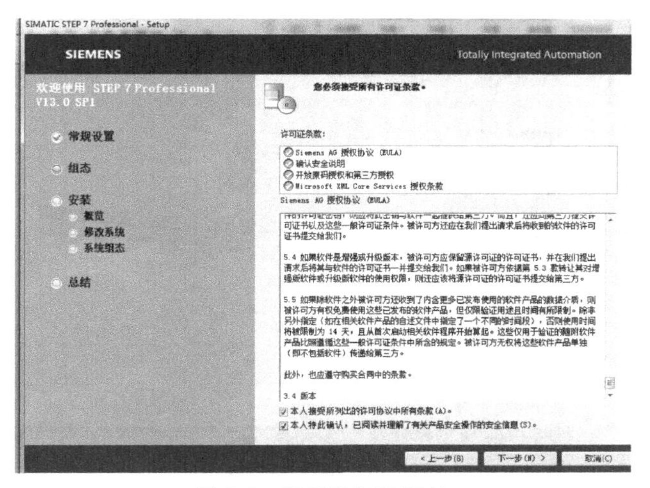

图 3-6　接受许可证条款

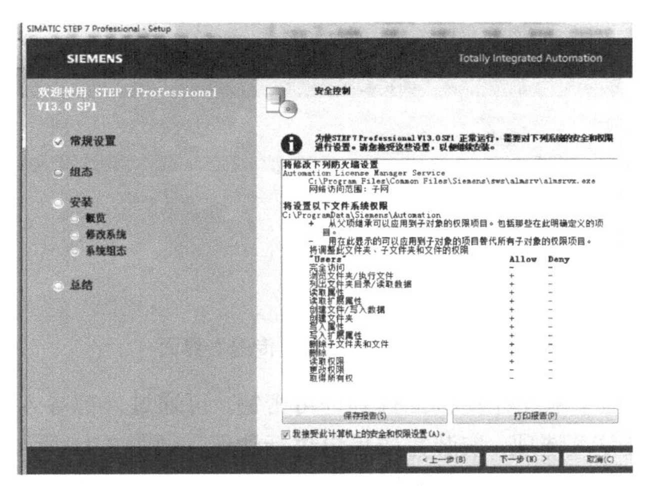

图 3-7　接受安全和权限设置界面

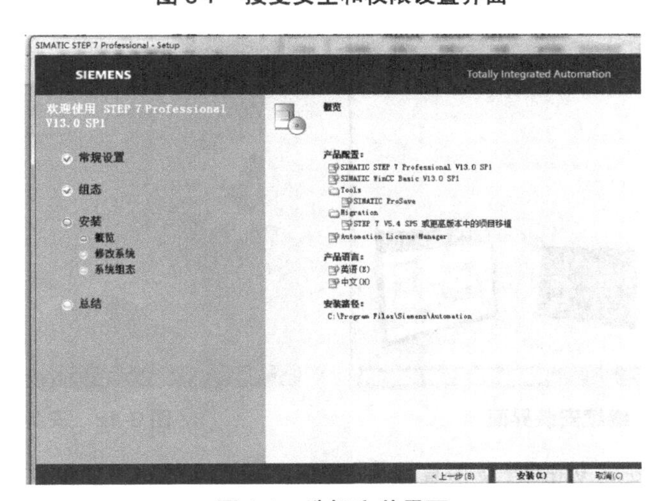

图 3-8　选择安装界面

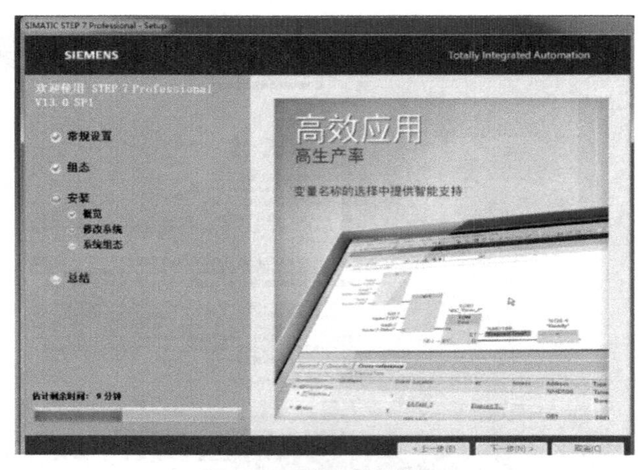

图 3-9　继续安装界面

④ 继续安装结束后会弹出“许可证传送”界面，如图 3-10 所示。

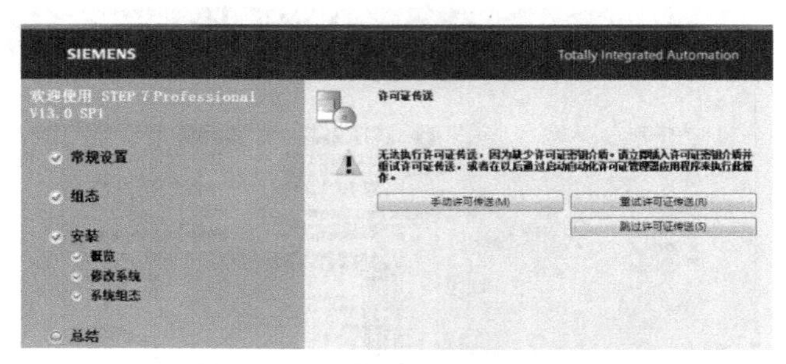

图 3-10　“许可证传送”界面

⑤ 如果安装过程中未在计算机上找到许可密钥，可通过外部导入方式继续传送；也可选择“跳过许可证传送”选项，安装完成后再进行注册。如图 3-11 所示弹出继续安装界面，1～2 分钟后，弹出安装完成界面，如图 3-12 所示，选择重新启动计算机。

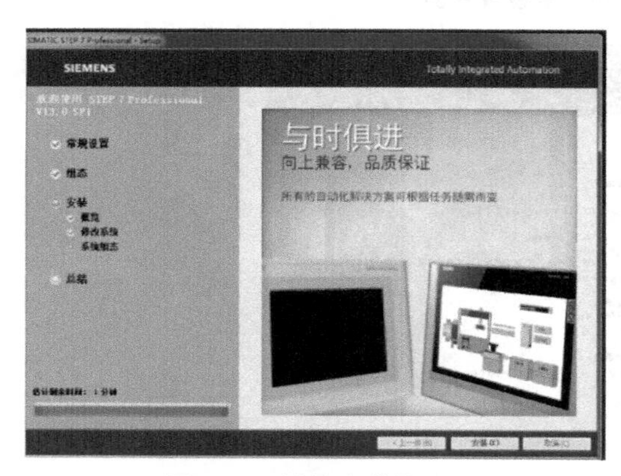

图 3-11　继续安装界面

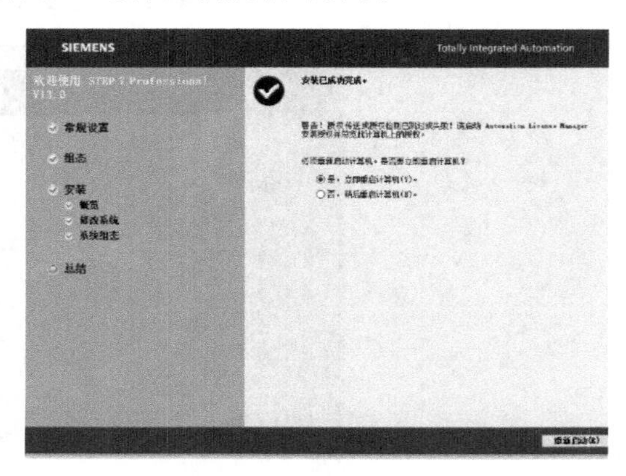

图 3-12　安装完成界面

如果需要继续安装 WinCC 及仿真软件，可以继续选择 STEP 7 WinCC Professional V13.0 SP1 软件安装包的 Start.exe 文件及 STEP 7 PLCSIM V13 SP1 软件安装包的 Start.exe 文件，安装过程与 STEP 7 Professional V13 SP1 基本一致。

3.3 编程软件界面的认识

双击桌面的“TIA Portal V13”图标，出现如图 3-13 所示 TIA Portal 软件界面。根据情况可以选择“打开现有项目”选项，也可以选择“创建新项目”选项。

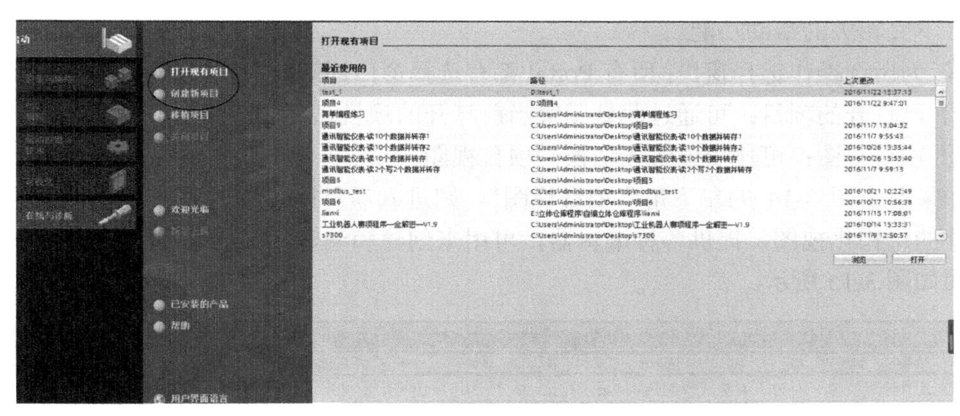

图 3-13 TIA Portal 软件界面

例如，单击“打开现有项目”选项，选择已有项目“test_1”选项，出现如图 3-14 所示 Portal 视图结构界面。

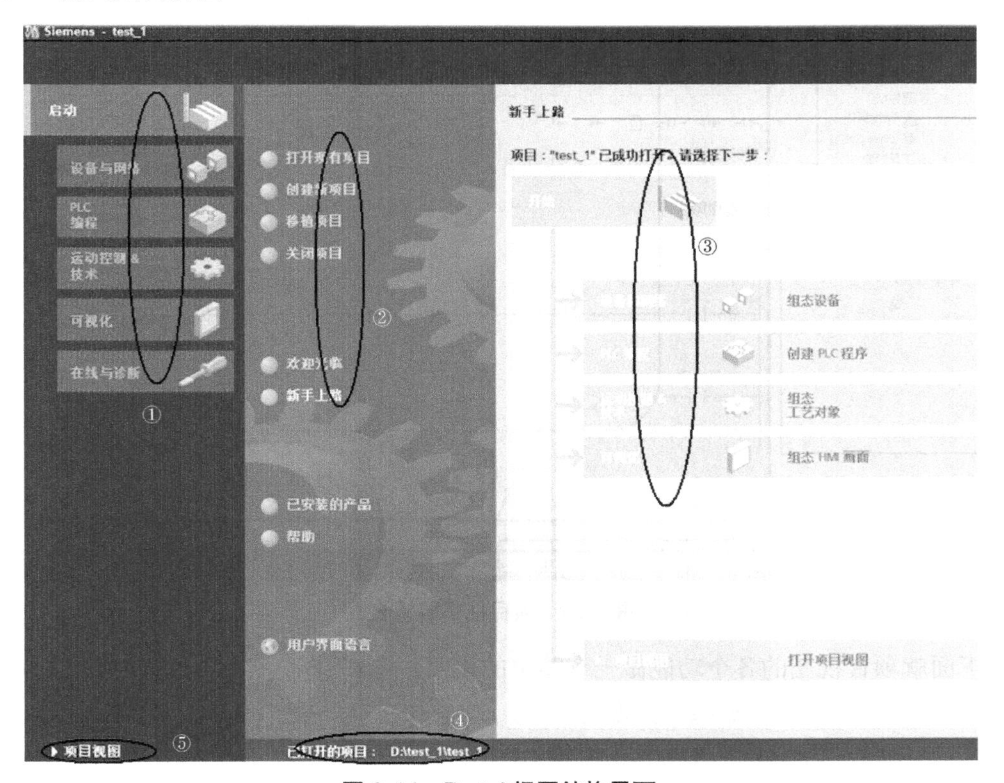

图 3-14 Portal 视图结构界面

TIA Portal 软件提供两种视图：Portal 视图和项目视图。编程者可以根据使用习惯进行选择，图 3-14 描述 Portal 视图结构，该视图提供面向任务的工具箱。下面就图 3-14 中各个部分功能做一个简单的说明。

① 不同任务的 Portal：为各个任务区提供基本功能。在 Portal 视图中提供的 Portal 取决于所安装的产品性能。

② 所选 Portal 对应的操作：提供①中选择的任务可以使用的操作，可在每个 Portal 中调用上下文相关的帮助功能。

③ 为所选操作选择窗口：所有 Portal 都有选择窗口，该窗口取决于操作者当前的选择。

④ 已打开的项目：可通过此处了解当前打开的项目名称。

⑤ 项目视图：可使用该链接切换到项目视图。

如果单击图 3-14 的左下角“项目视图”，则进入项目视图编辑界面，该界面是项目所有组件的结构化视图，提供各种编辑器，可用来创建和编辑相应的项目组件，项目视图编辑界面如图 3-15 所示。

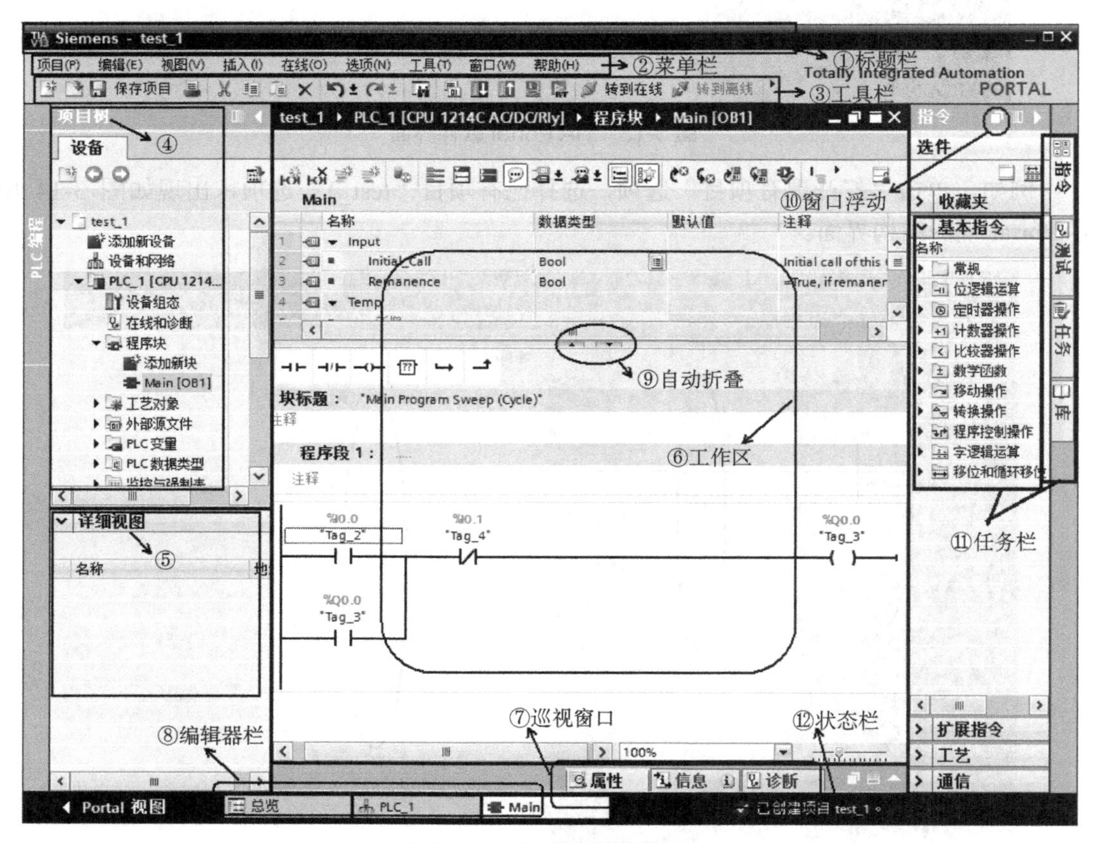

图 3-15　项目视图编辑界面

下面就项目视图的各个功能做一个简单的说明。

① 标题栏：用于显示项目名称。

② 菜单栏：包含工作所需的各种命令。

③ 工具栏：提供常用命令的按钮，以便快速访问这些命令。

④ 项目树：显示整个项目的各种元素，通过项目树可以访问所有组件和项目数据。

⑤ 详细视图：用于显示总览窗口或项目树所选择对象的特定内容。

⑥ 工作区：用于显示和操作对象。

⑦ 巡视窗口：显示有关所选对象或执行操作的附加信息。

⑧ 编辑器栏：显示打开的编辑器，可以使用编辑器在打开的对象之间进行快速切换。

⑨ 自动折叠：自动折叠是一种快捷操作，用于显示和隐藏用户界面的相邻部分。

⑩ 窗口浮动：单击窗口浮动图标，窗口处于浮动位置，可以将浮动窗口拖到其他地方，对于多屏显示可以将窗口拖到其他屏幕中，实现多屏编程；单击浮动窗口的右上角图标，浮动窗口位置还原。

⑪ 任务栏：可用的任务选项取决于所编辑或所选择的对象，可以随时折叠或重新打开这些任务卡。

⑫ 状态栏：用于显示当前正在后台运行的过程进度条和其他信息。

3.4 S7-1200 PLC的设备组态

在使用S7-1200 CPU之前，需要在TIA Portal软件中创建一个项目，然后在项目中添加与实际硬件安装一致的CPU、模块（如通信、扩展模块）、驱动装置和HMI等，并对其中的设备进行地址分配、网络构建参数设置等，以满足自动化控制任务的要求，这个过程称为设备组态；设备组态也是用户编写程序的基础。

设备组态是将系统实际使用的CPU、信号模块SM、通信模块CM等配置到对应的插槽上，并对各个硬件进行参数设置，对于控制系统的正常运行非常重要。它的主要功能如下。

① 将配置的信息下载到CPU中，使CPU按照配置的参数执行。

② 将I/O模块的物理地址进行分配，映射为逻辑地址，便于程序块调用。

③ CPU将比较模块的配置信息与实际安装的模块进行匹配，如I/O模块、AI/AQ模块的安装位置、测量类型、型号等。如不匹配，CPU将报警并将故障信息存储到诊断缓存区，方便用户进行相应的修改。

④ CPU将根据配置信息对模块进行实时监控，如模块有故障，CPU将报警并将故障信息存储到诊断缓存区。

⑤ 一些智能模块（如通信的CP/CM模块、工艺模块TM等）的配置信息存储在CPU中，如出现模块故障后直接更换，不需要重新下载配置信息。

TIA Portal软件的工程界面，在Portal视图和项目视图下均可以组态新项目。Portal视图以向导的方式组态新项目，项目视图则是硬件组态和编程的主视窗。下面以项目视图为例介绍如何添加和组态一个S7-1200 PLC的工程项目。

例如，一工程项目选用CPU 1215C AC/DC/Rly作为主控制器。配置：一个信号模块，为数字量输入/输出模块DI16×24VDC/DQ16×24VDC，型号为SM 1223 DI16/DQ16×24

VDC；一个模拟量输入模块 AI4×13 位，型号为 SM 1231 AI4；一个通信模块，为带有 RS422/RS485 接口的点到点通信模块，型号为 CM 1241（RS422/485）_1。

1．插入 CPU

打开 TIA Portal 软件，单击“项目”→“新建”选项，创建一个项目；然后在项目视图的项目树下，单击“添加新设备”选项，则会弹出“添加新设备”对话框，如图 3-16 所示。单击左侧的控制器，选择“SIMATICS S7-1200 ”→“CPU ”→“CPU 1215C AC/DC/Rly”，“订货号”为“6ES7 215-1BG40-0XB0”，“版本”为“V4.0”，注意 CPU 的型号、订货号、版本要与实际硬件匹配。选择完成后，选择左下角的“打开设备视图”复选框，单击“确定”按钮后即可直接打开“设备视图”界面，如图 3-17 所示。

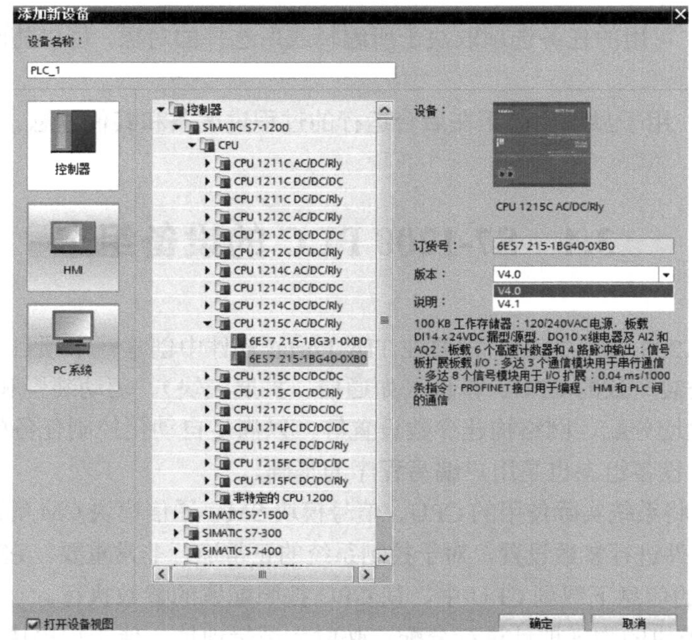

图 3-16 “添加新设备”对话框

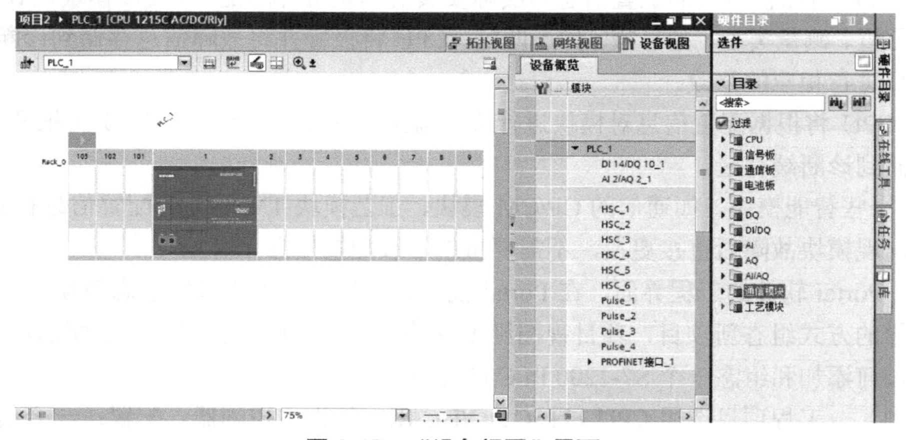

图 3-17 “设备视图”界面

在“设备视图”界面中，看到新添加的 CPU 位于 1 号插槽，可在这个界面继续进行硬件组态；“设备概览”中，可以看到插入模块的详细信息，包括 I/O 地址、设备类型、订货号、版本号等；硬件目录区，可以选择“过滤”复选框，只保留与站点相关的模块，并可在硬件目录区选择所需的模块添加到 CPU 插槽中。

2．将模块添加到组态中

使用硬件目录可将模块添加到 CPU 中。其中信号模块（SM）可添加到 CPU 右侧的插槽中（2～9 号插槽）；通信模块（CM）和通信处理器（CP）可添加到 CPU 左侧的插槽中（101～103 号插槽）；信号板（SB）、电池板 1297（BB）、通信板（CB）可添加到 CPU 的前端。

添加信号模块和通信模块。本例中，共有两个信号模块，一个是数字量输入/输出模块，型号为 SM 1223 DI16/DQ16×24 VDC；一个是模拟量输入模块 AI4×13 位，型号为 SM 1231 AI4；一个是通信模块，型号为 CM 1241（RS422/485）_1。

在硬件目录区中选择模块，依次单击“DI/DQ”→“DI 16/DQ16×24 VDC”，选择订货号“6ES7 223-1BL32-0XB0”，版本 V2.0；然后双击该模块或长按鼠标左键将其拖到高亮显示的插槽 2 中；则数字量输入/输出模块被配置到 CPU 中，如图 3-18 所示。必须将模块添加到设备组态并将硬件配置下载到 CPU 中，模块才能正常工作。

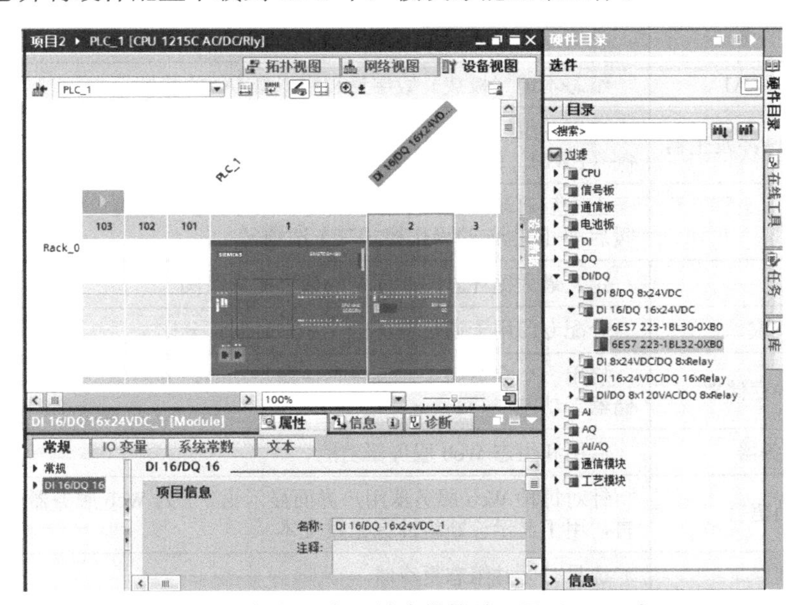

图 3-18　数字量输入/输出模块被配置到 CPU 中

如上步骤，继续添加余下的信号模块和通信模块。将信号模块（模拟量输入模块 SM 1231 AI4）添加到插槽 3 中；将通信模块（点对点 CM 1241（RS422/485）_1）添加到插槽 101 中（CPU 右侧）。

硬件组态配置完成后，可在设备视图右侧的“设备概览”中看到整个硬件组态的详细信息，包括已组态模块的插槽号、I/O 地址、类型、订货号、版本等，控制系统设备组态信息如图 3-19 所示。

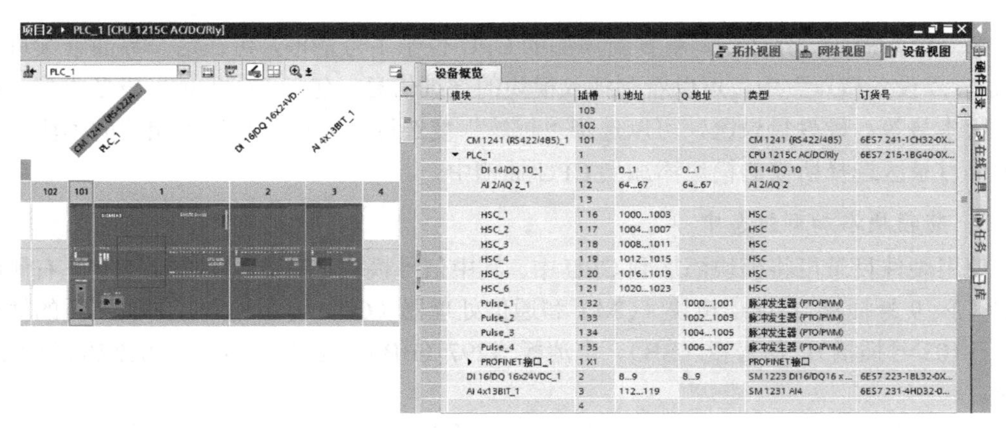

图 3-19　控制系统设备组态信息

3．CPU 参数配置

在“设备视图”界面选择 CPU，可在下部巡视窗口的属性视图中配置 CPU 的各种参数，如 CPU 的启动特性、通信接口、I/O 特性、周期与时钟等，CPU 属性及说明见表 3-1。

表 3-1　CPU 属性及说明

CPU 属性	说明
PROFINET 接口	设置系统子网、IP 地址、设备名称、时间同步等
DI、DO 和 AI	组态本地（板载）数字量和模拟量 I/O 的特性
高速计数器、脉冲发生器	启用并组态高速计数器（HSC）及用于脉冲串运行（PTO）和脉冲宽度调制（PWM）的脉冲发生器
启动	上电后启动：包括不重新启动（保持为 STOP 模式）、暖启动-RUN 模式、暖启动-断电前的操作模式三个选项
周期	定义最大循环时间或固定的最小循环时间
通信负载	分配专门用于通信任务的 CPU 时间百分比
系统和时钟存储器	启用一个字节用于“系统存储器”功能，并启用一个字节用于“时钟存储器”功能
Web 服务器	启用和组态 Web 服务器功能
用户界面语言	针对每种 Web 服务器用户界面显示语言，为 Web 服务器分配一种项目语言，用于显示诊断缓冲区条目文本
时间	选择时区并组态夏令时
保护	设置用于访问 CPU 的读/写保护和密码
连接资源	提供可用于 CPU 的通信连接资源汇总及已组态的连接资源数
地址总览	提供已为 CPU 组态的 I/O 地址的摘要

4．组态信号模块的参数

组态信号模块的运行参数，需要在“设备视图”界面中选择模块，并使用巡视窗口的“属性”选项卡组态模块的参数。

数字量输入模块属性如图 3-20 所示。模拟量输入模块属性如图 3-21 所示。

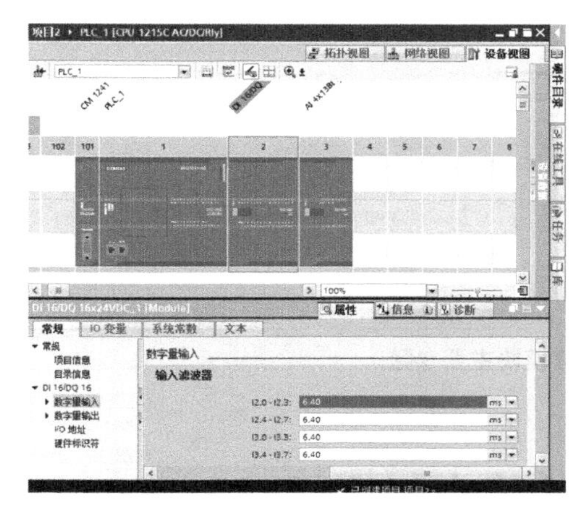

图 3-20 数字量输入模块属性

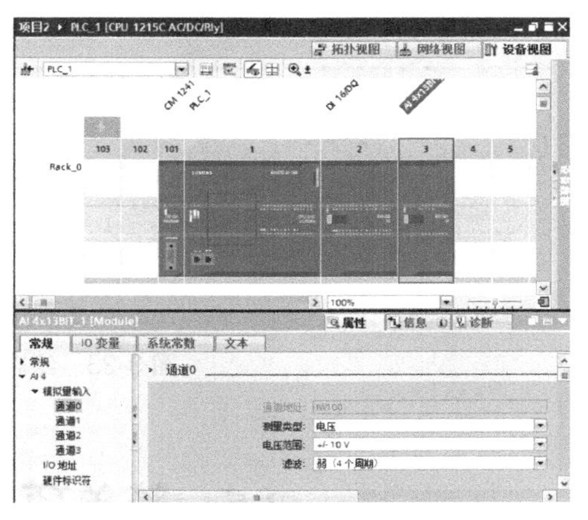

图 3-21 模拟量输入模块属性

对于信号模块（SM）或信号板（SB），在“属性”选项卡下可组态以下参数。

① 数字量 I/O：可组态各数字输入量输入滤波时间；各数字输出量可使用冻结值或替换值。

② 模拟量 I/O：为各个输入通道设置参数，如测量类型（电压或电流）、范围和平滑化，也可启用下溢或上溢诊断。

③ I/O 地址：用于设置信号模块的输入和输出的起始地址，如图 3-22 所示，如将数字量输入/输出模块起始地址修改为 2，则位地址为 I2.0～I3.7，Q2.0～Q3.7；将模拟量输入模块起始地址修改为 100，则四路模拟量通道地址分别为 IW100、IW102、IW104、IW106。

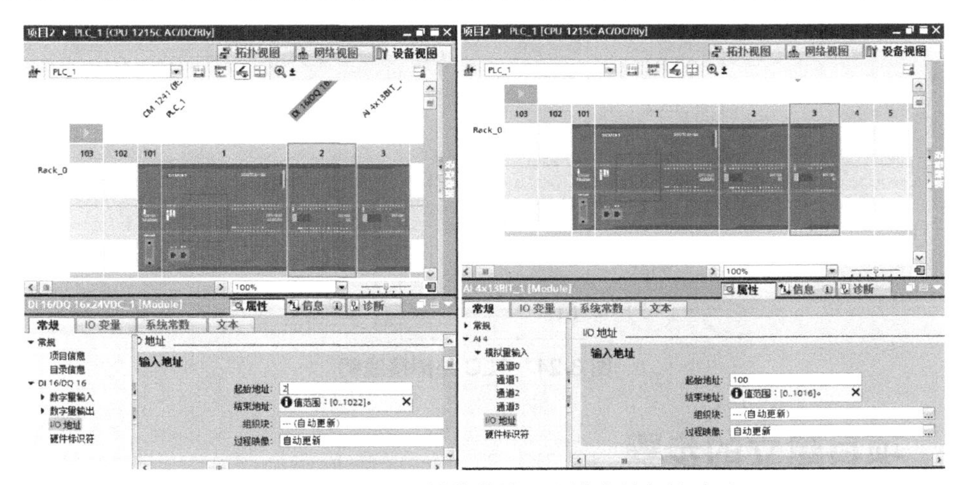

图 3-22 设置信号模块的输入和输出的起始地址

5．组态通信模块的参数

组态通信模块，可在“设备视图”界面中选择通信模块，然后在“属性”选项卡中组态模块的参数。

对于通信模块（CM）、通信处理器（CP）或通信板（CB），可根据不同的型号及接口类型组态网络参数。本例为带有 RS422/RS485 接口的点到点的通信模块，组态通信模块主要参数如图 3-23 所示。

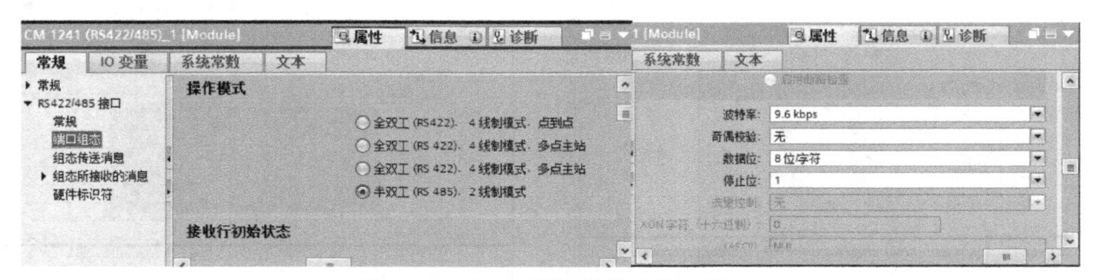

图 3-23　组态通信模块主要参数

3.5　简单项目的建立与运行

3.5.1　控制要求及 PLC 外部接线

下面以一个简单的控制项目为例，介绍 S7-1200 PLC 系统建立与调试的过程。

项目控制要求：采用 S7-1200 CPU1214C AC/DC/Rly 实现，按下启动按钮 SB1，输出指示灯 HL1 点亮并保持，按下停止按钮 SB2，输出指示灯 HL1 熄灭。PLC 外部接线图如图 3-24 所示。

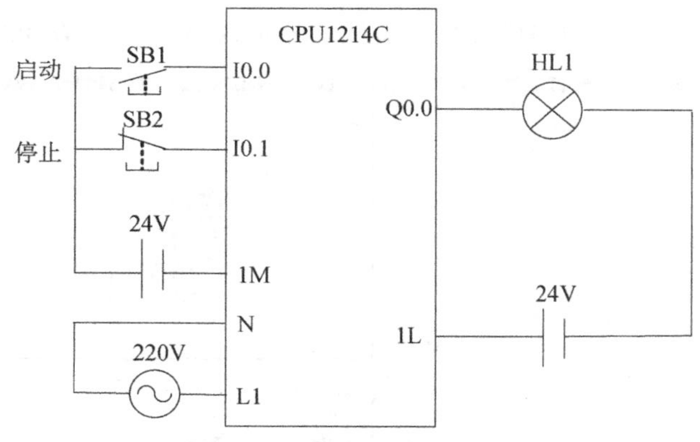

图 3-24　PLC 外部接线图

3.5.2　项目建立的步骤

在 TIA Portal 软件中完成一个自动化控制系统的建立与运行，需要经过项目创建、硬件组态、程序编写及系统联调等步骤。

1．创建项目

打开 TIA Portal 软件，单击“项目”→“新建”选项，弹出“创建新项目。”对话框，如图 3-25 所示，填写新建的项目名称（如 Test_1）、项目保存路径（如保存到桌面）等信息；完成后单击“创建”按钮，弹出如图 3-26 所示的新项目的项目视图界面。

创建新项目。
项目名称：Test_1
路径：C:\Users\Administrator\Desktop
作者：Administrator
注释：
创建 取消

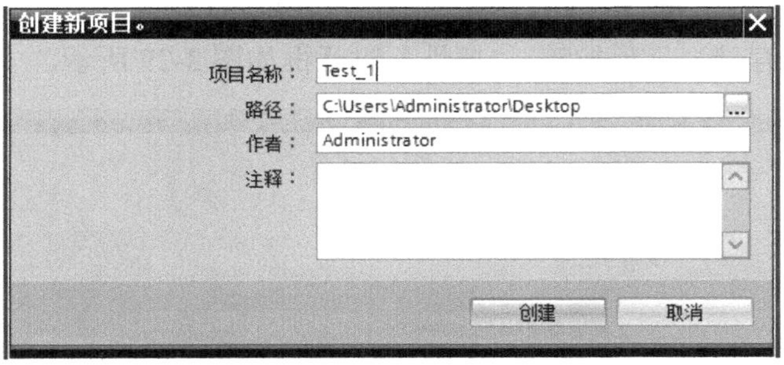

图 3-25 “创建新项目。”对话框

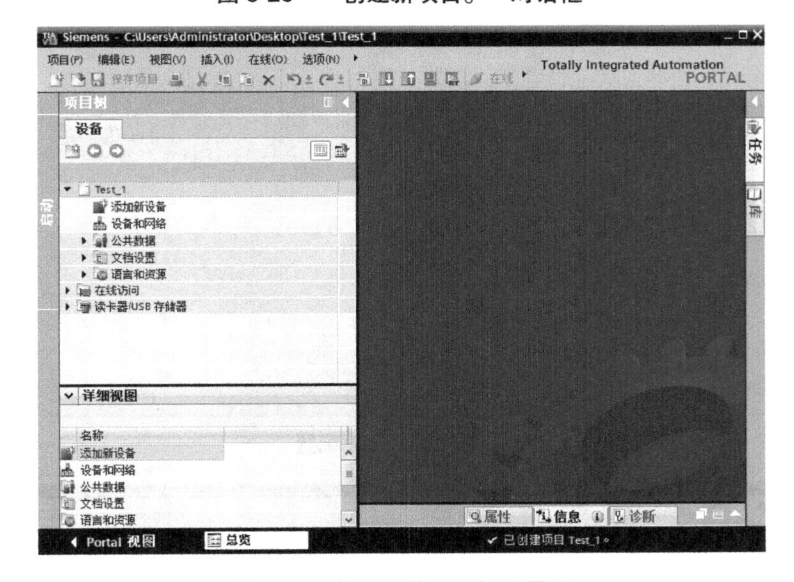

图 3-26 新项目的项目视图界面

2．配置 PLC

一个 TIA Portal 软件项目可以包含多个 PLC 站点、HMI 及驱动等设备。在使用 S7-1200 CPU 之前，需要在项目中添加 PLC 站点，并对其进行硬件配置，然后编写用户程序。

添加 PLC 站点和硬件配置，是将真实的 PLC 及其外部设备（如 HMI、变频器等）连接，以及各设备参数设置情况，映射到 TIA Portal 软件平台上，这个过程也是对 PLC 硬件系统的参数化过程。所以，只有在完成系统硬件配置后，才能进行程序的编写工作。

首先添加一个 PLC，在软件左侧项目树“Test_1”项目下，单击“添加新设备”选项，选择“控制器”→“SIMATIC S7-1200”→“CPU”“CPU 1214C AC/DC/Rly”→“6ES7 214-1BG40-0XB0”（版本：V4.1），硬件配置如图 3-27 所示，单击“确定”按钮，弹出如图 3-28 所示的“设备视图”界面。

从图 3-28 所示可以看到 CPU 属性，如 14 个输入点、10 个输出点、6 个高速计数器、4 个高速输出脉冲、1 个以太网接口等。

然后进行 CPU 参数的配置，在“设备视图”界面中选择“CPU”，单击下部的“属性”

选项，弹出“属性”对话框（部分内容可参见第 3.4 节）。这里可以配置 CPU 的各种参数，如通信接口（PROFINET 接口）、DI14/DQ10、高速计数器（HSC）、脉冲发生器（PTO/PWM）、启动、系统和时钟存储器、保护等。“属性”对话框如图 3-29 所示。

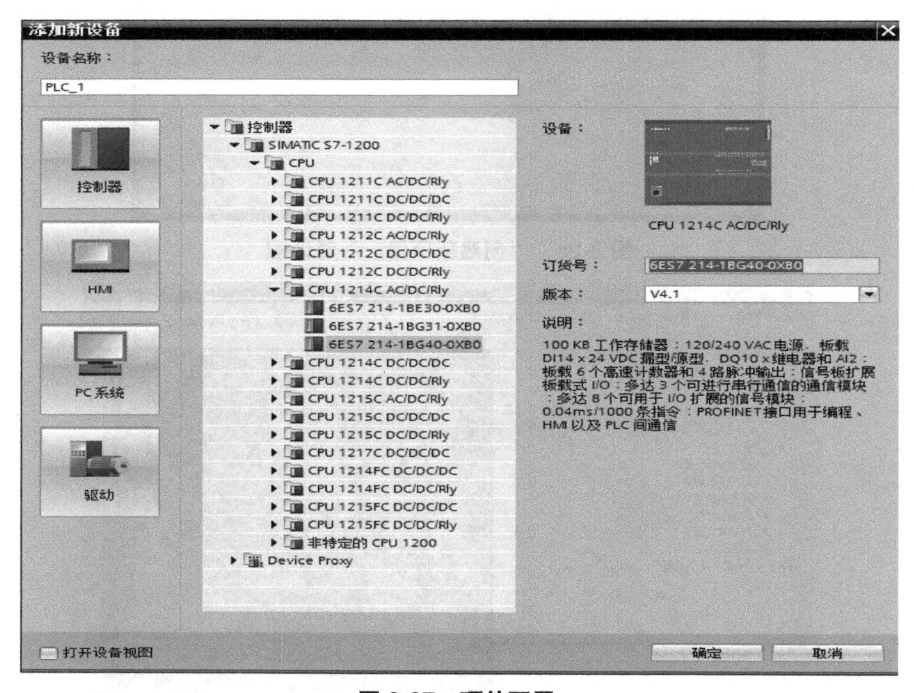

图 3-27　硬件配置

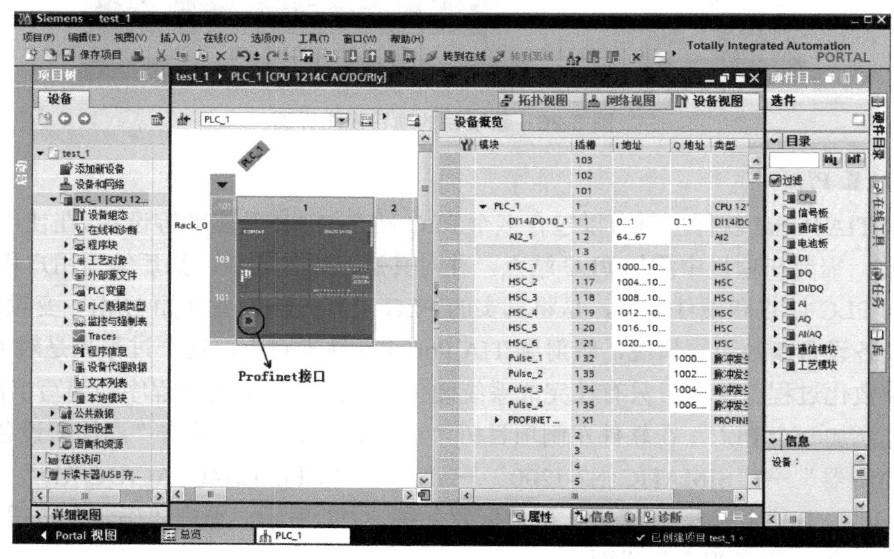

图 3-28　“设备视图”界面

本例为一简单的 PLC 应用项目，只需设置 CPU 通信接口，其他参数保持默认即可。可双击 CPU 模块的以太网口，弹出“PROFINET 接口_1[Module]”属性界面，选择“以太网地址”，设置 IP 地址，PLC 的 IP 地址设置如图 3-30 所示，输入 PLC 的“IP 地址”为

“192.168.0.1”，“子网掩码”为“255.255.255.0”；并单击“工具栏”的“保存项目”图标，保存设置的项目参数，PLC 硬件配置完成。

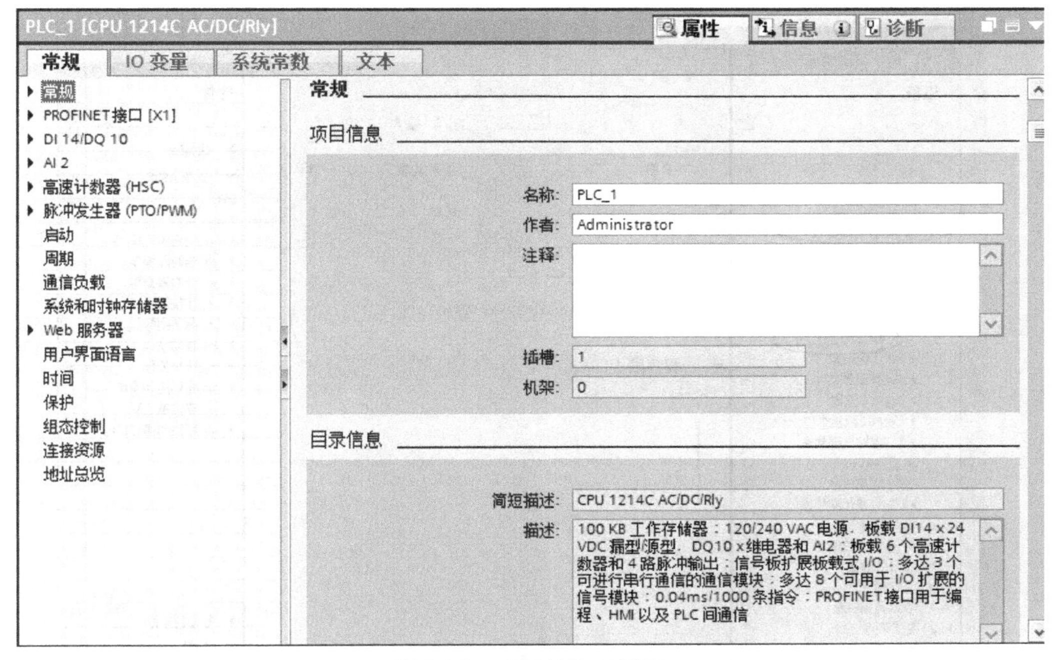

图 3-29 “属性”对话框

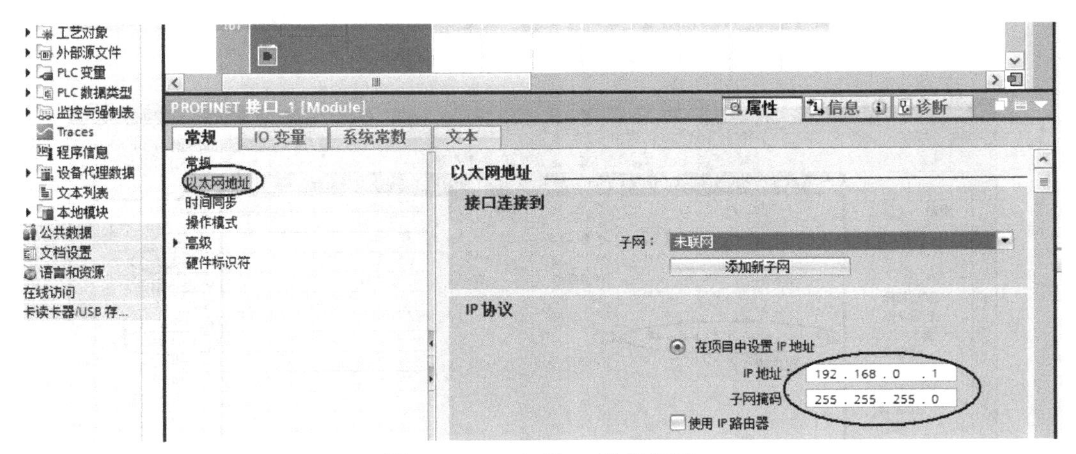

图 3-30 PLC 的 IP 地址设置

3．创建程序

当 CPU 参数配置完成后，在项目中会自动创建主程序组织块“Main[OB1]”，双击项目树中“Main[OB1]”，打开 OB1 组织块如图 3-31 所示。同其他程序块不同，OB1 组织块是必需的。

4．对 PLC 编程

本例选择梯形图语言编写程序，编写梯形图程序如图 3-32 所示，直接在主程序组织块

Main[OB1]中录入。

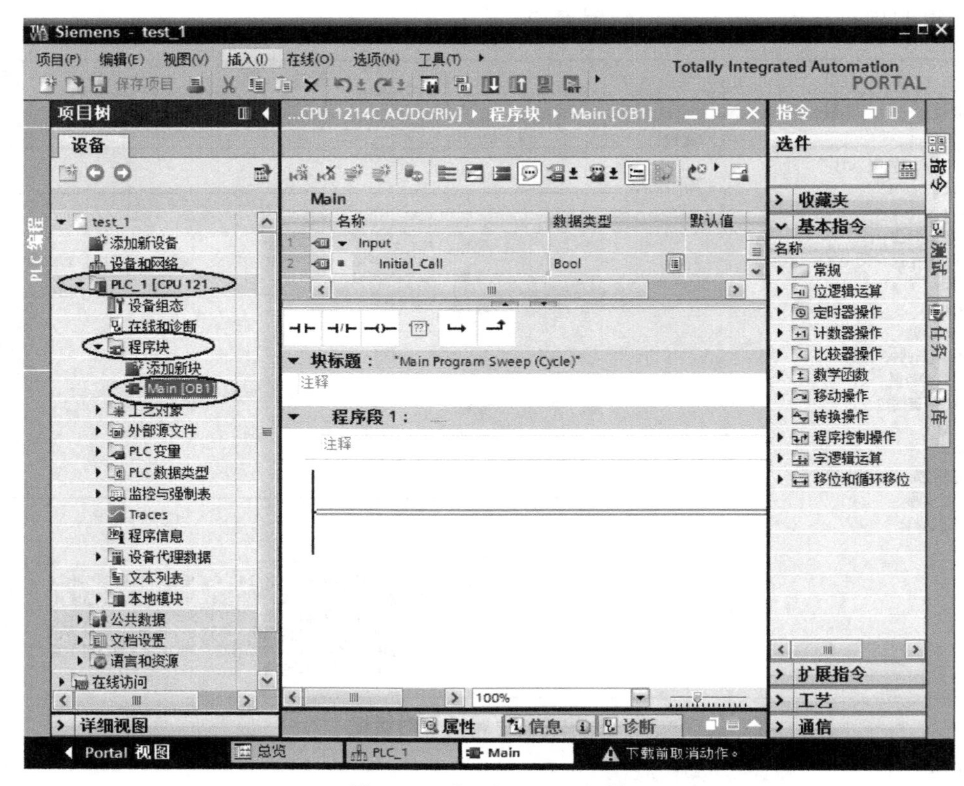

图 3-31 打开 OB1 组织块

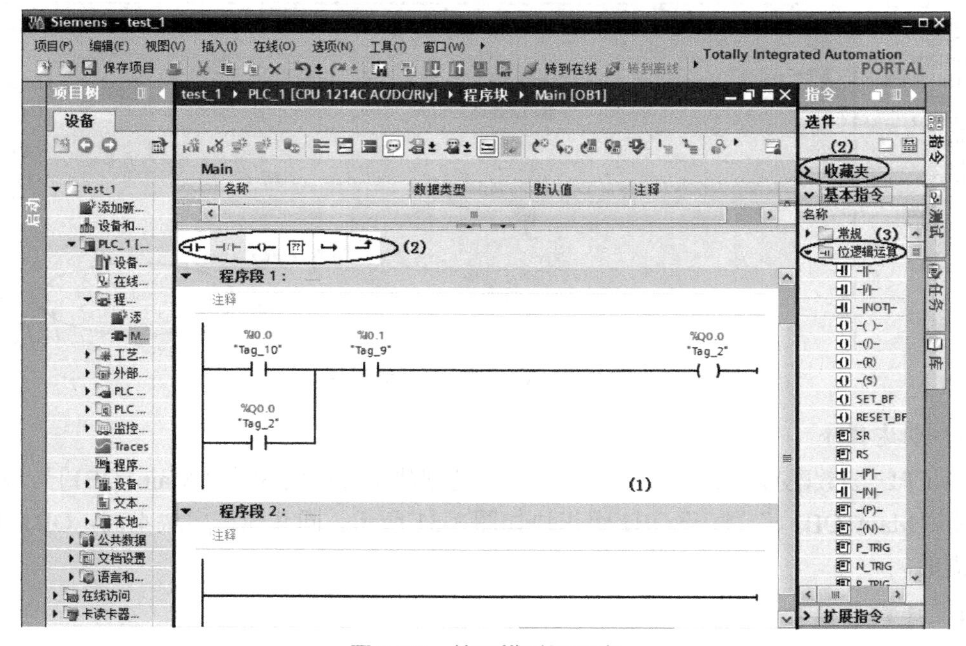

图 3-32 编写梯形图程序

图中标注（1）表示程序编辑器的工作区，可完成以下任务：

① 创建和管理程序段。

② 输入块和程序段的标题与注释。

③ 插入指令并为指令提供变量。

编写梯形图时，可以拖曳图 3-32 中（2）或（3）标注的区域指令图标到工作区指定位置，组成工作区中的逻辑关系。其中（2）是右边“基本指令”选项卡中的“收藏夹”内容，通过“收藏夹”可以快速访问常用指令；（3）是右边“基本指令”选项卡中的“位逻辑运算”指令。

OB1 块程序可分为程序段 1、程序段 2 等若干段程序，程序段用来构建程序，每个块最多可以包含 999 个程序段，每个程序段至少包含一个梯级。插入程序段只需右击“程序段”字样或右击工作区域空白处即可弹出快捷菜单，选择“插入程序段”命令，如图 3-33 所示。

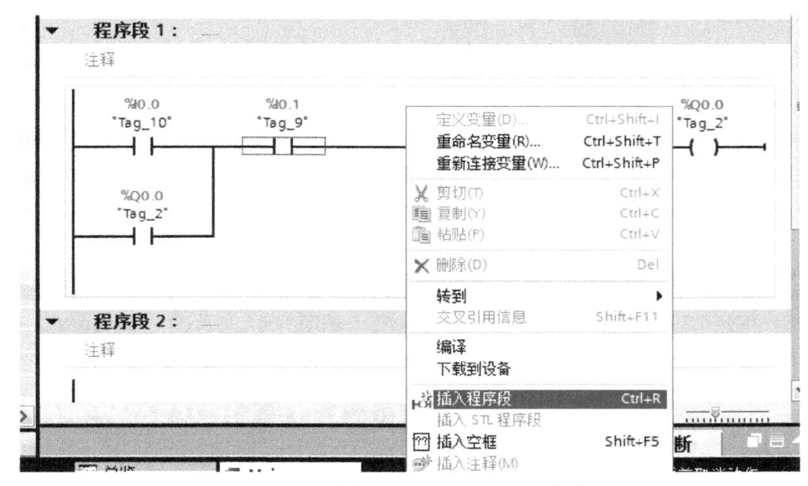

图 3-33　选择“插入程序段”命令

图 3-33 中变量名称“Tag_10”等是系统自动生成的，可以在“PLC 变量”选项下，通过单击“添加新变量表”添加新的变量表，并在其中自行建立变量并命名变量名称，变量命名如图 3-34 所示，也可以选择变量名称右击选择“重命名变量”命令，“重命名变量”界面如图 3-35 所示。

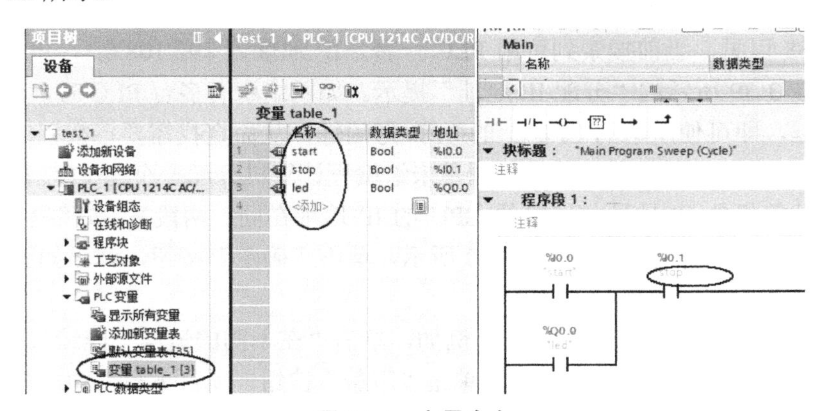

图 3-34　变量命名

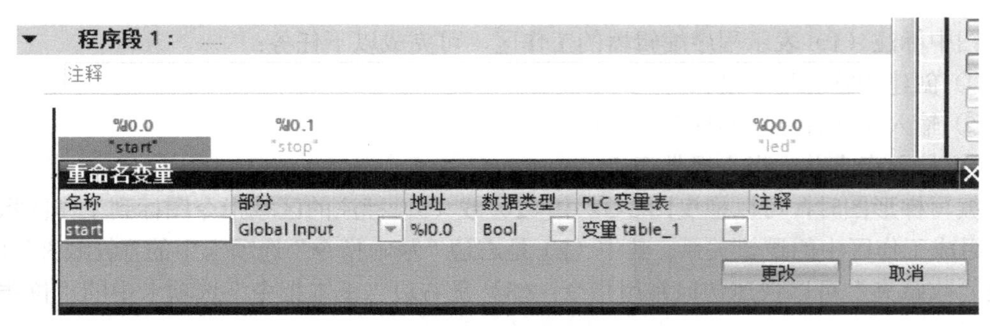

图 3-35 “重命名变量”界面

程序编写结束后，需对程序进行编译，无误后，可单击“工具栏”上的“保存项目”图标进行保存，则程序编写完成。

5．将硬件组态及程序下载到 PLC 中

程序下载前，用网线连接编程计算机与 PLC 的以太网接口；连接建立后，方可执行程序的下载与上传等操作。

硬件配置及 PLC 程序编写完成后需要编译并下载到 PLC 中。下载操作如图 3-36 所示，在编译完成后，单击“工具栏”上的“下载到设备”图标，弹出如图 3-37 所示的“扩展的下载到设备”对话框。

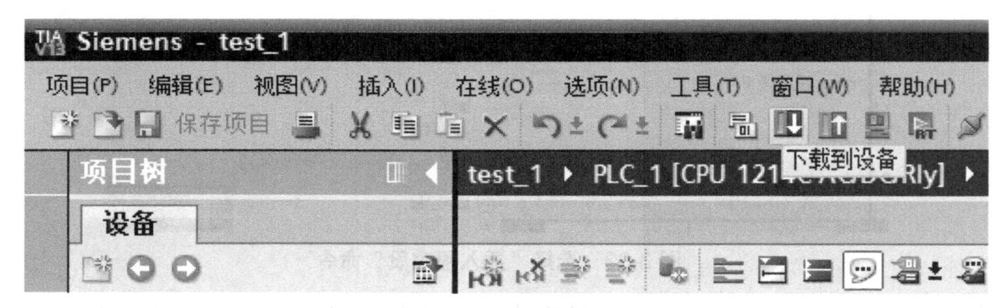

图 3-36 下载操作

在图 3-37 中，“PG/PC 接口的类型”选择“PN/IE”，“PG/PC 接口”选择编程计算机使用的网卡型号；选择完毕单击“开始搜索”按钮，搜索网络上所有的站点，弹出如图 3-38 所示的搜索目标设备界面。

从图 3-38 可见，当前搜索到可用 PLC 一台，IP 地址为 192.168.0.1，单击“下载”按钮，弹出如图 3-39 所示的“分配 IP 地址”提示。如网络中有多台 PLC 时，可选择“闪烁 LED”复选框，即可使所选的 CPU 上的 LED 灯闪烁，从而查找需要下载程序的站点。

从图 3-39 可见，可能会出现的问题是未给编程计算机分配一个与 PLC 同一网段的 IP 地址（要求计算机的 IP 地址与连接的 CPU 的 IP 地址在同一网段），按照提示操作，完成系统给编程设备分配 IP 地址，如图 4-40 所示，单击“确定”按钮，弹出如图 3-41 所示的“装载到设备前的软件同步”对话框。

在图 3-41 中，根据需求进行选择，例如，单击“在不同的情况下继续”按钮，出现如图 3-42 所示的“下载预览”对话框 1，单击“下载”按钮，项目下载并弹出如图 3-43 所示的“下载预览”对话框 2，单击“下载”按钮，弹出如图 3-44 所示的“下载结果”对话框，单击“完成”按钮，完成下载任务。

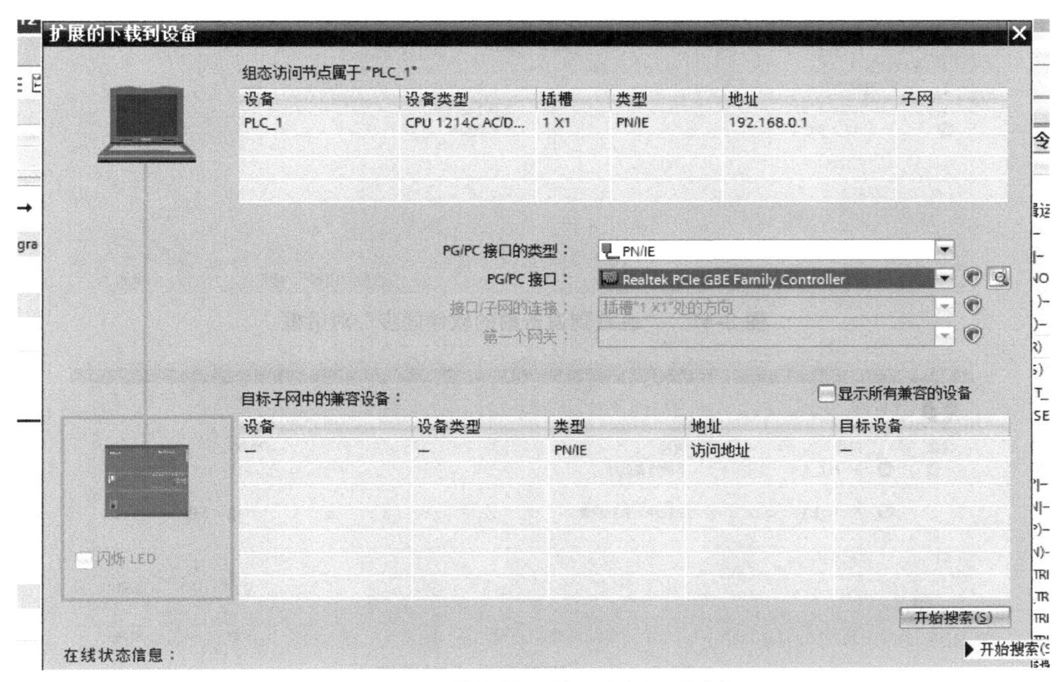

图 3-37 “扩展的下载到设备”对话框

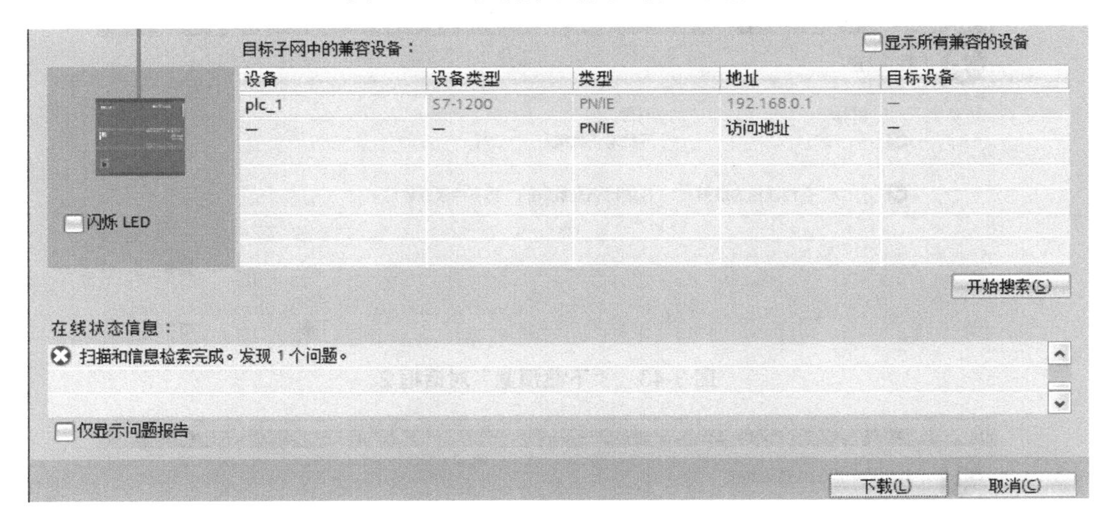

图 3-38 搜索目标设备界面

图 3-39 “分配 IP 地址”提示　　图 3-40 系统给编程设备分配 IP 地址

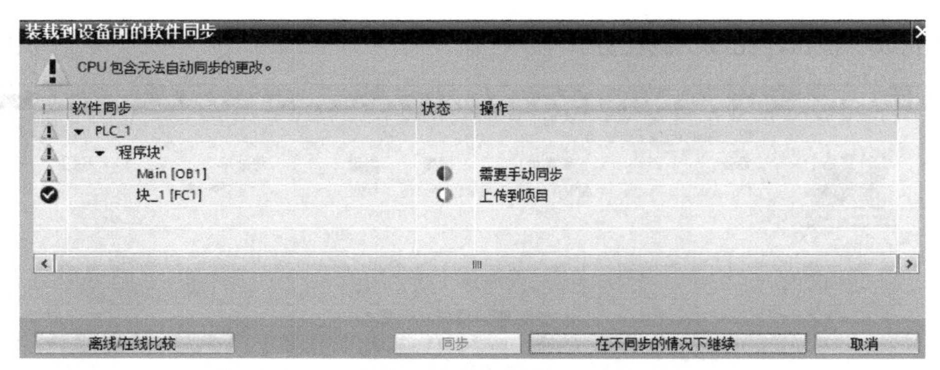

图 3-41　“装载到设备前的软件同步”对话框

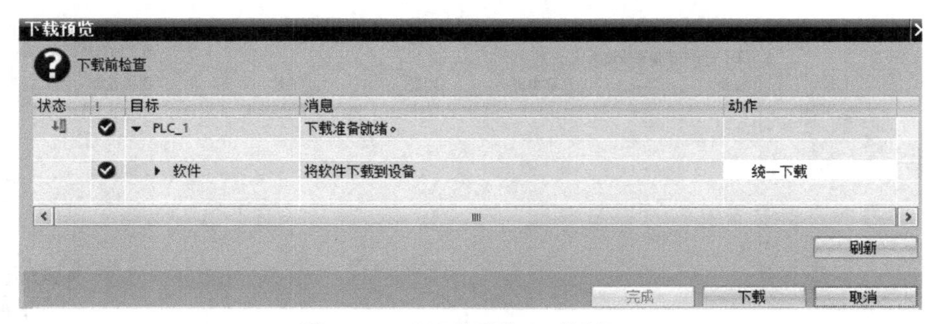

图 3-42　“下载预览”对话框 1

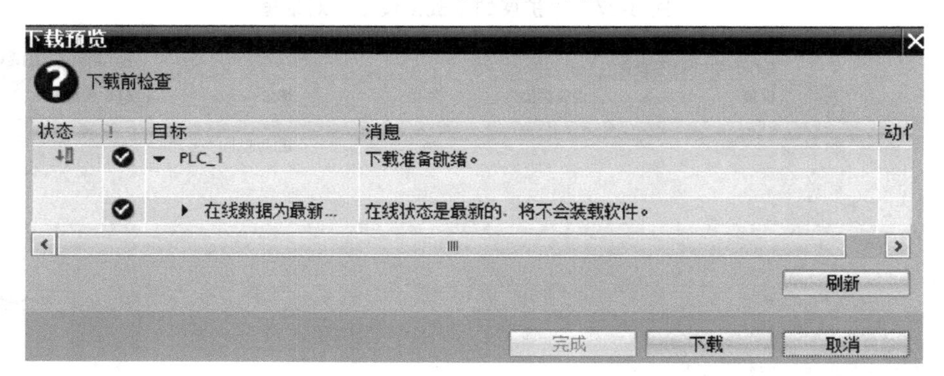

图 3-43　“下载预览”对话框 2

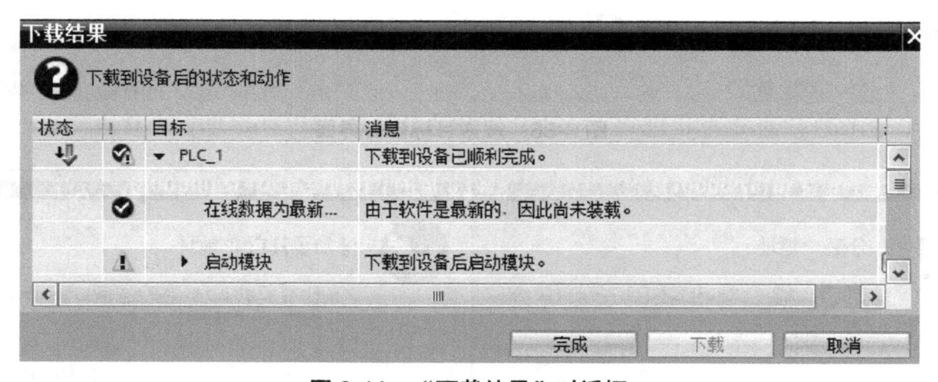

图 3-44　“下载结果”对话框

3.5.3 系统联调

项目下载完成后，激活项目进行测试，如图 3-45 所示，图中标注（1）表示“转到在线”（如果 PLC 当前是停止状态），标注（2）表示“启动 CPU”，激活项目测试系统功能。

图 3-45 激活项目进行测试

也可以直接单击 OB1 界面的“启用/禁用监控”按钮，如图 3-46 所示，进入程序监控界面如图 3-47 所示。

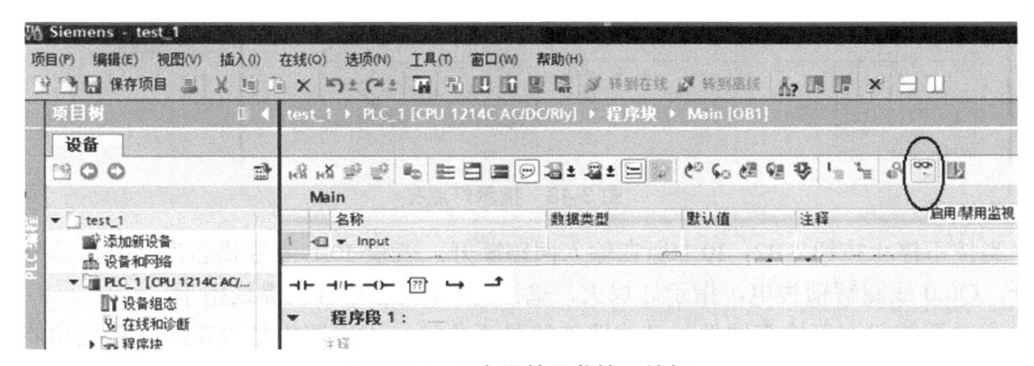

图 3-46 “启用禁用监控”按钮

在图 3-47 中，如果当前 PLC 是停止状态，则通过 CPU 操作面板的“RUN”按钮，启动运行。当启动按钮 SB1（I0.0）未按下时，变量 start 信号状态为“0”，信号流断开，图中用虚线表示。

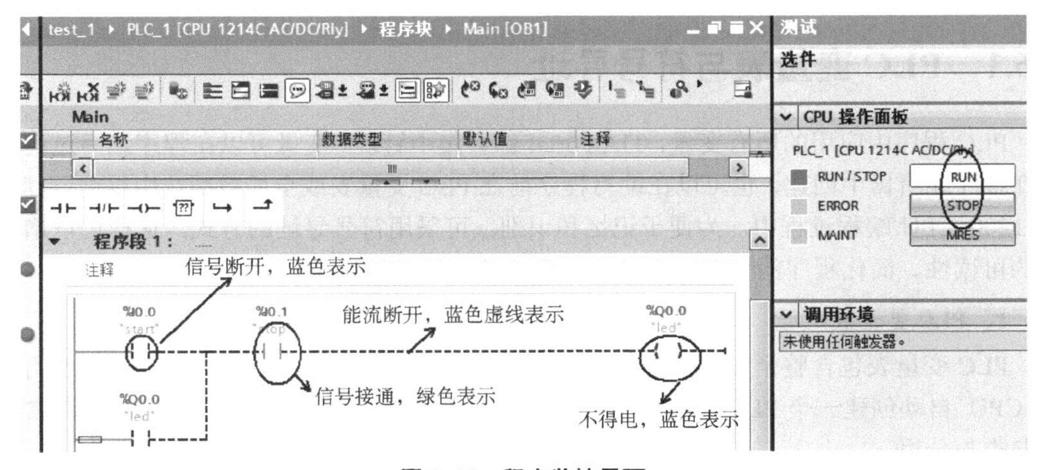

图 3-47 程序监控界面

当按下启动按钮 SB1，I0.0 所在输入回路接通，变量 I0.0 信号状态为“1”，动合触点闭合，信号流开始传递。由于停止按钮的动合触点接入 PLC I0.1 输入回路，变量 I0.1 状态为 1，动合触点闭合，电流通过 I0.1 触点，流到程序段末尾的线圈（Q0.0），并且“输出线圈”指令将 led（Q0.0）变量设置为信号状态“1”，指示灯点亮且通过动合触点（Q0.0）实现自保持，信号流通的路径用绿色实线表示，指示灯点亮如图 3-48 所示。

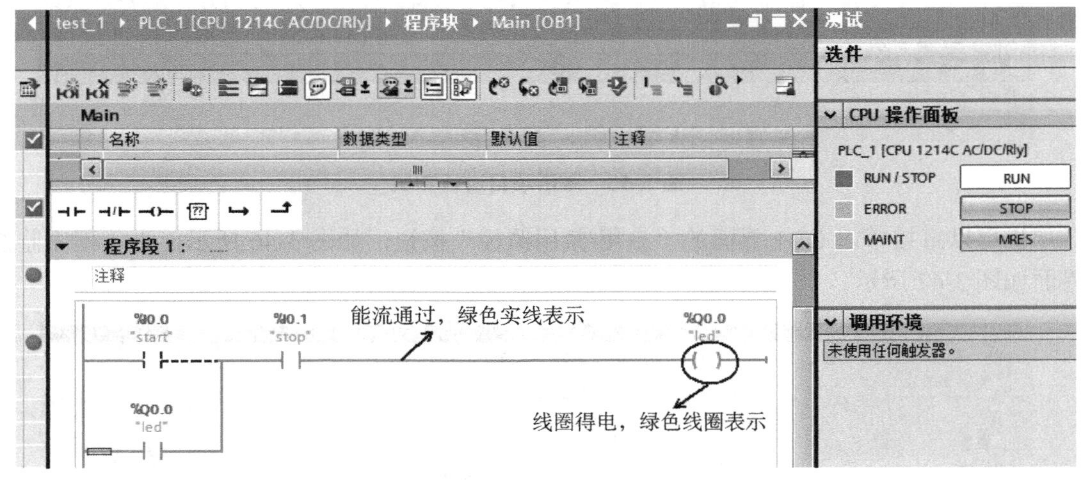

图 3-48　指示灯点亮

当按下停止按钮 SB2，I0.1 所在输入回路断开，变量 I0.1 信号状态为“0”，信号能流断开，Q0.0 线圈解锁失电，指示灯熄灭，输出 Q0.0 状态由蓝色虚线指示。

通过系统联调可检查硬件外部线路连接是否正确，程序逻辑是否正确，系统功能是否实现等。

3.6　PLC 变量表及监控表功能

3.6.1　PLC 变量表与符号寻址

PLC 程序中应用的所有变量，TIA Portal 都会集中管理。变量可以在程序编写过程中直接在程序编辑器中创建，也可以在编写程序前在 PLC 变量表或全局数据块中提前创建。在 S7-1200 CPU 编程过程中，为便于记忆和识别，可采用符号寻址的方式，这样可以增强程序的可读性、简化程序的调试和维护，为后续编程和维护提高效率。

1．PLC 变量表

PLC 变量表包含整个 CPU 范围内都有效的变量和符号常量，系统会为项目中使用的每个 CPU 自动创建一个 PLC 变量表。用户也可以创建其他的变量表，用于对变量和常量进行归类与分组。

在 TIA Portal 软件中添加 CPU 设备后，会在项目树中该 CPU 设备下出现一个“PLC 变量”文件夹，文件夹内包含下列表格：显示所有变量、添加新变量表和默认变量表。

打开“显示所有变量”表格，有三个选项卡分别为“变量”“用户常量”“系统常量”，该表为 PLC 的基础表格，不能删除或移动。PLC 变量表如图 3-49 所示。

模拟量输出示例 ▸ PLC_1 [CPU 1215C DC/DC/DC] ▸ PLC 变量

变量 | 用户常量 | 系统常量

PLC 变量

	名称	变量表	数据类型	地址	保持	在 H...	可从 ...
46	>5s_中间值1	默认变量表	DInt	%MD212		☑	☑
47	>5s_中间值2	默认变量表	DInt	%MD216		☑	☑
48	AQ输出值	默认变量表	DInt	%MD224		☑	☑
49	入库信号	出入库	Bool	%I0.0		☑	☑
50	X轴启动	码垛机控制	Bool	%I0.1		☑	☑

图 3-49　PLC 变量表

图 3-49 中变量表类型显示的默认变量表是系统自动创建的，该表包含 PLC 变量、用户常量和系统常量，是不能删除的。用户可以直接在该表中定义需要的 PLC 变量和用户常量，也可以通过添加新变量表进行分类整理。

如可以双击“添加新变量表”，添加两个新的变量表。自定义变量表如图 3-50 所示，在新建变量表的条目上右击，选择“重命名”选项，如命名为“码垛机控制”和“出入库”，就可以在新建的变量表中按照新的分类方法定义程序编写中需要的变量。用户自定义的变量表可以命名、合并、复制或删除等。

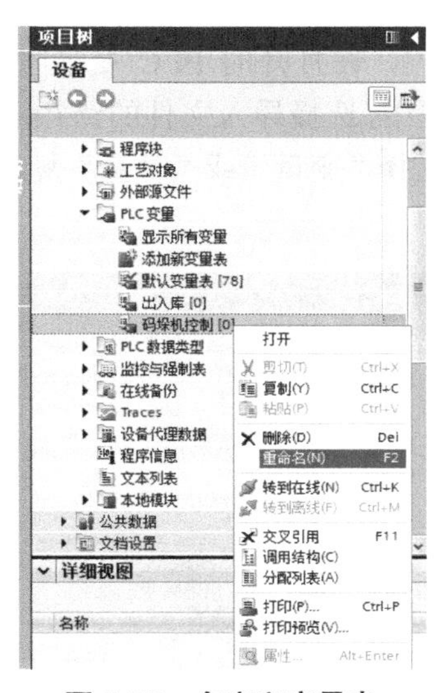

图 3-50　自定义变量表

在 TIA Portal 软件中，PLC 变量的操作非常灵活；可以直接在 PLC 变量表中进行编辑然后以 Excel 表格的形式导出，也可以在 Office Excel 表格中进行定义编辑然后导入到软件。同时，符号编辑器也具有 Office 的编辑风格，可以通过复制、粘贴或下拉拖曳的方式修改变量。

例如，要导出 PLC 变量表，可以依次单击项目下的“PLC 变量”→“显示所有变量”选项，在打开的 PLC 变量中单击左上角的导出图标 ➡。在弹出的“导出到 Excel 中”对话框中，选择导出的路径，如图 3-51 所示，并给文件名命名为 PLCTags.xlsx，导出元素可选择“变量”或“常量”复选框，完成后单击“确定”按钮，则变量表被导出到桌面、文件名为 PLCTags.xlsx 的 Excel 表格文件中。

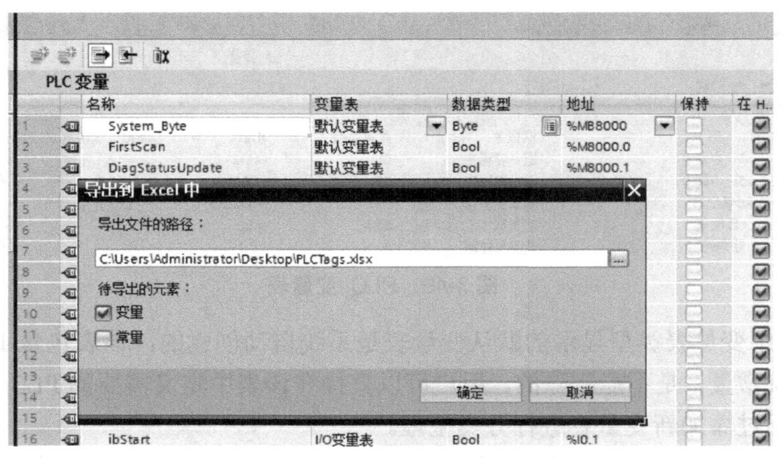

图 3-51 “导出到 Excel 中”对话框

变量导出后，可在桌面打开 PLCTags.xlsx 文件，PLCTags.xlsx 文件如图 3-52 所示，就可以在 Excel 中按照对应格式进行变量的检查、修改和编辑，完成后还可以再次将编辑后的变量表导入到 TIA Portal 软件中。打开 TIA Portal 软件，同样在项目下依次单击“PLC 变量”→“显示所有变量”选项，在打开的 PLC 变量中单击左上角的导入图标 ，在弹出的“从 Excel 中导入”对话框中，选择导入文件的路径，如桌面上文件名为 PLCTags.xlsx 的 Excel 文件，待导入元素可选择“变量”或“常量”复选框，完成后单击“确定”按钮，则变量表被导入。

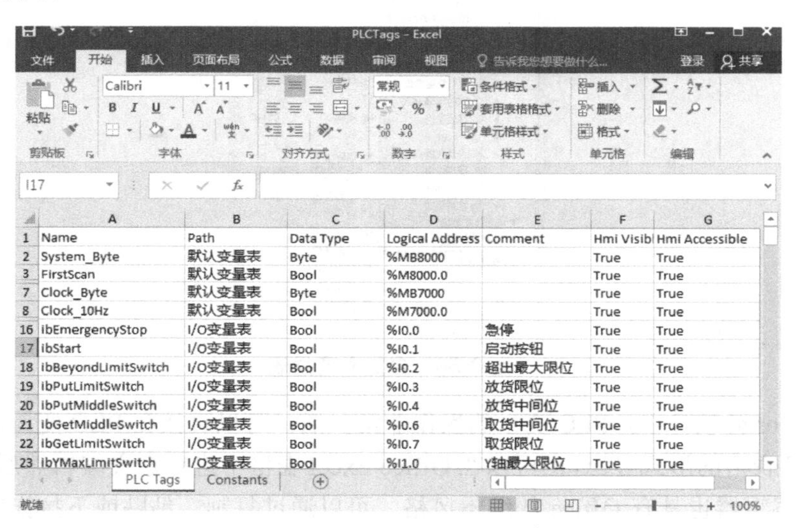

	Name	Path	Data Type	Logical Address	Comment	Hmi Visibl	Hmi Accessible
2	System_Byte	默认变量表	Byte	%MB8000		True	True
3	FirstScan	默认变量表	Bool	%M8000.0		True	True
7	Clock_Byte	默认变量表	Byte	%MB7000		True	True
8	Clock_10Hz	默认变量表	Bool	%M7000.0		True	True
16	ibEmergencyStop	I/O变量表	Bool	%I0.0	急停	True	True
17	ibStart	I/O变量表	Bool	%I0.1	启动按钮	True	True
18	ibBeyondLimitSwitch	I/O变量表	Bool	%I0.2	超出最大限位	True	True
19	ibPutLimitSwitch	I/O变量表	Bool	%I0.3	放货限位	True	True
20	ibPutMiddleSwitch	I/O变量表	Bool	%I0.4	放货中间位	True	True
21	ibGetMiddleSwitch	I/O变量表	Bool	%I0.6	取货中间位	True	True
22	ibGetLimitSwitch	I/O变量表	Bool	%I0.7	取货限位	True	True
23	ibYMaxLimitSwitch	I/O变量表	Bool	%I1.0	Y轴最大限位	True	True

图 3-52 PLCTags.xlsx 文件

2．符号寻址

在 S7-1200 CPU 编程理念中，特别强调符号寻址的使用。STEP7 中可以定义两类符号：

全局变量符号和局部变量符号。全局变量符号利用变量表定义，可以在项目中的所有程序块中使用；局部变量符号在相应程序块的变量声明表中定义，只能在该程序块中使用。

用户在编程时，应当为变量定义在程序中使用的标签名称（Tag）及数据类型。标签名称原则上以便于记忆、不易混淆为准；定义的符号名称允许使用汉字、字母、数字和特殊字符，但不能使用引号；编程时通过使用符号进行寻址，可以提高编程者的效率和增加程序的可读性。

由于 TIA Portal 软件不允许无符号名称的变量出现，所以程序编写过程中新增加的变量，即使用户没有命名，软件也会自动为其分配一个默认标签，以“Tag+数字”的形式出现，如“Tag1”“Tag5”等，但这种名称不便于记忆和识别，建议用户进行修改。变量的默认标签如图 3-53 所示，该程序为一个直接使用输入/输出点编写的启保停程序，符号名称均为系统分配的默认标签，可以通过在程序编辑器中直接右击变量标签，选择“重命名”进行修改，“重命名变量”对话框如图 3-54 所示。另外，也可以到 PLC 变量表中修改变量名称。

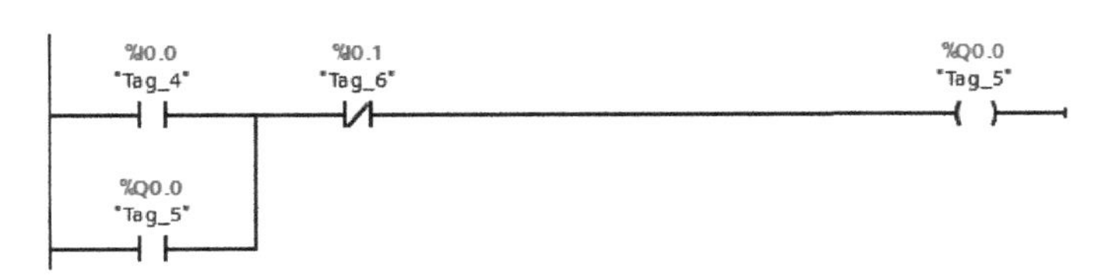

图 3-53 变量的默认标签

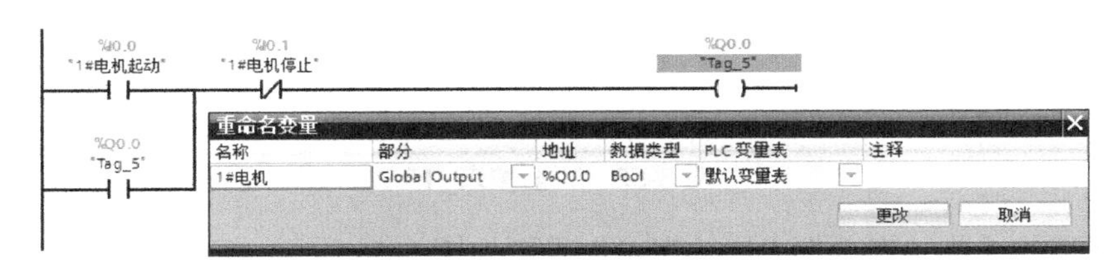

图 3-54 “重命名变量”对话框

3.6.2 监控表和强制表的使用

监控表和强制表是 S7-1200 PLC 重要的调试工具，合理使用监控表和强制表的功能，可以有效地进行程序的测试和监控。

1．监控表的功能和建立

使用监控表，可以保存各种测试环境，验证程序运行效果。监控表具有以下功能。

（1）监视变量

通过该功能可以在 PG/PC 上显示用户程序和 CPU 中各变量的当前值。

（2）修改变量

通过该功能可以将固定值分配给用户程序或 CPU 中的各个变量，在调试程序时，使用该功能对变量进行修改和赋值，可以使程序测试更为方便。

（3）启动外设输出和立即修改

通过这两个功能，可以将固定值分配给处于 STOP 模式的 CPU 的各个外设输出，使用这两项功能还可以检查接线情况。

在监控表中，可以监视和修改以下变量：输入、输出和位存储器，数据块的内容，用户自定义变量的内容及 I/O 点等。

要建立一个监控表，可以在程序编写完成并下载到 PLC 后，在项目树中选择“监控与强制表”→“添加新监控表”选项，则项目树中会自动生成一张新的监控表“监控表_1”（系统默认名称，可重命名）。“监控表_1”如图 3-55 所示。

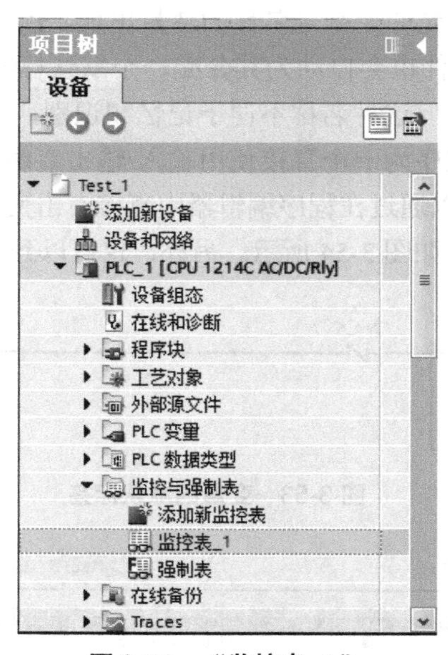

图 3-55　“监控表_1”

打开新建的“监控表_1”，“监控表_1”界面如图 3-56 所示，可以在“地址”栏中添加需要监控的变量地址，如 I、Q、M、DB 等地址，也可以在“名称”栏中输入需要监控的变量名称，完成后可根据监控需要修改各变量的显示格式。

模拟量输出示例 ▸ PLC_1 [CPU 1215C DC/DC/DC] ▸ 监控与强制表 ▸ 监控表_1

	i	名称	地址	显示格式	监视值	修改值		注释
1		"Start_1"	%I0.1	布尔型				
2		"Motor_1"	%Q1.0	布尔型				
3		"AQ输出值"	%MD224	带符号十进制				
4		"当前时间"	%MD100	时间				
5		"AQ_0"	%QW64	十六进制				

图 3-56　“监控表_1”界面

程序下载到 PLC 并启动运行后，就可以在监控表_1 界面，单击在线监控图标，可观察各变量的变化情况，使用在线监控如图 3-57 所示，同时还可根据需要对变量进行在线修改。

2. 强制表的功能和建立

在程序调试过程中，由于硬件输入信号不能在线修改而无法对程序进行模拟调试。这时可通过强制功能让某些 I/O 保持为用户指定的值，与修改变量不同，一旦 I/O 被强制，则其始终保持为强制值，不受程序运行影响，直到用户取消强制功能。

模拟量输出示例 ▸ PLC_1 [CPU 1215C DC/DC/DC] ▸ 监控与强制表 ▸ 监控表_1

	i	名称	地址	显示格式	监视值	使用触...	使用触...	修改值		注释
1		"Start_1"	%I0.1	布尔型	FALSE	永久	永久	TRUE	☑ !	
2		"Motor_1"	%Q1.0	布尔型	TRUE	永久	永久		☐	
3			%MW120	十六进制	16#0500	永久	永久	16#0500	☑ !	
4		"AQ输出值"	%MD224	带符号十进制	1426	永久	永久		☐	
5		"当前时间"	%MD100	时间	T#258MS	永久	永久		☐	
6		"AQ_0"	%QW64	十六进制	16#0592	永久	永久		☐	

图 3-57　使用在线监控

每个 CPU 仅对应一个强制表，选择“监控与强制表”→“强制表”选项，可以在其中输入需要强制的变量，变量输入方式与监控表一致；然后在“强制值”一栏输入需要强制的数值，单击强制命令图标 F F F，即可对变量进行强制，“强制表”界面如图 3-58 所示。

在强制表中，只能强制外设输入和外设输出。强制功能由 PLC 提供，不具备强制功能的 PLC 无法使用该功能；使用强制功能后，PLC 面板上的强制指示灯（MAINT）变为黄色，提示强制功能已使用，用户需注意可能导致的危险。

模拟量输出示例 ▸ PLC_1 [CPU 1215C DC/DC/DC] ▸ 监控与强制表 ▸ 强制表

	i	名称	地址	显示格式	监视值	强制值	F
1	F	"Start_1":P	%I0.1:P	布尔型		FALSE	☑
2	F	"Motor_1":P	%Q1.0:P	布尔型		FALSE	☑
3	F	"AQ_0":P	%QW64:P	十六进制		16#0100	☑

图 3-58　“强制表”界面

习题 3

1. SIMATIC STEP 7 编程软件可分为哪两个版本？各自的适用范围是什么？

2. 某一工程项目选用 CPU 1215C DC/DC/DC 作为主控制器，订货号为 6ES7 215-1AG40-0XB0，配置一个数字量输入模块 SM 1221 DI8×24 VDC，订货号为 6ES7 221-1BF32-0XB0；配置一个数字量输出模块 SM 1222 DQ8×24 VDC，订货号为 6ES7 222-1BF32-0XB0；配置一个模拟量输入模块 SM 1231 AI4，订货号为 6ES7 231-4HD32-0XB0。试采用 TIA Portal 编程软件完成该项目的设备组态。

3. 在 TIA Portal 软件中完成一个自动化控制系统的建立与运行，需要哪些基本步骤？

4. 符号寻址有什么优点？STEP7 中可以定义哪两类变量符号？

5. 强制表的作用是什么？使用时有什么约束？如何建立强制表？

第 4 章　S7-1200 PLC 的程序设计基础

STEP7 为 S7-1200 PLC 提供 LAD（梯形图）、FBD（功能块图）、SCL（结构化控制语言）3 种标准编程语言，技术人员可根据编程项目的内容和特点进行灵活选择。

编程语言可以在使用 TIA Portal 软件添加新程序块（OB 块、FC 块和 FB 块）时，单击项目程序块下方的“添加新块”，在弹出的“添加新块”对话框中，通过语言栏进行选择，选择编程语言如图 4-1 所示。新添加的组织块 OB、函数 FC、函数块 FB，都可以在 LAD（梯形图）、FBD（功能块图）和 SCL（结构化控制语言）3 种语言中选择 1 种使用。

3 种编程语言中，使用 LAD 或 FBD 语言创建的程序块，是可以进行两种编程语言间的相互转化的，即采用 LAD 编写的程序块可以转化为 FBD 语言的程序块，反之，也可以。操作时，只需在项目树中选择待切换语言的程序块，右击或使用“编辑”菜单下的“切换编程语言”命令，选择切换后的目标编程语言，切换编程语言如图 4-2 所示。而 SCL 编译器是相对独立的，以 SCL 编程语言创建的程序块不能更改为其他的编程语言。

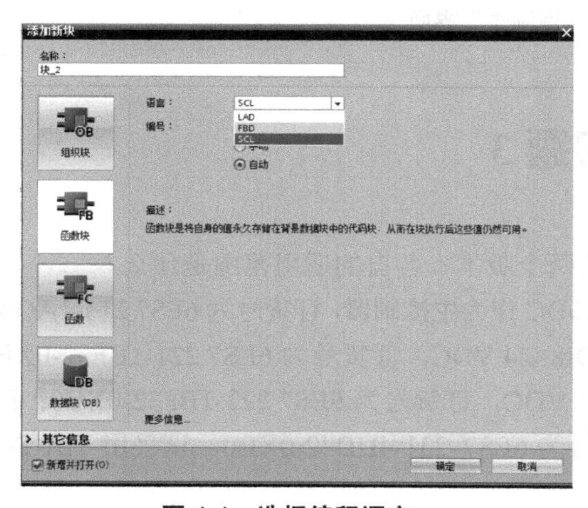

图 4-1　选择编程语言

图 4-2　切换编程语言

任何一种编程语言都有相应的指令集，指令集包含最基本的编程元素，用户可以通过指令集使用这种编程语言对应的基本指令、扩展指令、工艺通信指令等，进行程序的编写工作。LAD、FBD 和 SCL 编程语言指令集对比如图 4-3 所示。

图 4-3 LAD、FBD 和 SCL 编程语言指令集对比

考虑 3 种编程语言的通用性和普遍性，本节主要介绍 LAD（梯形图）语言指令集。

4.1 位逻辑运算指令

1. 基本指令及属性

位逻辑指令处理的对象为二进制信号。对于触点和线圈而言，“0”表示未激活或未励磁，“1”表示已激活或已励磁。

位逻辑指令解释信号状态“0”和“1”，并根据布尔逻辑对它们进行组合，所产生的结果称为逻辑运算结果，存储在状态字的“RLO”（Result of Logic Operation，逻辑运算结果位）中。

触点用于读取位的状态，而线圈则将逻辑运算的结果写入位中。

位逻辑运算基本指令梯形图符号及功能描述见表 4-1。

表 4-1 位逻辑运算基本指令梯形图符号及功能描述

基本指令梯形图符号	功能描述	操作对象
-| |-	常开触点	I、Q、M、DB、L
-|/|-	常闭触点	I、Q、M、DB、L

续表

基本指令梯形图符号	功能描述	操作对象
—( )—	线圈	I、Q、M、DB、L
—| NOT |—	取反 RLO	RLO
—(/)—	取反线圈	I、Q、M、DB、L
—(S)—	置位输出	I、Q、M、DB、L
—(R)—	复位输出	I、Q、M、DB、L
—(SET_BF)—	置位位域	操作数 1：I、Q、M、DB、IDB，BOOL 类型的 ARRAY 中的元素。操作数 2：常数
—(RESET_BF)—	复位位域	操作数 1：I、Q、M、DB、IDB，BOOL 类型的 ARRAY 中的元素。操作数 2：常数
—|P|—	扫描操作数 1 的信号上升沿	操作数 1：I、Q、M、DB、L 操作数 2：I、Q、M、DB、L
—|N|—	扫描操作数 1 的信号下降沿	操作数 1：I、Q、M、DB、L 操作数 2：I、Q、M、DB、L
—(P)—	在信号上升沿置位操作数 1	操作数 1：I、Q、M、DB、L 操作数 2：I、Q、M、DB、L
—(N)—	在信号下降沿置位操作数 1	操作数 1：I、Q、M、DB、L 操作数 2：I、Q、M、DB、L
SR (S, R1, Q)	置位/复位触发器	S：I、Q、M、DB、L；R1：I、Q、M、DB、L、T、C；操作数：I、Q、M、DB、L；Q：I、Q、M、DB、L
RS (R, S1, Q)	复位/置位触发器	R：I、Q、M、DB、L；S1：I、Q、M、DB、L、T、C；操作数：I、Q、M、DB、L；Q：I、Q、M、DB、L
P_TRIG (CLK, Q)	扫描 RLO 的信号上升沿	CLK：I、Q、M、DB、L；操作数：M、DB；Q：I、Q、M、DB、L
N_TRIG (CLK, Q)	扫描 RLO 的信号下降沿	CLK：I、Q、M、DB、L；操作数：M、DB；Q：I、Q、M、DB、L
R_TRIG (EN, ENO, CLK, Q)	在信号上升沿时置位输出 Q	EN：I、Q、M、DB、L；CLK：I、Q、M、DB、L、常数；ENO：I、Q、M、DB、L；Q：I、Q、M、DB、L
F_TRIG (EN, ENO, CLK, Q)	在信号下降沿时置位输出 Q	EN：I、Q、M、DB、L；CLK：I、Q、M、DB、L、常数；ENO：I、Q、M、DB、L；Q：I、Q、M、DB、L

2．触点/线圈指令的应用

常开/常闭触点（—\| \|—/—\|/\|—）的激活取决于相关操作数的信号状态。当操作数的信号状态

为“0”时，不会激活常开/常闭触点，常开/常闭触点指令输出的状态分别为 0/1（OFF/ON）。操作数的信号状态为“1”时，激活常开/常闭触点，常开/常闭触点输出指令的状态分别为 1/0（ON/OFF）。

线圈“()”指令用来置位指定操作数的位。如果线圈输入的逻辑运算结果（RLO）的信号状态为“1”，则将指定操作数的信号状态置位为“1”。如果线圈输入的信号状态为“0”，则指定操作数将复位为“0”。

周期振荡梯形图如图 4-4 所示。周期振荡梯形图如图 4-4（a）所示。在第一个扫描周期，由于 Q0.0 的初始状态为 OFF，Q0.0 的常闭触点接通，因此 Q0.0 线圈得电，输出状态为“1”；在第二个扫描周期，由于 Q0.0 的状态为 ON，Q0.0 的常闭触点断开，因此 Q0.0 线圈失电，输出状态为“0”；以后将重复上述转换过程，其动作时序图如图 4-4（b）所示。

(a) 周期振荡梯形图　　(b) 动作时序图

图 4-4　周期振荡梯形图

图 4-5（a）为常用的启保停电路梯形图，一般启动信号 I0.0 和停止信号 I0.1 均与外部按钮连接。通常按压操作的时间较短，这种信号称为短信号，那么如何使线圈 Q0.0 保持持续接通状态呢？利用自身的常开触点维持线圈持续通电即“ON”状态的功能称为自锁或自保持功能。

当启动信号 I0.0 变为 ON 时，I0.0 的常开触点接通，如果这时 I0.1 为 OFF 状态，I0.1 的常闭触点接通，故 Q0.0 的线圈通电，其常开触点接通；放开启动按钮，I0.0 变为 OFF，其常开触点断开，“能流”从左母线经 Q0.0 的常开触点、I0.1 的常闭触点流过 Q0.0 的线圈，Q0.0 仍维持为 ON。当 Q0.0 为 ON 时，按下停止按钮，I0.1 常闭触点断开，停止条件满足，Q0.0 线圈失电，其常开触点断开；放开停止按钮使 I0.1 的常闭触点恢复接通状态，Q0.0 的线圈仍然断电。时序图如图 4-5（b）所示。

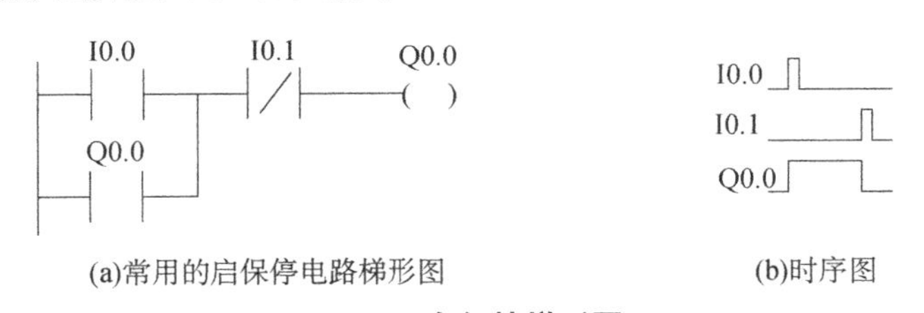

(a)常用的启保停电路梯形图　　(b)时序图

图 4-5　自保持梯形图

取反指令的应用如图 4-6 所示。在图 4-6（a）程序段 1 中，取反指令（-|NOT|-）为对逻辑运算结果（RLO）的信号状态取反。当 I0.0 为 OFF 状态，取反指令输入为“0”，取反后输出为“1”，则输出线圈 Q0.0 状态为“1”，在线状态用绿色实线表示；在图 4-6（a）程序段 2 中，取反线圈（-(/)-）为赋值取反指令，可将逻辑运算的结果（RLO）进行取反，当 I0.0 为 OFF 状态，线圈 Q0.1 输入的 RLO 为“0”，线圈 Q0.1 输出即操作数的状态为“1”，在线状态用绿色实线表示。

同理，在图 4-6（b）程序段 1 中，当 I0.0 为 ON 状态，则取反指令输入为“1”，取反后输出为“0”，则输出线圈 Q0.0 状态为“0”，在线状态用蓝色虚线表示；在图 4-6（b）程序段 2 中，当 I0.0 为 ON 状态，线圈 Q0.1 输入的 RLO 为“1”，取反线圈指令的操作数 Q0.1 状态为“0”，在线状态用蓝色虚线表示。

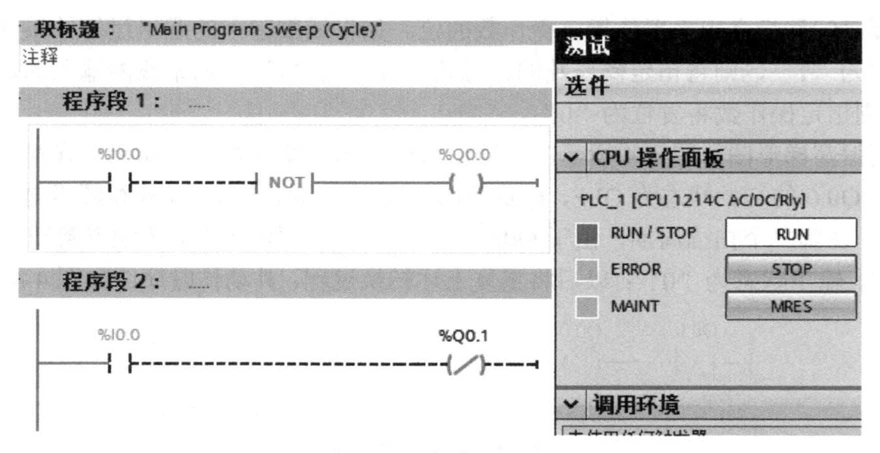

（a）取反指令的应用 I

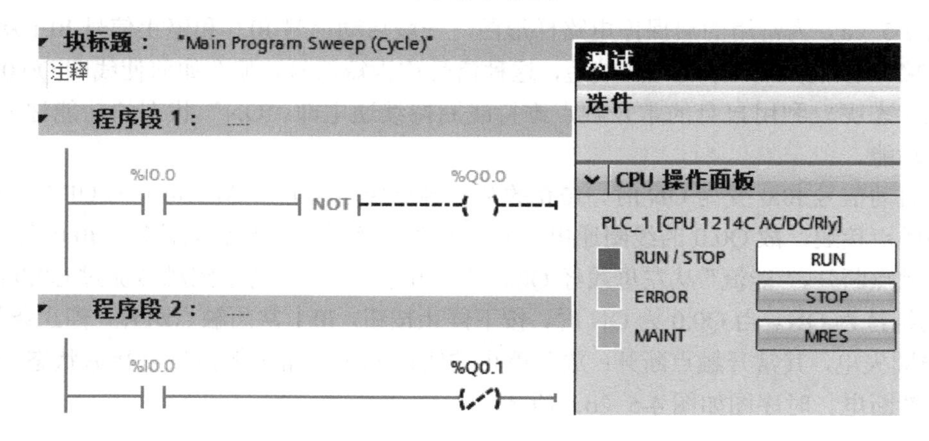

（b）取反指令的应用 II

图 4-6　取反指令的应用

3．置位/复位指令的应用

使用置位输出、复位输出指令，可将指定操作数的信号状态置位为“1”或复位为“0”。

置位输出指令是仅当线圈输入的逻辑运算结果（RLO）为“1”时，则指定的操作数置位为“1”；置位后如果线圈输入的 RLO 为“0”时，则指定操作数的信号状态将保持不变。

复位输出指令是仅当线圈输入的逻辑运算结果（RLO）为“1”时，则指定的操作数复位为“0”；如果线圈输入的 RLO 为“0”时，则指定操作数的信号状态保持不变。

置位/复位指令如图 4-7 所示。梯形图如图 4-7（a）所示，波形如图 4-7（b）所示。当 I0.0 为 ON 时，将 Q0.0 置“1”；置位后即使 I0.0 变为 OFF，Q0.0 仍然保持为“1”状态；当 I0.1 为 ON 时，将 Q0.0 置“0”，复位后即使 I0.1 变为 OFF，Q0.0 仍保持为“0”状态。

这种自保持的功能与图 4-5 使用启保停指令实现的功能一样，它们的输入/输出信号有相似的时序图。

（a）梯形图　　（b）波形图

图 4-7　置位/复位指令

置位位域指令（SET_BF）用于对某个特定地址开始的多个连续位进行置位，置位位域指令有两个操作数，一个指定要置位位域的首地址，另一个用于指定要置位的个数，如果指定值大于所选字节的个数，则将对下一字节的位进行置位；如果置位导通条件消失，置位线圈自保持。

复位位域指令（RESET_BF）用于对某个特定地址开始的多个连续位进行复位，复位位域指令有两个操作数，一个用于指定要复位位域的首地址，另一个用于指定要复位的个数，如果指定值大于所选字节的个数，则将对下一字节的位进行复位；当复位导通条件消失，复位线圈自保持。

置位/复位位域指令 I 如图 4-8（a）所示，当 I0.0 为 ON 时，置位位域指令将指定的 4 个输出线圈 Q0.0～Q0.3 置“1”，即使 I0.0 变为 OFF，Q0.0～Q0.3 仍保持为“1”状态，线圈输出状态如右边变量表“监视值”一栏。

置位/复位位域指令 II 如图 4-8（b）所示，当 I0.1 为 ON 时，复位位域指令将指定的 4 个输出线圈 Q0.0～Q0.3 复位为“0”，即使 I0.1 变为 OFF，Q0.0～Q0.3 仍保持为“0”状态，线圈输出状态如右边变量表“监视值”一栏。

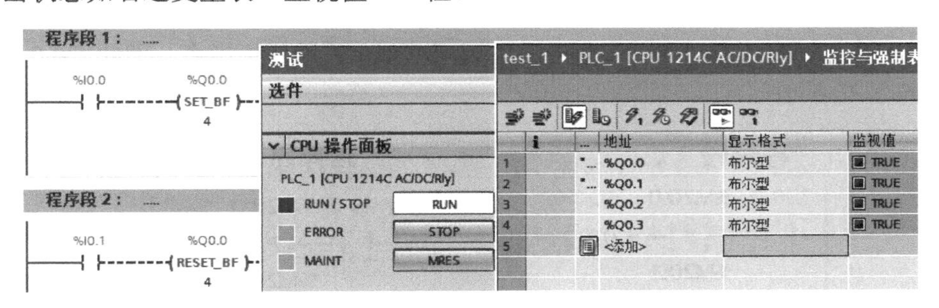

（a）置位/复位位域指令 I

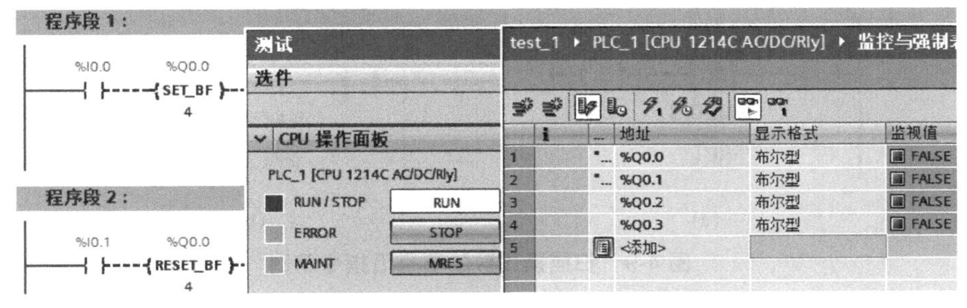

（b）置位/复位位域指令 II

图 4-8　置位/复位位域指令

4．跳变沿检测指令的应用

沿信号在程序中比较常见，如设备的启动、停止、故障信号的捕捉大都是通过沿信号实现的；上升沿检测指令检测信号每次 0 到 1 的正跳变，能流接通一个扫描周期；下降沿检测指令检测信号每次 1 到 0 的负跳变，能流接通一个扫描周期。

（1）扫描操作数的信号沿指令

扫描操作数的信号沿指令包括上升沿检测指令（┤P├）和下降沿检测指令（┤N├），扫描操作数的信号沿指令示例如图 4-9 所示。写在指令上方的操作数为<操作数 1>，写在指令下方的操作数为<操作数 2>。

上升沿检测指令用于检测所指定<操作数 1>的信号状态是否从“0”跳变为“1”；<操作数 1>的上一次扫描的信号状态保存在<操作数 2>中。该指令将比较<操作数 1>的当前信号状态与上一次扫描的信号状态<操作数 2>；如果该指令检测到逻辑运算结果（RLO）从“0”变为“1”，说明出现一个上升沿，则该指令输出的信号状态为“1”。在其他任何情况下，该指令输出的信号状态均为“0”。

在图 4-9 中，M20.0 为第一个操作数，M20.1 为第二个操作数；当 M20.0 的状态由“0”跳变为“1”，则该指令接通一个扫描周期，由于 Q0.0 采用置位指令，因此 Q0.0 状态自保持为“1”。

下降沿检测指令用于检测所指定<操作数 1>的信号状态是否从“1”跳变为“0”；<操作数 1>的上一次扫描的信号状态保存在<操作数 2>中。该指令将比较<操作数 1>的当前信号状态与上一次扫描的信号状态<操作数 2>；如果该指令检测到逻辑运算结果（RLO）从“1”变为“0”，说明出现一个下降沿，则该指令输出的信号状态为“1”。在其他任何情况下，该指令输出的信号状态均为“0”。

在图 4-9 中，M20.2 为第一个操作数，M20.3 为第二个操作数；M20.2 的状态由“1”跳变为“0”，则该指令接通一个扫描周期，由于 Q0.0 采用复位指令，因此 Q0.0 状态自保持为“0”。

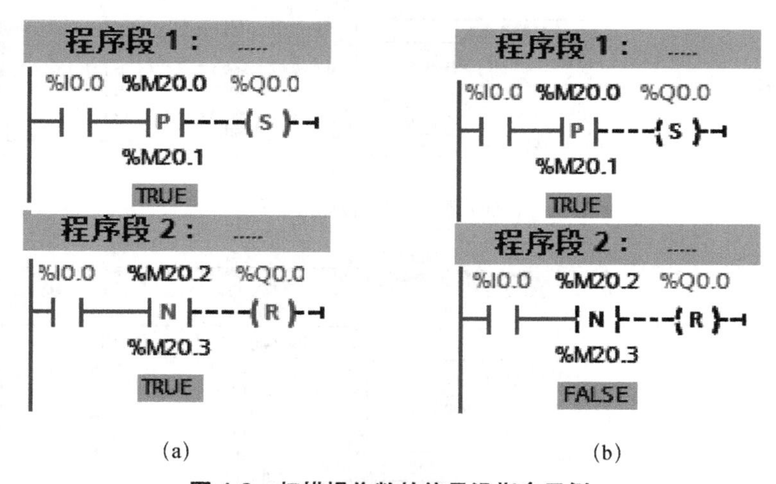

图 4-9　扫描操作数的信号沿指令示例

（2）信号沿置位操作数指令

信号沿置位操作数指令包括信号上升沿置位操作数指令（P）和信号下降沿置位操作数

指令（N），示例分别如图 4-10、4-11 所示。写在指令上方的操作数为<操作数 1>，写在指令下方的操作数为<操作数 2>。

信号上升沿置位操作数指令，是在逻辑运算结果（RLO）从“0”变为“1”时置位指定操作数(<操作数 1>)；该指令将当前 RLO 与保存在<操作数 2>中的上次查询的 RLO 进行比较。如果该指令检测到 RLO 从“0”变为“1”，则说明出现一个信号上升沿；检测到信号有上升沿时，<操作数 1>的信号状态将在一个程序周期内保持置位为“1”，在其他任何情况下，操作数的信号状态均为“0”。

信号上升沿置位操作数指令示例如图 4-10 所示，M3.0 为操作数 1，M3.1 为操作数 2。在图 4-10（a）中，I0.0 状态为“0”，M3.0 的状态也为“0”，因此 M3.0 存储在 M3.1 中的状态也为“0”，则 Q0.1=0（线圈为蓝色虚线）；在图 4-10（b）中，I0.0 状态为“1”，M3.0 上次查询状态为“0”，本次周期查询状态为“1”，则出现上升沿，M3.0 导通一个扫描周期，其常开触点也导通一个扫描周期，驱动置位线圈，所以 Q0.1 状态为“1”(线圈为绿色实线)，并自保持。

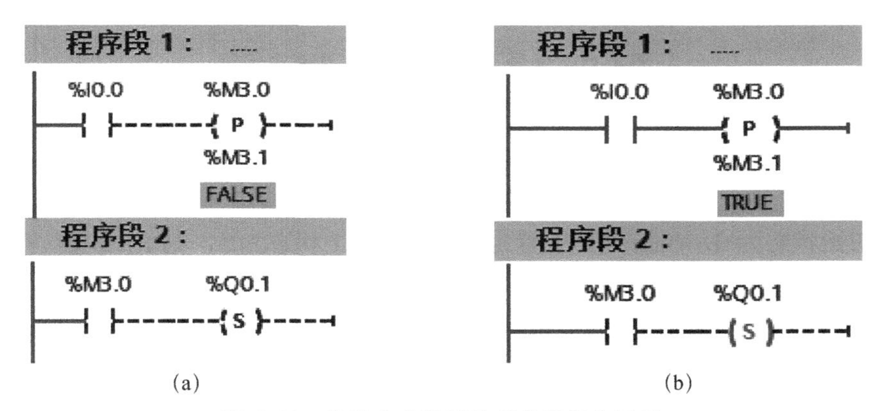

图 4-10 信号上升沿置位操作数指令示例

信号下降沿置位操作数指令，是在逻辑运算结果（RLO）从“1”变为“0”时置位指定操作数（<操作数 1>)。该指令将当前 RLO 与保存在<操作数 2>中的上次查询的 RLO 进行比较。如果该指令检测到 RLO 从“1”变为“0”，则说明出现一个信号下降沿；检测到信号有下降沿时，<操作数 1>的信号状态将在一个程序周期内保持置位为“1”，在其他任何情况下，操作数的信号状态均为“0”。

信号下降沿置位操作数指令示例如图 4-11 所示，M3.0 为操作数 1，M3.1 为操作数 2。在图 4-11（a）中，I0.0 状态为“1”，M3.0 的状态也为“1”，因此 M3.0 存储在 M3.1 中的状态也为“1”，则 Q0.1=0（线圈为蓝色虚线）；在图 4-11（b）中，I0.0 状态为“1”，M3.0 上次查询状态为“1”，本次周期查询状态为“0”，则出现下降沿，M3.0 导通一个扫描周期，其常开触点也导通一个扫描周期，驱动置位线圈，所以 Q0.1 状态为“1”(线圈为绿色实线)，并自保持。

（3）扫描 RLO 的信号沿指令

使用扫描 RLO 的信号上升沿指令（P_TRIG），可查询逻辑运算结果（RLO）的信号状态从“0”到“1”的更改。该指令将比较 RLO 的当前信号状态与保存在边沿存储位<操作数>中上一次查询的信号状态。如果该指令检测到 RLO 从“0”变为“1”，则说明出现一个信号上升沿。如果检测到上升沿出现，则该指令输出的信号状态 Q 为“1”，且保持一个扫描周期。在其他任何情况下，该指令输出的信号状态 Q 均为“0”。

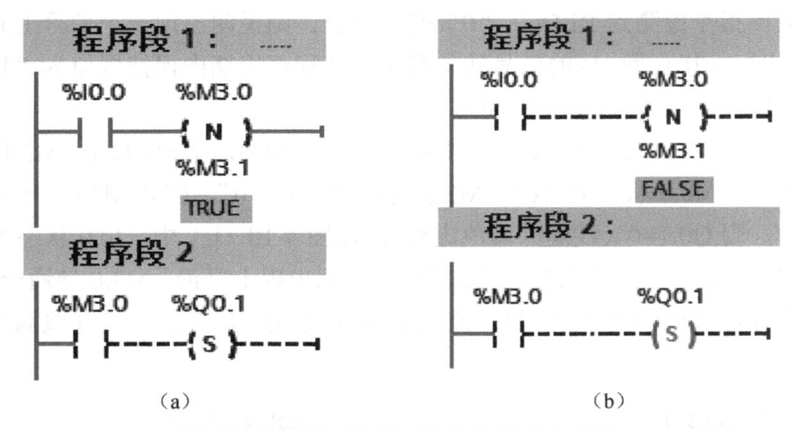

图 4-11　信号下降沿置位操作数指令示例

P_TRIG 指令示例如图 4-12 所示。在图 4-12 程序段 1，RLO 的当前信号状态为“0”（I0.0 AND M3.0），保存在边沿存储位 M4.0 中上一次查询的信号状态也为“0”，故 P_TRIG 指令 Q 输出端信号为“0”，Q0.0 置位指令不执行，Q0.0 状态为“0”；在图 4-12 程序段 2 中，I0.1 初始状态为 0，当操作 I0.1 置为 ON 时，I0.1 状态为 1，则 RLO 的当前信号状态为“1”（I0.1 AND M3.0），保存在边沿存储位 M4.1 中上一次查询的信号状态为“0”，故检测到有上升沿出现，则 P_TRIG 指令 Q 输出端信号为“1”，能流通过，执行置位指令，Q0.1 状态为“1”，当 I0.1=0 时，Q0.1 状态保持。

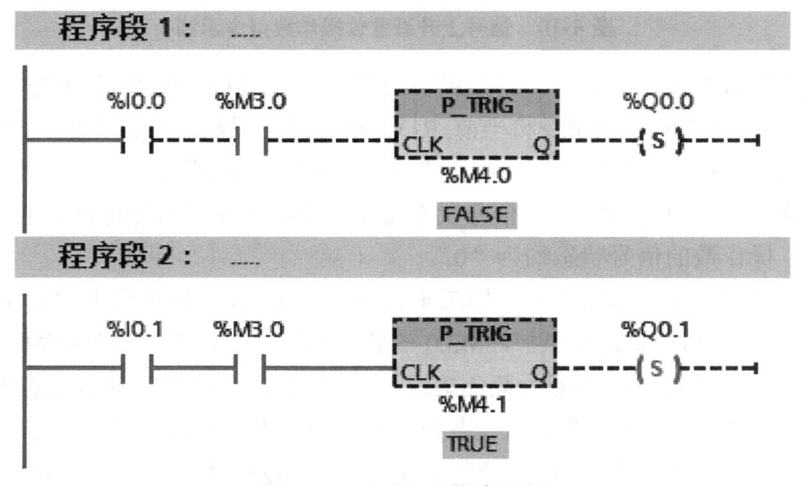

图 4-12　P_TRIG 指令示例

使用扫描 RLO 的信号下降沿指令（N_TRIG），可查询逻辑运算结果（RLO）的信号状态从“1”到“0”的更改。该指令将比较 RLO 的当前信号状态与保存在边沿存储位<操作

数>中上一次查询的信号状态。如果该指令检测到 RLO 从“1”变为“0”，则说明出现一个信号下降沿。如果检测到下降沿出现，则该指令输出的信号状态为“1”，且仅保持一个扫描周期。在其他任何情况下，该指令输出的信号状态均为“0”。

N_TRIG 指令示例如图 4-13 所示。在图 4-13 程序段 1 中，RLO 的当前信号状态为“1”（I0.0 AND M3.0），保存在边沿存储位 M4.0 中上一次查询的信号状态也为“1”，故 N_TRIG 指令 Q 输出端信号为“0”，Q0.0 置位指令不执行，Q0.0 状态为“0”；在图 4-13 程序段 2 中，I0.1 初始状态为 1，当断开 I0.1 开关时，则 RLO 的当前信号状态为“0”（I0.1 AND M3.0），保存在边沿存储位 M4.1 中上一次查询的信号状态为“1”，故检测到有下降沿出现，则 N_TRIG 指令 Q 输出端信号为“1”，能流通过，执行置位指令，Q0.1 状态为“1”。

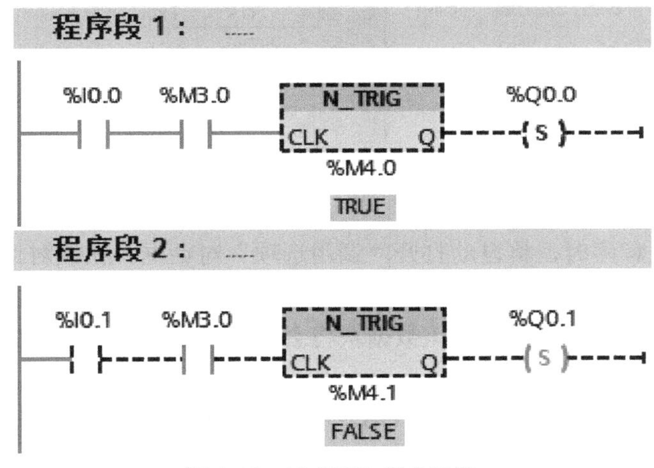

图 4-13 N_TRIG 指令示例

（4）检测信号沿指令

检测信号上升沿指令（R_TRIG），可以检测输入的 CLK 信号从“0”到“1”的状态变化。该指令将输入 CLK 的当前值与保存在上次查询时存储到边沿位的状态进行比较。在逻辑运算结果（RLO）从“0”变为“1”时置位背景数据块中的指定变量。如果该指令检测到 CLK 信号从“0”变为“1”，则说明出现一个信号上升沿。如果检测到上升沿，则背景数据块中输出变量 Q 信号状态将置位为“1”并保持一个扫描周期。在其他所有情况下，该指令的输出变量 Q 信号状态都为“0”。

将该指令插入程序时，将自动打开“调用选项”对话框。在该对话框中，可以指定将边沿存储位存储在自身数据块中（单背景）或者作为局部变量存储在块接口中（多背景）。如果创建一个单独的数据块，则该数据块将会保存到项目树→程序块→系统块→程序资源的文件夹内。

R_TRIG 指令示例如图 4-14 所示，DB1 为指令的背景数据块。在程序段 1 中，当 CLK 输入信号 M3.0 由低电平跳变为高电平时产生上升沿，则输出 M3.1 接通一个扫描周期，程序段 2 中置位指令执行，Q0.0 得电并保持。

检测信号下降沿指令（F_TRIG），可以检测输入 CLK 信号从“1”到“0”的状态变化。该指令将输入 CLK 的当前值与保存在上次查询的边沿存储位的状态进行比较。在逻辑运算结果（RLO）从“1”变为“0”时，置位背景数据块中的指定变量。如果该指令检测到CLK 信号从“1”变为“0”，则说明出现一个信号下降沿。如果检测到下降沿，则背景数据块中输出变量 Q 信号状态将置位为“1”，并保持一个扫描周期。在其他所有情况下，该指令的输出变量 Q 信号状态都为“0”。

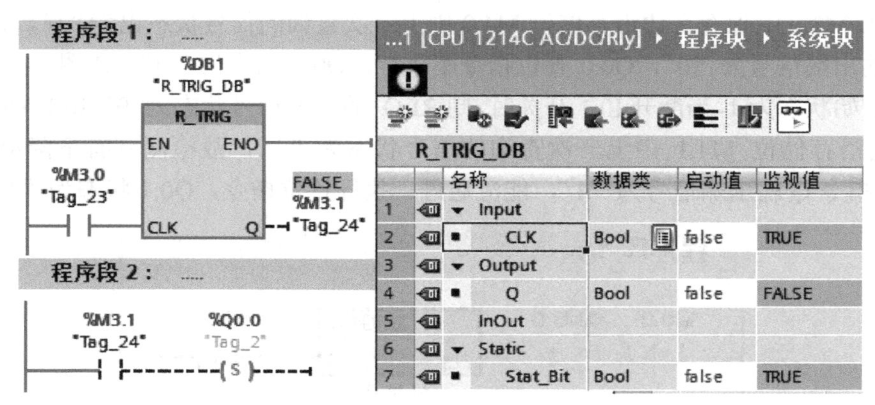

图 4-14　R_TRIG 指令示例

将该指令插入程序时，将自动打开“调用选项”对话框。在该对话框中，可以指定将边沿存储位存储在自身数据块中（单背景）或者作为局部变量存储在块接口中（多背景）。如果创建一个单背景的数据块，则该数据块将会保存到项目树→程序块→系统块→程序资源的文件夹内。

F_TRIG 指令示例如图 4-15 所示，DB2 为背景数据块。在程序段 1 中，当 CLK 输入信号 M3.0 由高电平跳变为低电平时产生下降沿，则输出 M3.1 接通一个扫描周期，程序段 2 中置位指令执行，Q0.0 得电并保持。

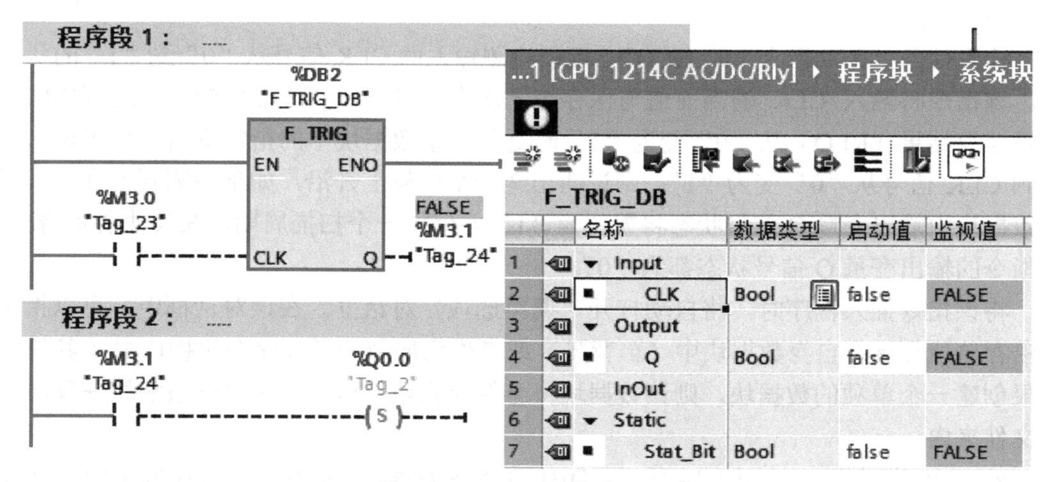

图 4-15　F_TRIG 指令示例

5．SR/RS 触发器的应用

SR 为复位优先触发器指令，根据输入 S 和 R1 的信号状态，置位或复位指定操作数，SR 触发器指令使用实例如图 4-16 所示。如果输入 S 的信号状态为“1”且输入 R1 的信号状态为“0”，则将指定的操作数置位为“1”，并被传送到输出端 Q，如图 4-16（a）所示；如果输入 S 的信号状态为“0”，且输入 R1 的信号状态为“1”，则指定的操作数将复位为“0”，并被传送到输出端 Q，如图 4-16（b）所示；如果输入 S 和 R1 的信号状态都为“1”，指定操作数的信号状态将复位为“0”，并被传送到输出端 Q，如图 4-16（c）所示，即输入 R1 的优先级高于输入 S。如果两个输入 S 和 R1 的信号状态都为“0”，则不会执行该指令。因此操作数的信号状态保持不变。

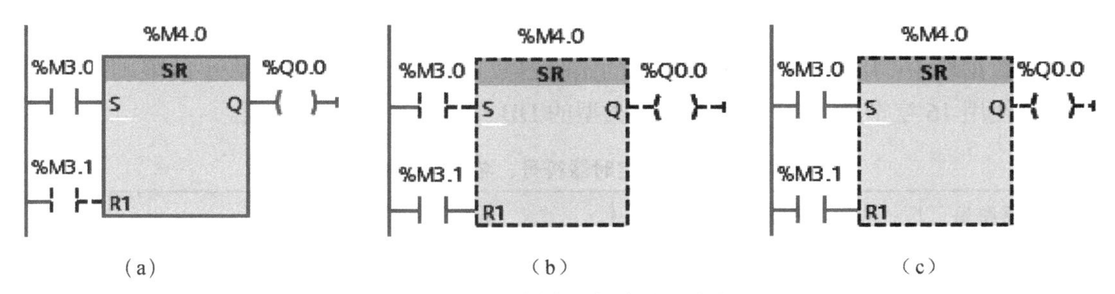

图 4-16　SR 触发器指令使用实例

RS 为置位优先触发器指令，根据输入 R 和 S1 的信号状态，复位或置位指定操作数，RS 触发器指令使用实例如图 4-17 所示。如果输入 R 的信号状态为“1”且输入 S1 的信号状态为“0”，则将指定的操作数复位为“0”，并被传送到输出端 Q，如图 4-17（a）所示；如果输入 R 的信号状态为“0”，且输入 S1 的信号状态为“1”，则将指定的操作数置位为“1”，并被传送到输出端 Q，如图 4-17（b）所示；如果输入 R 和 S1 的信号状态都为“1”，指定操作数的信号状态将置位为“1”，并被传送到输出端 Q，如图 4-17（c）所示，即输入 S1 的优先级高于输入 R。如果两个输入 R 和 S1 的信号状态都为“0”，则不会执行该指令。因此操作数的信号状态保持不变。

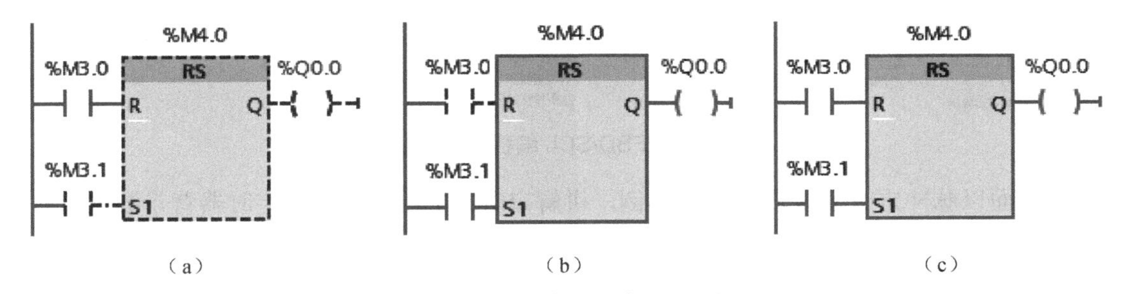

图 4-17　RS 触发器指令使用实例

4.2　定时器指令

1．定时器指令介绍

定时器是 PLC 的重要编程元件，是累计时间增量的内部器件。使用定时器指令可在编程时进行延时控制。S7-1200 CPU 的定时器为 IEC 定时器，有 4 种类型，分别是脉冲定时器（TP）、接通延时定时器（TON）、关断延时定时器（TOF）及保持型接通延时定时器（TONR）。定时器符号、名称及功能见表 4-2。定时器指令可以用指令框表示，也可以用线圈指令表示，LAD/FBD/SCL 编程语言定时器指令集如图 4-18 所示，对于 LAD/FBD 格式，除 4 种定时器指令外，还有复位定时器（RT）和加载定时器时间（PT）两条指令，其作用如下。

①（RT）指令用于复位指定定时器的数据。

②（PT）指令用于加载指定定时器的持续时间。

IEC 定时器属于功能块，调用时需要指定配套的背景数据块，定时器指令的数据保存在背景数据块中；用户程序中可以使用的定时器数量仅受 CPU 存储器大小的限制，每个定时器均使用 16 字节的 IEC_Timer 数据类型的 DB 结构存储定时器数据。

表 4-2　定时器符号、名称及功能

定时器符号	定时器名称	功能
TP	脉冲定时器	生成具有预设脉宽时间的脉冲
TON	接通延时定时器	输出 Q 在预设的延时过后设置为 ON
TOF	关断延时定时器	输出 Q 在预设的延时过后设置为 OFF
TONR	保持型接通延时定时器	输出 Q 在累计时间达到预设的时间后设置为 ON。使用 R 复位

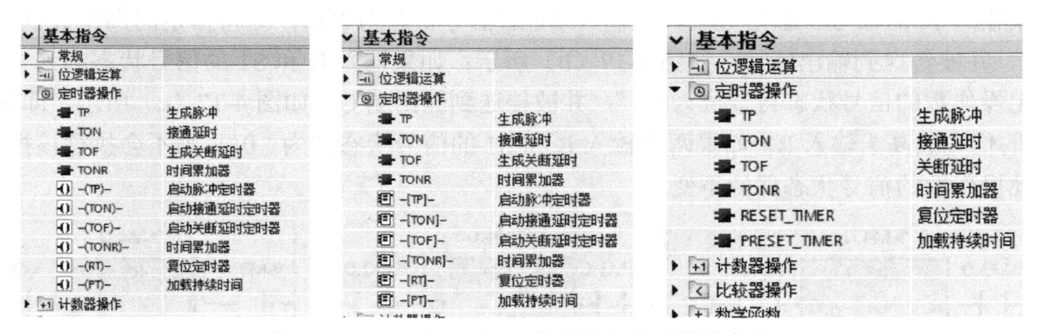

图 4-18　LAD/FBD/SCL 编程语言定时器指令集

下面以脉冲定时器（TP）应用为例，讲解定时器的应用方法。定时器背景数据块的建立如图 4-19 所示。定时器背景数据块格式如图 4-20 所示。在梯形图中输入定时器指令时，只需将右边指令窗口“定时器操作”文件夹中的定时器指令双击或拖放到梯形图中适当的位置，将弹出“调用选项”对话框，在该对话框中可修改将要生成的背景数据块的名称和编号，或采用默认的名称（可选择单背景或多重背景）。单击“确定”按钮，自动生成定时器的数据块，如图 4-20（b）所示。

2．定时器指令结构

脉冲定时器（TP）工作状态如图 4-21 所示。使用“生成脉冲”指令，可以将输出 Q 置位为预设的一段时间。当输入 IN 的逻辑运算结果从“0”变为“1”（信号上升沿）时，启动该指令。指令启动时，预设的时间 PT 即开始计时。无论后续输入信号的状态如何变化，都将输出 Q 置位由 PT 指定的一段时间。PT 持续时间正在计时时，即使检测到新的信号上升沿，输出 Q 的信号状态也不会受到影响。

使用“复位定时器”指令，可将 IEC 定时器立即复位为“0”。仅当线圈输入的逻辑运算结果为“1”时，才执行该指令，即指定数据块中的定时器数据复位为“0”。如果该指令输入的 RLO 为“0”，则该定时器保持不变。

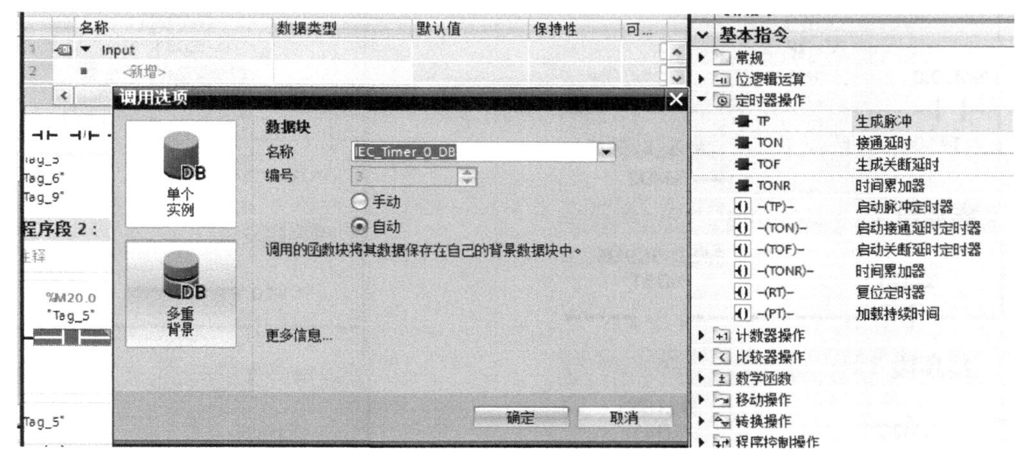

图 4-19 定时器背景数据块的建立

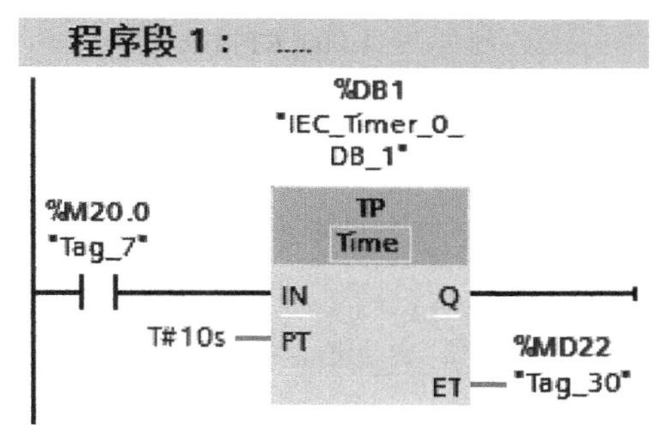

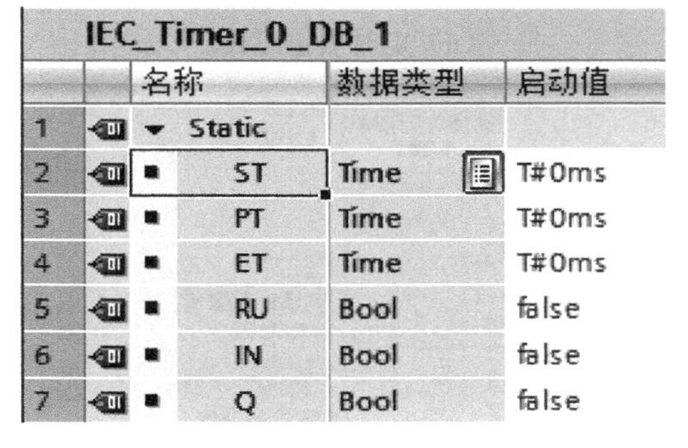

IEC_Timer_0_DB_1

		名称	数据类型	启动值
1		▼ Static		
2		■ ST	Time	T#0ms
3		■ PT	Time	T#0ms
4		■ ET	Time	T#0ms
5		■ RU	Bool	false
6		■ IN	Bool	false
7		■ Q	Bool	false

（a）梯形图格式　　（b）数据块内容

图 4-20 定时器背景数据块格式

可以使用“加载持续时间”指令为 IEC 定时器设置时间。如果该指令输入逻辑运算结果（RLO）的信号状态为“1”，则每个周期都执行该指令。该指令将指定时间写入指定 IEC 定时器的结构中。如果在指令执行时指定 IEC 定时器正在计时，指令将覆盖该指定 IEC 定时器的当前值。这将更改 IEC 定时器的定时器状态。

定时器定时 10s 如图 4-21（a）所示，预设时间 PT 为 10s；定时器输入 IN 接导通条件为 M20.0，只要 M20.0 产生一个从“0”到“1”的跳变沿，定时器就开始计时，Q0.0 导通，10s 时间到，则 Q0.0 断开；RT 指令工作如图 4-21（b）所示，无论定时器在计时中还是计时时间已到，当复位条件 M20.1 状态为“1”，则当前定时器数据被重置为“0”；PT 指令工作如图 4-21（c）所示，在定时器未开始工作或正在定时中，接通（PT）指令导通条件 M20.2，则定时器定时设定值修改为新值 20s，Q0.0 导通 20s；如图 4-21（d）所示为定时器背景数据块变量的在线监控状态。定时器的输入/输出参数见表 4-3。

在表 4-3 中，PT 和 ET 的值以表示毫秒时间的有符号双精度整数形式存储在存储器中。Time 数据使用 T#标志符，数据长度为 32 位，可以采用简单时间单元（如 T#10s）或复合时间单元（如 T#2h_2s_50ms）的形式。

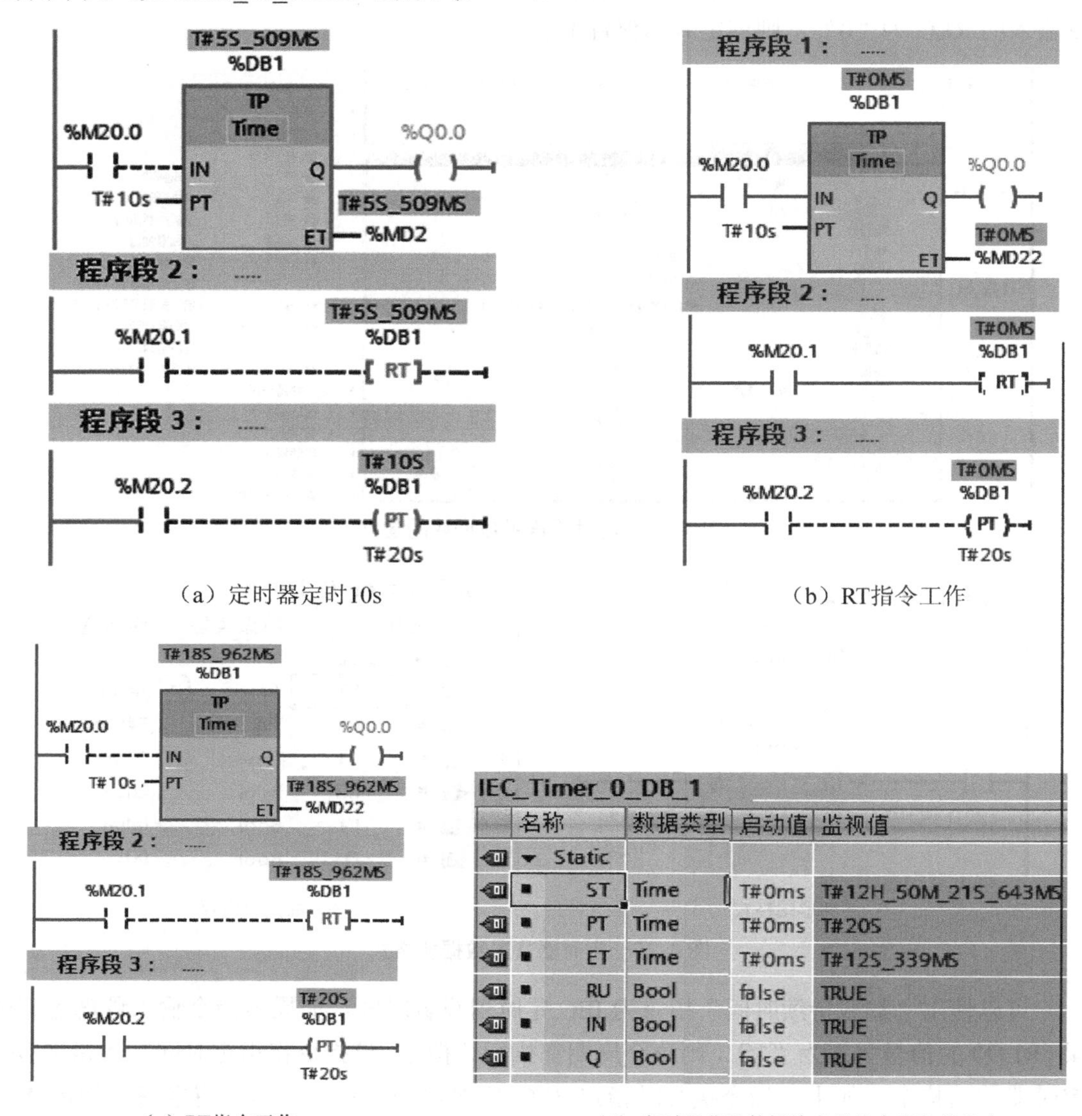

（a）定时器定时10s　　（b）RT指令工作

（c）PT指令工作　　（d）定时器背景数据块变量的在线监控状态

图 4-21　脉冲定时器（TP）工作状态

表 4-3　定时器的输入/输出参数

参数	数据类型	说明
IN	Bool	启用定时器输入
PT（Preset Time）	Time	预设的时间输入
Q	Bool	定时器输出

续表

参数	数据类型	说明
ET（Elapsed Time）	Time	定时器开始后累计的时间，最大累计时间：T#24D_20H_31M 23S_ 647MS
RU	Bool	定时器的工作状态
ST	Time	定时器运行后，CPU 内部时钟的记录数据
定时器数据块	DB	指定要使用的定时器

脉冲定时器（TP）线圈格式的工作状态如图 4-22 所示。Q0.0 导通 10s 如图 4-22（a）所示，定时器线圈导通条件 M20.0，线圈有两个操作数，操作数 1 为定时器开始后经过的时间值输出，操作数 2 为定时器时间预设值，只要 M20.0 产生一个从“0”到“1”的跳变沿，定时器输出为“1”，Q0.0 导通，并开始计时；10s 时间到，定时器动作，输出 [“IEC_Timer_0_DB”.Q]状态为“0”，则 Q0.0 失电，Q0.0 共导通 10s；RT 指令示例如图 4-22（b）所示，无论定时器在计时中还是计时时间已到，当复位条件 M20.1 状态为“1”，则当前定时器数据被重置为“0”；PT 指令示例如图 4-22（c）所示，在定时器未开始工作或正在定时中，接通（PT）指令导通条件 M20.2，则定时器定时设定值修改为新值 20s，Q0.0 导通 20s 后断开。

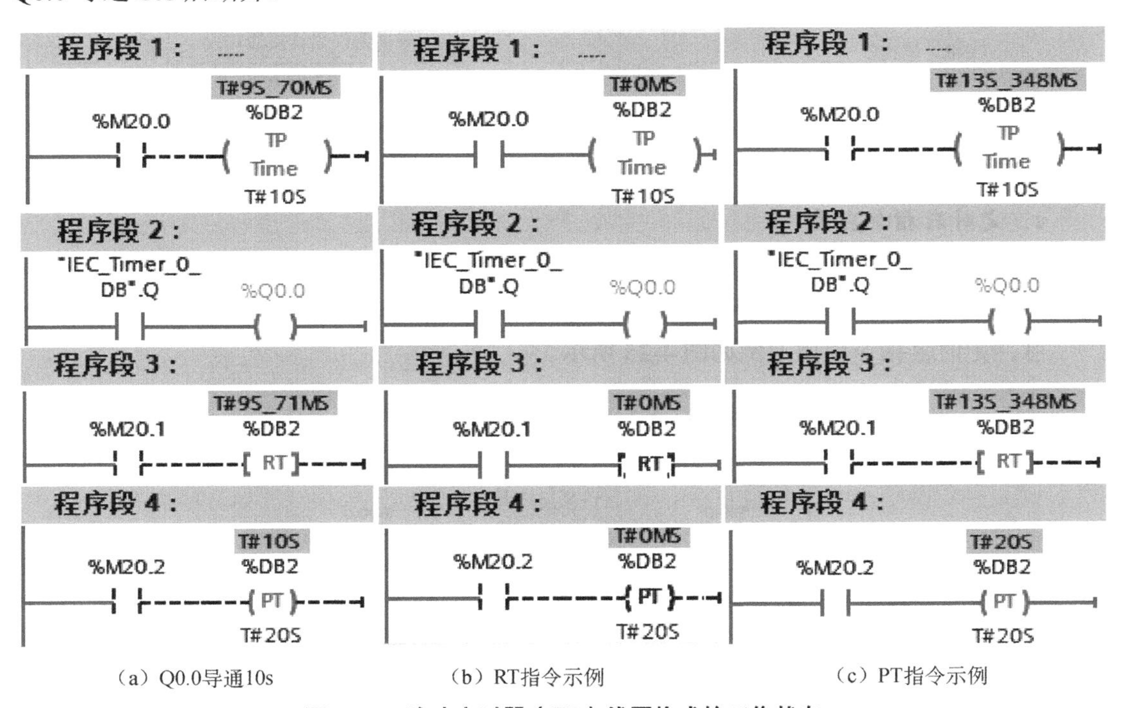

（a）Q0.0导通10s　　（b）RT指令示例　　（c）PT指令示例

图 4-22　脉冲定时器（TP）线圈格式的工作状态

3．定时器指令功能

4 种定时器的指令格式如图 4-23 所示。在创建定时器时，可创建自己的“定时器名称”命名定时器数据块，如图 4-23 中的“t5”名称。

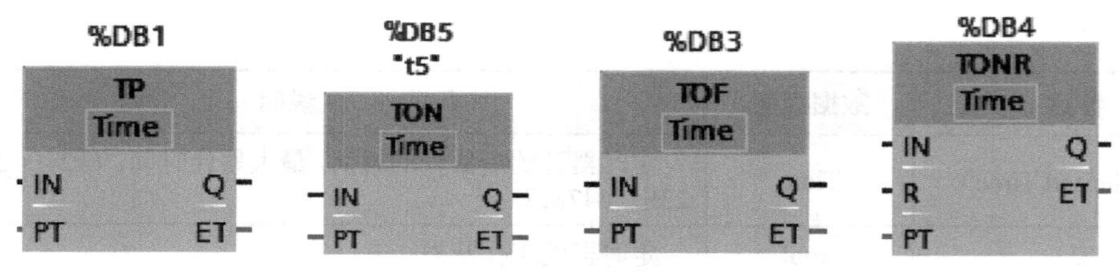

图 4-23　4 种定时器的指令格式

TP、TON、TOF 及 TONR 定时器具有相同的输入（IN/PT）和输出参数（Q/ET），此外，TONR 定时器还具有附加的复位输入参数 R。

4 种定时器工作波形如图 4-24 所示。读者可参阅波形自行分析定时器工作情况，了解每种定时器的性能。

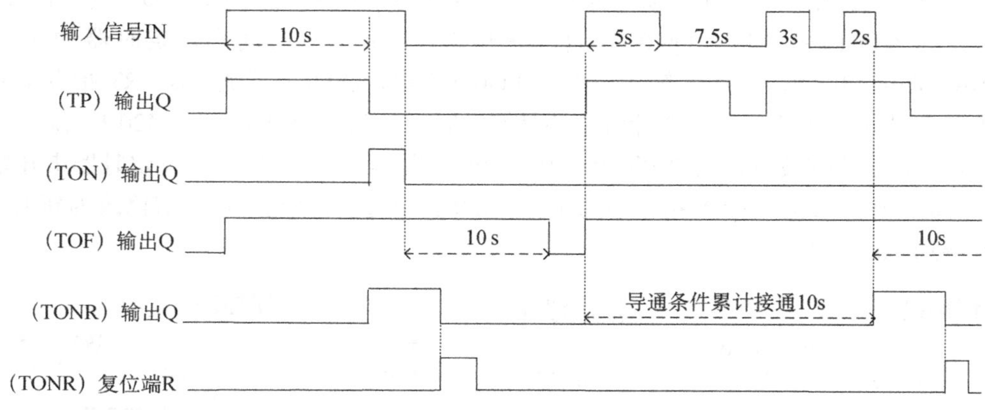

图 4-24　4 种定时器工作波形

4．定时器指令应用

应用示例 1： 当按下启动按钮 SB1（I0.0）时，电动机 M（Q0.0）立即启动并连续运转，延时 2 分钟后电动机停止；电动机在运行中按下停止按钮 SB2（I0.1），电动机 M 立即停止。

脉冲定时器指令使用示例如图 4-25 所示。

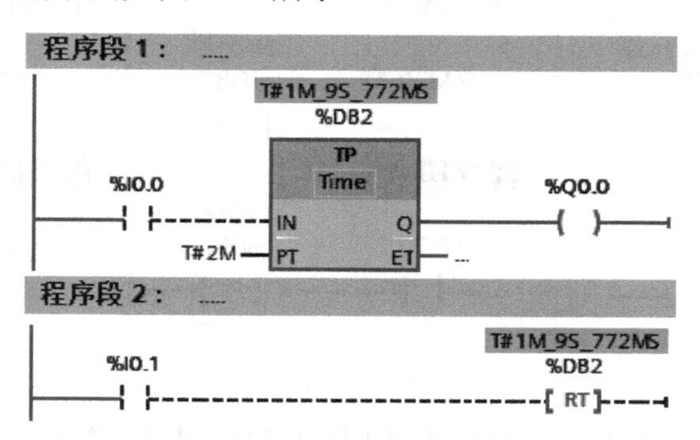

图 4-25　脉冲定时器指令使用示例

应用示例 2： 设计一个周期可调、脉冲宽度可调的振荡电路。

接通延时定时器指令使用示例如图 4-26 所示。当 I0.0 为 ON 时，定时器“T0”开始定时，2s 后 T0 定时器动作，其常开触点 T0.Q 闭合，Q0.0 变为 ON，同时定时器“T1”

开始定时；3s 后“T1”定时器动作，常闭触点“T1”.Q 断开，“T0”定时器复位，“T1”定时器也被复位，Q0.0 变为 OFF，同时“T1”的常闭触点又闭合，“T1”又开始定时，如此重复。通过调整“T0”和“T1”定时时间的设定值 PT，可以改变 Q0.0 输出 OFF 和 ON 的时间，以此调整脉冲输出的宽度和周期。

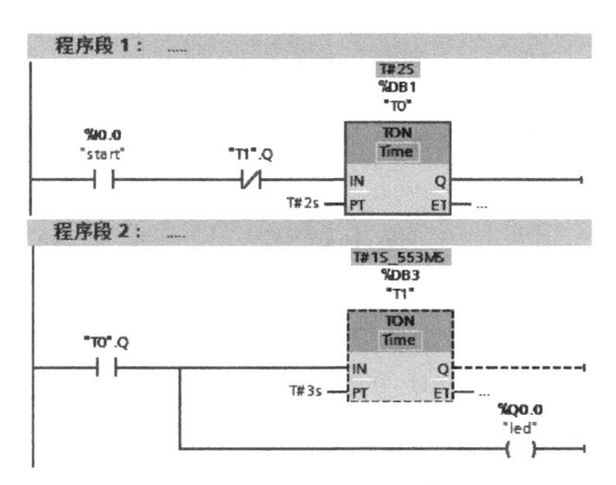

图 4-26 接通延时定时器指令使用示例

应用示例 3：使用 3 种定时器设计小便池冲水控制电路。I0.0 接检测开关，Q0.0 接冲水启动系统，控制要求如图 4-27 所示。

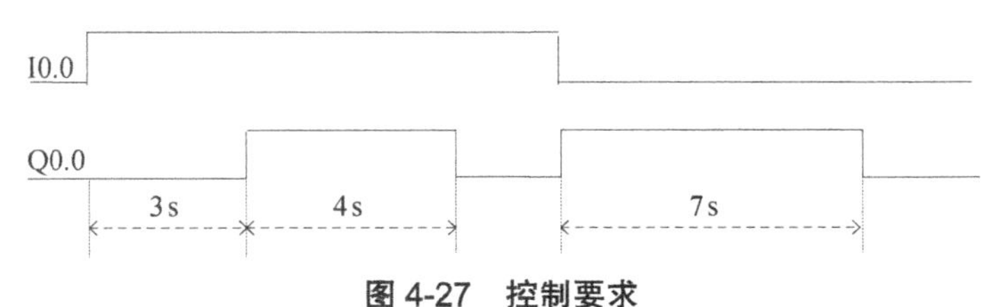

图 4-27 控制要求

根据控制要求和 I/O 分配地址，编写梯形图如图 4-28 所示。

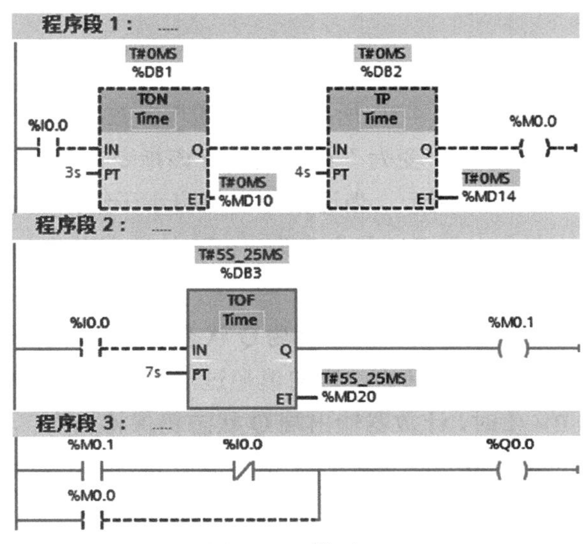

图 4-28 梯形图

4.3　计数器指令

1．计数器指令类型

计数器指令用于对内部程序事件和外部过程事件计数。S7-1200 PLC 计数器指令有 3 种，分别是加计数器（CTU）、减计数器（CTD）、加/减计数器（CTUD），计数器指令如图 4-29 所示。

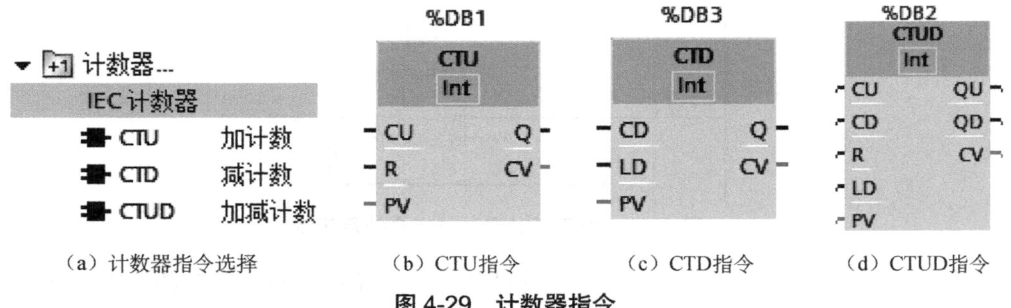

（a）计数器指令选择　（b）CTU指令　（c）CTD指令　（d）CTUD指令

图 4-29　计数器指令

同定时器一样，调用计数器指令时，会自动生成保存计数器数据的背景数据块，可以修改生成的背景数据块的名称，也可以采用默认的名称；S7-1200 CPU 的计数器为 IEC 计数器，数量取决于 CPU 存储器的大小；每个计数器背景 DB 结构的大小取决于计数类型，根据计数器类型占用 3、6 或 12 字节的存储器空间。CU 和 CD 分别是加计数和减计数的输入端，在 CU 或 CD 端信号由“0”变为“1”时，实际计数值 CV 加 1 或减 1；加计数器（CTU）和加/减计数器（CTUD）的复位输入端 R 输入信号为 1 时，计数器被复位，当前值 CV 被清零，计数器的输出 Q 状态为 0；减计数器（CTD）和加/减计数器（CTUD）的 LD 用于装载减计数器的初值。

2．加计数器（CTU）

加计数器（CTU）性能如图 4-30 所示，用于递增参数 CV（计时器当前值）的值；如果输入 CU 的信号状态从“0”变为“1”，则执行该指令，同时输出参数 CV 的当前值加 1。计数状态如图 4-30（a）所示，当计数器当前值小于给定值 PV 时，输出端 Q 状态为“0”，计数器常开触点“C1”.QU 状态也为“0”。计数器动作如图 4-30（b）所示，当计数端 CU 输入端信号 M20.0 状态由“0”变为“1”时，计数器当前值加 1，当计数器当前值累加到设定值 5 时，计数器动作，输出端 Q 状态为“1”，Q0.0 导通（线圈为绿色实线），计数器常开触点“C1”.QU 闭合。当前值超过 PV 值如图 4-30（c）所示，当计数器当前值大于（或等于）PV 值时，计数器输出端 Q 状态仍保持为“1”，其常开触点“C1”.QU 保持接通。复位状态如图 4-30（d）所示，无论当前值为何值，只要复位端信号 M20.1 为“1”，计数器被清 0，则 Q 端输出为“0”，计数器常开触点“C1”.QU 也为“0”；只要复位端 R 的信号状态为“1”，输出 CV 的值被复位为“0”，输入 CU 的信号就不会影响指令状态。CTU 指令动作时序图如图 4-30（e）所示。

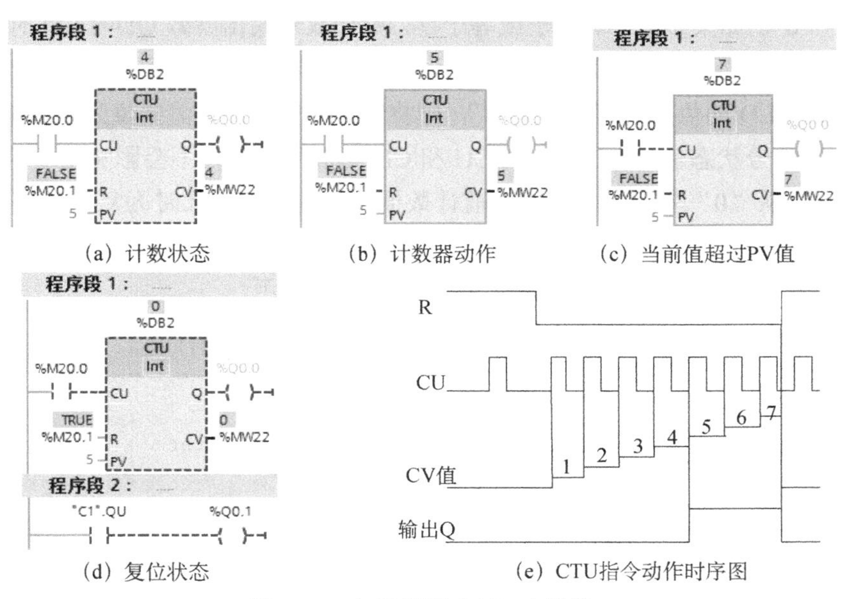

（a）计数状态　（b）计数器动作　（c）当前值超过PV值

（d）复位状态　（e）CTU指令动作时序图

图 4-30　加计数器（CTU）性能

计数器输入端 CU 每检测到一个信号上升沿，参数 CV 就会加 1，可以一直增加，直到达到参数 CV 指定数据类型的上限；达到上限时，即使出现输入信号上升沿，计数器值也不再增加。

3．减计数器（CTD）

减计数器（CTD）性能如图 4-31 所示，用于递减输出参数 CV 的值。如果输入 CD 的信号状态从“0”变为“1”，则执行该指令，同时输出参数 CV 的当前值减 1。计数状态如图 4-31（a）所示，当计数器当前值 CV 大于 0 时，则输出端 Q 状态为“0”，计数器常开触点“C2”.QD 状态也为“0”。装载状态如图 4-31（b）所示，如果参数 LD 的值从“0”变为“1”，则参数 PV（预设值）的值将装载到 CV（当前计数值），即输出 CV 的计数值将立即更新，只要输入 LD 的信号状态仍为“1”，输入 CD 的信号状态就不会影响指令输出。动作状态 1 如图 4-31（c）所示，当计数器当前值 CV 递减到等于“0”时，计数器动作，输出端 Q 信号状态变为“1”，其常开触点“C2”.QD 状态也为 1。动作状态 2 如图 4-31（d）所示，当计数器当前值 CV 继续递减到小于 0 时，输出端 Q 信号状态“1”继续保持，其常开触点“C2”.QD 状态也继续保持。CTD 指令动作时序图如图 4-31（e）所示。

计数器输入端 CD 每检测到一个信号上升沿，参数 CV 就会减 1，可以一直递减，直到达到参数 CV 指定数据类型的下限为止；达到下限时，即使出现输入信号上升沿，计数器值也不再递减。

4．加减计数器（CTUD）

加减计数器（CTU）性能如图 4-32 所示，用于递增和递减计数器当前值 CV，输入信号上升沿有效。如果参数 CV 大于或等于预设参数 PV 的值，则计数器输出参数 QU=1，此时为加计数状态和装载状态，如图 4-32（b）、（c）所示；其他任何情况下，输出 QU 的信号状态均为“0”。如果参数 CV 小于或等于零，则计数器输出参数 QD=1，此时为初始状态和加计数状态，如图 4-32（a）、（b）所示；在其他任何情况下，输出 QU 的信号状态均为“0”。如果参数 LD 的值从“0”变为“1”，则将输出 CV 的计数值置位为参数 PV 的值；只要输入 LD 的信号状态仍为“1”，输入 CU 和 CD 的信号状态就不会影响指令输出。如果复位参数 R 的值从“0”变为“1”，则当前计数值复位为“0”，此时为复位状态，如图 4-32（a）所示；只要输入 R 的信号状态仍为“1”，输入 CU、CD 和 LD 信号状态的改变就不会影响指令输出。CTUD 指令动作时序图如图 4-32（f）所示。

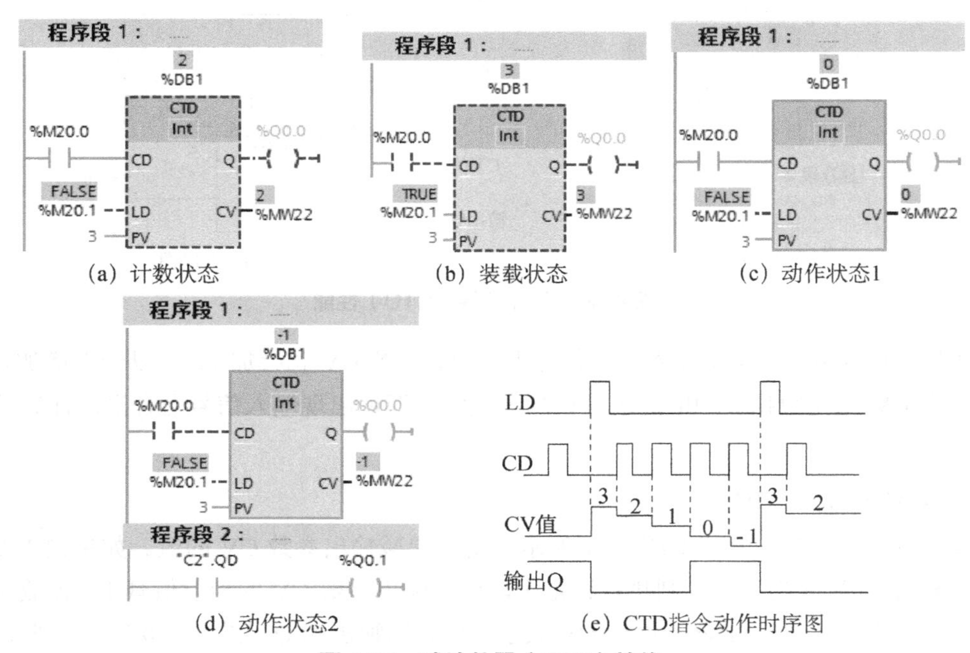

（a）计数状态　（b）装载状态　（c）动作状态1

（d）动作状态2　（e）CTD指令动作时序图

图 4-31　减计数器（CTD）性能

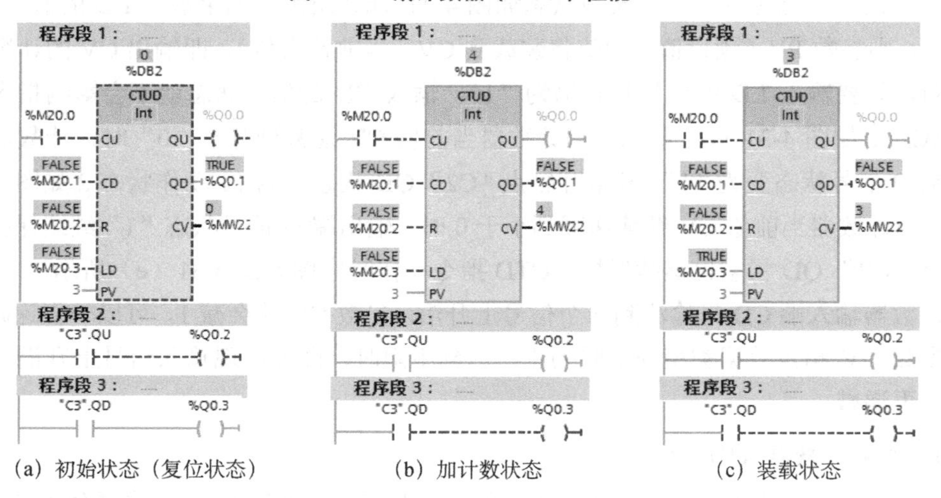

（a）初始状态（复位状态）　（b）加计数状态　（c）装载状态

图 4-32　加减计数器（CTUD）性能

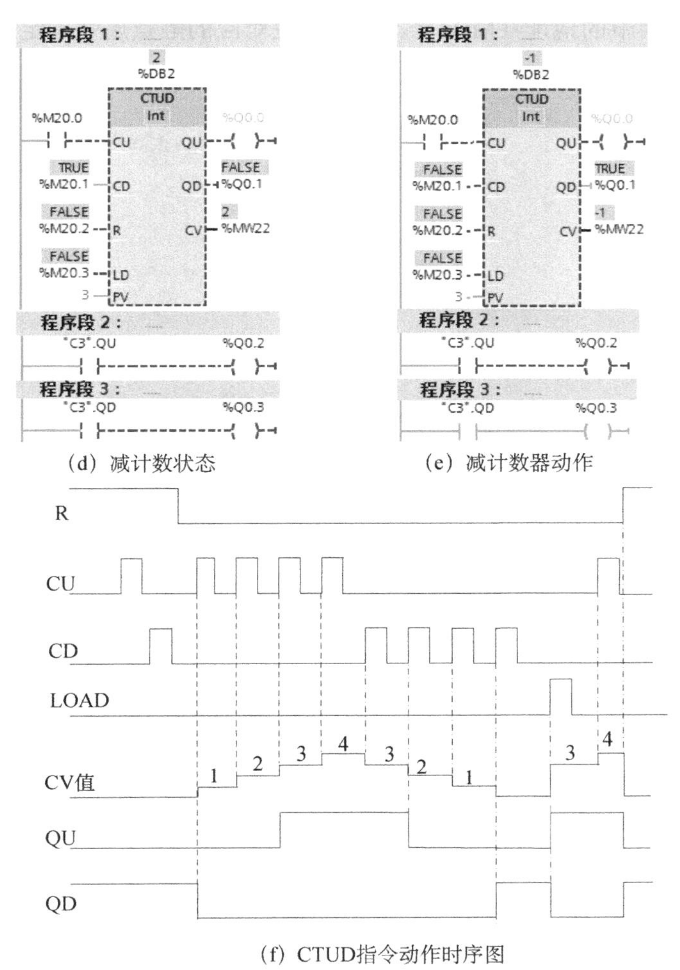

（d）减计数状态 （e）减计数器动作

（f）CTUD指令动作时序图

图 4-32 加减计数器（CTUD）性能（续）

如果在一个程序周期内，输入 CU、CD 都出现上升沿，则输出 CV 的当前值保持不变。计数器值可以一直递加，直到达到参数 CV 指定数据类型的上限，达到上限后，即使出现信号上升沿，计数器值也不再递增；同理递减时，计数器值达到指定数据类型的下限后，即使出现信号上升沿，计数器值也不再递减。

4.4 系统和时钟存储器

1．系统和时钟存储器功能设置

S7-1200 CPU 本身带有系统和时钟存储器功能，要使用该项功能，在硬件组态时需要在 CPU 的属性中进行设置。系统和时钟存储器功能设置如图 4-33 所示，选择 CPU“属性”→“常规”→“系统和时钟存储器”选项，选择“启用系统存储器字节”及“启用时钟存储器字节”复选框，则激活系统和时钟存储器功能；分别设置“系统存储器字节的地址（MBx）”

及“时钟存储器字节的地址（MBx）”，则字节位对应的触点属性确定。

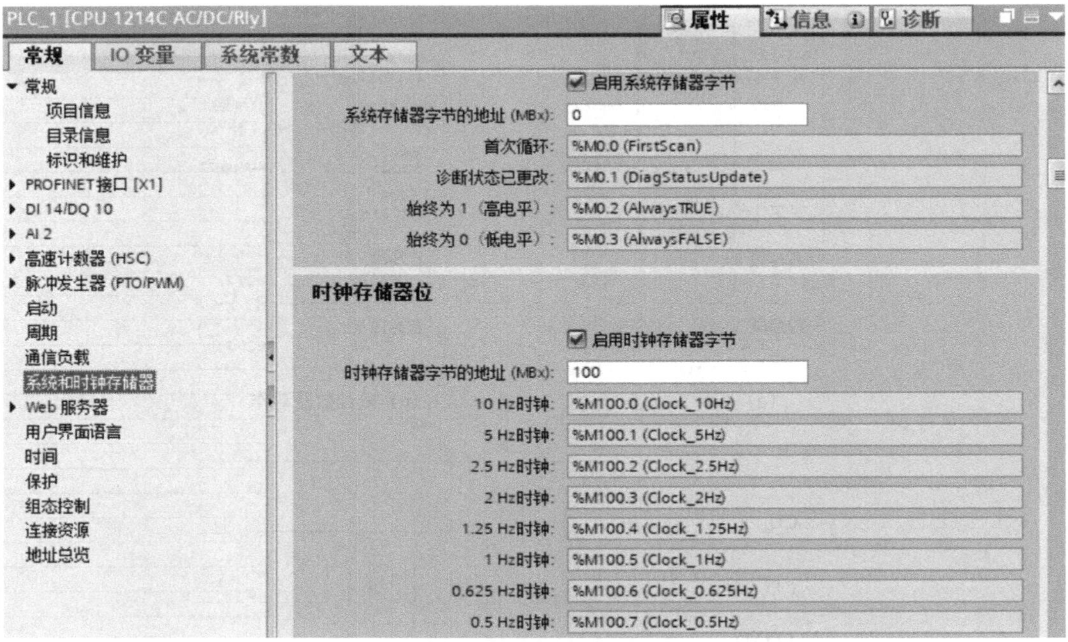

图 4-33　系统和时钟存储器功能设置

系统存储器字节和时钟存储器字节的地址可以自行更改，可以将 M 存储器的一个字节分配给系统存储器或时钟存储器。例如，在“系统存储器字节的地址（MBx）”中输入“0”，则 MB0 即为系统存储器字节；在“时钟存储器字节的地址（MBx）”中输入 100，则 MB100 即为时钟存储器字节。

2. 系统和时钟存储器的应用

系统存储器字节提供了 4 个位，用户可通过变量或变量名称引用这 4 个位，各个位会在发生特定事件时启用。第 0 位为首次扫描位，变量名称为“FirstScan”，在启动 OB 完成后的第一次扫描期间内，该位为 1；第 1 位为诊断状态变化位，变量名称为“DiagStatusUpdate”，该位在 CPU 记录了诊断事件后的一个扫描周期内设置为 1；第 2 位始终为 1 位，变量名称为“AlwaysTRUE”，该位始终设置为 1；第 3 位始终为 0 位，变量名称为“AlwaysFALSE”，该位始终设置为 0。各位名称及含义如图 4-33 所示。

时钟存储器字节中的每位都可生成方波脉冲。时钟存储器字节提供 8 种不同的频率，其范围从 0.5 Hz（慢）到 10Hz（快）。这些位可作为控制位（尤其在与沿指令结合使用时），用于在用户程序中周期性触发动作。存储器位对应的周期及频率如图 4-33 所示。

应用示例： PLC 运行后，系统运行指示灯（Q1.0）常亮。当按下按钮 SB1（I0.0）时，指示灯 1（Q0.0）以 0.5Hz 频率闪烁；当按下按钮 SB2（I0.1）时，指示灯 2（Q0.1）以 2Hz 频率闪烁；按下停止按钮 SB3（I0.2），指示灯熄灭。

时钟存储器应用示例梯形图如图 4-34 所示。

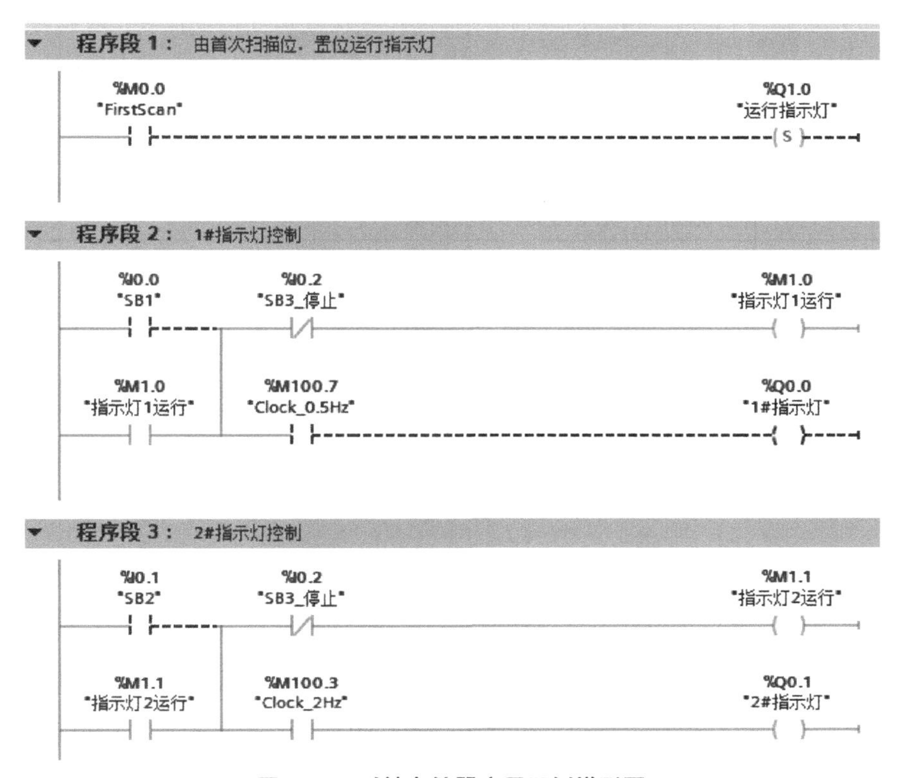

图 4-34　时钟存储器应用示例梯形图

分析：在图 4-34 中，程序段 1 采用首次扫描信号“FirstScan”，置位运行指示灯 Q1.0，保证 PLC 启动后的第一个扫描周期点亮运行指示灯；程序段 2、3 分别控制指示灯 1、2 的运行，当按下启动按钮（SB1 或 SB2）时，指示灯运行状态位（M1.0 或 M1.1）接通，然后通过串联的时钟位（Clock_0.5Hz 或 Clock_2Hz）驱动指示灯（Q0.0 或 Q0.1）点亮；按下停止按钮 SB3，指示灯 1 和指示灯 2（Q0.0 和 Q0.1）熄灭。

4.5　程序块

S7-1200 PLC 的 CPU 主要任务是执行操作系统和运行用户程序。操作系统在每个 CPU 中，处理底层系统级任务，并提供用户程序的调用机制。用户程序则由用户根据项目内容编写，工作在操作系统平台，完成用户特定的自动化任务。用户程序包含不同的程序块，各程序块实现的功能不同。程序块的类型及功能描述见表 4-4。

表 4-4　程序块的类型及功能描述

程序块	功能描述
组织块（OB）	OB 决定用户程序的结构，是操作系统和用户程序之间的接口
功能（FC）	FC 通常用于对一组输入值执行特定运算，无背景数据块

续表

程序块	功能描述
功能块（FB）	FB 是使用背景数据块保存其参数和静态数据的程序块
系统功能（SFC）	集成在 CPU 模块中，相当于系统提供的可供用户调用的 FC。通过 SFC 调用系统功能，无专用的背景数据块
系统功能块（SFB）	集成在 CPU 模块中，相当于系统提供的可供用户调用的 FB。通过 SFB 调用系统功能，有专用的背景数据块
背景数据块（IDB）	IDB 与 FB 调用相关，在调用时自动生成，存储特定 FB 的数据
全局数据块（DB）	用于存储程序数据，任何 OB、FB 或 FC 都可访问全局 DB 中的数据

4.5.1 OB 及其应用

组织块（OB）是由操作系统直接调用的程序块，是 CPU 的操作系统与用户程序之间的接口，组织块与操作系统之间的关系如图 4-35 所示。组织块不能互相调用，其基本功能是调用用户程序。

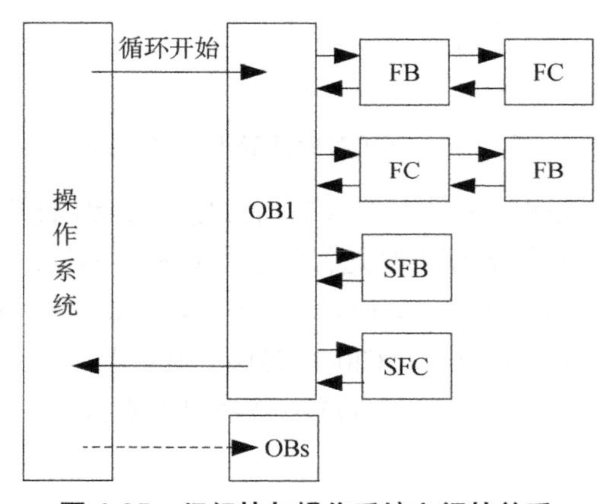

图 4-35 组织块与操作系统之间的关系

组织块可分为循环执行组织块、启动组织块及用于中断驱动程序的组织块。组织块由变量声明表和用户程序组成，各个组织块（除 OB1 外）实质上是用于各种中断处理的中断服务程序。每个组织块均有优先级，通常情况下组织编号越大，优先级越高。

1．循环执行组织块

要启动用户程序执行，项目中至少要有一个循环执行组织块，如主程序 Main[OB1]；也可以使用多个循环执行组织块，操作系统在每个扫描周期，会按照编号由小到大依次调用循环执行组织块。

在 OB1 中的用户程序是循环执行的主程序。例如，我们前面一直使用的主程序即循环执行组织块 OB1，优先等级为 1，这对应于所有组织块的最低优先等级，任何其他类别的循环执行组织块都可以中断主程序 Main[OB1]的执行，即 CPU 在 RUN 模式运行期间，程序循环 OB 以最低优先级等级执行，可被其他事件类型中断。

以下两个事件可导致操作系统调用 OB1。

① CPU 启动完毕。

② OB1 执行到上一个循环周期结束。

2．启动组织块

S7-1200 PLC 的启动组织块在 CPU 从 STOP 模式切换到 RUN 模式时执行一次，执行完毕，开始执行程序循环 OB1；启动组织块一般用于初始化程序，如赋初值。允许生成多个启动 OB，按照编号顺序由小到大依次执行； OB100 是默认设置，启动组织块 OB100 的建立如图 4-36 所示；其他启动 OB 的编号应大于等于 123。

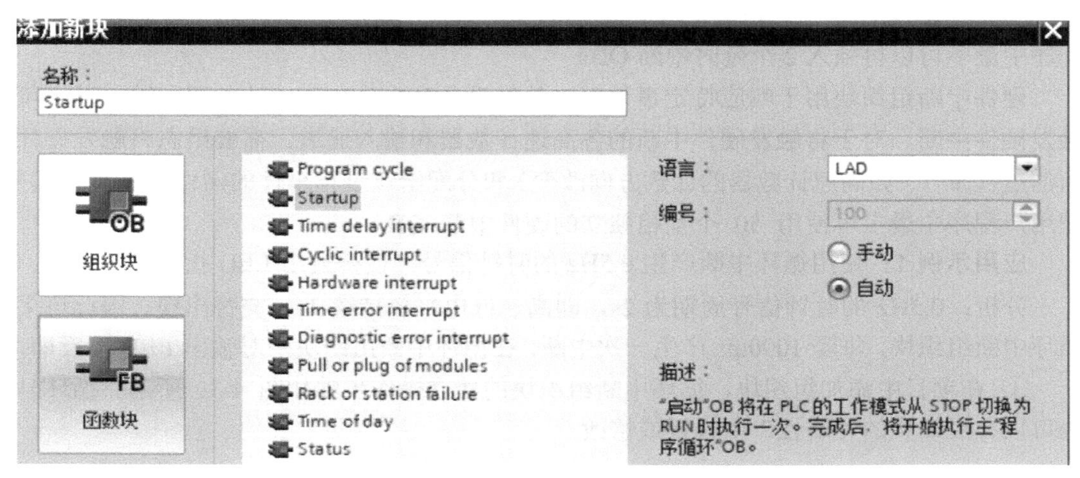

图 4-36　启动组织块 OB100 的建立

应用示例：开机后系统自动检测设备传感器回路是否完好。如果完好，则相应指示灯点亮，同时蜂鸣器发出响声 1s，之后检测灯熄灭；否则，蜂鸣器不响，即系统自检测不通过。

① 建立如图 4-36 所示的工程界面。

② 编写程序。编写 OB100 启动程序如图 4-37 所示，OB1 程序如图 4-38 所示。

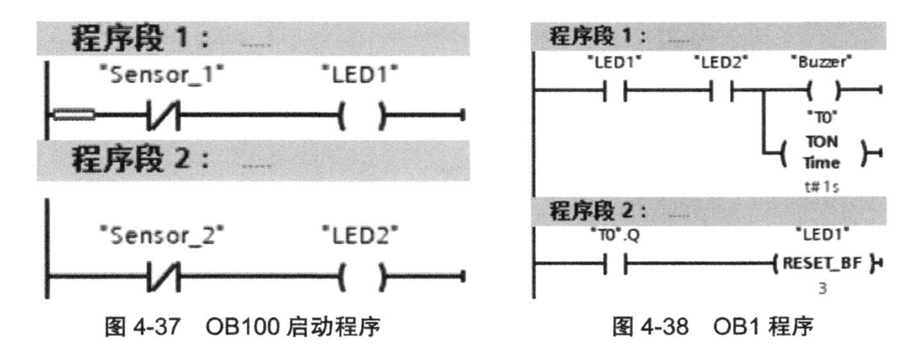

图 4-37　OB100 启动程序　　　　图 4-38　OB1 程序

系统启动运行时，CPU 先执行 OB100，再进入 OB1 循环程序，当传感器回路检测完毕后，将指示灯复位，只有当 CPU 再次执行热启动后才会再次执行 OB100 检测回路。

3．中断组织块

中断组织块包括循环中断组织块、延时中断组织块及硬件中断组织块等。

循环中断组织块按照设定的时间间隔循环执行，周期性的启动程序，而与循环程序执行无关。循环中断 OB 的间隔时间通过时间基数和相位偏移量来指定。时间基数定义循环中断 OB 启动的时间间隔，并且它是基本时钟周期 1 ms 的整数倍；相位偏移量是与基本时钟周期相比启动时间所偏移的时间。如果使用多个循环中断 OB，当这些循环中断 OB 的时间基数有公倍数时，可以使用偏移量防止多个中断同时启动。

延时中断组织块在经过操作系统中一段可组态的延时时间后启动。在用户程序中最多可使用 4 个延时中断 OB 或循环中断 OB，例如，如果已使用 2 个循环中断 OB，则在用户程序中最多可以再插入 2 个延时中断 OB。

硬件中断组织块用于响应特定事件，由外部设备产生，如高速计数器和输入通道可以触发硬件中断。对于将触发硬件中断的各高速计数器和输入通道，需要组态将触发硬件中断的过程事件（如高速计数器的计数方向改变）和分配给该过程事件的硬件中断 OB 编号。在用户程序中最多可使用 50 个互相独立的硬件中断 OB。

应用示例 1：使用循环中断产生 0.5Hz 的时钟信号，使得输出 LED 指示灯闪烁。

分析：0.5Hz 的时钟信号周期为 2s，即高、低电平各持续 1s，交替出现。因此可采用循环中断组织块，每隔 1000ms 产生一次中断，在循环中断组织块中对输出 LED 取反即可。

① 在项目中添加组织块，循环中断组织块的建立操作步骤如图 4-39 所示。循环时间也可以在组织块的“属性”中设置或修改。

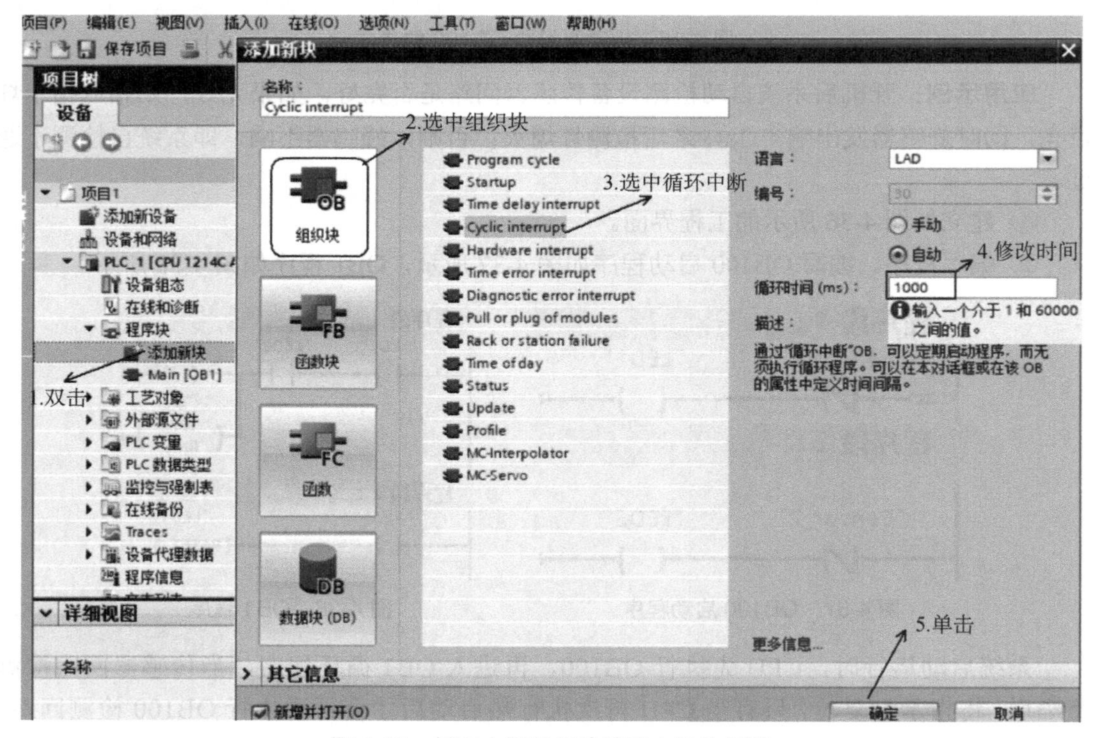

图 4-39　循环中断组织块的建立操作步骤

② 循环中断组织块程序编写及系统调试。编写程序如图 4-40 中程序段 1，系统每隔 1000ms 访问一次 OB30，每次访问 LED 输出改变一次状态。将项目下载至 PLC 中观察指示灯闪烁情况。

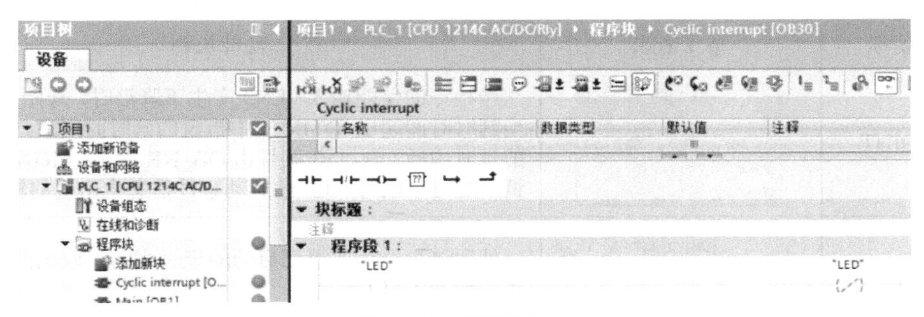

图 4-40　编写程序

应用示例 2：使用延时中断完成如下任务，当输入按钮 SB1 由 1 变 0 时，延时 10s 后启动延时中断 OB23，使得输出 LED 指示灯点亮。

① 在项目中添加组织块，延时中断组织块的建立操作步骤如图 4-41 所示。在图 4-41 中，组织块默认编号（选择“自动”单选按钮）是 20，如果需要自行选择组织块编号可选择“手动”单选按钮，并在“编号”一栏输入自定义的编号，如 23，如果输入错误编号会提示编号范围：（20-23；123-32767）。

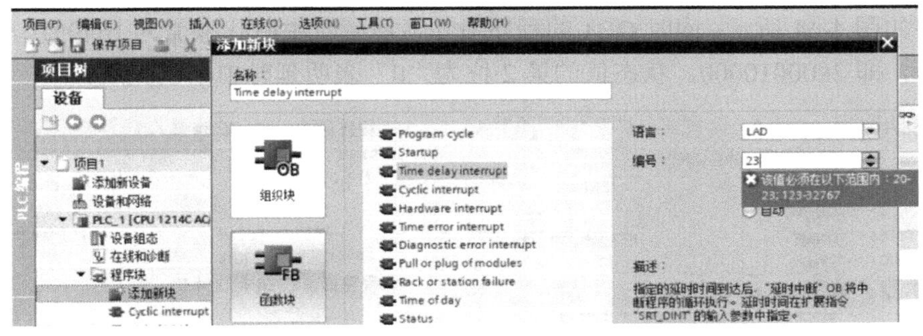

图 4-41　延时中断组织块的建立操作步骤

② 延时中断组织块的编程编写。延时中断组织块 OB23 程序如图 4-42 所示，在组织块中将 LED 置位。系统延时 10s 后自动访问组织块并执行程序。

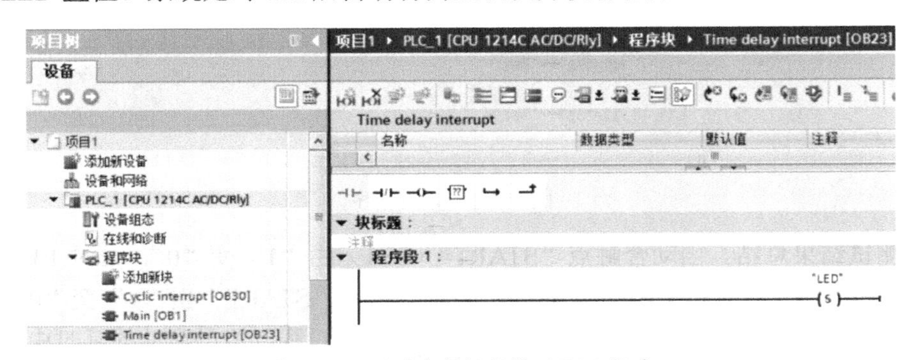

图 4-42　延时中断组织块 OB23 程序

③ OB1 程序编写。在 OB1 程序中需要调用延时中断指令，调用路径为“指令→扩展指令→中断→延时中断”，延时中断指令属性见表 4-5。

表 4-5　延时中断指令属性

指令名称	指令格式	功能说明
SRT_DINT	SRT_DINT EN　ENO OB_NR　RET_VAL DTIME SIGN	当指令的使能输入（EN）产生下降沿时，开始延时时间；当延时时间超出 DTIME 中指定的延时时间后，执行相应的延时中断 OB，OB 编号由 OB_NR 指定；SIGN 用于指定调用延时中断时 OB 的启动事件信息中出现的标志符
CAN_DINT	CAN_DINT EN　ENO OB_NR　RET_VAL	使用该指令可取消已启动的延时中断，取消的中断编号由参数 OB_NR 指定
QRY_DINT	QRY_DINT EN　ENO OB_NR　RET_VAL STATUS	使用该指令可查询延时中断的状态，查询的中断编号由参数 OB_NR 指定

OB1 程序如图 4-43 所示。图 4-43（a）中，从当前程序段 3 可以看出，当前延时中断状态值为 16#0014，即 2#00010100，状态值的第 2 位为“1”表明延时中断被激活，状态值的第 4 位为 1 表明指定编号的延时中断 OB 23 存在；当启动信号“START”状态由“1”变为“0”时，开始计时，10s 后系统运行 OB23 程序，输出“LED”值为“1”，OB23 在线监控程序如图 4-44 所示，同时 OB1 的程序段 3 当前延时中断状态值为 16#0010，如图 4-43（b）所示，即 2#00010000，状态值的第 2 位为“0”表明延时中断已完成。

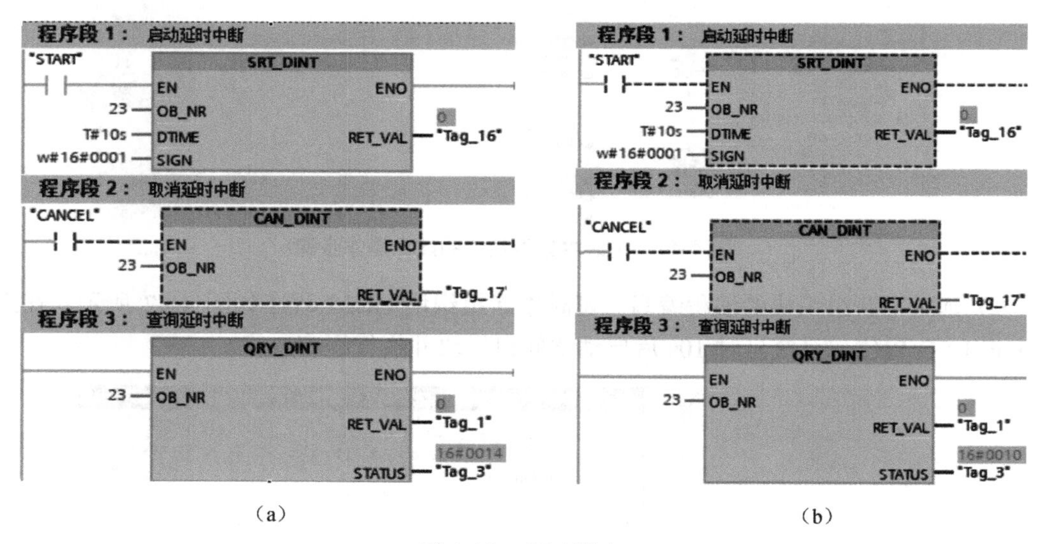

（a）　　　　　　　　　　（b）

图 4-43　OB1 程序

④ 测试结果总结。当动合触点“START”（SB1）由“1”变“0”，延时 10s 后执行延时中断程序，PLC 输出 LED 指示灯点亮；当动合触点“START”由“1”变“0”，延时不到 10s 时，如果动合触点 CANCEL 状态由“0”变“1”，则取消已启动的延时中断，OB23 将不会被执行。

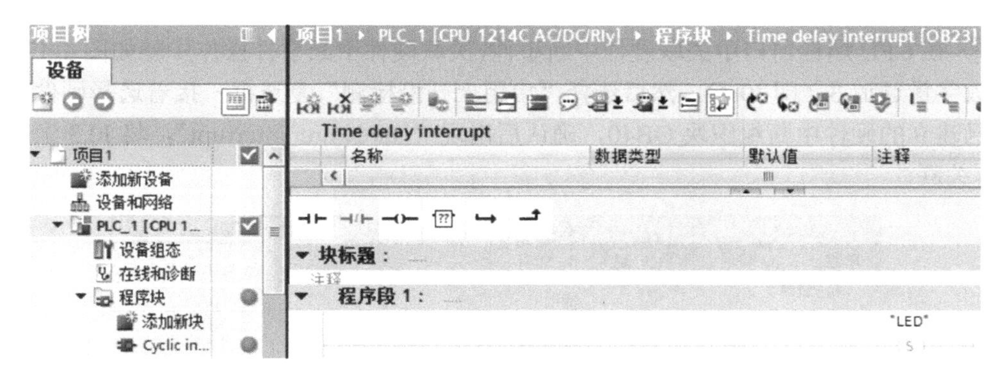

图 4-44 OB23 在线监控程序

应用示例 3：当 PLC 输入 I0.3 产生上升沿时，触发硬件中断 OB40，在 OB40 中统计硬件触发的次数。

① 在项目中添加组织块，硬件中断组织块的建立操作步骤如图 4-45 所示。在图 4-45 中，组织块默认编号（选择“自动”单选按钮）是 40，如果需要自行选择组织块编号可选择“手动”单选按钮，并在“编号”一栏输入自定义的编号，如果输入错误编号会提示编号范围：(40-47；123-32767)。

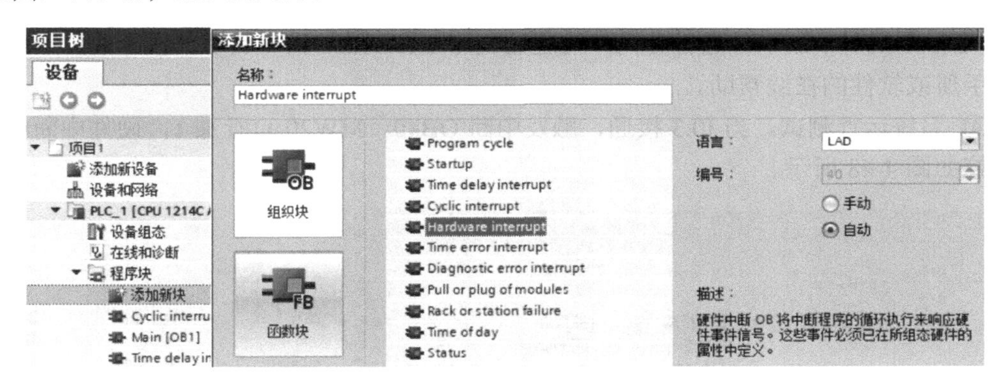

图 4-45 硬件中断组织块的建立操作步骤

② 硬件中断组织块的编程。OB40 程序如图 4-46 所示，可将程序设计为变量 MW30 自行加 1。当中断条件满足，即动合触点 I0.3 状态由“0”变“1”，则 MW20 自行加 1。

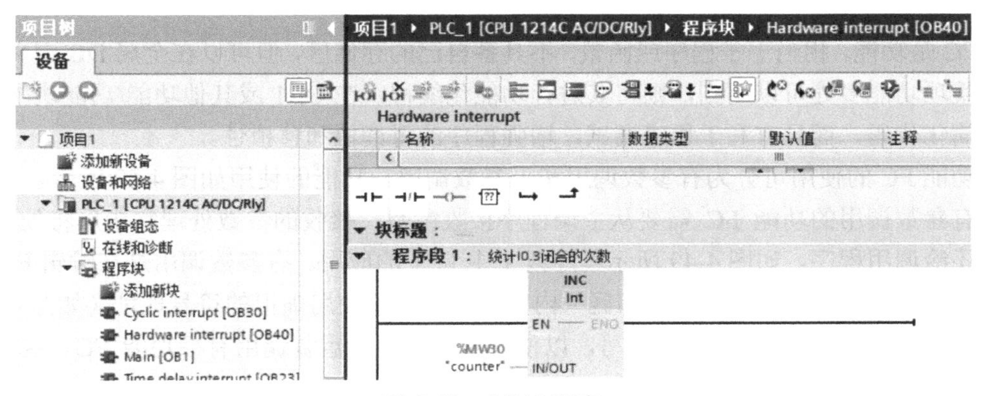

图 4-46 OB40 程序

③ 在 CPU 属性窗口中关联硬件中断事件，关联硬件中断事件操作步骤如图 4-47 所示；选择数字量通道 3（即 I0.3），然后选择“启用上升沿检测”复选框；接着选择硬件中断，选定已建立的硬件中断组织块 OB40，确认后出现“Hardware interrupt”，将 I0.3 上升沿与 OB40 关联。

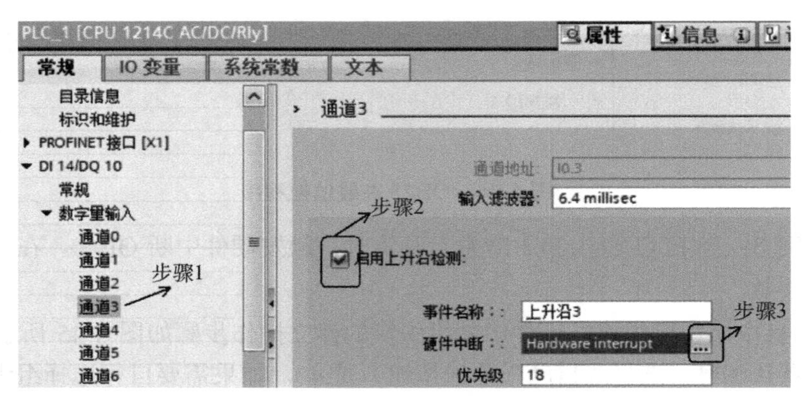

图 4-47 关联硬件中断事件操作步骤

如需在 CPU 运行期间对中断事件重新分配，可通过调用 ATTACH 指令实现；如需在 CPU 运行期间对中断事件进行分离，可通过调用 DETACH 指令实现；指令的应用可查阅相关手册或软件的在线帮助。

④ 系统运行测试。当 I0.3 接通，触发中断 OB40，MW20 自行加 1，硬件中断相关变量监控如图 4-48 所示。

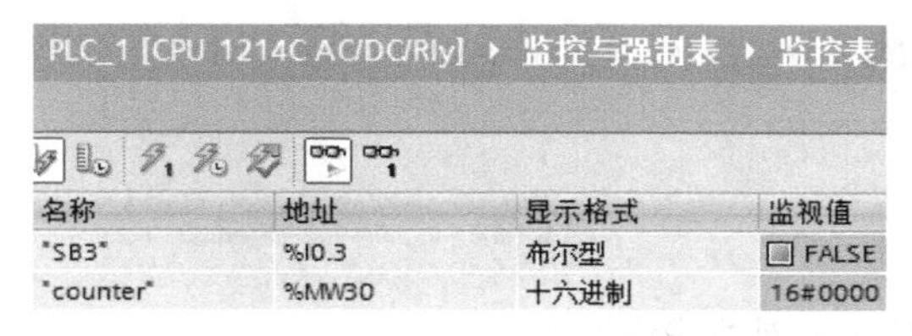

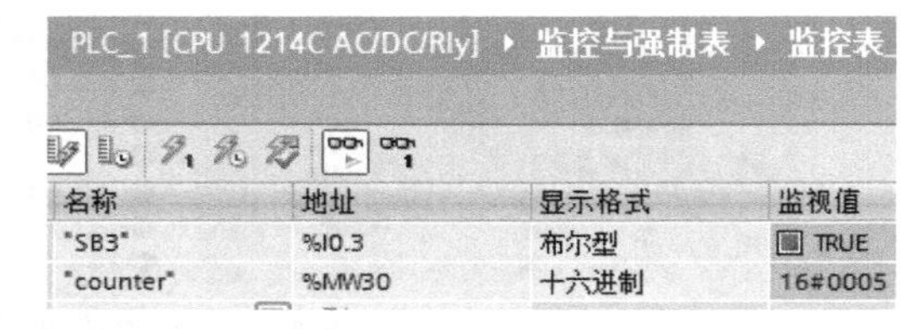

图 4-48 硬件中断相关变量监控

4.5.2 FC 及其应用

FC 是功能，相当于子程序或函数，不具备自己的存储区，但可以在全局 DB 定义数据。如果某项功能多处可以用到，则将其进行功能化编程，在 OB1 或其他功能/功能块中调用，不仅简化代码，而且有利于程序调试，增强程序的可读性和移植性。

功能 FC 的使用可分为有参数调用和无参数调用。功能的使用如图 4-49 所示。

有参数调用的功能 FC 需要从主调程序接收参数，接收的参数处理完毕后将处理结果再返还给调用程序，如图 4-49 所示程序段 1 中 FC1 的应用。有参数调用是在编辑 FC 程序块时在局部变量声明表（即块接口区）内定义形参，并使用虚拟的符号地址（如图 4-49 中 FC1 的 x，y）完成控制程序的编写，以便在其他块中能重复调用有参功能 FC。这种方式一般用于结构化程序编写。

无参数调用则是 FC 不从外部或主调程序中接收参数，也不向外部发送参数。在 FC 中直接使用绝对地址完成控制程序的编程，如图 4-49 所示程序段 2 中 FC2 的应用。这种方式一般应用于分部式结构的程序编写，每个功能 FC 实现整个控制任务的一部分，不重复调用。

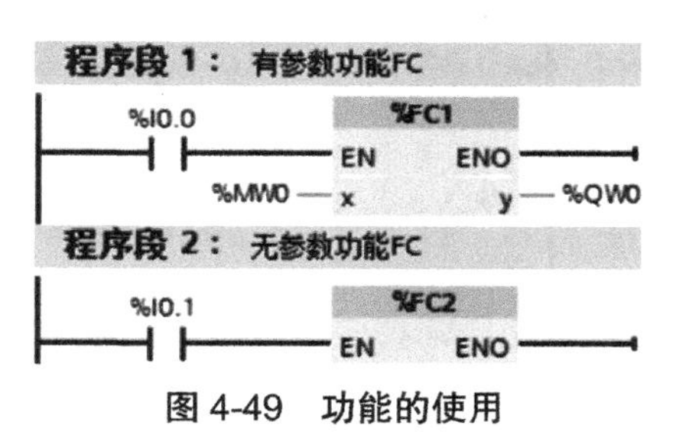

图 4-49　功能的使用

应用示例 1： 设计函数模块，计算 $y=ax+b$ 的值，其中 a、b 为常数。设计步骤如下。

① FC 模块的建立操作步骤如图 4-50 所示，双击界面左侧"程序块"下面的"添加新块"，弹出"添加新块"对话框，选择 FC，单击"确定"按钮，功能添加完成。

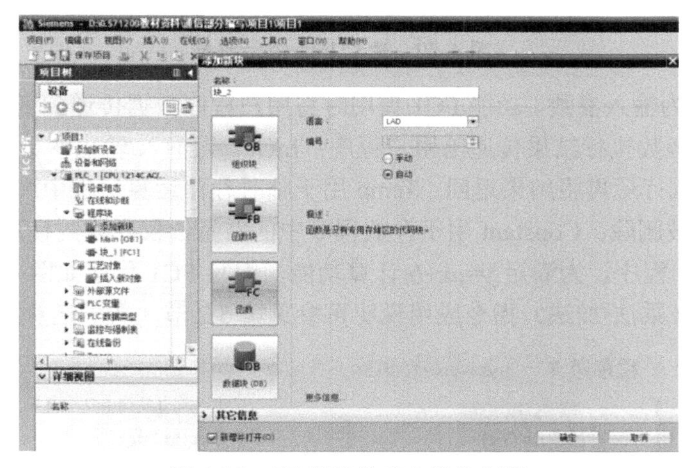

图 4-50　FC 模块的建立操作步骤

② 双击已建好的 FC1 模块，进入 FC1 模块的程序编辑界面，如图 4-51 所示。

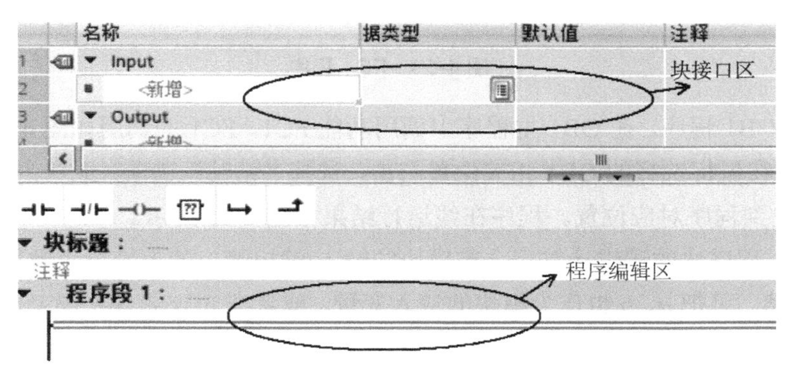

图 4-51　FC1 模块的程序编辑界面

块接口区用于定义 FC1 功能的 Interface 参数，建立 Interface 参数如图 4-52 所示。当设置 Input、Output 和 InOut 类型参数时，用户需要在程序声明中声明块调用的“接口”；当变量声明后，就会在本地数据堆栈中为临时变量保留一个有效存储空间；Temp 用于存放函数运算的中间结果。

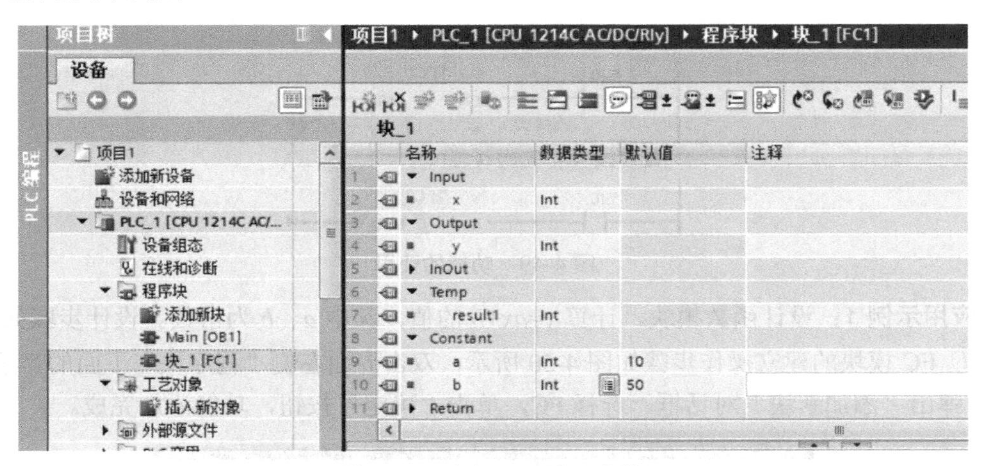

图 4-52　建立 Interface 参数

其中，Input 为输入参数，功能 FC1 调用时将用户程序数据传递到函数中；Output 为输出参数，用于将函数执行结果传递给用户程序；InOut 为输入/输出参数，调用时由函数读取后进行运算、执行后再将结果返回；Temp 用于临时存储运算过程中产生的中间变量，函数执行完成后会被删除；Constant 用于存放程序中的常量，仅在块内使用。

③ 编写 FC1 程序。为满足 $y=ax+b$ 计算功能，编写 FC1 程序如图 4-53 所示，其中涉及的 MUL/ADD（乘法/加法）指令应用说明可参见第 5.2 节（数学运算指令）。

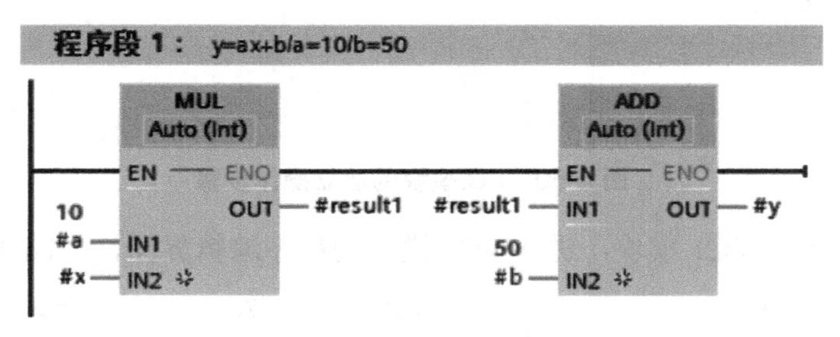

图 4-53　FC1 程序

④ 编写 OB1 程序。在 OB1 主程序中调用功能 FC1，FC1 的调用如图 4-54 所示，复制 FC1 模块，并在鼠标选择的 OB1 相应位置右击，选择“粘贴”选项；或单击 FC1 块后长按鼠标左键拖曳到程序对应位置。程序在线运行结果如图 4-55 所示。

由于 FC1 程序块的逻辑计算完全靠模块的输入/输出接口的地址提供数据源，若想修改常数 *a*、*b* 的值，可把 *a*、*b* 也作为模块的输入变量，或者在 FC1 模块中重新设定常数初值。

应用示例 2： 根据控制要求实现水塔高位水箱水位的自动控制。

水塔高位水箱水位自动控制系统如图 4-56 所示。其中 Lgh、Lgl 分别为水塔高位水箱的高、低水位传感器；Ldh、Ldl 为低位补给水箱的高、低水位传感器；YV 为电磁阀，控制补水阀门；M 为电动机，拖动水泵对高位水箱供水。

高位水箱的控制：为保证用户用水，要求始终保持高位水箱水位在 Lgl 与 Lgh 之间。当高位水箱水位低于 Lgl 时，水泵启动，从低位水箱抽水补给高位水箱，到达水位 Lgh 时，水泵自动停止。

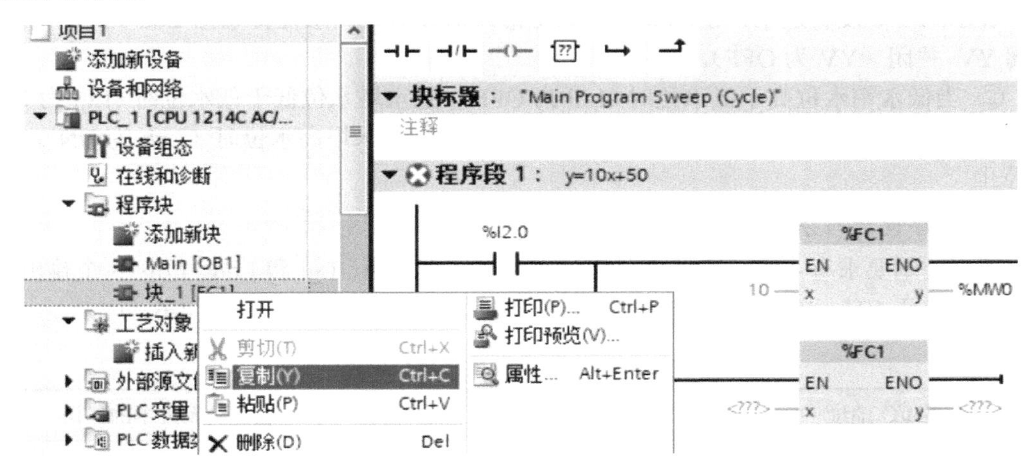

图 4-54　FC1 的调用

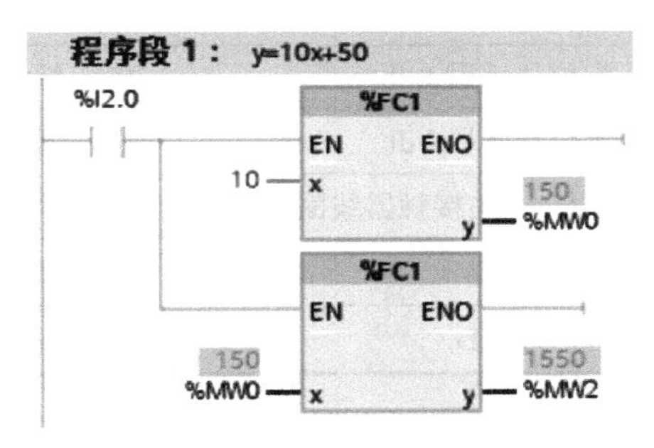

图 4-55　程序在线运行结果

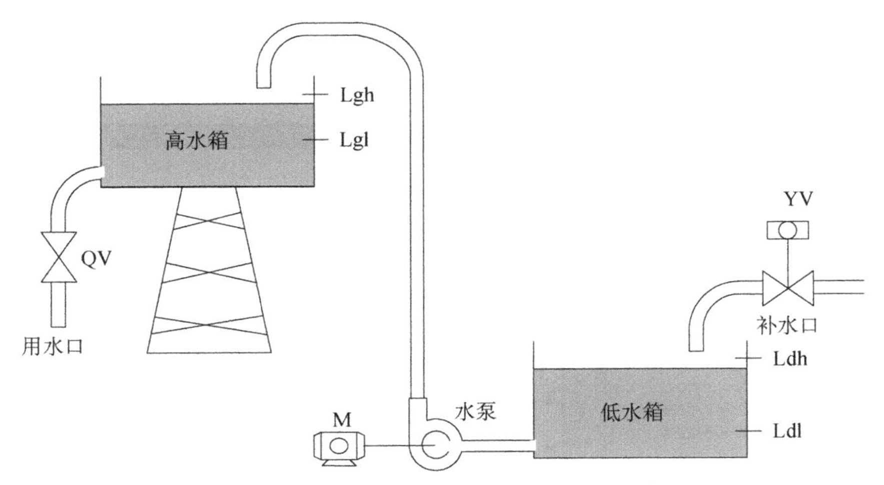

图 4-56　水塔高位水箱水位自动控制系统

低位水箱的控制：当水位低于 Ldl 时，电磁阀 YV 得电后开启，对低位水箱补水，水位到达 Ldh 时，电磁阀 YV 失电，阀门闭合，停止补水。

1．控制要求

① 当低位补给水箱水位低于低水位时（Ldl 为 ON），电磁阀 YV 打开补水（YV 为 ON），定时器开始定时（设时间为 2s），2s 以后，如果 Ldl 仍为 ON，则电磁阀 YV 指示灯 XD 闪烁，表示阀 YV 没有进水，出现故障；如正常，则补水至高水位传感器 Ldh 为 ON 后，电磁阀 YV 关闭（YV 为 OFF）。

② 当低水箱水位高于低水位时（Ldl 为 OFF），且水塔水位低于低水位时（Lgl 为 ON），电机 M 运转，开始抽水补给高位水箱。当水塔水位高于水塔高水位时（Lgh 为 ON），电机 M 停止。

2．程序设计与分析

根据控制要求有 4 个输入器件分别为水位传感器 Lgh、Lgl 和 Ldh、Ldl；3 个输出负载分别为电磁阀 YV、电机 M 和指示灯 XD，PLC 的 I/O 地址分配表见表 4-6。

表 4-6　PLC 的 I/O 地址分配表

PLC 的 I/O 地址	连接的外部设备	在控制系统中的作用
I2.0	水位传感器 Lgh	高水箱高水位测量
I2.1	水位传感器 Lgl	高水箱低水位测量
I2.2	水位传感器 Ldh	低水箱高水位测量
I2.3	水位传感器 Ldl	低水箱低水位测量
Q2.0	电机 M 主接触器线圈	水泵工作
Q2.1	电磁阀 YV	补水阀门工作
Q2.2	指示灯 XD	故障指示

整个控制程序根据功能可划分为 4 个部分，即闪烁控制功能（FC1）、低水箱水位控制功能（FC2）、高水箱水位控制功能（FC3）及故障显示功能（FC4）。程序设计步骤如下。

① 建立 FC 模块。在项目视图界面右边程序块中，通过“添加新块”建立 FC1、FC2、FC3 及 FC4 功能，并分别命名，FC 模块的建立如图 4-57 所示。

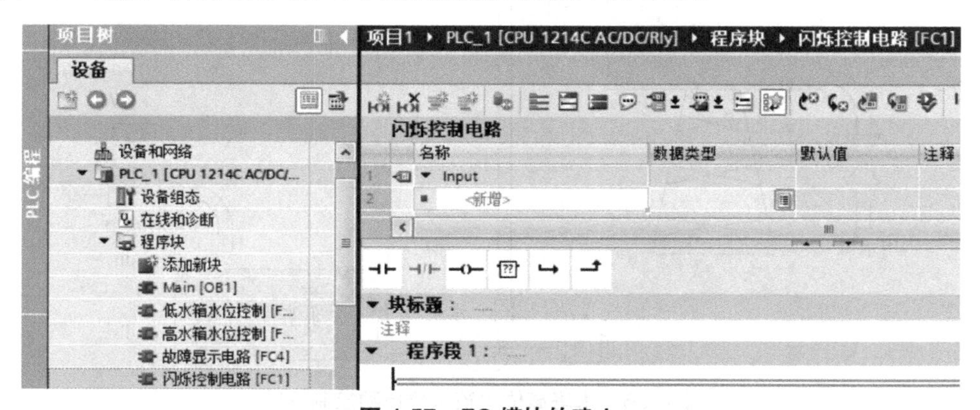

图 4-57　FC 模块的建立

② 编写 FC 程序。进入 FC1 功能（闪烁控制）的程序编写界面，FC1 程序如图 4-58 所示，不用设置接口区变量，在程序区编写程序时采用变量的绝对地址或符号地址。图 4-58 中，“T0”.Q 为背景数据块 DB1 表示的定时器输出，“T1”.Q 为背景数据块 DB2 表示的定时器输出。

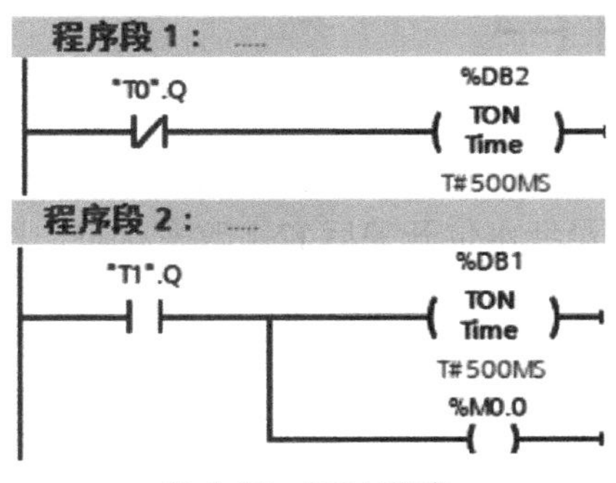

图 4-58 FC1 程序

通过程序段 1 和程序段 2 的逻辑关系，M0.0 可以获得周期为 1s 的方波波形，可以用 M0.0 的常开触点接通指示灯 Q2.2，使得 Q2.2 状态具有与 M0.0 同样的变化频率，Q2.2 的输出控制如图 4-59 所示。

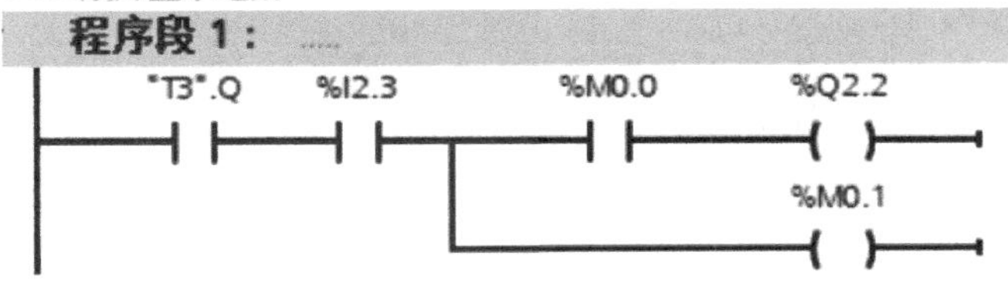

图 4-59 Q2.2 的输出控制

分别打开 FC2、FC3、FC4 功能模块，FC4 程序可参考图 4-59，编写 FC2、FC3 程序如图 4-60、4-61 所示。

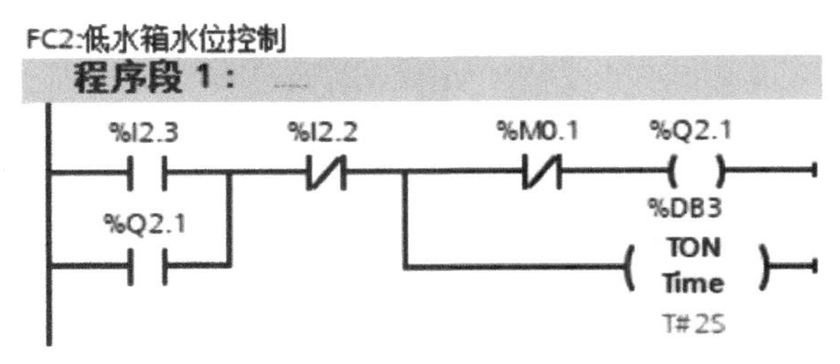

图 4-60 FC2 程序

在图 4-59 中，当低水箱液位低于低水位 I2.3 时，电磁阀打开给水箱充水。由于水位淹没低水位开关后，低水位开关 I2.3 改变状态，不能再维持 Q2.1 接通，所以需要 Q2.1 实现自保持；当水位高于水箱的高水位 I2.2 后，高水位开关 I2.2 动作，其常闭触点断开，Q2.1 失电，电磁阀关闭，停止进水；若电磁阀故障，低水位开关 I2.3 没有动作，则 2 秒后 T3（即背景数据块 DB3 所表示的定时器）的动合触点闭合，如图 4-61 所示，指示灯电路接通，同时辅助继电接触器 M0.1 线圈得电，则关闭电磁阀。

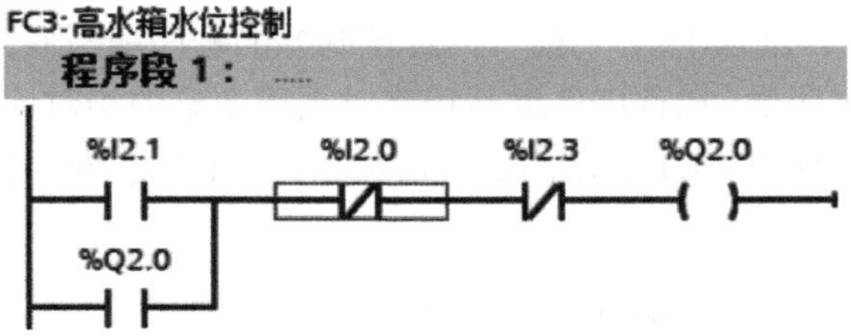

FC3:高水箱水位控制

程序段 1： ……

%I2.1　%I2.0　%I2.3　%Q2.0

%Q2.0

图 4-61　FC3 程序

在图 4-60 中，当水塔高位水箱的水位低于低水位 I2.1 时，电机 M 工作，水泵从低水位往水塔抽水。由于水位淹没低水位开关后 I2.1 改变状态，不能再维持 Q2.0 接通的状态，所以需要 Q2.0 实现自保持；当水位高于高水位时高水位开关动作即 I2.0 得电，其动断触点断开，Q2.0 失电，电机停止工作。若低水箱水位在低水位之下（I2.3 为 ON），即使高位水箱需要抽水也不能启动电机工作。

在图 4-61 中，T3 的动合触点闭合，说明电磁阀已经接通 2 秒，若低位水箱低水位开关仍然没有改变状态，则电磁阀 YV 出现故障，故障指示灯 XD 亮。为满足指示灯闪烁要求，将时钟脉冲的触点 M0.0 也作为 Q2.2 动作的条件。

③ 在 OB1 程序中调用 FC。在 OB1 主程序中无条件调用功能 FC1～FC4，OB1 程序结构如图 4-62 所示。

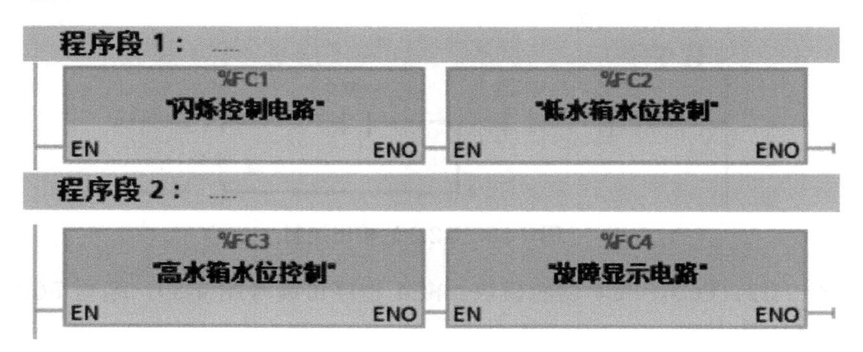

图 4-62　OB1 程序结构

3．系统联调

将项目下载至 CPU 中，包括硬件配置、OB1 程序，以及 FC1、FC2、FC3、FC4 功能块，在线调试和运行系统。

4.5.3　FB 及其应用

FB 是功能块，拥有自己的存储区，即背景数据块。

与功能 FC 相比，功能块 FB 的输入参数、输出参数、输入/输出参数和静态变量都存储在一个单独的、被指定给该功能块的数据块中，即背景数据块。当调用 FB 时，该背景数据块会自动打开；当块退出时，背景数据块中的数据仍然保持。

FC 与 FB 相比，不具有相关的背景 DB。FC 使用临时存储器（L）保存用于计算的数据，当块退出时不保存临时数据。与 FC 相同，功能块 FB 也带有形参接口区。参数类型中除具有与FC相同的输入参数Input、输出参数Output、输入/输出参数InOut、临时变量Temp、本地常量Constant外，还带有用于存储中间变量的静态数据区Static。

当调用一个功能块FB时，系统会分配一个背景数据块存储数据；如果多个功能块有嵌套关系，可将嵌套的FB作为主FB的静态变量进行调用，那么在OB中调用主FB时，就会只有一个总的背景数据块，也称为多重背景数据块。如在FB1中调用FB5时，会弹出"调用选项"对话框，如图4-63所示，可以选择"多重背景"，这样便于将关联的背景数据块集中管理。

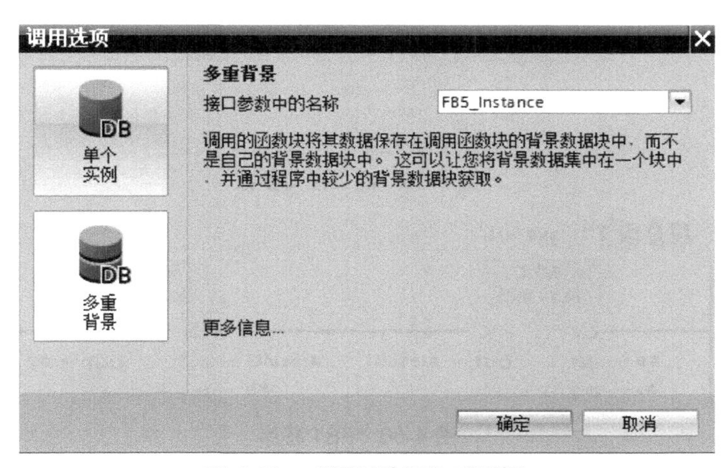

图4-63 "调用选项"对话框

应用示例： 设计函数模块，计算$y=ax+b$的值，其中a、b可在程序中改变。

① FB1模块的建立操作过程，方法同FC，如图4-64所示。

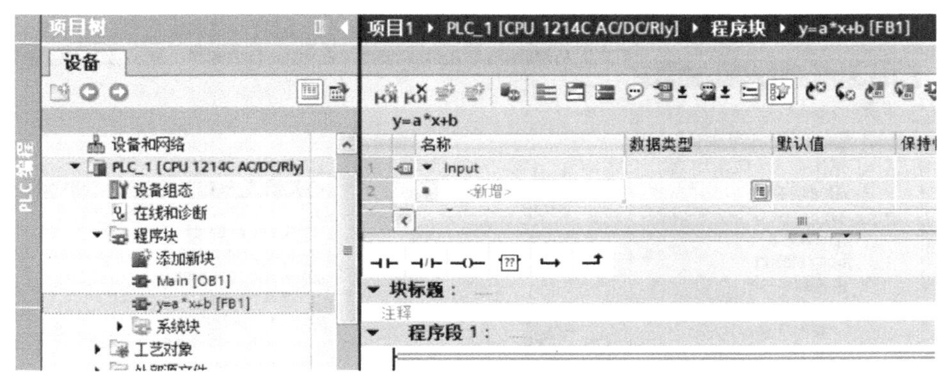

图4-64 FB1模块的建立操作过程

② 双击如图4-64所示FB1模块，进入FB1模块的程序编辑界面。为FB1功能块分别定义接口区（Interface）参数，建立接口参数如图4-65所示，FB1程序如图4-66所示。

从图4-65可见，建立输入参数x；输出参数y；静态变量a、b，并设其初值分别为a=10、b=50；临时变量result1。变量声明后，除了在本地数据堆栈中为临时变量保留一个有效存储空间外，还要为静态变量保留空间。

③ 编写FB1程序。为满足$y=ax+b$功能，编写FB1程序如图4-66所示，其中涉及的

MUL/ADD 指令应用说明可参见第 5.2 节（数学运算指令）。

	名称	数据类型	默认值
1	▼ Input		
2	x	Int	0
3	▼ Output		
4	y	Int	0
5	▼ InOut		
6	<新增>		
7	▼ Static		
8	a	Int	10
9	b	Int	50
10	▼ Temp		
11	result1	Int	
12	▶ Constant		

图 4-65　建立接口参数

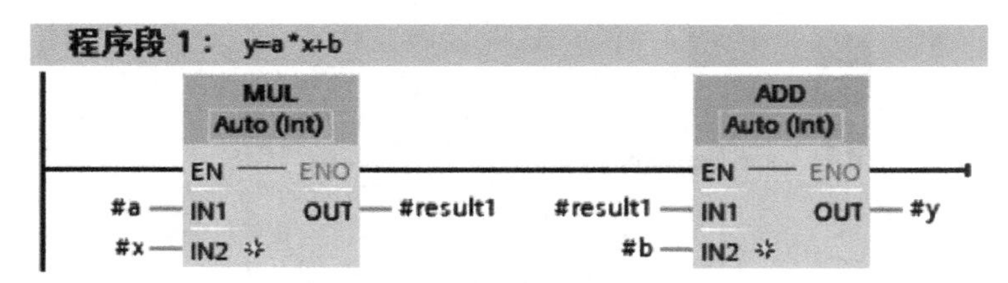

图 4-66　FB1 程序

④ 为 FB1 分别建立背景数据块 DB4、DB5。FB1 背景数据块 DB4 的建立如图 4-67 所示，在数据块“类型”中选择“y=a*x+b[FB1]”；以同样的路径和方法建立 DB5。

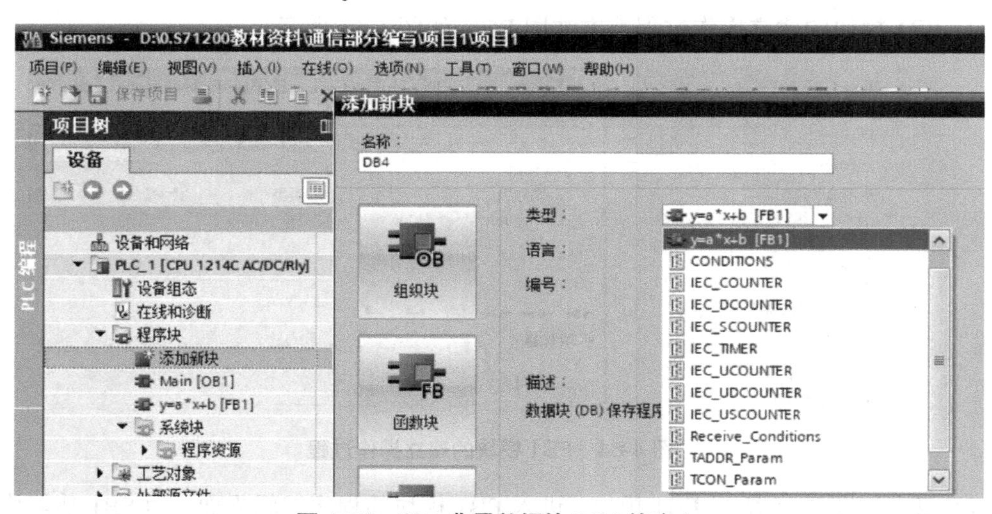

图 4-67　FB1 背景数据块 DB4 的建立

也可以在 OB1 中调用 FB1 模块时自动生成背景数据块，操作步骤如图 4-68 所示。

⑤ 编写 OB1 程序。在 OB1 主程序中调用功能块 FB1，OB1 程序如图 4-69 所示。

程序段 1 程序在线运行数据如图 4-70 所示。在图 4-70（a）中，（MW0）=10*10+50=150，（MW2）=10*20+50=250。DB4 数据表在线监控情况如图 4-70（b）所示。

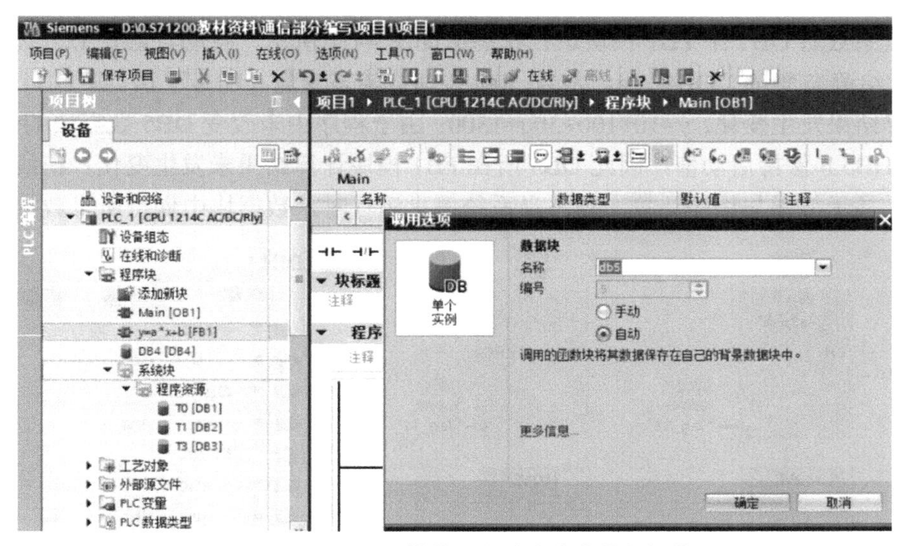

图 4-68　调用 FB 模块时自动生成背景数据块

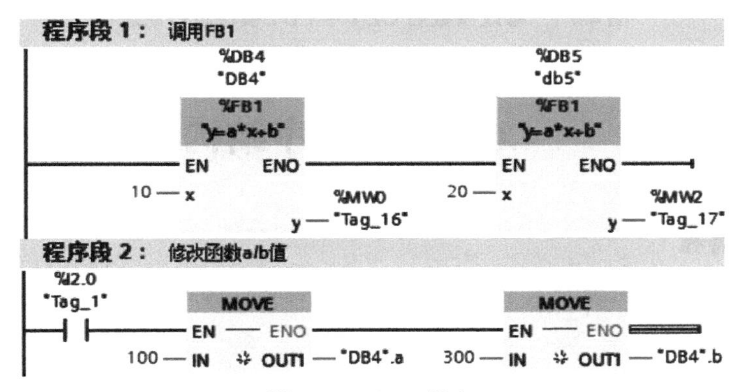

图 4-69　OB1 程序

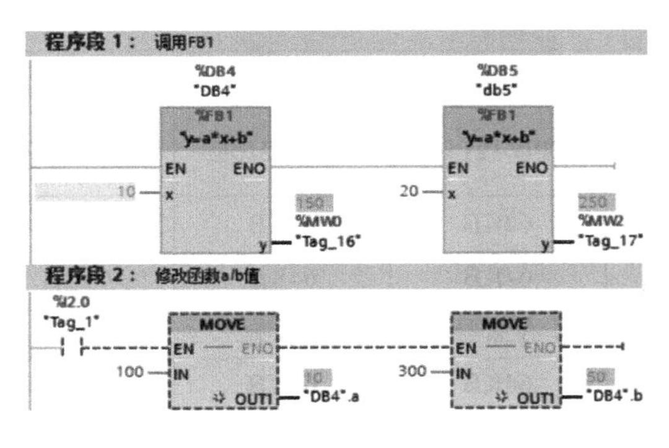

（a）OB1中FB1模块运行

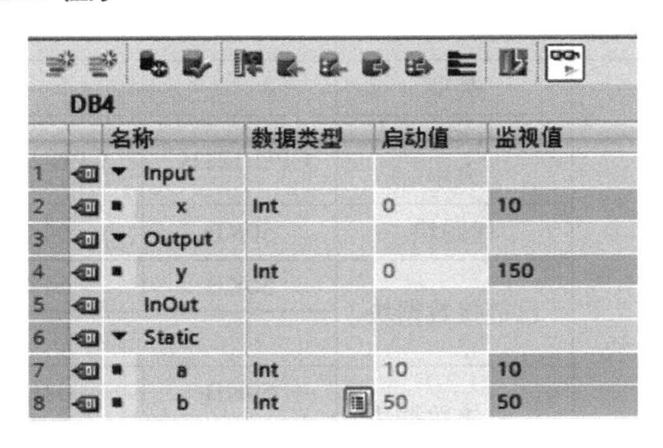

DB4

		名称	数据类型	启动值	监视值
1		▼ Input			
2		■ x	Int	0	10
3		▼ Output			
4		■ y	Int	0	150
5		InOut			
6		▼ Static			
7		■ a	Int	10	10
8		■ b	Int	50	50

（b）DB4数据表在线监控情况

图 4-70　程序段 1 程序在线运行数据

从图 4-70（b）中还可以看出，除了临时变量不出现在背景数据块中，其他声明的变量都要在背景数据块中的数据结构中声明。对于启动值，用户可以在功能块接口的启动值中输入；如果没有输入，则软件给出缺省值 0；当数据块第一次存盘时若用户没有明确地声明实际值，则初值将被用于实际值。

修改系数后 OB1 中 FB1 模块运行状态值如图 4-71 所示，将动合触点 I2.0 闭合，常数 100 传递给静态变量“DB4”.a，常数 300 传递给静态变量“DB4”.b，则 DB4 所在 FB1 模块计算结果发生变化：y=10*100+300=1300；由于程序中未改变 DB5 数据块的静态变量，DB5.a、DB5.b 保持启动值，因此 DB5 所在 FB1 模块计算结果未发生变化。在线监控 DB4 数据表，显示结果与程序计算一致。当系统停止运行时，数据块中保持所有数据状态。

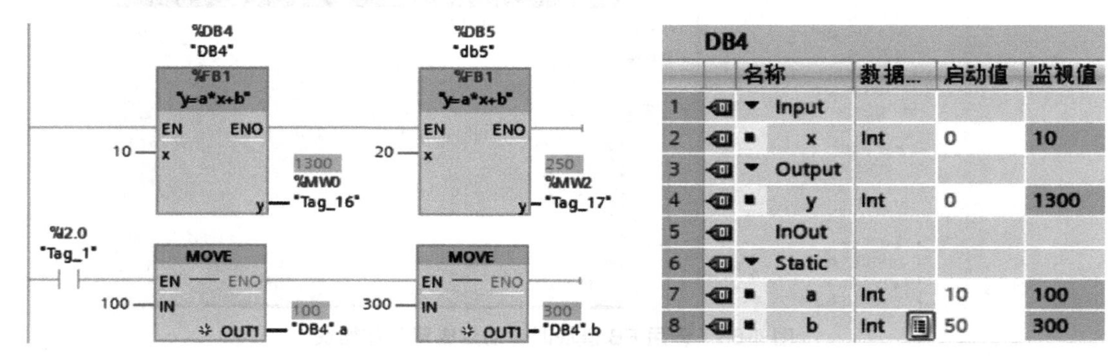

图 4-71　修改系数后 OB1 中 FB1 模块运行状态值

4.6　用户程序结构

1．程序块特性

用户程序、数据及组态的大小受 CPU 中可用装载存储器和工作存储器的限制，块使用特性见表 4-7。

表 4-7　块使用特性

<table>
<tr><th colspan="2">元素</th><th colspan="5">说明</th></tr>
<tr><td rowspan="10">块</td><td>类型</td><td colspan="5">OB/FB/FC/DB</td></tr>
<tr><td>CPU
大小</td><td>CPU 1211C</td><td>CPU 1212C</td><td>CPU 1214C</td><td>CPU 1215C</td><td>CPU 1217C</td></tr>
<tr><td>代码块</td><td>50KB</td><td>64KB</td><td>64KB</td><td>64KB</td><td>64KB</td></tr>
<tr><td rowspan="2">已链接数据块</td><td>50KB</td><td>64KB</td><td>64KB</td><td>64KB</td><td>64KB</td></tr>
<tr><td colspan="5">注：存储在工作存储器和装载存储器中</td></tr>
<tr><td rowspan="2">未链接数据块</td><td>50KB</td><td>64KB</td><td>64KB</td><td>64KB</td><td>64KB</td></tr>
<tr><td colspan="5">注：仅存储在装载存储器中</td></tr>
<tr><td>数量</td><td colspan="5">最多可达 1024 个块（OB+FB+FC+DB）</td></tr>
<tr><td>嵌套深度</td><td colspan="5">16（从程序循环 OB 或启动 OB 开始）；6（从任意中断事件 OB 开始）</td></tr>
<tr><td>监视</td><td colspan="5">可以同时监视 2 个代码块的状态</td></tr>
<tr><td rowspan="2">OB</td><td>程序循环</td><td colspan="5">多个</td></tr>
<tr><td>启动</td><td colspan="5">多个</td></tr>
</table>

续表

元素		说明
OB	延时中断	4（每个事件1个）
	循环中断	4（每个事件1个）
	硬件中断	50（每个事件1个）
	时间错误中断	1
	诊断错误中断	1
	拔出/插入模块	1
	机架或站故障	1
	日时钟	多个
	状态	1
	更新	1
	配置文件	1

2．程序结构

S7-1200 PLC的CPU除运行用户程序外还执行操作系统。操作系统包含在每个CPU中，处理底层系统级任务，主要执行和组织所有与用户控制任务无关的CPU功能和运行顺序，如处理PLC的启动、刷新输入/输出过程映像区、调用用户程序、处理中断和错误、管理存储区和处理通信等；而用户程序则是用户为了完成特定的自动化任务，由用户自行编写并下载到CPU中的数据和代码，包含处理用户特定的自动化任务所需要的所有功能；如启动的初始化、特定数据处理、I/O数据交换和与工艺相关的控制等。

用户在编写程序时，可根据实际应用要求，采用合适的编程方法创建用户程序，通常有线性程序、分部式程序和结构化程序3种编程方法。

3．线性程序

线性程序按顺序逐条执行用于自动化任务的所有指令。通常，线性程序将所有程序指令都放入主程序组织块OB1中，线性程序结构如图4-72所示。这种编程方式不利于程序的查看、修改和调试，一般建议仅用于简单程序的编写。

所有的程序都可以用线性结构实现，不过，线性结构一般适用于相对简单的程序编写。对于一些控制规模较大，运行过程比较复杂的控制程序，特别是分支较多的控制程序不宜选择这种结构。

4．分部式程序

分部式程序（或分块程序）是根据工程特点，把一个复杂的控制工程分成多个比较简单的、规模较小的、独立的控制任务，每个控制任务分配给一个程序块，在程序块中编制具体任务的控制程序，最后由主程序OB1按顺序调用各个功能块，并控制程序的执行，分部式程序结构如图4-73所示。

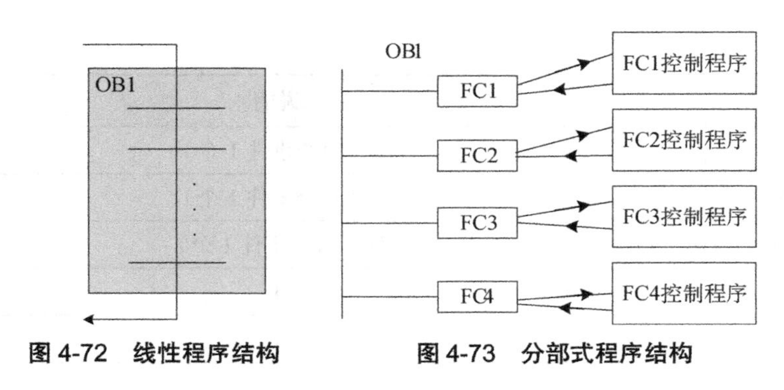

图 4-72　线性程序结构　　　　图 4-73　分部式程序结构

在分部式程序中，各部分程序都是独立的，既无数据交换，也不存在重复利用的程序代码，应用示例如第 4.5.2 节<应用示例 2>。功能（FC）和功能块（FB）不传递也不接收参数，分块程序结构的编程效率比线性程序有所提高，程序测试也比较方便，对程序员的要求也不太高。对不复杂的控制程序可考虑采用这种程序结构。

5．结构化程序

结构化程序将复杂的自动化任务划分为与工艺功能相对应的更小的子任务，子任务在程序中以程序块表示，通过对不同任务程序块的调用构建程序。结构化程序结构如图 4-74 所示，OB1 通过调用这些程序块完成整个自动化控制任务。

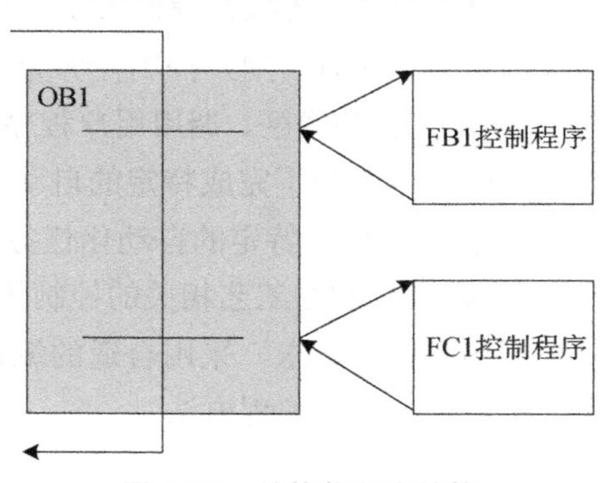

图 4-74　结构化程序结构

结构化编程相比线性编程更容易对复杂任务进行处理和管理；也更容易使各程序块实现标准化，从而实现在不同项目间反复使用，简化用户程序的设计和实现；也使程序的测试和调试更为简化。

结构化程序的特点是每个块（FC 或 FB）在 OB1 中可能会被多次调用，以满足具有相同过程工艺要求的不同控制对象，结构化程序示例如图 4-75 所示，FB1 模块可被多次调用，针对每次调用使用不同的数据块，应用示例如第 4.5.3 节<应用示例>。这种结构可简化程序设计过程、减小代码长度、提高编程效率，比较适合于较复杂的自动化控制任务设计。

用户编写的程序块必须在 OB 块中调用后才能执行。在一个程序块中又可以使用指令调用其他的程序块，被调用的程序块执行完成后返回调用程序中断处继续运行。结构化程序的执行如图 4-76 所示，结构化程序通过设计执行任务的 FB 和 FC 构建模块化代码块，然后通过其他代码块调用这些可重复使用的模块构建用户程序，由调用块将设备特定的参数传递给被调用块。当一个代码块调用另一个代码块时，CPU 会转去执行被调用块，完成后返回断点处继续执行调用块其后的指令。

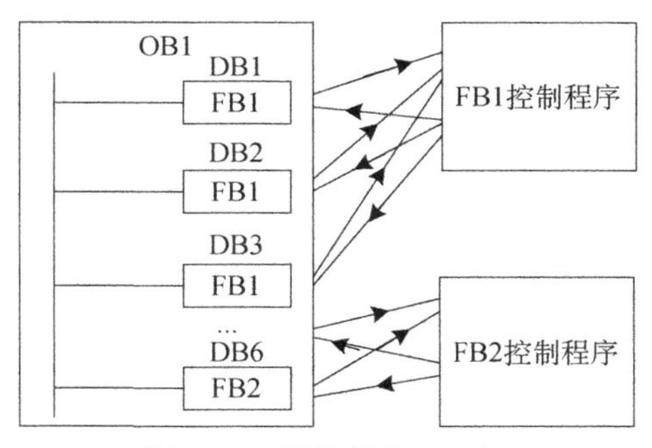

图 4-75　结构化程序示例

在控制程序层级更为复杂时，如一个自动化控制任务，包括工厂级、车间级、生产线、电动机等多个层级的控制任务，这时可将任务分层划分；每层控制程序作为上一层控制程序的子程序，又需要调用下一层的子程序，形成用户程序块的嵌套调用。进一步结构化的程序是通过嵌套块调用实现的。

块调用的分层结构如图 4-77 所示，控制任务可划分为 3 个子任务，每个子任务下又可以划分更小的控制任务，形成嵌套。本例中嵌套深度为 2，即程序循环 OB1 加 2 层对代码块的调用。

该例中，3 个子程序分别为 FB1、FB2、FC2，在 FB1 中又有子任务 FC1，FB2 中有 SFB 的调用，这样通过程序块间的嵌套调用实现对控制任务的分层管理。用户程序的执行次序：OB1>FB1+IDB1>FC1>FB1>OB1>FB2+IDB2>SFB*+IDB3>FB2>OB1>FC2>OB1。用户程序的分层调用是结构化编程方式的延伸。

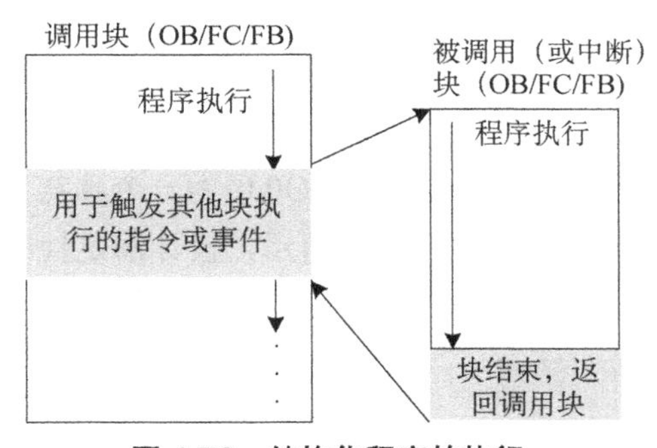

图 4-76　结构化程序的执行

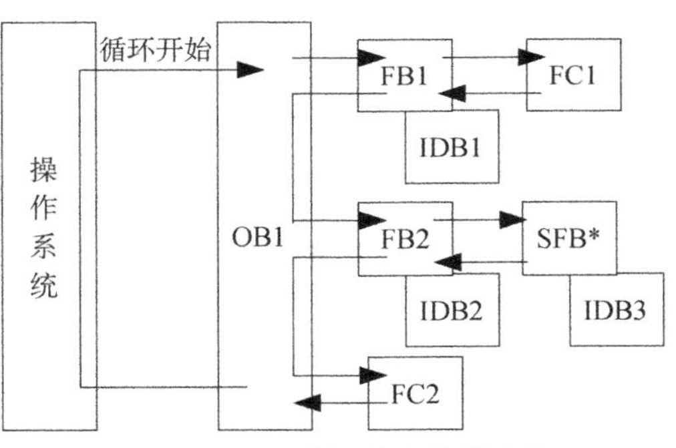

图 4-77　块调用的分层结构

通过创建可重复使用的通用代码块，可以简化用户程序的设计和实现。

① 可为标准任务创建能够重复的代码块，如用于控制泵或电动机。还可将这些通用代码块存储在可由不同的应用或解决方案使用的库中。

② 将用户程序构建到功能任务相关的模块化组件中，可使程序的设计更易于理解和管理。模块化组件不仅有助于设计标准化程序，也有助于更加快速和容易地更新或修改程序代码。

③ 创建模块化组件可简化程序的调试，通过将整个程序构建为一组模块化程序段，可在开发每个代码块时测试其功能。

④ 利用与特定功能任务相关的模块化设计，可以减少对已完成的应用程序进行调试所需要的时间。

习题 4

1. 在按下按钮 I0.0 后，Q0.0 变为“1”状态并保持，I0.1 输入 3 个脉冲后（用计数器），定时器开始计时，5s 后 Q0.0 变为“0”状态，同时计数器被复位。试编写梯形图程序。

2. 根据图 4-78 所示的信号灯控制系统的时序图设计梯形图。

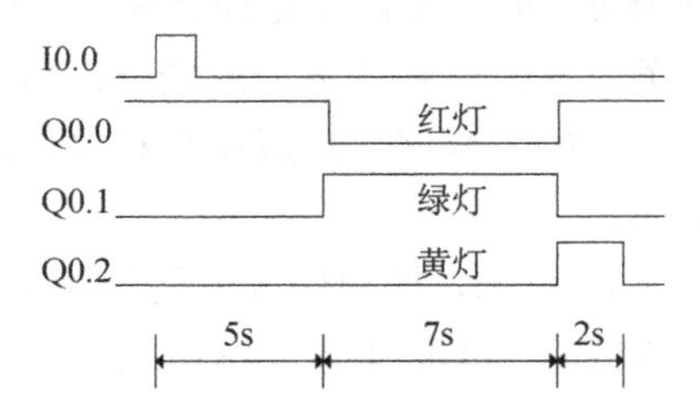

图 4-78 信号灯控制系统的时序图

3. 试用定时器设计一个延时 30min 的延时电路。

4. 设计一个计数器，其计数次数满 20 次后重复计数，试编写程序。

5. 用基本指令编写一个三地控制同一电机启停的控制电路。

6. 编写程序，完成如下控制要求：按下 SB1 按钮，电机单向运转；按下 SB2 按钮，电机点动运转；按下 SB3 按钮，电机停止。

7. 设计一个点动计时器，其功能为每次输入 I0.0 接通时，输出 Q0.0 为一个脉宽为定长的脉冲，脉宽由定时器设定值设定。点动计时器时序图如图 4-79 所示，设计满足控制要求的梯形图程序。

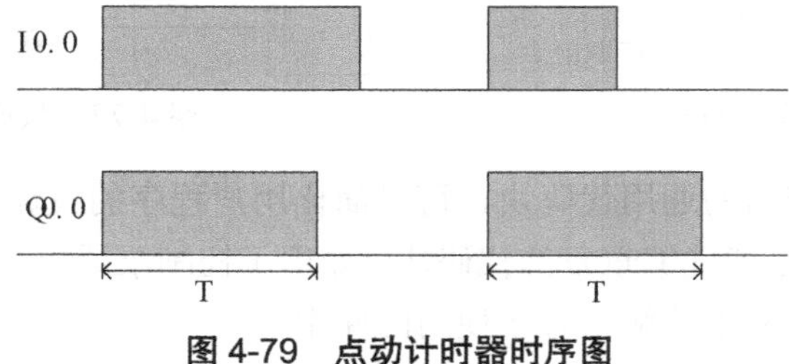

图 4-79 点动计时器时序图

8. 设计一段程序，满足使用一只按钮控制电机的启停功能。

9. 洗手间小便池在有人使用时，光电开关 I0.0 为 ON，冲水控制系统在使用者使用

3s 后使 Q0.0 为 ON，冲水 2s，使用者离开后冲水 3s，时序图如图 4-80 所示，设计梯形图程序。

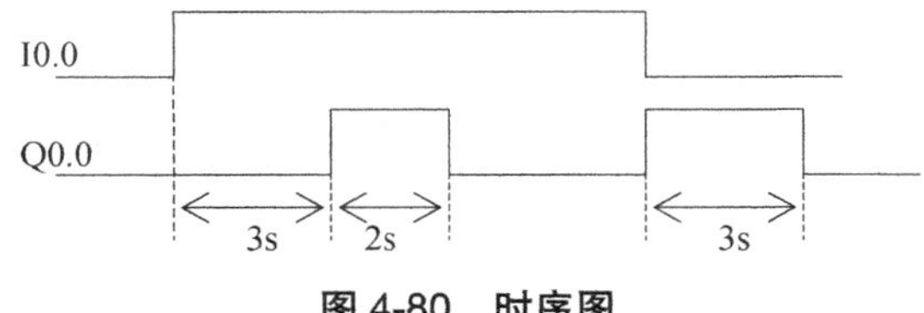

图 4-80　时序图

10. 采用 FC 块，使用基本指令编写一个输入频率 fin=10Hz 的脉冲发生器，输出频率 fout=5Hz 的分频器控制程序。

第 5 章　S7-1200 PLC 的编程指令

5.1　数据处理指令

5.1.1　移动操作指令

S7-1200 PLC 所支持的移动操作指令有移动值 MOVE、序列化 Serialize 和反序列化 Deserialize、存储区移动 MOVE_BLK 和交换 SWAP 等指令，还有专门针对数组 DB 和 Variant 变量的移动操作指令，移动操作指令如图 5-1 所示。下面主要介绍几种常用的移动操作指令。

图 5-1　移动操作指令

1．移动值指令

移动值指令 MOVE 是最常用的传送指令，移动值 MOVE 指令框如图 5-2 所示。它将 IN 输入操作数中的内容传送给 OUT1 输出的操作数中；初始状态时，指令框中只包含 1 个输出（OUT1），如要传送给多个输出，可单击指令框中的插入输出符号，扩展输出数目。

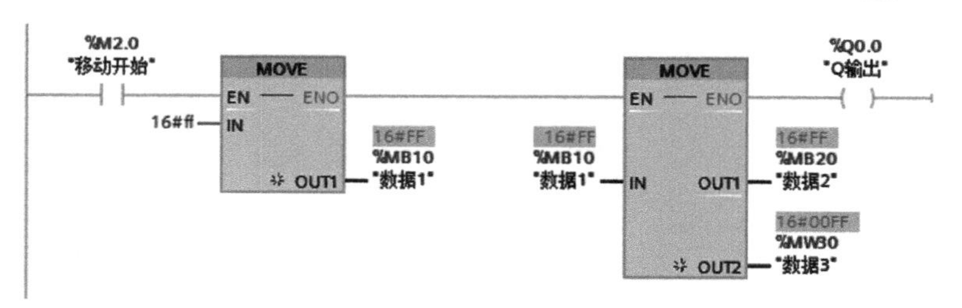

图 5-2　移动值 MOVE 指令框

使用移动指令可将数据元素复制到新的存储器地址并从一种数据类型转换为另一种数据类型，移动过程不会更改源数据。输入 IN 和输出 OUT1 可以是 8 位、16 位或 32 位的基本数据类型，也可以是字符、数组和时间等数据类型。输入 IN 与输出 OUT1 的数据类型可以相同也可以不同，如果输入 IN 数据类型的位长度低于输出 OUT1 数据类型的位长度，则传送后高位会自动填充 0；如果输入 IN 数据类型的位长度超出输出 OUT1 数据类型的位长度，则高位会丢失，MOVE 指令的应用如图 5-3 所示。

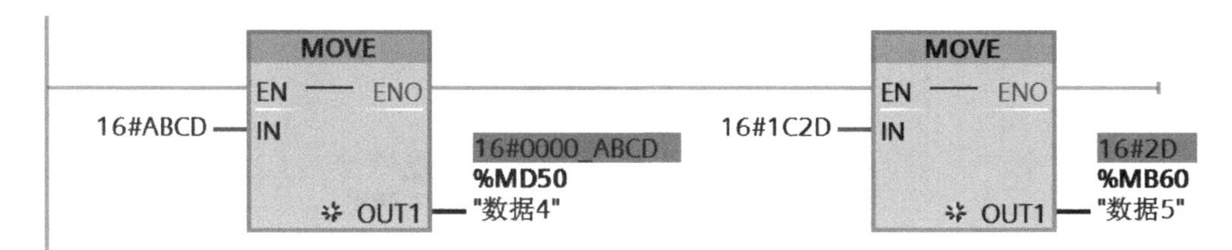

图 5-3　MOVE 指令的应用

2．存储区移动指令

可以使用“存储区移动”指令 MOVE_BLK 或“不可中断的存储区移动”指令 UMOVE_BLK，将一个存储区（源区域）的数据移动到另一个存储区（目标区域）中，指令格式如图 5-4（a）所示，使用输入 COUNT 可以指定移动到目标区域中的元素个数。仅当源区域和目标区域的数据类型相同时，才能执行该指令。两者间的主要不同在于处理中断事件时，UMOVE_BLK 的移动操作不会被操作系统的其他任务打断。

存储区移动指令的应用如图 5-4 所示，在程序中添加一个全局数据块，命名为“数组_1”；在其中添加两个数组，数组 A 包含 10 个 Word，数组 B 包含 5 个 Word，两个数组数据类型相同；使用 MOVE_BLK 指令将数组 A 中第 3 个开始的连续 5 个数据，移动到数组 B 从第 1 个开始的连续 5 个地址中。再使用 UMOVE_BLK 指令将数组 B 中第 1 个开始的连续 2 个数据，移动到数组 A 从第 1 个开始的连续两个地址中。

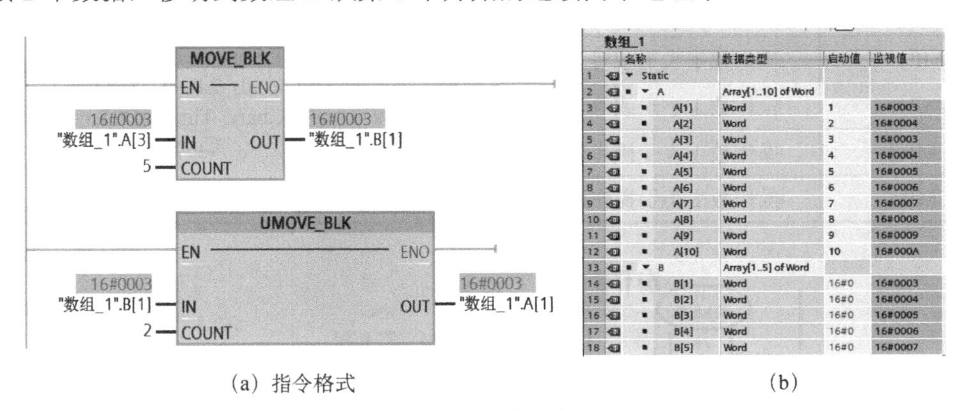

数组_1

	名称	数据类型	启动值	监视值
1	Static			
2	A	Array[1..10] of Word		
3	A[1]	Word	1	16#0003
4	A[2]	Word	2	16#0004
5	A[3]	Word	3	16#0003
6	A[4]	Word	4	16#0004
7	A[5]	Word	5	16#0005
8	A[6]	Word	6	16#0006
9	A[7]	Word	7	16#0007
10	A[8]	Word	8	16#0008
11	A[9]	Word	9	16#0009
12	A[10]	Word	10	16#000A
13	B	Array[1..5] of Word		
14	B[1]	Word	16#0	16#0003
15	B[2]	Word	16#0	16#0004
16	B[3]	Word	16#0	16#0005
17	B[4]	Word	16#0	16#0006
18	B[5]	Word	16#0	16#0007

（a）指令格式　　（b）

图 5-4　存储区移动指令的应用

3．交换指令

交换指令 SWAP 可用于对二字节（如 Word）或四字节（如 DWord）的数据按照字节顺序进行交换。使用“交换”指令，可以将 IN 输入的数据，按字节交换后在 OUT 中输出。

交换指令的应用如图 5-5 所示，当“start”接通，Word 型“数据 1”16#ABCD 经交换指令处理后，高低字节交换，输出为 16#CDAB；DWord 型“数据 2”16#1234_5678 经交换指令处理后，高低字节交换，输出为 16#7856_3412。

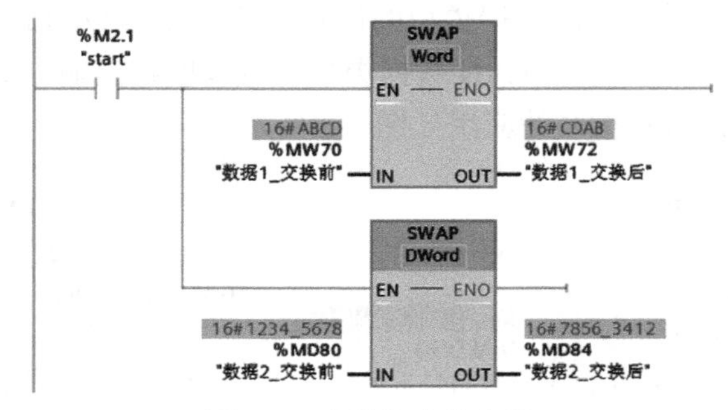

图 5-5　交换指令的应用

5.1.2　比较运算指令

1．比较运算指令

比较运算指令 CMP 用于比较两个数据的大小，如果比较结果为“真”，则指令的 RLO 为“1”，否则为“0”，比较运算指令性质见表 5-1，比较指令格式如图 5-6 所示。比较指令以触点形式出现，可位于任何放置标准触点的位置，并可根据需要选择比较的数据类型及比较的关系类型。

表 5-1　比较运算指令性质

关系类型	满足以下条件比较结果为真	参数	参数类型	说明
CMP==	操作数 1 等于操作数 2	操作数 1	SInt，Int，DInt USInt，UInt，UDInt Real，LReal，String，Char，Time，DTL，Constant	要比较的操作数
CMP<>	操作数 1 不等于操作数 2			
CMP>=	操作数 1 大于或等于操作数 2			
CMP<=	操作数 1 小于或等于操作数 2	操作数 2		
CMP>	操作数 1 大于操作数 2			
CMP<	操作数 1 小于操作数 2			

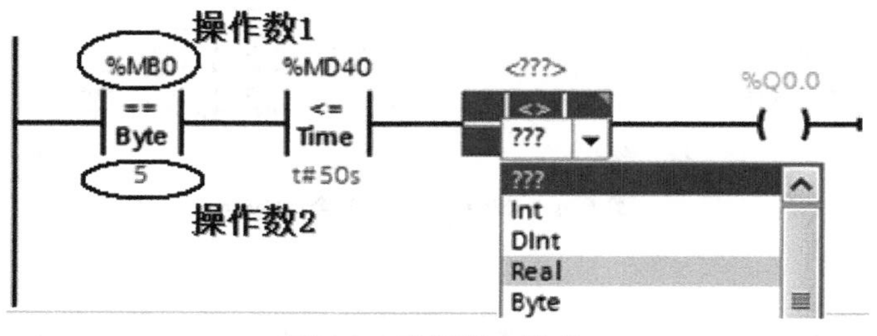

图 5-6　比较指令格式

CMP 指令应用如图 5-7 所示，程序段 1 和程序段 2 执行触点比较指令，当比较指令结果为真时，能流通过，否则能流不能通过；程序段 3 给变量 MD4、MD10、MW14 赋值。例如，在程序段 1 中，（MB0）=0、（MW2）=0≠100、（MD4）=100.0>20.0，3 个串联触点比较条件满足，则能流通过比较触点，使得输出 Q0.0 状态为 1（线圈为绿色实线）；同理，在程序段 2 中，3 个串联触点比较条件满足，则能流通过比较触点，使得输出 Q0.1 状态为 1（线圈为绿色实线）。

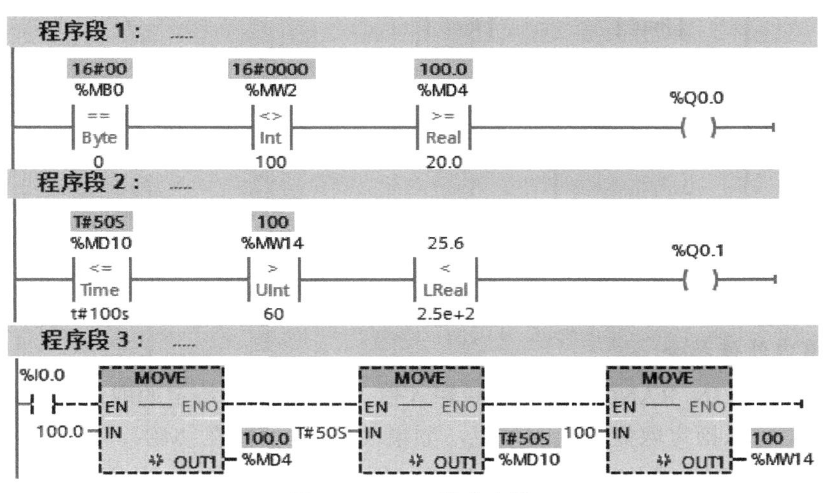

图 5-7　CMP 指令应用

应用示例 1：以 10s 为一个周期，依次循环点亮 3 盏信号灯（分别分配 PLC 输出地址为 Q0.0/Q0.1/Q0.2）。按下启动按钮 I0.0，信号灯点亮情况：Q0.0 点亮 3s→Q0.1 点亮 4s→Q0.2 点亮 3s→Q0.0 再次点亮，依次不断循环；按下停止按钮 I0.1，信号灯熄灭。

设计要点：①考虑采用比较指令进行 3 段输出的切换；②由于每 10s 循环一次，因此考虑每 10s 定时器复位并重新计时；③考虑初始化问题，以便每次重新启动时，程序按照预定的顺序执行、变量按照设定的值动作。

循环点亮 3 盏信号灯程序如图 5-8 所示，其中 T0 为定时器背景数据块 DB1 的自定义名称，“T0”.ET（%MD10）为定时器计时的当前值。

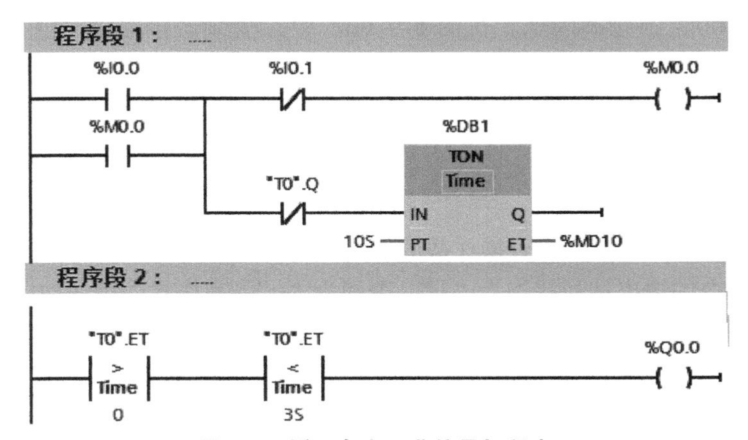

图 5-8　循环点亮 3 盏信号灯程序

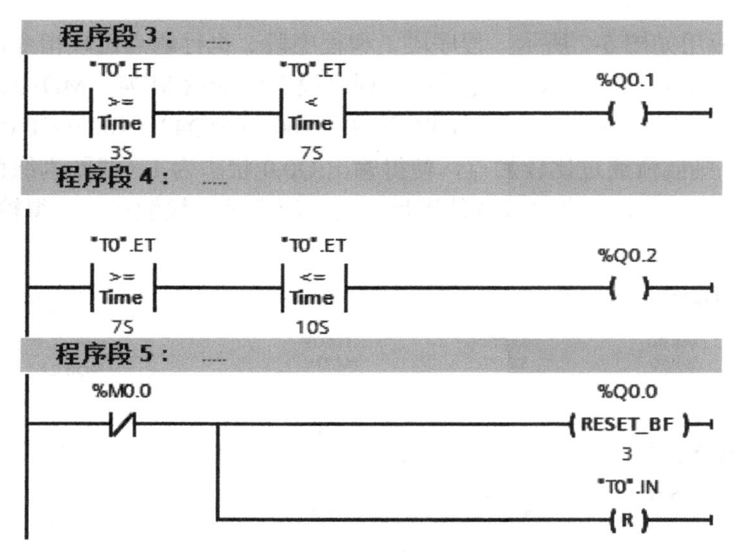

图 5-8 循环点亮 3 盏信号灯程序（续）

2．范围内外值指令

范围内值指令 IN_RANGE 用于判断输入值 VAL 是否在特定的取值范围内，使用输入 MIN 和 MAX 可以指定取值范围的限值，如果 VAL 的值落在[MIN，MAN]范围内，则功能框输出信号为“1”，否则为“0”，其格式、用法如应用示例 2<程序段 1>所示。

范围外值指令 OUT_RANGE 用于判断输入值 VAL 是否超出特定的范围，使用输入 MIN 和 MAX 可以指定取值范围的限值，如果 VAL＜MIN 或 VAL＞MAX，则功能框输出的信号状态为“1”，否则为“0”，其格式、用法如应用示例 2<程序段 2>所示。

应用示例 2： 变频器运行频率由触摸屏上对应的 PLC 内部变量 MD4 设定，调频范围为 20～60Hz，若设定的频率在规定范围内，则 Q0.0 指示灯常亮，否则 Q0.1 指示灯闪烁。

范围内值/外值指令应用程序设计如图 5-9 所示，其中 MB100 为 CPU 时钟频率，M100.3 为 2Hz 时钟脉冲。在图 5-9（a）中，变频器频率设定值（MD4）=0，不在[20，60]范围，不满足功能框 IN_RANGE 导通条件，功能框输出信号为 0，故 Q0.0 指示灯不亮；但（MD4）=0 满足功能框 OUT_RANGE 导通条件，功能框输出信号为 1，故 Q0.1 指示灯随着 M100.3 的频率闪烁。在图 5-9（b）中，变频器频率设定值（MD4）=50.0，在[20，60]范围，满足功能框 IN_RANGE 导通条件，功能框输出信号为 1，故 Q0.0 指示灯点亮；但（MD4）=50.0 不满足功能框 OUT_RANGE 导通条件，功能框输出信号为 0，故 Q0.1 不亮。

3．检查有效/无效性指令

检查有效性指令 OK 用于检查操作数的值是否为有效的浮点数，如果操作数的值是有效浮点数，则该指令的输出信号状态为“1”，否则为“0”，其格式、用法如应用示例 3 所示。

检查无效性指令 NOT_OK 用于检查操作数的值是否为无效的浮点数，如果操作数的值是无效浮点数，则该指令的输出信号状态为“1”，否则为“0”，其格式、用法如应用示例 3 所示。

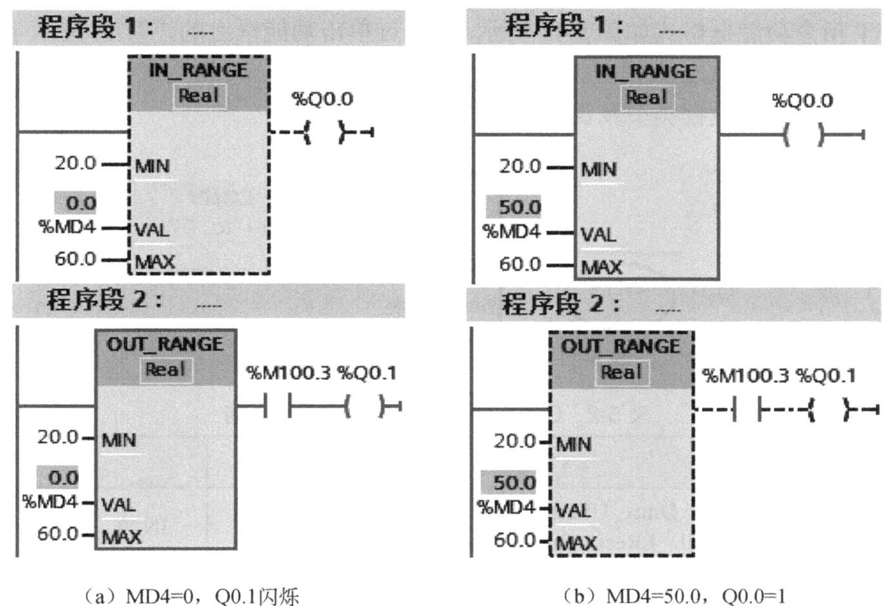

（a）MD4=0，Q0.1闪烁　　（b）MD4=50.0，Q0.0=1

图 5-9　范围内值/外值指令应用程序设计

应用示例 3： 使用 OK 和 NOT_OK 指令测试数值是否符合 IEEE 规范 754 的有效实数。

检查有效性/无效性指令应用程序设计如图 5-10 所示。在图 5-10（a）中，OK 指令检测到 MD4 的实数有效，故该指令输入的信号状态为“1”，能流通过（实线）；NOT_OK 指令检测到 MD12 不是无效的实数，故该指令输入的信号状态为“0”，能流不通过（虚线）；在图 5-10（b）中，将整数赋值给 MD12，则 NOT_OK 指令检测到 MD12 是无效的实数，故该指令输入的信号状态为“1”，能流通过（绿色实线），3 个触点全部满足导通条件，Q0.0 状态为 1（线圈为绿色实线）。

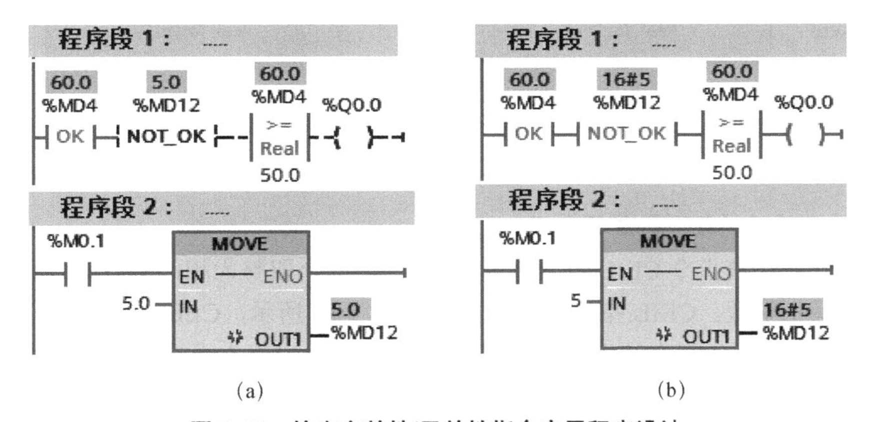

（a）　　（b）

图 5-10　检查有效性/无效性指令应用程序设计

5.1.3　数据转换指令

1. 转换指令

转换指令 CONVERT 用于将数据元素从一种数据类型转换为另一种数据类型，

CONVERT 指令功能框格式如图 5-11 所示。可通过单击功能框上的“???”并从下拉菜单中选择 IN 数据类型和 OUT 数据类型。右侧为将一实数（MD4）转换为双字并保存到（MD20）中。CONVERT 指令数据类型及说明见表 5-2。

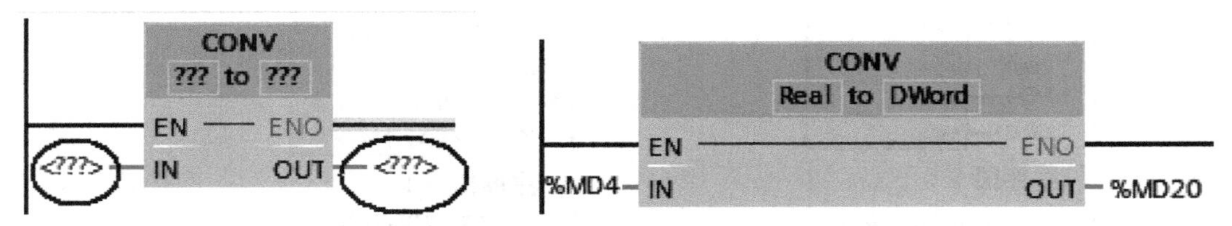

图 5-11　CONVERT 指令功能框格式

表 5-2　CONVERT 指令数据类型及说明

参数	数据类型	说明
IN	SInt，Int，Dint，USInt，UInt，UDInt，Byte，Word，DWordReal，LReal，Bcd16，Bcd32	IN 值
OUT	SInt，Int，Dint，USInt，UInt，UDInt，Byte，Word，DWordReal，LReal，Bcd16，Bcd32	转换为新数据类型的 IN 值

2．取整指令

取整指令 ROUND 用于将实数转换为整数，实数的小数部分舍入为最接近的整数值，例如，ROUND（2.7）=3、ROUND（−2.7）=−3。ROUND 指令功能框格式如图 5-12 所示，指令中 IN 数据类型是浮点数，OUT 数据类型可以是整数、浮点数。如果待取整的实数（Real 或 LReal）恰好是两个连续整数的一半（如 2.5、3.5），则将其取整为偶数，即 ROUND（2.5）=2 或 ROUND（3.5）=4。

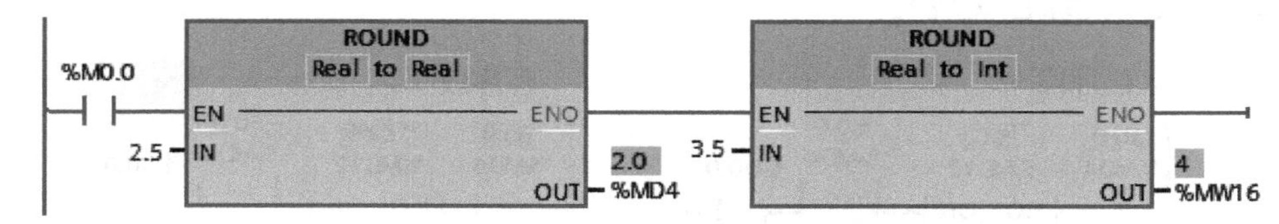

图 5-12　ROUND 指令功能框格式

3．浮点数向上/向下取整指令

浮点数向上取整指令 CEIL 用于将输入 IN 的值向上取整为相邻整数，即为大于或等于所选实数的最小整数。CEIL 指令功能框格式如图 5-13 所示，CEIL 指令将输入 IN 的值向上取整为相邻的整数，指令结果从输出端 OUT 输出，输出值大于或等于输入值。指令中 IN 数据类型是浮点数，OUT 数据类型可以是整数、浮点数。

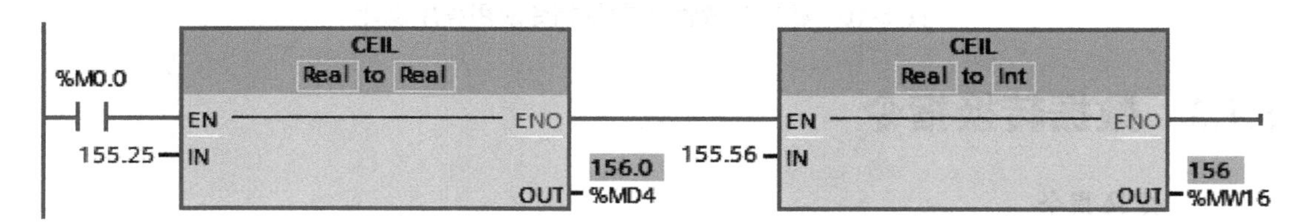

图 5-13　CEIL 指令功能框格式

浮点数向下取整指令 FLOOR 用于将输入 IN 的值向下取整为相邻整数，即取整为小于或等于所选实数的最大整数。FLOOR 指令功能框格式如图 5-14 所示，FLOOR 指令将输入 IN 的值向下转换为相邻的较小整数，指令结果从输出端 OUT 输出，输出值小于或等于输入值。指令中 IN 数据类型是浮点数，OUT 数据类型可以是整数、浮点数。

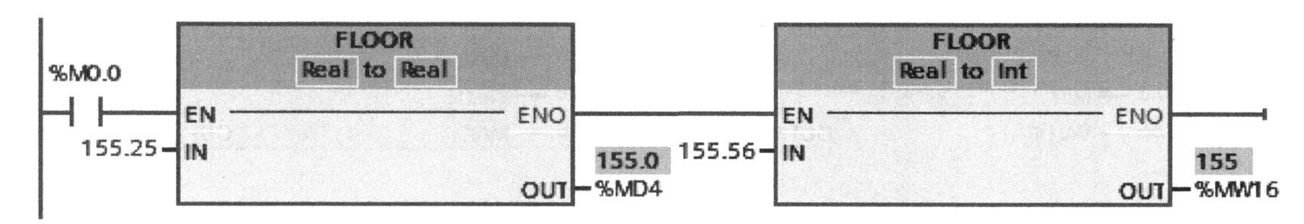

图 5-14　FLOOR 指令功能框格式

4．截尾取整指令

截尾取整指令 TRUNC 将浮点数的小数部分舍去，只保留整数部分以实现取整。TRUNC 指令功能框格式如图 5-15 所示，TRUNC 指令认为输入 IN 的值都是浮点数，且只保留浮点数的整数部分，并将其发送到输出 OUT 中，即输出 OUT 的值不带小数位；OUT 数据类型可以是整数、浮点数。

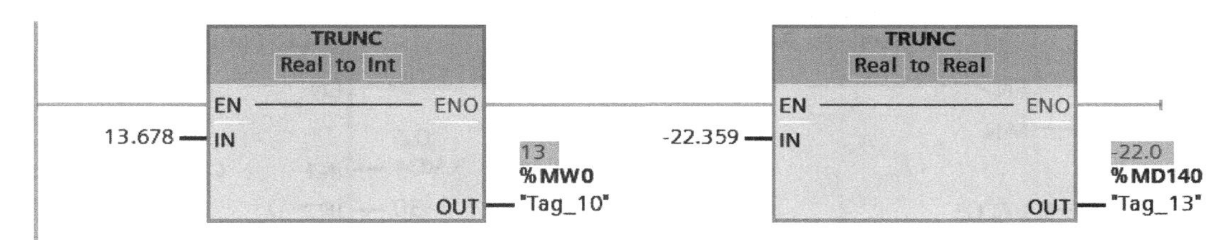

图 5-15　TRUNC 指令功能框格式

5．标定指令

标定指令 SCALE_X 也称为缩放指令，通过将输入 VALUE 的值映射到指定的取值范围对其进行缩放。SCALE_X 指令功能框格式如图 5-16 所示，VALUE 数据类型是浮点数，OUT 数据类型可以是整数、浮点数。当执行 SCALE_X 时，输入值 VAL 的浮点值会缩放到由参数 MIN 和 MAX 定义的取值范围，缩放结果由 OUT 输出，OUT=[VAL*（MAX−MIN）]+MIN。

SCALE_X 指令功能框格式如图 5-16 所示，根据 OUT 输出公式，图 5-16 中模块 1 的输出值 OUT=[0.55*（100−20）]+20=64，其将一个实数型输入值（0.0≤VALUE≤1.0），按比例映射到指定的取值范围（20≤OUT≤100）之间。同理，图 5-16 中模块 2 的输出值 OUT=[2.6*（10−0）]+0=26.0，相当于将输入值放大 10 倍后输出。

6．标准化指令

标准化指令 NORM_X 是将输入 VAL 中变量的值映射到线性标尺对其进行标准化，NORM_X 指令功能框格式如图 5-17 所示。VAL 是要标准化的值，其数据类型可以是整数，也可以是浮点数；OUT 是 VAL 被标准化的结果，其数据类型只能是浮点数；其计算公式为 OUT=（VAL−MIN）/（MAX−MIN），输出范围为[0～1]。根据 OUT 计算公式，如果要标准化的值等于输入 MIN 中的值，则输出 OUT 将返回值“0.0”；如果标准化的值等于输入 MAX 的值，则输出 OUT 将返回值“1.0”。

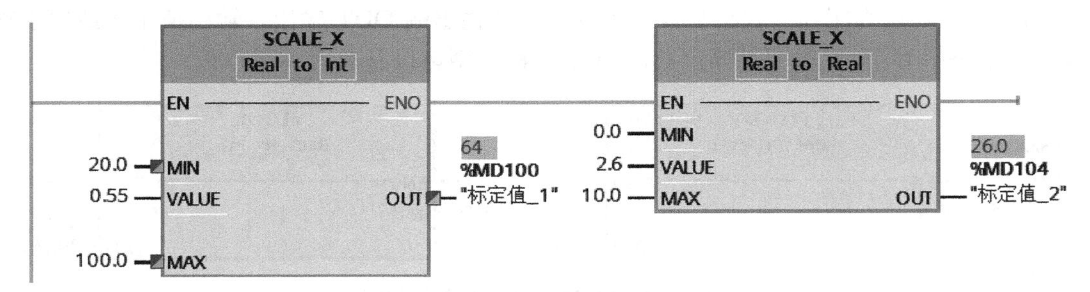

图 5-16　SCALE_X 指令功能框格式

NORM_X 指令常用于模拟量输入数值的处理，如图 5-17 中，假定电机转速范围为[0，3000]转/分，对应变频器频率是[0，50]Hz；如果 MW0 中电机当前转速值为 1500 转/分，则转化后标准化值 OUT=（1500−0）/（3000−0）=0.5，对应的电机频率是 MD4=0.5*（50−0）=0.5*50=25Hz。

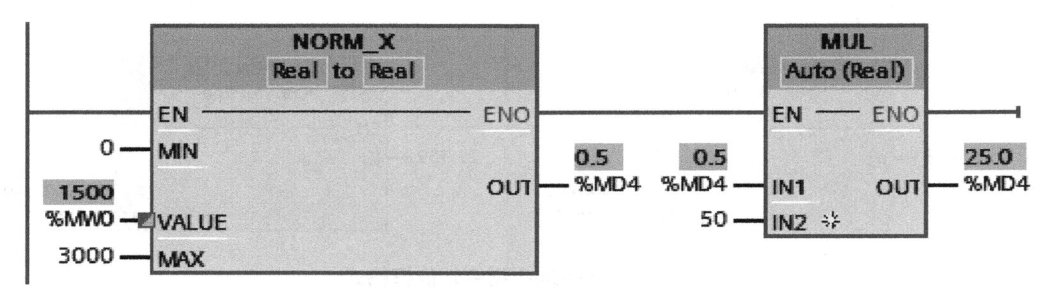

图 5-17　NORM_X 指令功能框格式

5.2　数学运算指令

1．数学运算指令类型

数学运算指令可完成整数、长整数及实数的加、减、乘、除、求余、求绝对值等基本运算，以及浮点数的平方、平方根、自然对数、基于 e 的指数运算及三角函数等扩展运算。数学运算指令及功能见表 5-3。

表 5-3　数学运算指令及功能

指令	功能	指令	功能
CALCULATE	计算	MOD	返回长整型数除法的余数
ADD	加法	NEG	求二进制补码
SUB	减法	INC	加 1 指令
MUL	乘法	DEC	减 1 指令

续表

指令	功能	指令	功能
DIV	除法	ABS	计算绝对值
SIN	计算正弦值	MIN	获取最小值
COS	计算余弦值	MAX	获取最大值
TAN	计算正切值	LIMIT	设置限值
ASIN	计算反正弦值	SQR	计算平方值
ACOS	计算反余弦值	SQRT	计算平方根
ATAN	计算反正切值	LN	计算自然对数
FRAC	返回小数	EXP	计算指数值
EXPT	取幂		

2. 数学运算指令应用示例

应用示例 1： 采用 CALCULATE 计算指令，编写函数 $Y=AX^2+BX+C$ 程序。

计算指令 CALCULATE 可用于自行定义计算式并执行表达式，根据所选数据类型计算数学运算或复杂逻辑运算，数据类型指令选择如图 5-18（a）所示。在图 5-18（a）中，可在指令框的“???”下拉列表中选择该指令的数据类型，根据所选数据类型，可以组合某些指令的函数以执行复杂计算。编辑表达式如图 5-18（b）所示，单击指令框上方的“计算器”图标①，可打开编辑“Calculate”指令对话框②，编辑输出 OUT 的表达式，表达式可以包含输入参数的名称和指令的语法；在初始状态下，指令框至少包括两个输入，如图 5-18（a）所示的 IN1 和 IN2；可单击图标扩展输入数目，在功能框中按升序对插入的输入值进行自动编号，如图 5-18（b）中的 IN1～IN4。使用时注意：所有输入和输出的数据类型必须相同。

按照图 5-18（b）所示，编辑表达式 OUT=IN1*IN2*IN2+IN3*IN2+IN4，其中 A=IN1=10，X=IN2=（MW0）=1，B=IN3=10，C=IN4=100，因此 $Y=OUT=10*1^2+10*1+100=120$。

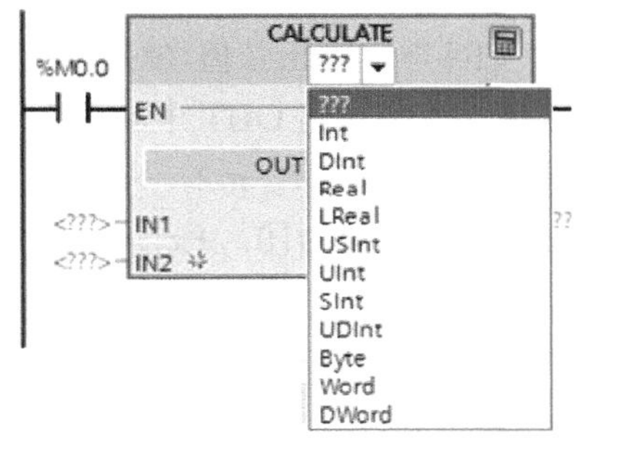

（a）数据类型指令选择

（b）编辑表达式

图 5-18 CALCULATE 指令的应用

应用示例 2： 加/减/乘/除指令的应用。

使用加/减/乘/除指令，将输入 IN1 的值与输入 IN2 的值进行加/减/乘/除运算，结果存放在 OUT 中，加/减/乘/除指令格式如图 5-19 所示。操作数的数据类型可以选择，如图 5-19 中的乘法（MUL）指令模块；在初始状态下，指令框中至少包含两个输入数（IN1 和 IN2），如图 5-19 中的减法（SUB）指令模块、乘法（MUL）指令模块和除法（DIV）指令模块。对于加法（ADD）指令，可以扩展输入数目，在功能框中按升序对插入的输入进行编号，如图 5-19 中的 ADD 模块输入扩展为 3 个输入端。

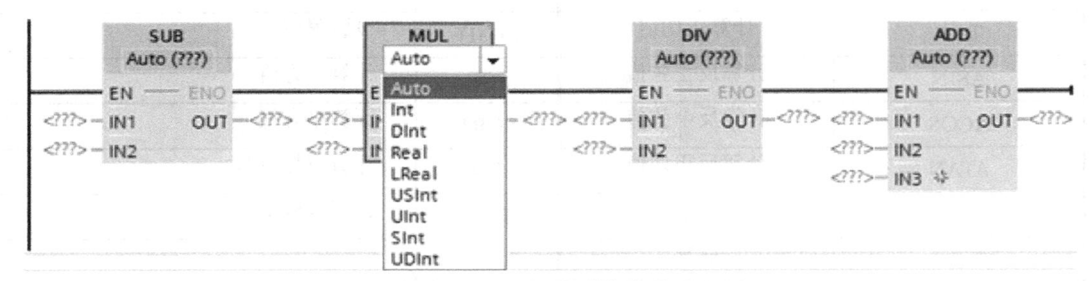

图 5-19　加/减/乘/除指令格式

加/减/乘/除指令应用示例如图 5-20 所示，加法指令 ADD 有两个整数相加（5+27），结果 32 存放在 MW2 中；除法指令 DIV 有两个实数相除（100.55÷5.5），结果 18.28182 存放在 MD4 中。

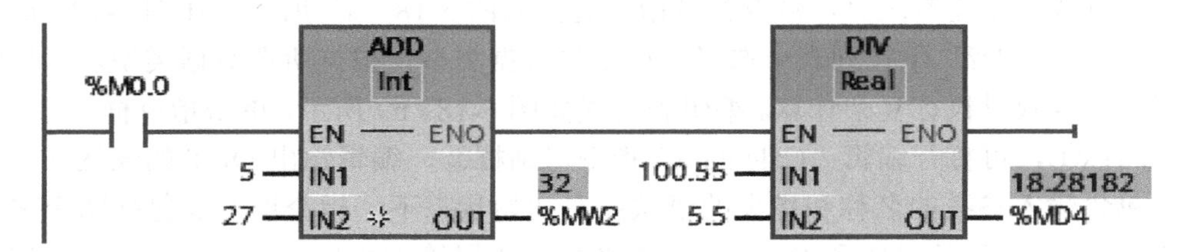

图 5-20　加/减/乘/除指令应用示例

应用示例 3：三角函数运算指令的应用。

三角函数运算指令格式如图 5-21 所示，操作数值类型为浮点数。

SIN/COS/TAN 指令用于计算角度的正弦值/余弦值/正切值，角度大小在 IN 输入处以弧度的形式指定，指令结果发送到输出 OUT 中。

ASIN/ACOS/ATAN 指令为反三角函数指令，根据输入 IN 指定的正弦值/余弦值/正切值，计算该值对应的角度值。角度值以弧度为单位，指令结果发送到输出 OUT 中。其中，ASIN 指令输入 IN 指定范围为[−1，+1]的有效浮点数，输出 OUT 范围为[$-\pi/2$，$+\pi/2$]；ACOS 指令输入 IN 指定范围为[−1，+1]的有效浮点数，输出 OUT 范围为[0，$+\pi$]；ATAN 指令输入 IN 为有效浮点数，输出 OUT 范围为[$-\pi/2$，$+\pi/2$]。

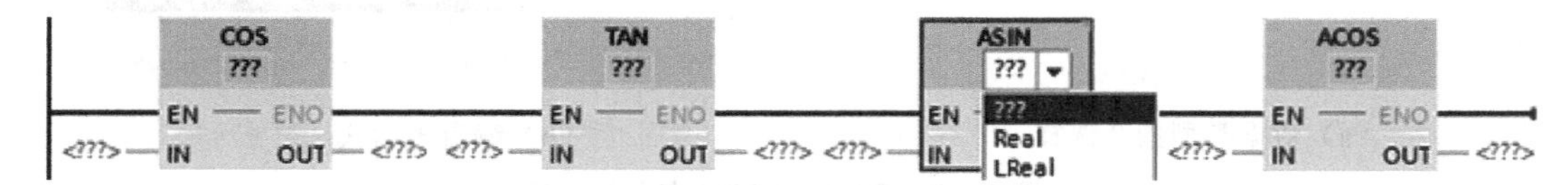

图 5-21　三角函数运算指令格式

三角函数指令应用示例如图 5-22 所示，SIN 指令对浮点数（弧度）求正弦值，（$\pi/2$）=1.570796，SIN（$\pi/2$）=1，结果存入 MD4 寄存器中；ATAN 指令对浮点数求反正切值，

ATAN（−1）=（−π/4）=−0.7853982，结果存入 MD16 寄存器中。

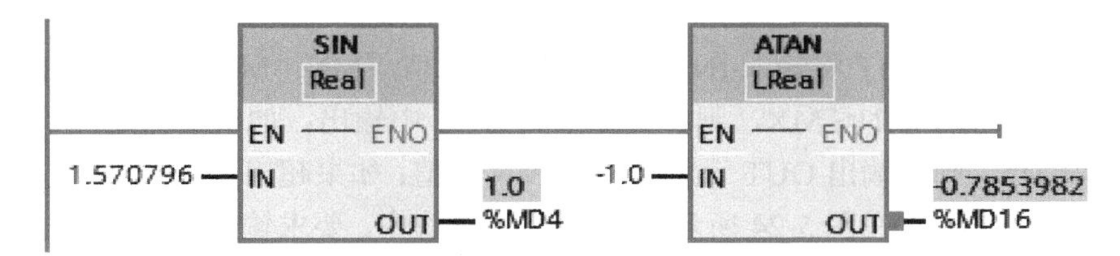

图 5-22　三角函数指令应用示例

应用示例 4： 部分数学运算指令应用。

数学运算指令包括 MOD/NEG/ABS/INC/DEC/MIN/MAX/LIMIT，应用示例如图 5-23、5-24 所示。

（1）如图 5-23 所示应用示例说明与分析

MOD 指令可以用来求整数除法的余数。在图 5-23 所示 MOD 指令模块中，参数 IN1、IN2 和 OUT 的数据类型应为整数且必须相同；除法指令只能得到商，余数被丢掉，而 MOD 指令则将余数返回到 OUT；（123÷21）的商是 5，余数是 18。

NEG 指令为“取反”指令，可以使用 NEG 指令更改输入 IN 中值的符号，并在输出 OUT 中查询结果。例如，如果输入 IN 为正值，则该值的负等效值发送到输出 OUT；在图示 NEG 指令模块中，整数 25 相反数为−25，浮点数 3.14 取反后为−3.14。

ABS 指令用于计算输入 IN 处指定值的绝对值，指令结果发送到输出 OUT；在图 5-23 所示 ABS 指令模块中，浮点数−5.62 取绝对值|−5.62|=5.62。

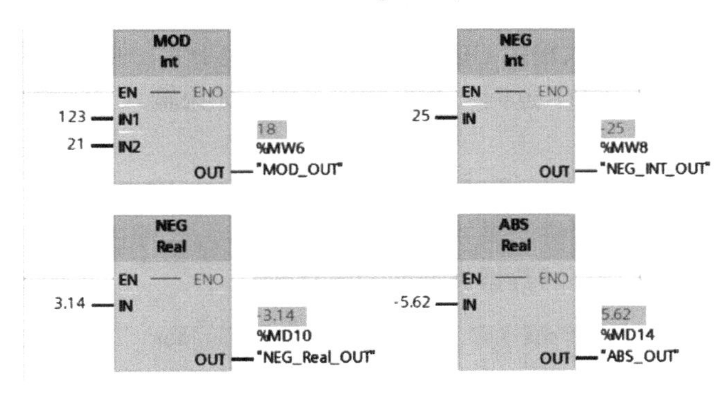

图 5-23　数学运算指令应用示例 I

（2）如图 5-24 所示应用示例说明与分析

递增指令 INC 在指令接通的每个扫描周期内令参数 IN/OUT 的值自行加 1，即（MW40）=（MW40）+1；递减指令 DEC 在指令接通的每个扫描周期内令参数 IN/OUT 的值自行减 1，即（MB42）=（MB42）−1。使用时应注意使用方法，必要时可选择沿信号驱动，避免每个扫描周期都执行。

获取最小值指令 MIN 用于比较几个输入值，并将最小的值写入 OUT 中输出，要执行该指令，最少需要指定 2 个输入，最多可以指定 100 个输入。在如图 5-24 所示 MIN 指令模块中，12、23、34 三个数中，最小值为 12，所以 OUT=12。

获取最大值指令 MAX 用于比较几个输入值，并将最大的值写入输出 OUT 中。同 MIN

指令，可扩展指令的输入数量，在功能框中按升序对输入进行编号。如图 5-24 所示 MAX 指令模块中，23、99、56 三个数中，最大值为 99，所以 OUT=99。

设置限值指令 LIMIT 将输入 IN 的值限制在输入值［MN，MX］之间输出；如果 IN 输入的值满足条件 MN≤IN≤MX，则将其复制到 OUT 中输出；如果不满足该条件且输入值 IN 低于下限 MN，则将输出 OUT 设置为输入 MN 的值；如果超出上限 MX，则将输出 OUT 设置为输入 MX 的值。在图 5-24 所示 LIMIT 指令模块中，要求输入 IN 限制在［10.0，50.0］之间，由于输入为 55.0，超出上限，故输出 OUT=50.0（取上限值）。

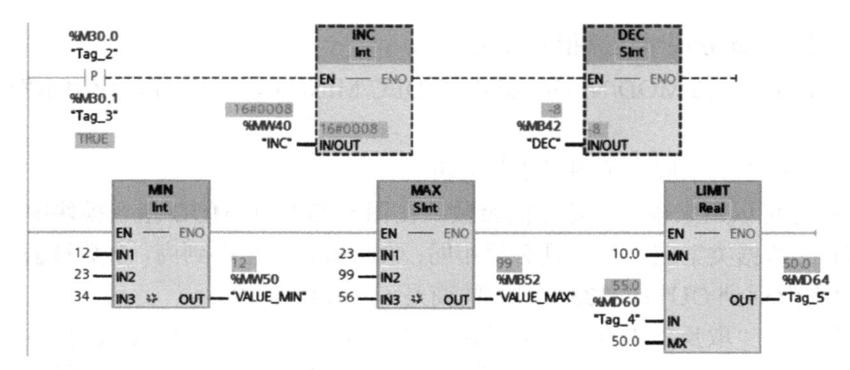

图 5-24 数学运算指令应用示例Ⅱ

应用示例 5：求 $Y=(2^2+3^2)^{0.5}$。

数学运算指令应用示例程序设计如图 5-25 所示。计算平方指令 SQR 可以计算输入 IN 的浮点值的平方，并将结果写入输出 OUT。计算平方根指令 SQRT 可以计算输入 IN 的浮点值的平方根，并将结果写入输出 OUT；如果输入值大于零，则该指令的结果为正数；如果输入值小于零，则输出 OUT 返回一个无效浮点数；如果输入 IN 的值为“0”，则结果也为“0”。

程序中采用 SQR 指令分别计算 2^2 和 3^2 的数值，采用 ADD 加法指令计算 (2^2+3^2) 的值，采用平方根指令 SQRT 计算最终结果并传送到 MD112 中。本例中，$Y=(2^2+3^3)^{0.5}=(13)^{0.5}=3.605551$。计算所用运算指令的数据类型均为浮点数。

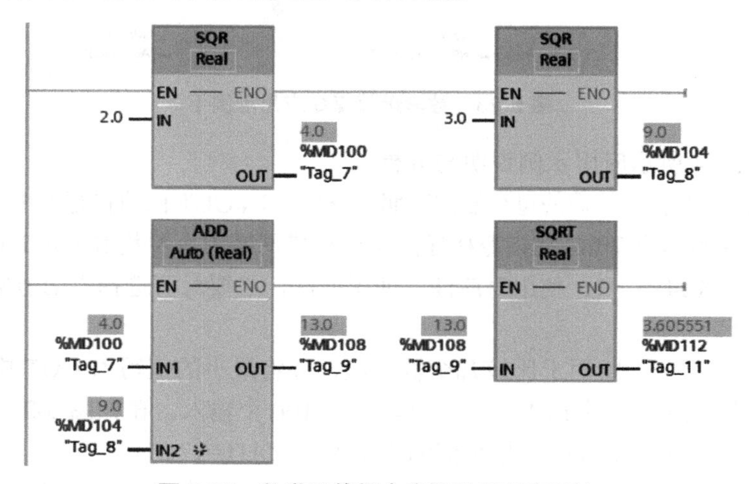

图 5-25 数学运算指令应用示例程序设计

5.3 程序控制操作指令

程序控制操作指令用于编写结构化程序、优化控制程序结构，以便减少程序执行时间，程序控制操作指令见表5-4。

表5-4 程序控制操作指令

指令类型	功能
-（JMP）	若RLO=“1”则跳转
-（JMPN）	若RLO=“0”则跳转
LABEL	跳转标签
JMP_LIST	定义跳转列表
SWITCH	跳转分配器
-（RET）	返回

1．JMP/JMPN指令

跳转标签LABEL用于标志某一个目标程序段，当跳转条件满足时，程序将中断正常的顺序执行，跳转到指定标签标志的程序段继续执行。注意跳转标签与指定跳转标签的指令必须位于同一数据块中，跳转标签的名称在块中只能分配一次。

跳转指令JMP是当该指令输入的逻辑运算结果为1，即RLO=1时，立即中断程序的顺序执行，程序跳转到指定标签后的第一条指令继续执行，JMP指令应用示例如图5-26所示。目标程序段必须由跳转标签（LABEL）进行标志，在指令上方的占位符指定该跳转标签的名称。

如图5-26所示（a）中，因为I0.0=0，JMP指令导通条件不满足，则程序不跳转，顺序执行程序段2、程序段3的逻辑指令；在图5-26（b）中，I0.0=1，JMP指令导通条件满足，程序立即跳转到标号为a1的程序段3，执行程序段3的逻辑指令，即循环周期不再扫描程序段2，这时即使I0.1=0，输出Q0.0仍然保持跳转前的得电状态，如果在线监控程序，可观察到程序段2虽然为跳转前的导通状态，但没有呈现高亮绿色状态。

跳转指令JMPN是当该指令输入的逻辑运算结果为0，即RLO=0时，立即中断程序的顺序执行，跳转到指定标签后的第一条指令继续执行，JMPN指令应用示例如图5-27所示。同JMP指令，目标程序段必须由跳转标签（LABEL）进行标志，在指令上方的占位符指定该跳转标签的名称。

如图5-27（a）中，JMPN指令导通条件满足（I0.0=0），程序跳转到标号为a1的程序段3，继续执行程序段3的逻辑指令，即循环周期不再扫描程序段2，这时即使I0.1=0，输出Q0.0仍然保持跳转前的得电状态，如果在线监控程序，可观察到程序段2虽然为跳转前的导通状态，但没有呈现高亮绿色状态，且JMPN指令为绿色实线，即执行状态；

在图 5-27（b）中，JMPN 指令导通条件不满足（I0.0=1），程序顺序执行程序段 2、程序段 3 的逻辑指令，如果在线监控程序，可观察到 JMPN 指令为蓝色虚线，即指令处于不导通状态。

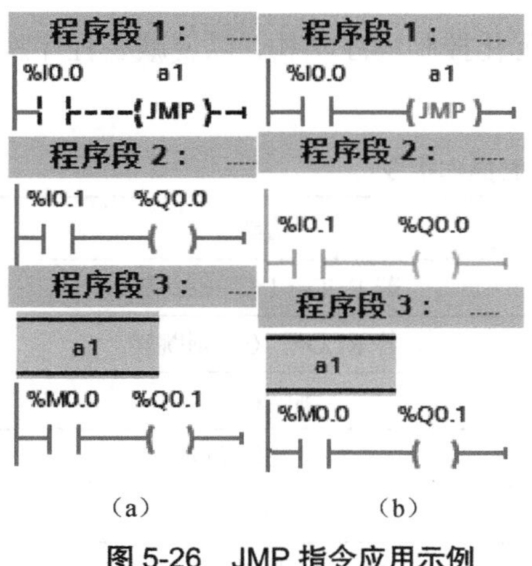

（a）（b）

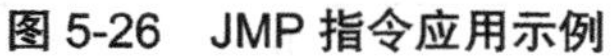
图 5-26　JMP 指令应用示例

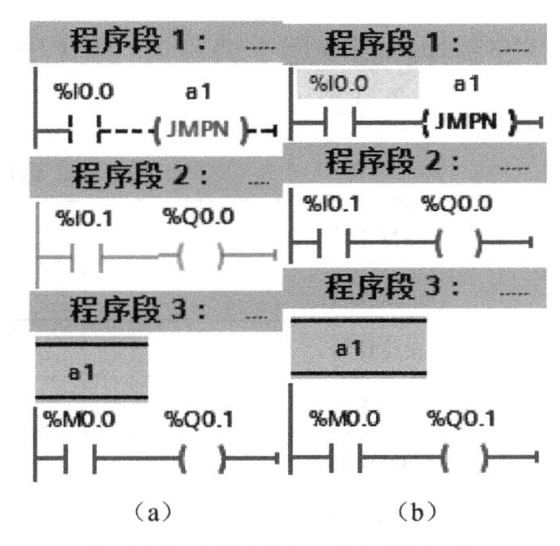

（a）（b）

图 5-27　JMPN 指令应用示例

2．JMP_LIST 指令

JMP_LIST 为定义跳转列表指令，JMP_LIST 指令格式如图 5-28 所示。该指令可定义多个有条件跳转，满足后执行由 K 参数的值指定的程序段标签（LABEL）中的程序；可在指令框中增加输出的数量，S7-1200 中最多可以声明 32 个输出。

在图 5-28 中，K 为指定输出的编号及要执行的跳转，输出编号从 0 开始，每增加一个新输出，都会按升序连续递增，即 K=0 时程序跳转到由跳转标签 a1 标志的程序段，K=1 时程序跳转到由跳转标签 a2 标志的程序段，K=2 时程序跳转到由跳转标签 a3 标志的程序段，依次类推。在图 5-29 中，K=（MW12）=1，所以程序跳转到由跳转标签 a2 标志的程序段 4 继续执行程序；如果在线监控，从 JMP_LIST 指令的输出端也可看出，a2 引脚为绿色实线，有别于其他两个引脚；程序段 3 为程序跳过的部分，无论 M0.2 状态为“0”还是“1”，Q0.0 保持跳转前的状态。

3．SWITCH 指令

跳转分支指令 SWITCH 根据一个或多个比较指令的结果，定义要执行的多个程序跳转，SWITCH 格式如图 5-29 所示。该指令实质为一个程序跳转分配器，控制程序段的执行。根据 K 输入的值与分配给各指定输入的值进行对应比较，然后跳转到与第一个结果为“真”的比较测试相对应的程序标签。如果比较结果都不为 TRUE，则跳转到分配给 ELSE 的标签。

SWITCH 指令中，参数 K 指定要比较的值，将该值与各个输入提供的值进行比较。可以为每个输入选择比较方法，如图 5-29 中的“＞”“<”“<=”等比较，各比较指令的可用性取决于指令的数据类型。可在指令框中增加输入和比较的数量，最多可选跳转标签 99 个。如果输入端有 n 个比较，则有 n+1 个输出，即有 n+1 个跳转分支，n 为比较结果的程序跳转，另外一个分支为 ELSE 的输出，即不满足任何比较条件时执行程序跳转。

在图 5-29 中，如果 K=（MW4）>（MW6）时，则程序跳转到第一条输出分支 a1，如果 K=（MW4）≤（MW8）时，则程序跳转到第二条输出分支 a2，如果 K=（MW4）不满足上述两个判断条件，则程序跳转到第三条输出分支 a3。由于 K=（MW4）=3≤（MW8）=6，故程序跳转到第二条输出分支 a2；如果在线监控，从 SWICH 指令的输出端可看出，a2 引脚为绿色实线，有别于其他两个引脚。在程序段 3 中，K=（MW4）=10>（MW6）=9，故程序跳转到第一条输出分支 a1；如果在线监控，从 SWICH 指令的输出端可看出，a1 引脚为绿色实线，有别于其他两个引脚。

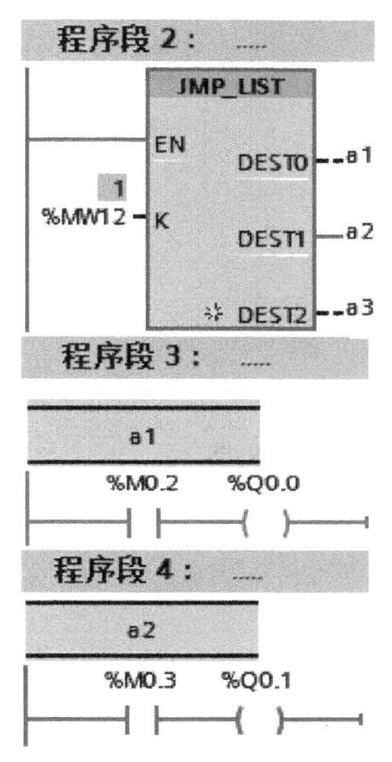

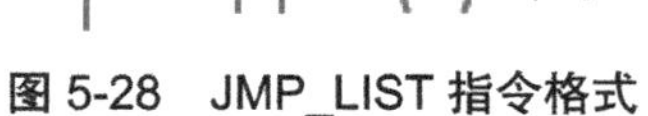

图 5-28 JMP_LIST 指令格式

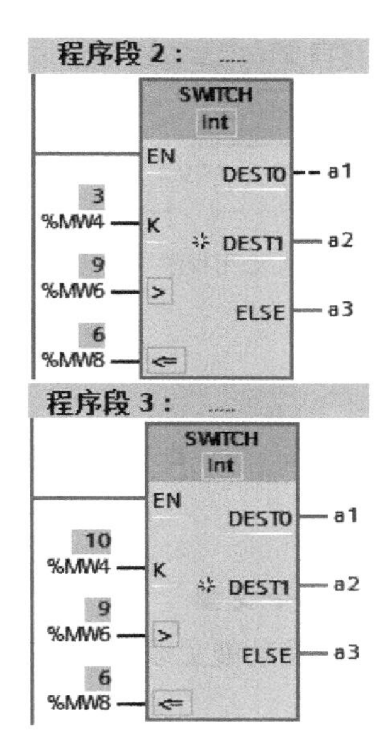

图 5-29 SWITCH 指令格式

4．RET 指令

返回指令 RET 用于终止当前块的执行，RET 指令格式如图 5-30（b）、(c）的程序段 4。当 RET 指令线圈通电时，停止执行当前的“块”，不再执行该指令后面的指令，返回调用它的“块”后，执行调用之后的指令；如果 RET 指令线圈断电，则继续执行下面的指令。一般地，“块”指令结束时可以不用 RET 指令，RET 指令用来有条件地结束“块”，一个“块”可以多次使用 RET 指令。

如图 5-30 所示，图 5-30（a）中由于 K=（MW4）=3≤（MW8）=6，程序跳转到第二条输出分支 a2 执行；在图 5-30（b）中，执行到程序段 4 时，由于 M0.2=1，RET 指令线圈通电，因此程序返回到程序段 1，程序段 5 不再扫描，即无论 M0.4 的状态为“1”还是为“0”，Q0.1 都保持 M0.2 改变为“1”之前的状态；在图 5-30（c）中，执行到程序段 4 时，由于 M0.2=0，RET 指令线圈断电，因此程序继续往下执行，如果在线监控，M0.4 改变状态，则 Q0.1 也改变状态。

另外，RET 线圈上面的参数（如图 5-30 中的变量 M0.3）是“块”的返回值，数据类型为 BOOL。如果当前的“块”是 OB 块（如本例），返回值被忽略；如果当前的“块”是 FC 块或 FB 块，则返回值作为 FC 或 FB 的 ENO 的值传送给调用它的“块”。

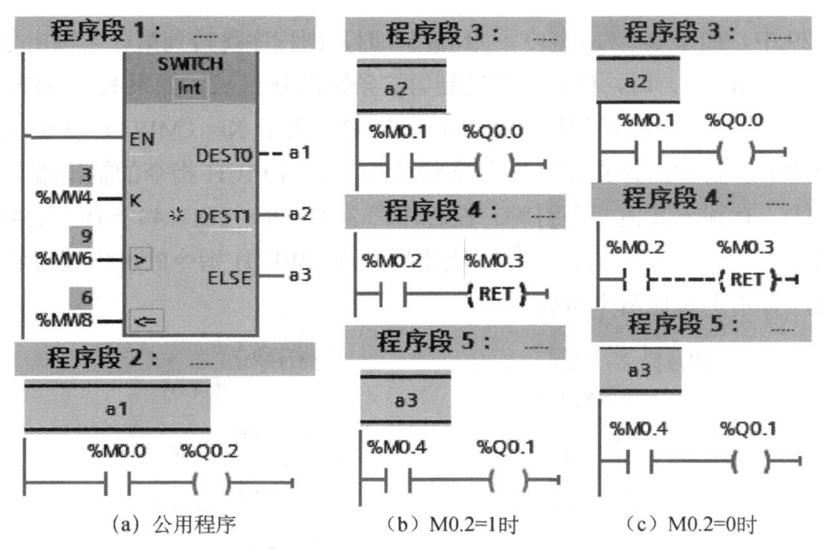

（a）公用程序　（b）M0.2=1时　（c）M0.2=0时

图 5-30　RET 指令格式及应用

5.4　字逻辑运算指令

1．字逻辑运算指令类型

字逻辑运算指令及功能见表 5-5，包括逻辑运算指令、解码/编码指令及选择指令等。

表 5-5　字逻辑运算指令及功能

指令	功能	指令	功能
AND	逻辑“与”	ENCO	编码
OR	逻辑“或”	SEL	选择
XOR	逻辑“异或”	MUX	多路复用
INV	取反	DEMUX	多路分用
DECO	解码		

2．字逻辑运算指令应用示例

应用示例 1：逻辑运算指令的应用。

逻辑运算指令的应用示例如图 5-31 所示，用于对两个输入 IN1 和 IN2 进行逐位逻辑运算，结果存放在输出 OUT 指定的地址中；数据类型可以是 Byte、Word、DWord；可以在指令功能框中添加输入数量，并以升序对添加的输入进行编号，如 OR 指令框。

“与”运算指令 AND 将输入 IN1 的值和输入 IN2 的值按位进行“与”运算，并在 OUT 中输出逻辑运算结果。运算规则：两个操作数的对应位如果都为 1，则运算结果的对应位也为 1，否则为 0；在图 5-31 AND 指令模块中，OUT（MW0）=16#FFFF AND 16#FF00=16#FF00。

“或”运算指令 OR 将输入 IN1 的值和输入 IN2 的值按位进行“或”运算，并在输出 OUT 中查询结果。运算规则：操作数的同一位如果都为 0，则运算结果的对应位也为 0，否则为 1；本例中，OR 指令框用于 3 个操作数的“或”运算，则 OUT（MW2）=16#FF00 OR 16#000F OR 16#00F0=16#FFFF。

“异或”运算指令 XOR 将输入 IN1 的值和输入 IN2 的值按位进行“异或”运算，并在输出 OUT 中查询结果。运算规则：两个操作数的同一位如果不相同，则运算结果的对应位为 1，否则为 0；本例中，XOR 指令框用于两个操作数的异或运算，（MW4）=16#FFFF XOR 16#0A0A=16#F5F5。

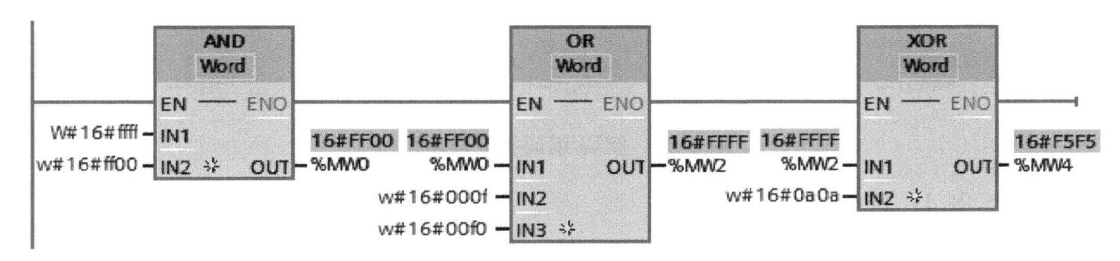

图 5-31　逻辑运算指令的应用示例

应用示例 2：求反码指令的应用。

求反码指令 INV 用于对输入 IN 的各个位的信号进行逐位取反，结果存放在输出 OUT 指定的地址中；INV 指令格式如图 5-32（a）所示，数据类型可选。取反指令应用如图 5-32（b）所示，（MW0）=16#FF00，逐位取反后为 16#00FF，将逻辑运算结果存入输出地址 MW2 中。

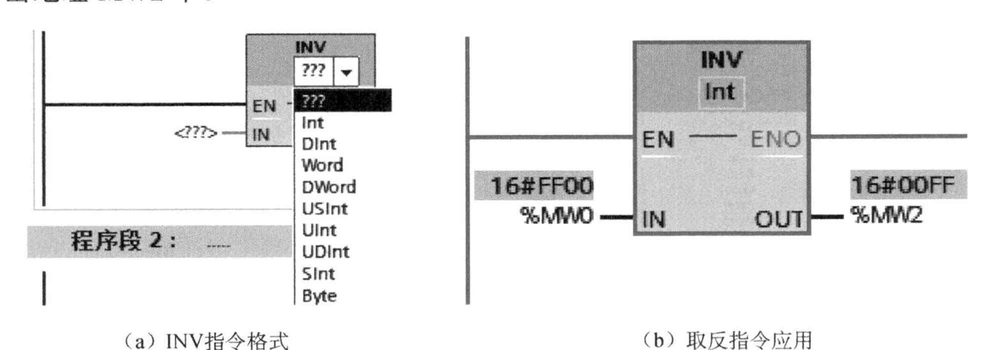

（a）INV指令格式　　（b）取反指令应用

图 5-32　取反指令格式及应用

应用示例 3：解码/编码指令的应用。

解码/编码指令应用示例如图 5-33 所示。

解码指令 DECO 用于读取并输入 IN 的值，并将输出值中的位号与读取值对应的那个位置位，输出值的其他位用零填充；指令输出的数据类型可以是 Byte、Word 或 DWord；当输入 IN 的值大于对应类型的 7 位、15 位或 31 位时，则将执行以 8、16 或 32 为模的指令。

例如，图 5-33 中的 DECO 指令框，输入为 16#0005，经过解码指令输出值为 16#0020（即二进制 2#0000，0000，0010，0000），最低位从 0 开始，位号依次为 0～15，1 的位号为 5，即输出值中 1 的位号对应于操作数 IN 的值。

编码指令 ENCO 用于读取输入值中最低有效位的位号并将其发送到输出 OUT，即选择输入 IN 值的最低有效位，并将该位号写入输出 OUT 的变量中；指令数据类型可以是 Byte、Word 或 DWord。例如，图 5-33 中的 ENCO 指令框，输入 8，其二进制为 2#0000，0000，0000，1000（最低位从 0 开始，位号为 0～15），经过编码指令输出值为 3，即输出值 3 对应操作数 IN 的 1 的位置；如果输入 IN 转换成二进制有多个 1，则输出 OUT 的值为最低有效位。

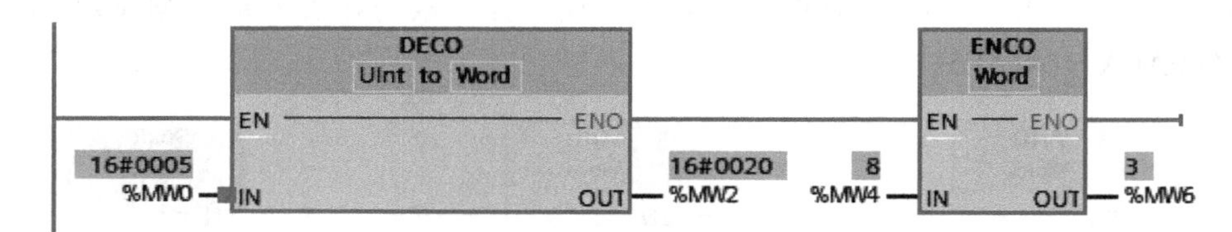

图 5-33　解码/编码指令应用示例

应用示例 4：选择指令的应用。

选择指令 SEL 根据参数 G 的值将两个输入值之一分配给参数 OUT，SEL 指令格式如图 5-34（a）所示。如果输入 G 的信号状态为“0”，则移动输入 IN0 的值；如果输入 G 的信号状态为“1”，则将输入 IN1 的值移动到输出 OUT 中。指令应用如图 5-34（b）、（c）所示，当输入 G 的信号状态为 0（M0.0=FALSE），则将输入 IN0 的值移动到 OUT 输出中，即（MD14）=50.3；当输入 G 的信号状态为 1（M0.0=TRUE），则将输入 IN1 的值移动到 OUT 输出中，即（MD14）=256.0。

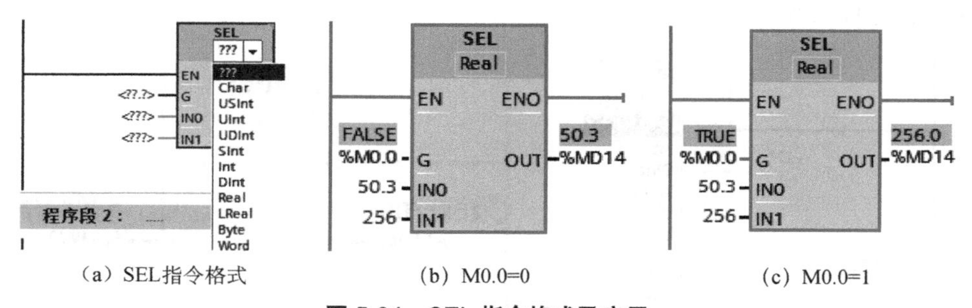

（a）SEL指令格式　　（b）M0.0=0　　（c）M0.0=1

图 5-34　SEL 指令格式及应用

应用示例 5：多路复用/多路分用指令的应用。

多路复用指令 MUX 将选定输入的内容复制到输出 OUT，MUX 指令格式及应用如图 5-35 所示，所选输入通道由参数 K 定义。如果参数 K=0，则复制参数 IN0，如果参数 K=1，则复制参数 IN1，依次类推，K 在输入范围内如图 5-35（a）所示；但如果参数 K 的值大于可用输入数，则将参数 ELSE 的内容复制到输出 OUT 中，并对使能输出 ENO 复位（蓝色虚线），K 的值大于可用输入数如图 5-35（b）所示；可扩展指令框中的输入，编号从 IN0 开始，对于每个新输入，编号连续递增，编号最多可声明 32 个输入；输入/输出数据类型可选，数据类型选择如图 5-35（c）所示，但参数 K 例外，只能为其指定整数；只有当输入和输出 OUT 的变量为相同的数据类型才能执行 MUX 指令。

多路分用指令 DEMUX 将输入 IN 的内容复制到选定的输出，DEMUX 指令格式及应用如图 5-36 所示，所选输出通道由参数 K 定义，其他输出则保持不变。如果参数 K=0，则复制输入 IN 的内容到输出 OUT0 中，如果参数 K=1，则复制输入 IN 的内容到输出 OUT1 中，依次类推，K 在输出范围内如图 5-36（a）所示；但如果参数 K 的值大于可用输出数，则复制输入 IN 的内容到输出通道 ELSE 中，并对使能输出 ENO 复位（蓝色虚线），K 的值大于可用输出数如图 5-36（b）所示；可扩展指令框中的输出，编号从 OUT0 开始，对于每个新输出，编号连续递增，编号最多可声明 32 个输出；输入/输出数据类型可选，数据类型选择如图 5-36（c）所示，但参数 K 例外，只能为其指定整数；只有当输入和输出 OUT 的变量为相同的数据类型时才能执行 DEMUX 指令。

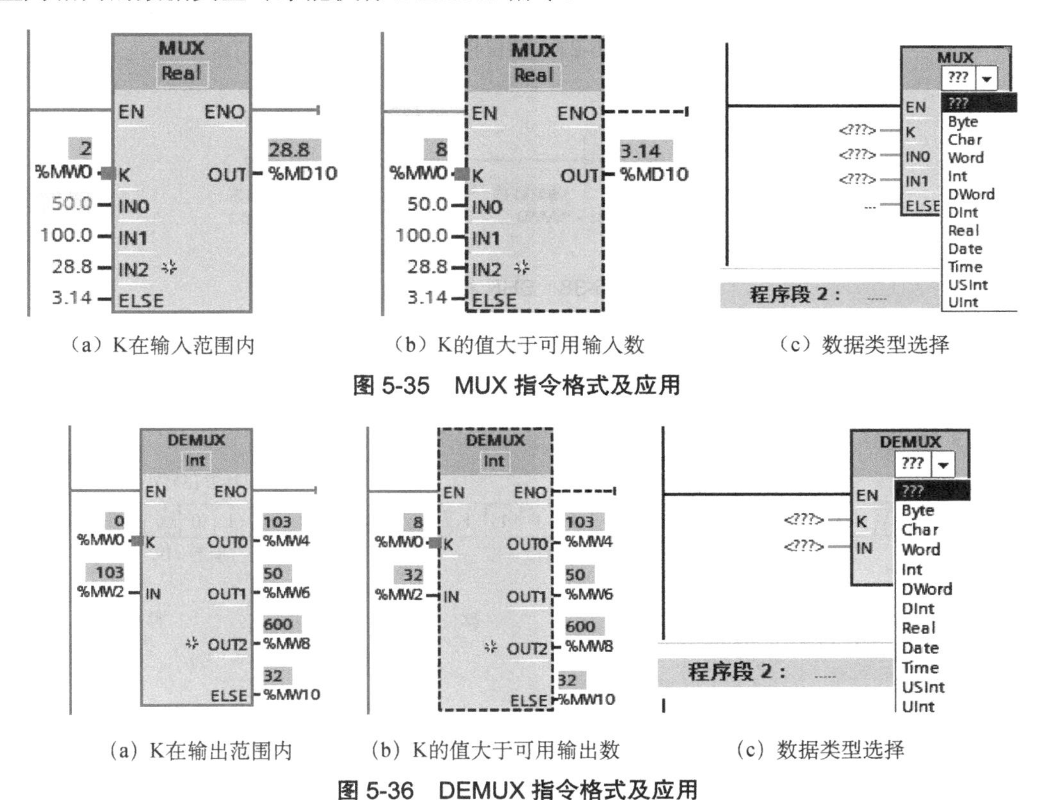

（a）K在输入范围内　（b）K的值大于可用输入数　（c）数据类型选择

图 5-35　MUX 指令格式及应用

（a）K在输出范围内　（b）K的值大于可用输出数　（c）数据类型选择

图 5-36　DEMUX 指令格式及应用

5.5　移位和循环移位指令

1．移位指令

移位指令包括右移（SHR）指令和左移（SHL）指令，移位指令格式如图 5-37 所示。

（1）右移指令 SHR

右移指令 SHR 用于将输入 IN 中操作数的内容按位向右移位，并在输出 OUT 中查询移位结果；参数 N 用于指定 IN 值向右移位的位数。使用 SHR 指令需要遵循以下原则。

① 如果参数 N 的值等于 0 时，输入 IN 的值将复制到输出 OUT 中；如果参数 N 的值大于可用位数，则输入 IN 中的操作数将向右移动可用位数的个数。SHR 指令应用如图 5-38 所示。

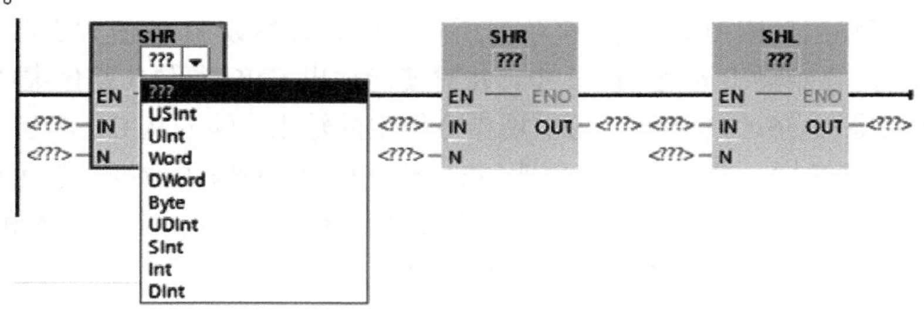

图 5-37　移位指令格式

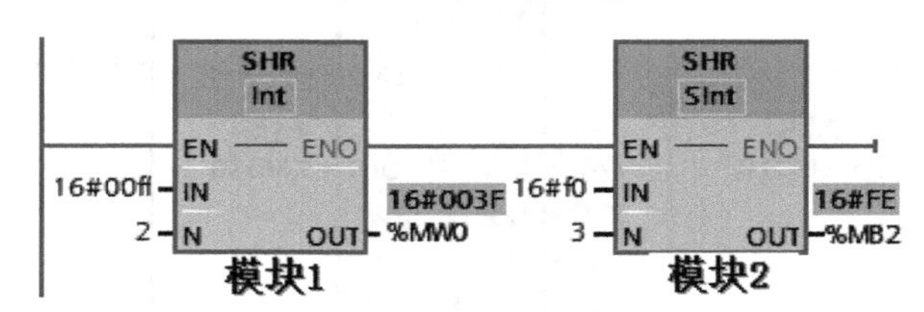

图 5-38　SHR 指令应用

② 如果输入 IN 为无符号数，移位操作时操作数左边区域中空出的位将用“0”填充；如果输入 IN 为有符号数，则用符号位的信号状态（即正数为 0，负数为 1）填充空出的位，SHR 指令移位过程如图 5-39 所示。

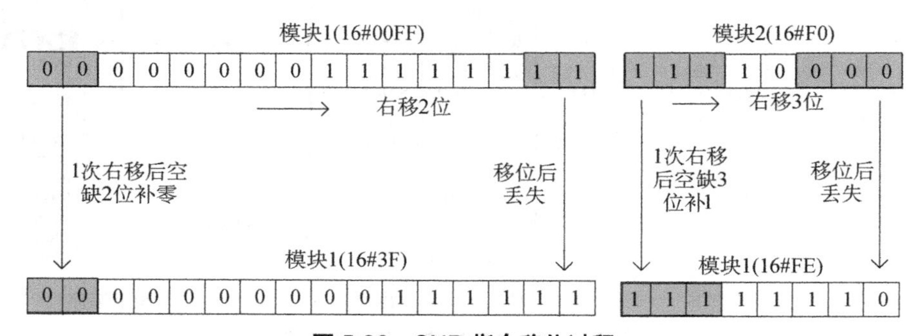

图 5-39　SHR 指令移位过程

（2）左移指令 SHL

左移指令 SHL 用于将输入 IN 中操作数的内容按位向左移位，并在输出 OUT 中查询移位结果；参数 N 用于指定 IN 值移位的位数。使用 SHL 指令需要遵循以下原则。

① 如果参数 N 的值等于 0 时，输入 IN 的值将复制到输出 OUT 中；如果参数 N 的值大于可用位数，则输入 IN 中的操作数将向左移动可用位数的个数。

② 用“0”填充操作数移动后右侧空出的位，SHL 指令应用示例如图 5-40 所示。

2．循环移位指令

循环移位指令包括循环右移（ROR）指令和循环左移（ROL）指令。循环移位指令特点在于从目标值一侧循环移出的位数据将循环移位到目标值的另一侧，因此原始位的值不会丢失。移位指令格式如图 5-41 所示。

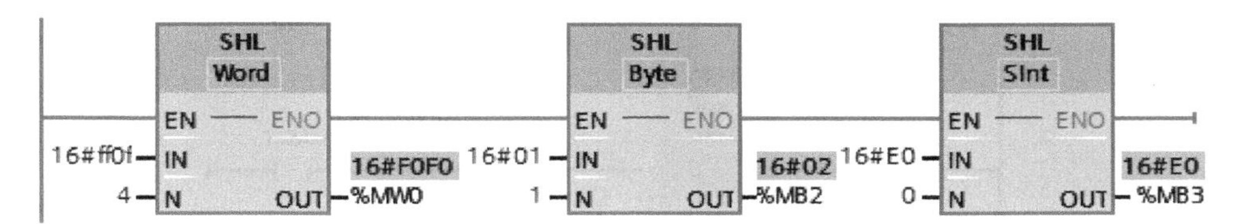

图 5-40　SHL 指令应用示例

循环右移指令 ROR 将输入 IN 中操作数的内容按位向右循环移位，并在输出 OUT 中查询结果；参数 N 用于指定循环移位中待移动的位数，当参数 N 的值为“0”时，输入 IN 的值将复制到输出 OUT 中的操作数中。

循环左移指令 ROL 将输入 IN 中操作数的内容按位向左循环移位，并在输出 OUT 中查询结果；参数 N 用于指定循环移位中待移动的位数，用移出的位填充因循环移位而空出的位。

循环移位指令应用示例如图 5-42 所示，循环移位过程如图 5-43 所示，可根据在线显示数据自行分析运行结果。

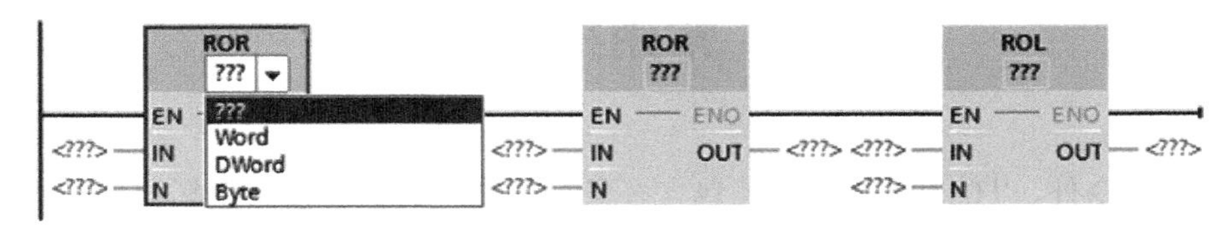

图 5-41　移位指令格式

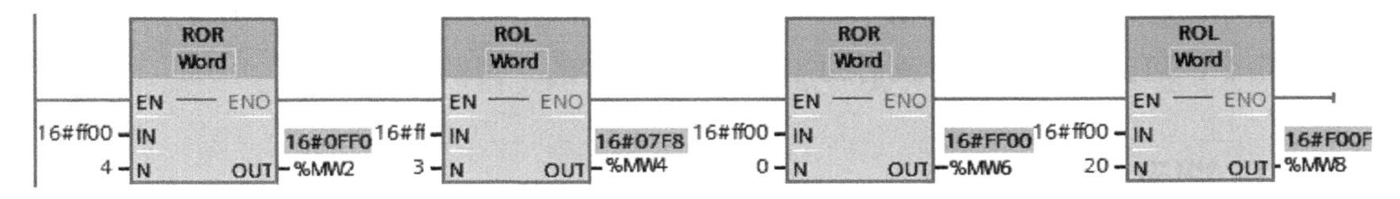

图 5-42　循环移位指令应用示例

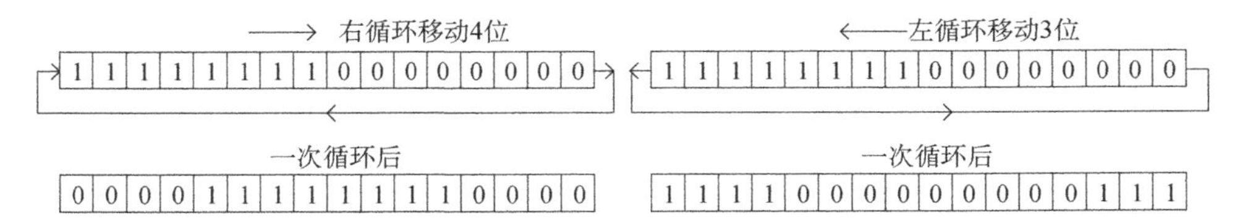

图 5-43　循环移位过程

[研讨与练习] 移位彩灯控制程序如图 5-44 所示，试分析其实现的功能。

分析：程序中当 I2.0 得电，将 16 个彩灯的初值赋给输出 QW0；定时器用于产生彩灯的移位脉冲序列，彩灯移位的时间间隔为 1s；I2.1 用于选择彩灯循环移动的方向，若循环右移则 I2.1 得电，若循环左移则 I2.1 不得电。

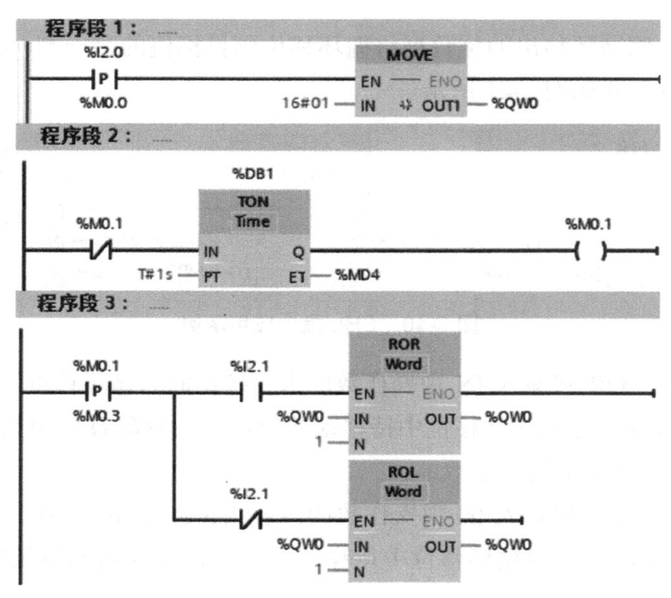

图 5-44　移位彩灯控制程序

5.6　常用扩展指令

除基本指令外，TIA Portal 软件还包含多条扩展指令，扩展指令包括日期和时间指令、字符串和字符指令、中断指令、脉冲指令、分布式 I/O 指令、诊断指令、配方和数据记录指令、数据块控制指令及寻址指令。本书主要介绍常用的几类扩展指令，如果需要使用其他扩展指令，可查阅相关手册或借助 TIA Portal 软件的“帮助”工具。

5.6.1 日期和时间指令

1．DTL 数据类型

DTL 数据类型用于保存日期和时间信息，可以在块的临时存储器中或者在 DB 中定义，DTL 数据类型见表 5-6。

表 5-6　DTL 数据类型

数据类型	数据长度	数据有效范围
DTL	12byte	最小值：DTL#1970-01-01-00:00:00.0 最大值：DTL#2554-12-31-23:59:59.999 999 999

DTL 时间的每部分均包含不同的数据类型和数值范围，DTL 数据结构见表 5-7。指定值的数据类型必须与相应时间的数据类型相一致。

表 5-7　DTL 数据结构

byte	组件	数据类型	数值有效范围
0～1	年	UINT	1970～2554
2	月	USINT	1～12
3	日	USINT	1～31
4	星期	USINT	1～7（周日、周一……周六）
5	小时	USINT	0～23
6	分	USINT	0～59
7	秒	USINT	0～59
8～11	纳秒	UDINT	0～999 999 999

2. 常用指令及用法

日期和时间指令用于设计日历和计算时间，常用日期和时间指令见表 5-8。

表 5-8　常用日期和时间指令

指令	功能	指令	功能
T_CONV	转换时间	T_DIFF	时间差
T_ADD	时间相加	WR_SYS_T	写系统时间
T_SUB	时间相减	RD_SYS_T	读系统时间

（1）T_CONV 指令

T_CONV 指令格式如图 5-45 所示，时间转换指令 T_CONV 将 IN 输入参数的数据类型转换为 OUT 输出的数据类型；从输入和输出的指令框中选择需要转换和完成的数据格式。

图 5-46 为 T_CONV 指令应用示例。左侧 T_CONV 指令将 DTL 数据类型的时间转换为 DATE 数据类型的时间，即只保留年、月、日数据；右侧 T_CONV 指令将 TOD 数据类型的时间转换为 DINT 数据类型的时间（单位为毫秒），即 8 时 16 分 32 秒为 29792000 毫秒。

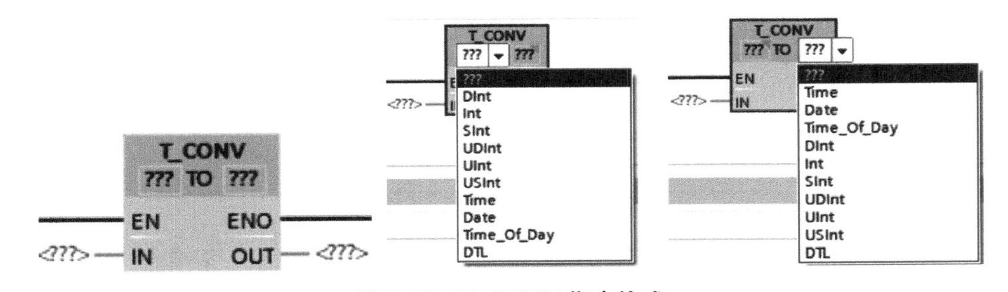

图 5-45　T_CONV 指令格式

图 5-46　T_CONV 指令应用示例

（2）T_ADD/T_SUB 指令

时间相加指令 T_ADD 和时间相减指令 T_SUB，可将 IN1 输入的时间信息加/减 IN2 输入的时间信息，然后在 OUT 输出参数中查询结果，T_ADD/T_SUB 指令格式如图 5-47 所示。使用时应注意时间类型的匹配，T_ADD/T_SUB 指令数据类型见表 5-9。

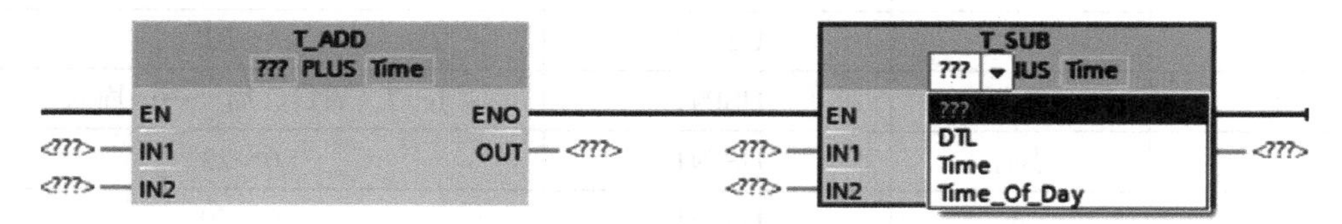

图 5-47　T_ADD/T_SUB 指令格式

表 5-9　T_ADD/T_SUB 指令数据类型

参数和类型		数据类型	说明
IN1	IN	DTL，Time	DTL 或 Time 值
IN2	IN	Time	要加上或减去的 Time 值
OUT	OUT	DTL，Time	DTL 或 Time 的和或差

应用格式 1： 将一个时间段加上另一个时间段，或将一个时间段减去另一个时间段，T_ADD/T_SUB 应用示例 1 如图 5-48 所示。

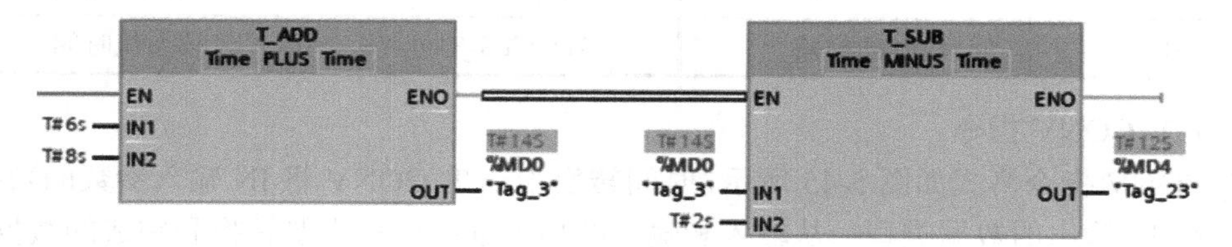

图 5-48　T_ADD/T_SUB 应用示例 1

应用格式 2： 将一个时间段加到某个时间上，或从某个时间中减去时间段，T_ADD/T_SUB 应用示例 2 如图 5-49 所示。

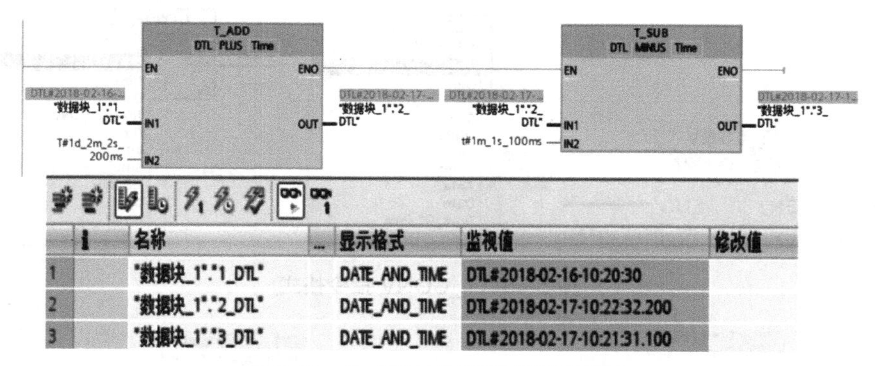

	i	名称	...	显示格式	监视值	修改值
1		"数据块_1"."1_DTL"		DATE_AND_TIME	DTL#2018-02-16-10:20:30	
2		"数据块_1"."2_DTL"		DATE_AND_TIME	DTL#2018-02-17-10:22:32.200	
3		"数据块_1"."3_DTL"		DATE_AND_TIME	DTL#2018-02-17-10:21:31.100	

图 5-49　T_ADD/T_SUB 应用示例 2

（3）T_DIFF 指令

时间差指令 T_DIFF 将 IN1 输入参数中的时间值减去 IN2 输入参数中的时间值，结果发送到输出参数 OUT 中。T_DIFF 指令格式如图 5-50 所示。

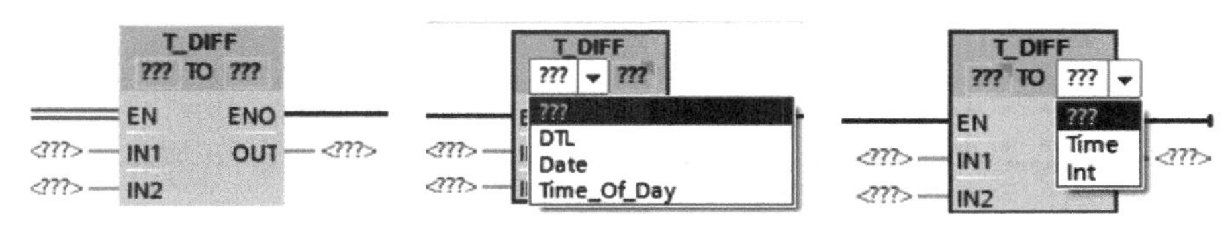

图 5-50　T_DIFF 指令格式

图 5-51 为 T_DIFF 指令应用示例。两个指令分别计算两个 DTL 和 TOD 数据类型的时间差，输出以 Time 数据类型表示。

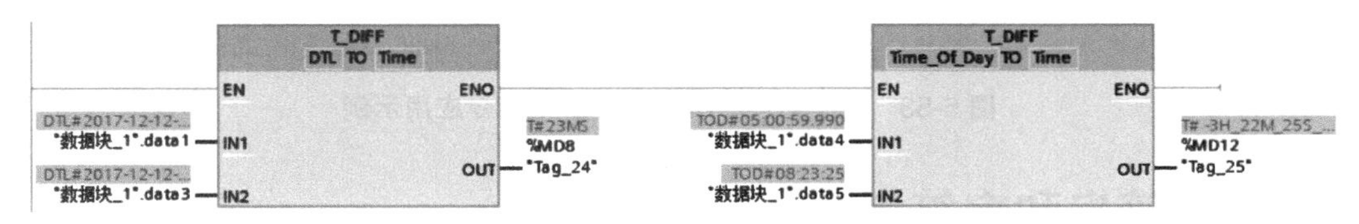

图 5-51　T_DIFF 指令应用示例

（4）WR_SYS_T/RD__SYS_T 指令

设置时间指令 WR_SYS_T 用于设置 CPU 时钟的日期和时间，可在输入参数 IN 中输入日期和时间，输入值必须在以下范围内：最小为 DTL#1970-01-01-00:00:00.0，最大为 DTL#2200-12-31 23:59.999。读取时间指令 RD_SYS_T 用于读取 CPU 时钟的当前日期和时间。WR_SYS_T/RD__SYS_T 指令格式如图 5-52 所示，WR_SYS_T、RD__SYS_T 的 RET_VAL 的代码含义分别见表 5-10、表 5-11。

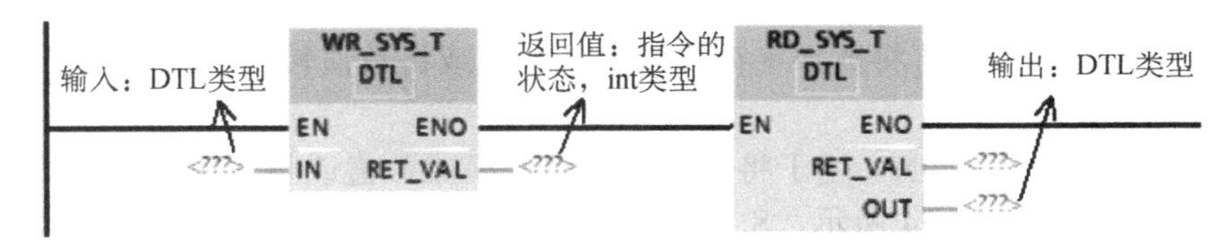

图 5-52　WR_SYS_T/RD__SYS_T 指令格式

表 5-10　WR_SYS_T 的 RET_VAL 的代码含义

代码	指令状态	代码	指令状态
16#0000	无错误	16#8084	小时信息无效
16#8080	日期错误	16#8085	分钟信息无效
16#8081	时间错误	16#8086	秒信息无效
16#8082	月无效	16#8087	纳秒信息无效
16#8083	日无效	16#80B0	实时时钟故障

表 5-11　RD__SYS_T 的 RET_VAL 的代码含义

代码	指令状态	代码	指令状态
16#0000	无错误	16#8081	OUT 参数中指定的时间值超出有效值范围

图 5-53 为 WR_SYS_T/RD_SYS_T 指令应用示例。

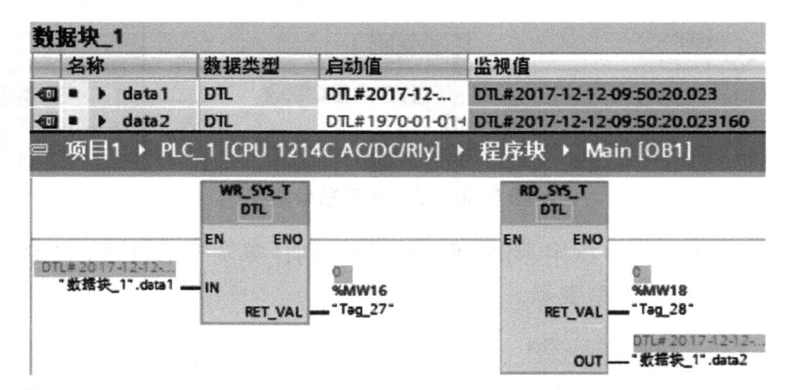

图 5-53　WR_SYS_T/RD_SYS_T 指令应用示例

5.6.2　字符串和字符指令

1．基本概念

字符串（String）是由最多 254 个字符（Char）组成的一维数组，最大长度为 256 个字节。前 2 字节是标头，第一个标头字节是初始化字符串时方括号中给出的最大长度，默认值为 254；第二个标头字节是当前长度或字符串中的有效字符数。

有效字符串的最大长度必须大于 0 且小于 255，当前长度必须小于等于最大长度，字符串无法分配给 I 或 Q 存储区。

2．字符串转换指令

使用字符串转换指令可将数字字符串转换成数值或将数值转换成数字字符串。

（1）S_CONV 指令

转换字符串指令 S_CONV 用于将数字字符串转换成数值或将数值转换成数字字符串，S_CONV 指令格式如图 5-54 所示，S_CONV 指令应用示例如图 5-55 所示。

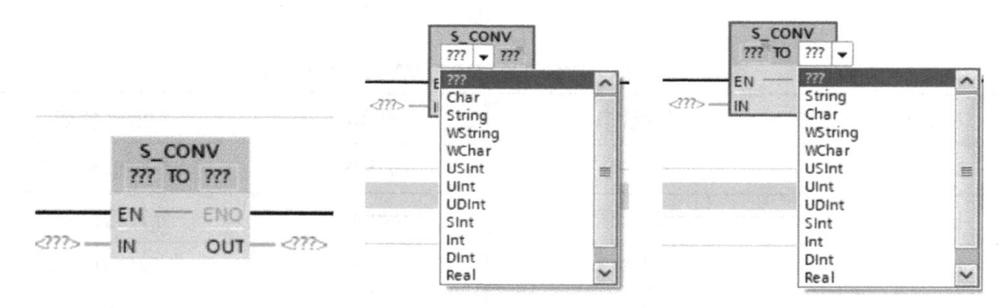

图 5-54　S_CONV 指令格式

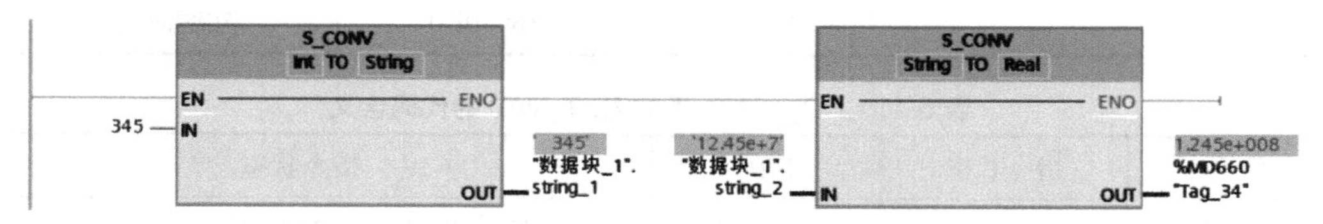

图 5-55　S_CONV 指令应用示例

由图 5-55 应用示例运行数据可见，当数值转换为字符串时，字符串的第一个字符用空格填充，空格的数量取决于数值的长度。将字符串转换成数值（整数或浮点数）时将针对 IN 输入的字符串的所有字符执行转换，允许的字符包括数字 0～9、小数点及加减号，字符串的第一个字符可以是有效数字或符号。

（2）STRG_VAL 指令

STRG_VAL 指令将字符串转换为数值指令，用于将字符串转换成整数或浮点数。允许转换的字符包括数字 0～9、小数点、计数制“E”和“e”，以及加减号字符，无效字符可能会中断转换。

STRG_VAL 指令格式如图 5-56 所示，其中参数 FORMAT 用于指定解释字符串字符格式、可能值及含义，FORMAT 代码及含义见表 5-12；参数 P 用于指定开始转换的字符位置，如果 P=1，则转换从指定字符串的第一个字符开始。

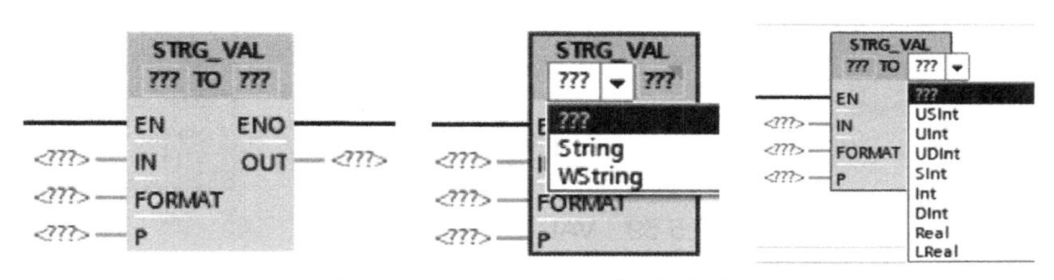

图 5-56　STRG_VAL 指令格式

表 5-12　FORMAT 代码及含义

参数值	标示法	小数点符号	参数值	标示法	小数点符号
16#0000	定点	“.”	16#0002	指数	“.”
16#0001		“，”	16#0003		“，”
16#（0004-FFFF）	无效值				

小数点格式应用示例如图 5-57 所示。在图 5-57（a）中，使用句点字符“.”作为小数点，则“,”被解释为千位分隔符字符，允许使用逗点字符并且会将其忽略；IN 值为（12，345.6），FORMAT 设为 0（采用小数点“.”定点表示），P=2，则转换后为 2.345；在图 5-57（b）中，使用逗点字符“,”作为小数点，则小数点左侧的据点“.”被解释为千位分隔符字符，允许使用句点字符并且会将其忽略。

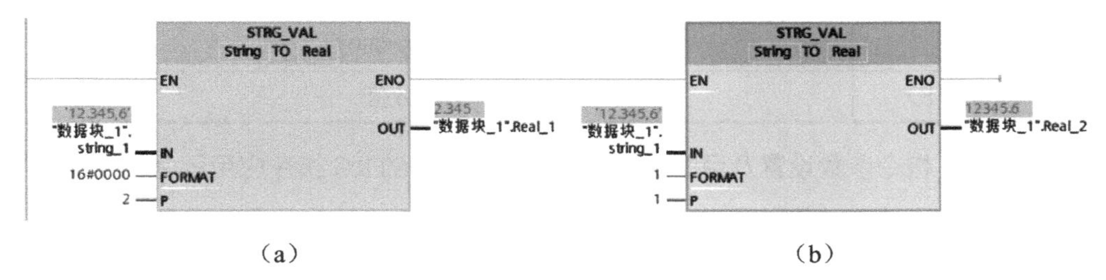

图 5-57　小数点格式应用示例

定点表示法与指数表示法的应用示例如图 5-58 所示，读者可自行观察两种表示法运行的输出结果。

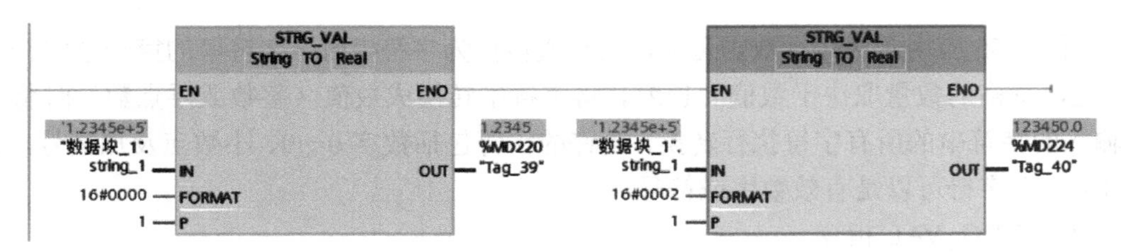

图 5-58　定点表示法与指数表示法的应用示例

（3）VAL_STRG 指令

该指令用于将数值转换成数字字符串，VAL_STRG 指令格式如图 5-59 所示。

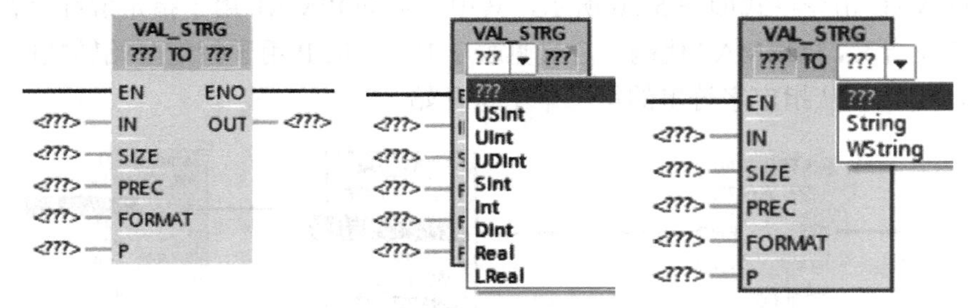

图 5-59　VAL_STRG 指令格式

其中，参数 P 用于指定从字符串的哪个字符开始写入结果。参数 SIZE 用于指定待写入字符串的字符数，从 P 参数指定的字符开始计数。如果参数 P 大于 OUT 字符串的当前大小，则会添加空格，一直到位置 P，并将该结果附加到字符串末尾，如果达到最大 OUT 字符串长度，则转换结束。参数 PREC 用于定义转换浮点数时保留的小数位数；Real 数据类型的数值所支持的最大精度为 7 位数；如果要转换的值为整数，可使用 PREC 参数指定放置小数点的位置；参数 FORMAT 用于指定转换期间如何解释数字值及如何将其写入字符串，FORMAT 代码及含义见表 5-13。

表 5-13　FORMAT 代码及含义

参数值	标示法及符号	小数点符号	参数值	标示法	小数点符号
16#0000	定点“–”	“.”	16#0002	指数“-”	“.”
16#0001		“，”	16#0003		“，”
16#0004	定点“+/–”	“.”	16#0006	指数“+/-”	“.”
16#0005		“，”	16#0007		“，”
16#（0008-FFFF）	无效值				

VAL_STRG 指令参数设置及用法示例见表 5-14，VAL_STRG 指令应用示例如图 5-60 所示。

表 5-14　VAL_STRG 指令参数设置及用法示例

IN（值）	IN（类型）	SIZE	PREC	FORMAT	P	OUT
123	UINT	10	0	0000	16	xxxxxxx123
0	UINT	10	2	0000	16	xxxxxx0.00

续表

IN（值）	IN（类型）	SIZE	PREC	FORMAT	P	OUT
12345678	UDINT	10	3	0001	16	x12345.678
123	INT	10	0	0004	16	xxxxxx+123
−123	INT	10	0	0004	16	xxxxxx−123
−0.00123	REAL	10	4	0004	16	xxx−0.0012
−0.00123	REAL	10	4	0006	16	−1.2300E-3
备注："x" 标示空格						

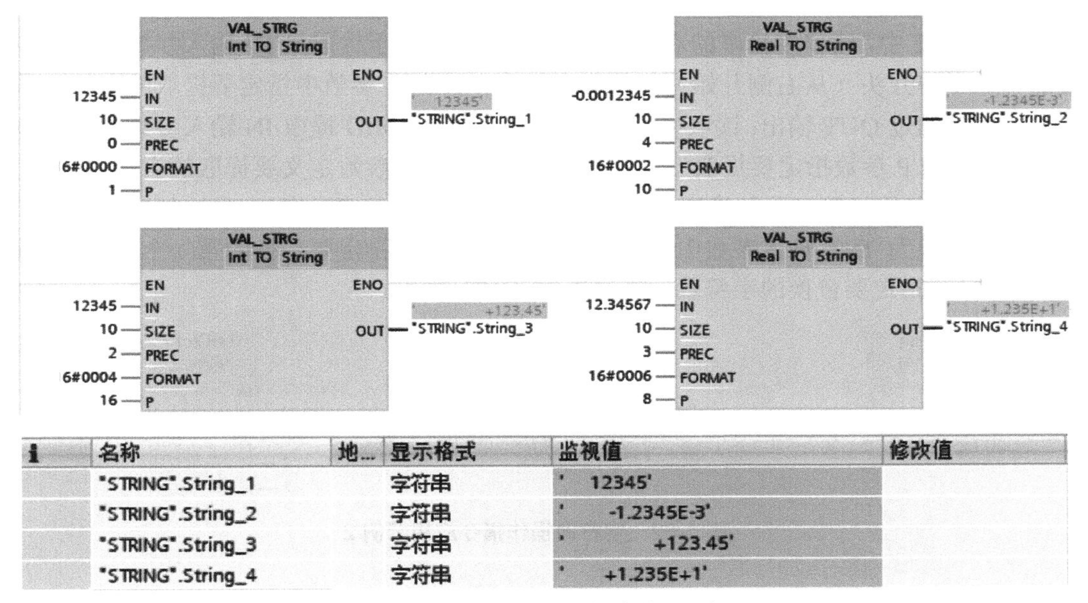

i	名称	地...	显示格式	监视值	修改值
	"STRING".String_1		字符串	' 12345'	
	"STRING".String_2		字符串	' -1.2345E-3'	
	"STRING".String_3		字符串	' +123.45'	
	"STRING".String_4		字符串	' +1.235E+1'	

图 5-60　VAL_STRG 指令应用示例

3．字符串操作指令

使用字符串操作指令可将数字字符串转换成数值或将数值转换成数字字符串，常用字符串操作指令见表 5-15，字符串操作指令应用示例如图 5-61、图 5-62 所示。

表 5-15　常用字符串操作指令

指　令	功　能	指　令	功　能
LEN	获取字符串长度	MID	读取字符串中间的字符
CONCAT	合并字符串	DELETE	删除字符串中的字符
LEFT	读取字符串的左侧字符	REPLACE	替换字符串中的字符
INSERT	在字符串中插入字符	FIND	在字符串中查找字符
RIGHT	读取字符串的右侧字符		

在图 5-61 中，获取字符串长度指令 LEN 用于确定输入参数的字符串长度；合并字符

串指令 CONCAT 用于将 IN1 输入参数中的字符串与 IN2 输入参数中的字符串合并在一起；读取字符串的左侧字符指令 LEFT 用于提取以 IN 输入参数中字符串的第一个字符开头（从左侧开始）的部分字符串，并在 L 参数中指定要提取的字符数量，提取的字符通过 OUT 输出提取的字符串。

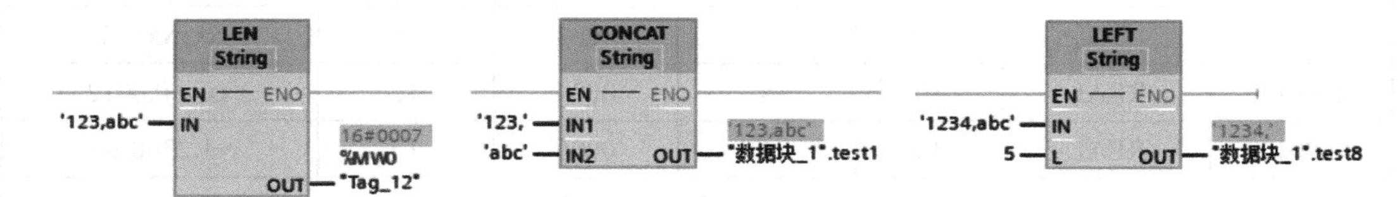

图 5-61　字符串操作指令应用示例 1

在图 5-62 中，读取字符串的右侧字符指令 RIGHT 用于提取以 IN 输入参数中字符串的最后一个字符开头（从右侧开始）的部分字符串，并在 L 参数中指定要提取的字符数量，提取的字符通过 OUT 输出；读取字符串中间的字符指令 MID 提取 IN 输入参数中字符串的一部分，使用 P 参数指定要提取的第一个字符的位置，L 参数定义要提取的字符串的长度，OUT 输出提取的字符串；替换字符串中的字符指令 REPLACE 将 IN1 输入参数中字符串的一部分替换为 IN2 输入参数中的字符串，使用 P 参数指定要替换的第一个字符的位置，使用 L 参数指定要替换的字符数，结果通过 OUT 输出。

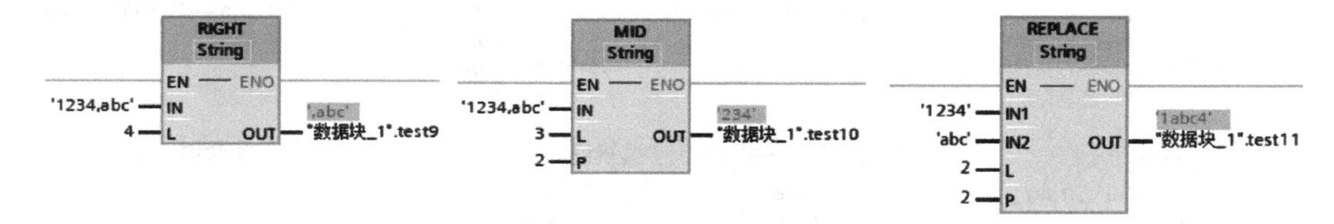

图 5-62　字符串操作指令应用示例 2

5.7　S7-1200 PLC 的常用编程单元

1. 用一个按钮产生启动和停止信号电路

PLC 编程时，可能在硬件上因为输入点数的限制，需要使用一个输入点实现启动和停止两种控制信号。一个按钮产生启动和停止信号程序如图 5-63 所示，当按钮 I2.0 第一次按下时，I2.0 为启动信号，其信号使 M1.0 导通一个扫描周期，由于 M1.1 常闭触点接通，故置位 Q2.0，Q2.0 常开触点接通，M1.1 线圈得电动作；当按钮第二次按下时，M1.0 再次导通一个扫描周期，由于 M1.1 线圈已接通，其常开触点闭合，故 Q2.0 复位；此时 I2.0 为停止信号，即使用一个按钮产生启动和停止两个控制信号。

[思考与练习] 采用计数器实现上述要求和功能，试编写相应的梯形图。

2. 分频电路

在许多控制场合，需要对控制信号进行分频。以二分频为例，输出脉冲是输入信号脉冲的二分频。

二分频电路如图 5-64 所示，在 PLC 属性中启用时钟存储器字节，并将时钟存储器字节设为 MB10，选择 M10.5 为二分频电路的输入脉冲信号（Clock_1Hz）；当 M10.5 由 OFF 变为 ON 时，M0.0 产生一个脉冲，在扫描程序至第三行时，由于 Q2.0 为 OFF，因此 M0.2 不会得电，扫描程序至第四行时，Q2.0 为 ON 并自锁。此后的多个扫描周期中，由于 M0.0 只导通一个扫描周期，因此，M0.2 不会为 ON，Q2.0 状态为“1”；当 M10.5 再次由 OFF 变为 ON 时，M0.0 再次产生一个脉冲，此时，因为之前 Q2.0 状态为 ON，所以 M0.2 也变为 ON，Q2.0 被解锁状态变为 OFF；此后的多个扫描周期中，由于 M0.0 只导通一个扫描周期，Q2.0 一直为 OFF；到下一次 M10.5 由 OFF 变为 ON 时，Q2.0 为 ON，如此循环，得到的输出 Q2.0 刚好是输入信号 M10.5 的二分频。

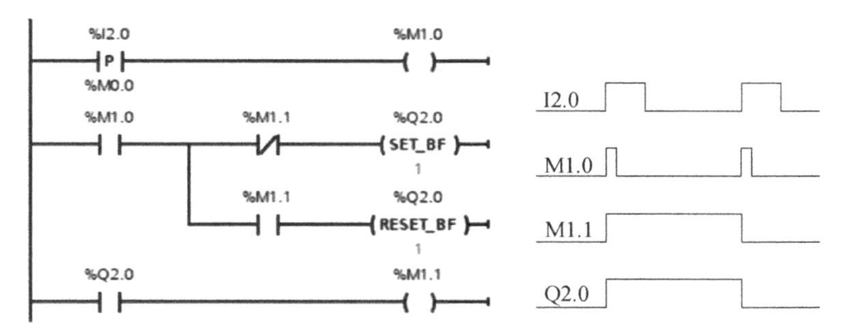

图 5-63　一个按钮产生启动和停止信号程序

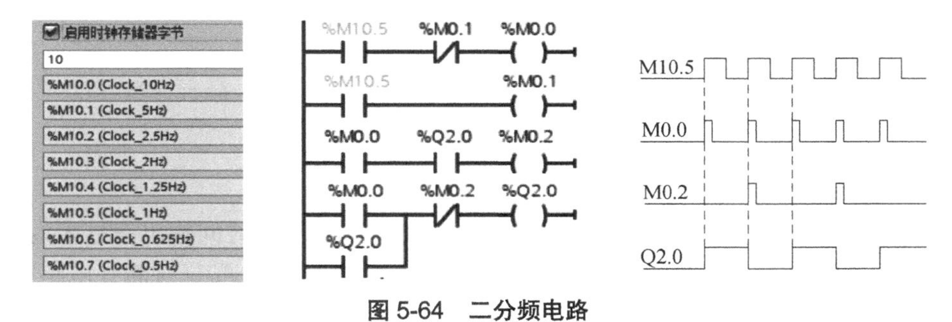

图 5-64　二分频电路

3. 单稳态电路

单稳态电路只有一个稳态。如图 5-65 所示是上升沿触发的单稳态电路，在 I2.0 从 OFF 变为 ON 的上升沿开始，Q2.0 输出一个宽度为 3s 的脉冲，3s 后 Q2.0 自动变为 OFF。I2.0 为 ON 的时间可以大于 3s，也可以小于 3s。

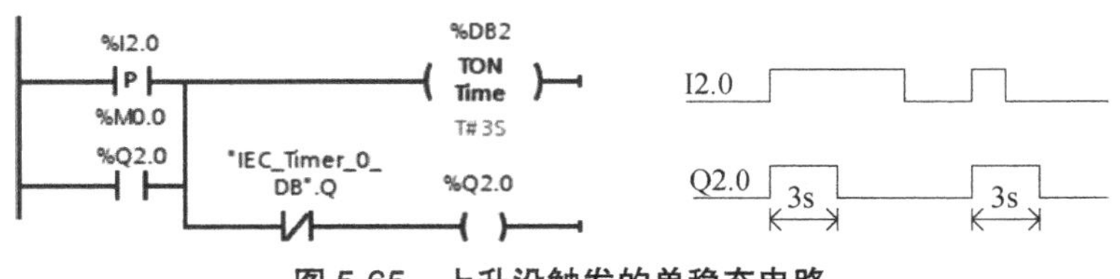

图 5-65　上升沿触发的单稳态电路

4. 延时电路

（1）瞬时接通/延时断开

瞬时接通/延时断开电路要求在输入信号有效时，立刻输出，而输入信号无效后，输出信号延时一段时间才停止。

瞬时接通/延时断开电路Ⅰ如图5-66所示，采用关断延时定时器TOF实现瞬时接通/延时断开。当I3.0为ON时，Q3.0输出为ON；当I3.0变为OFF时，定时器开始延时，5s后定时器断开，定时器输出Q动作，Q3.0变为OFF。

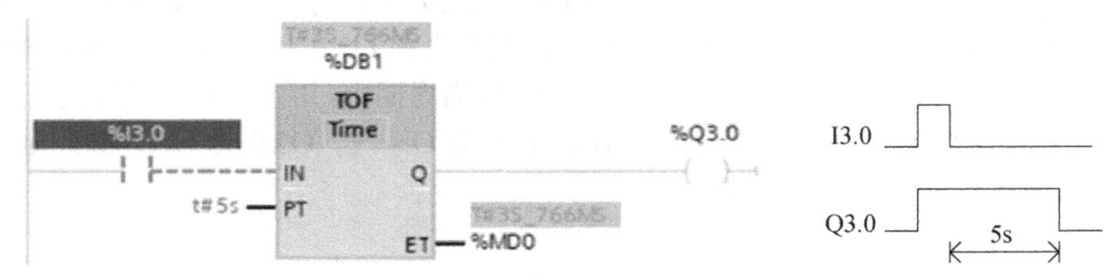

图5-66 瞬时接通/延时断开电路Ⅰ

瞬时接通/延时断开电路Ⅱ如图5-67所示，采用接通延时定时器TON实现瞬时接通/延时断开。当I3.0为ON时，Q3.0输出为ON并保持；当I3.0变为OFF时，I3.0的常闭触点闭合，定时器开始定时，5s后定时器动作，常闭触点“IEC_Timer_0_DB_1”.Q断开，Q3.0变为OFF。

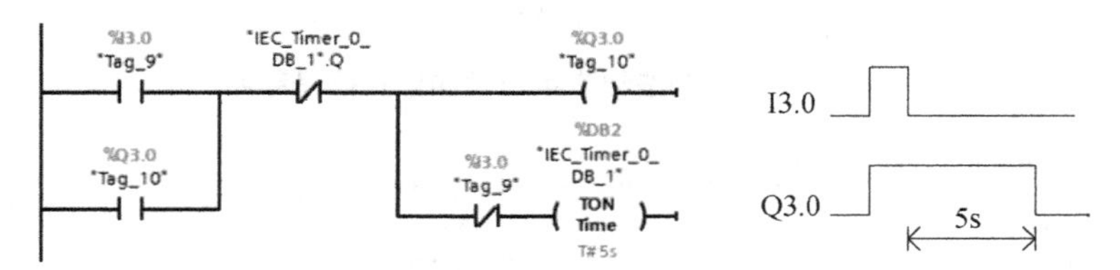

图5-67 瞬时接通/延时断开电路Ⅱ

（2）延时接通/延时断开

延时接通/延时断开电路要求在输入信号为ON后，停一段时间输出信号才为ON；输入信号为OFF后，输出信号延时一段时间才变为OFF。延时接通/延时断开电路如图5-68所示，当“START”变为ON时，“T1”开始定时，6s后“T1”的常开触点闭合，使“KM”变为ON。因为“START”为ON，其常闭触点断开，“T2”不动作；当“START”变为OFF时，“T2”开始定时，7s后“T2”的常闭触点断开，使“KM”变为OFF。

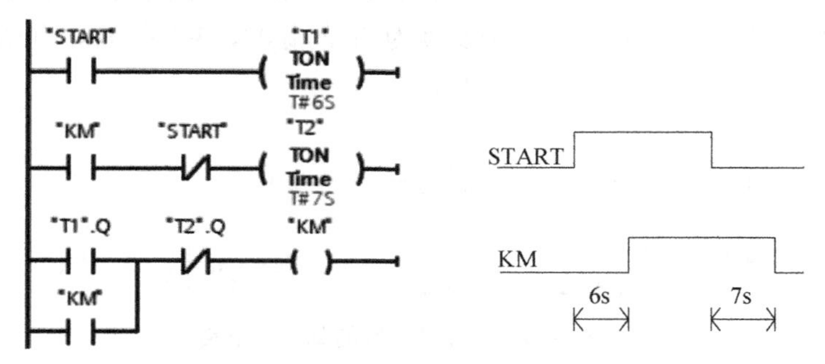

图5-68 延时接通/延时断开电路

[思考与练习] 采用TON定时器与TOF定时器配合，完成上述延时接通/延时断开控制功能。

5．闪烁电路

（1）使用时钟存储器字节

S7-1200 PLC 可通过启用硬件属性中的“启用时钟存储器字节”，设置 8 个位的不同频率的时钟脉冲，利用不同频率的位触点可以实现闪烁电路。使用时钟存储器字节实现闪烁电路如图 5-69 所示，当“START”为 ON 时，“led1”输出周期为 1s 的脉冲，“led2”输出周期为 2s 的脉冲。

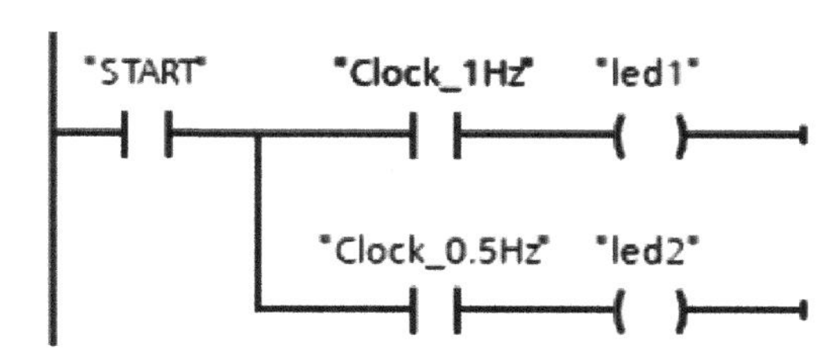

图 5-69　使用时钟存储器字节实现闪烁电路

（2）使用定时器

使用时钟存储器实现闪烁电路很方便，但其缺点是无法输出可调整的脉冲周期和脉冲宽度。利用定时器编程可以克服这一缺点。使用定时器实现的闪烁电路如图 5-70 所示，当“START”为 ON 时，定时器“T1”开始定时，2s 后“led”变为 ON，同时定时器“T2”开始定时，3s 后“T2”的常闭触点断开，“T1”被复位，“T2”也被复位，“led”变为 OFF，同时“T2”的常闭触点又闭合，“T1”又开始定时，如此重复。通过调整“T1”和“T2”定时的时间，可以改变“led”输出 ON 和 OFF 的时间，以此调整脉冲输出的宽度和周期。

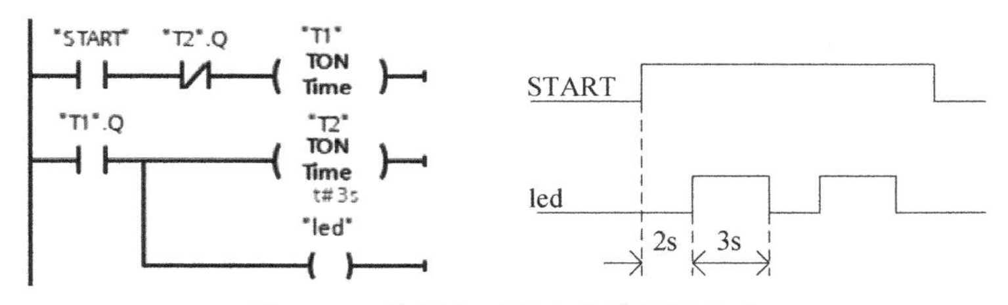

图 5-70　使用定时器实现的闪烁电路

[研讨与练习] 用两只按钮控制 3 台电动机的启停，为了避免 3 台电机同时启动，造成启动电流过大致使电网电压降低对周边负载的影响，要求每隔 5s 启动一台电动机，试用一个定时器元件完成控制要求。

分析：用一只定时器进行重复计时，考虑采用定时器的常闭触点复位定时器电路以便重新计时。3 只电动机要求顺序启动，可以考虑用第一台电动机的信号接通第二台电动机，用第二台电动机的信号接通第三台电动机。

设计：若 I2.0 代表启动信号，I2.1 代表停止信号，Q2.0 代表第一台电机运行的信号，Q2.1 代表第二台电机运行的信号，Q2.2 代表第三台电机运行的信号，T1 为计时 5s 的定时器，则实现控制要求的逻辑功能如图 5-71 所示。

要点：从梯形图中可以看出，只用一个定时器控制三台电动机的顺序启动，在编程顺序上除了第一台电动机先编程外，先启动的电动机应该后编程。

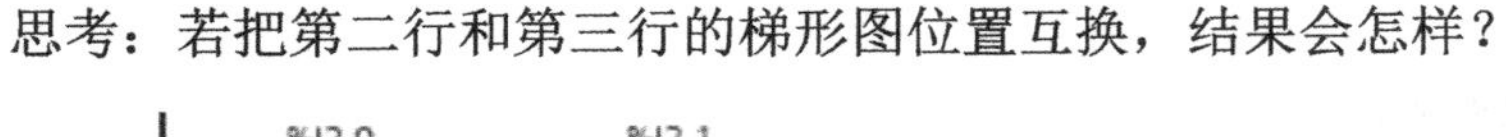

思考：若把第二行和第三行的梯形图位置互换，结果会怎样？

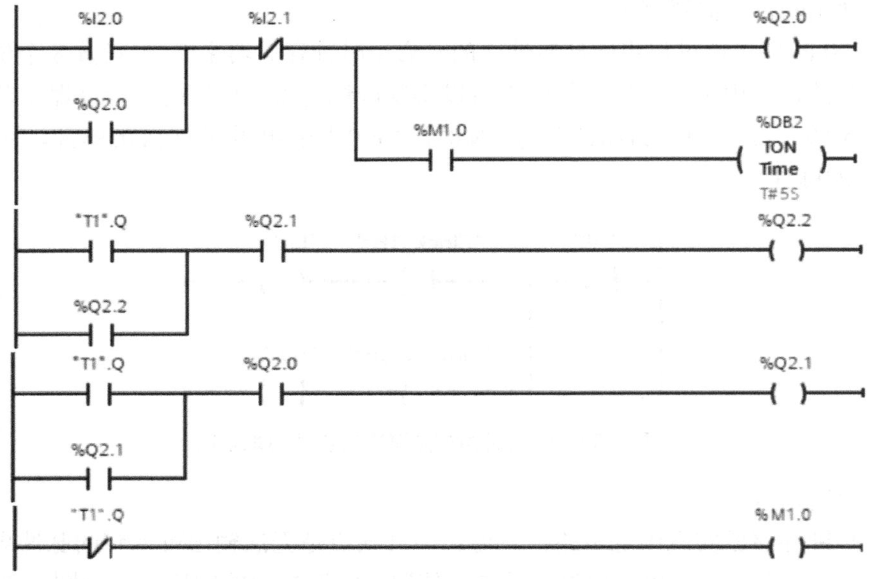

图 5-71　实现控制要求的逻辑功能

习题 5

1. 编写一段程序计算算式（40+60）×2÷7 的值。

2. 编写一段程序计算算式 sin50°+cos70°×tan40°的值。

3. 用 I0.0 控制接在 Q0.0～Q1.7 上的 16 个彩灯是否移位，每秒移 1 位；用 I0.1 控制左移或右移，用 MOVE 指令将彩灯的初始值设定为十六进制数 16#0001（仅 Q0.0 为 1），设计梯形图程序。

4. 设计一台计时精确到秒的闹钟，要求每天上午 6 点 30 分提醒按时起床。

5. 用比较指令实现功能如下：I0.0 为脉冲输入，当脉冲数大于 10 时，Q0.1 为 ON；反之，Q0.2 为 ON，设计梯形图程序。

6. 假设有一汽车停车场，最多能停 100 辆车，试用 PLC 控制系统求解以下问题：停车场是否有空位、剩余车位数量。

7. 有两台三相鼠笼式电动机 M1 和 M2。现要求 M1 先启动，经过 3s 后 M2 启动；M2 启动后，M1 立即停车；按下停止按钮，系统停止工作并复位。试用 PLC 编程实现上述控制要求。

8. 某零件加工过程分 3 道工序，共需 20s，时序要求如图 5-72 所示。控制开关用于控制加工过程的启动和停止，每次启动皆从第一道工序开始。试编写完成控制要求的梯形图。

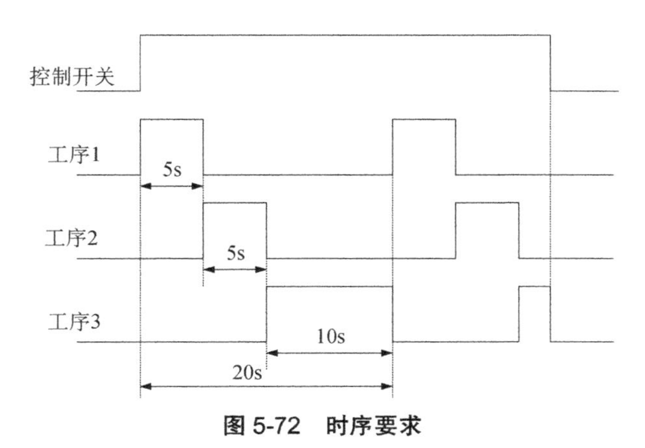

图 5-72 时序要求

9. 有 8 个彩灯排成一行，从左至右依次每秒有一个灯点亮（只有一个灯亮），循环三次后，全部灯同时点亮，3s 后全部灯熄灭。如此不断重复进行，使用 PLC 程序实现上述控制要求。

10. 设计一个自动门控制系统，控制要求如下：人靠近自动门时，感应器 I2.0 为 ON，Q2.0 驱动电机高速开门，碰到开门减速开关 I2.1 时，变为低速开门（Q2.1）；碰到开门极限开关 I2.2 时，电机停转，开始延时；若在 0.5s 内感应器检测到无人，Q2.2 启动电机高速关门；碰到关门减速开关 I2.4 时，改为低速关门（Q2.3），碰到关门极限开关 I2.5 时电机停转；在关门期间若感应器检测到有人，停止关门，定时器延时 0.5s 后自动转换为高速开门。

第 6 章　S7-1200 PLC 的应用控制设计

6.1　PLC 控制系统设计方法

1．PLC 控制系统设计的基本原则

在设计 PLC 控制系统时，应遵循以下基本原则。

（1）最大限度地满足控制要求

充分发挥 PLC 功能，最大限度地满足被控制对象的控制要求，是设计中最重要的一条原则。设计人员应该深入现场进行调查研究、熟悉工艺、收集资料，同时要注意和现场的工程管理人员、技术人员及操作人员紧密配合，共同拟订控制方案，解决设计中的重点问题和疑难问题。

（2）保证系统的安全可靠

保证 PLC 控制系统能够长期安全、可靠、稳定地运行，也是设计控制系统的重要原则。这就要求设计者在系统设计、元器件选择、软件编程上要全面考虑，以确保控制系统安全、可靠运行，确保人员、机器的绝对安全。

（3）力求简单、经济，使用与维护方便

在满足控制要求的前提下，一方面要注意不断地扩大工程的效益，另一方面也要注意不断地降低工程的成本。既要考虑控制系统的先进性，也要从工艺要求、制造成本、便于使用和易于维护等方面综合考虑，不宜盲目追求自动化和很高的性能指标。

（4）适应发展的需要

由于技术的不断发展，控制系统的要求也会不断地提高，设计时要适当考虑今后控制系统发展和完善的需要。这就要求在选择 PLC 类型、内存容量、I/O 点数和扩展功能时，要适当留有裕量，以满足今后生产的发展和工艺的改进。

2．PLC 控制系统设计的步骤和内容

PLC 控制系统是由用户输入设备、PLC 及输出设备连接而成的，PLC 控制系统设计步骤的流程图如图 6-1 所示，设计内容包括以下几个方面。

（1）分析被控制对象并提出控制要求

详细分析被控制对象的工艺过程及工作特点，了解被控对象的机械、电气、气动液压装置之间的配合，提出被控制对象对 PLC 控制系统的控制要求，确定具体的控制方式和实施方案、总体的技术性指标和经济性指标，拟订设计任务书。对较复杂的控制系统，还可以将控制任务分解成若干个子任务，这样既可化繁为简又有利于系统的编程和调试。

（2）确定输入 / 输出设备

根据被控对象对 PLC 控制系统的功能要求及生产设备现场的需要，确定系统所需的全部输入设备和输出设备的型号、规格和数量等。输入设备如按钮、位置开关、转换开关及各种传感器等，输出设备如继电接触器/接触器线圈、电磁阀、信号指示灯及其他执行器等。

（3）选择合适的 PLC 类型

根据已确定的用户输入/输出设备，统计所需的输入信号和输出信号的点数，选择合适的 PLC 类型。PLC 类型的选择内容包括 PLC 的机型、容量、I/O 模块、电源模块及其他扩展功能（如通信、高速计数、定位等）。

（4）分配 I/O 点并设计 PLC 外围硬件线路

① 分配 PLC 的 I/O 点。列出输入/输出设备与 PLC 系统的 I/O 端子之间的对照表，绘制 PLC 的输入/输出端子与用户输入/输出设备的外部接线图。

② 设计 PLC 外围硬件线路。设计并画出系统其他部分的电气线路图，包括主电路和未直接与 PLC 相连的控制电路等。

③ 根据 PLC 的 I/O 外部接线图和 PLC 外围电气线路图组成系统的电气原理图，确定系统的硬件电气线路实施方案。

（5）程序设计

可根据项目情况，采用经验法、功能图、逻辑流程图等设计方法编写程序。程序设计包括控制程序、初始化程序、检测及故障诊断和显示程序，以及保护、连锁等程序的设计。这是整个应用系统设计的核心部分，要设计好程序，不但要非常熟悉控制要求，而且要有一定的电气设计的实践经验。

（6）硬件实施

硬件实施主要进行控制柜（台）等硬件的设计及现场施工，主要有以下内容。

① 设计控制柜和操作台等部分的电器布置图及安装接线图。

② 设计系统各部分之间的电气互连图。

③ 根据施工图纸进行现场接线，并进行详细检查。

由于程序设计与硬件实施可同时进行，因此 PLC 控制系统的设计周期可大大缩短。

（7）联机调试

联机调试是将已通过模拟调试的程序进行进一步的现场调试，只有进行现场调试才能最后调整控制电路和控制程序，以适应控制系统的要求。

联机调试过程应循序渐进，调试顺序为 PLC 只连接输入设备、再连接输出设备、最后连接实际负载。如不符合要求，则需对硬件和程序进行相应调整。全部调试完毕后，即可交付试运行。经过一段时间的试运行，如果工作正常，控制电路和控制程序基本被确定。

（8）整理和编写技术文件

技术文件包括设计说明书、电气原理图、安装接线图、电气元件明细表、PLC 程序、使用说明书及帮助文件等。其中 PLC 程序是控制系统的软件部分，向用户提供程序有利于用户生产发展的需要及工艺改进时修改程序，方便用户在维护、维修时分析和排除故障。

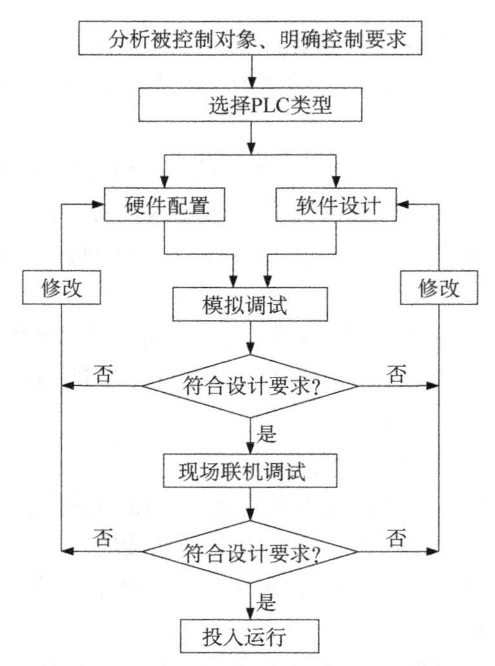

图 6-1　PLC 控制系统设计步骤的流程图

6.2　闪烁电路在监控系统中的应用

1．控制要求及 I/O 分配

某车间排风系统，由 3 台风机组成，采用 S7-1200 PLC 控制。其中风机工作状态需要进行监控，并通过指示灯进行显示，具体控制要求如下。

① 当系统中没有风机工作时，指示灯以 2Hz 频率闪烁。

② 当系统中只有 1 台风机工作时，指示灯以 0.5Hz 频率闪烁。

③ 当系统中有 2 台以上风机工作时，指示灯常亮。

试根据以上控制要求编写风机状态监控程序。

通过对控制要求的分析，指示灯监控系统的输入有 1 号风机运行信号、2 号风机运行信号、3 号风机运行信号共 3 个输入点；输出有指示灯 1 个负载，占 1 个输出点。PLC 的 I/O 点的地址分配见表 6-1。

表 6-1　PLC 的 I/O 点的地址分配

PLC 的 I/O 点地址	连接的外部设备
I0.0	1 号风机运行信号
I0.1	2 号风机运行信号
I0.2	3 号风机运行信号
Q0.0	指示灯显示

2．控制功能设计

（1）风机工作状态检测程序的实现

风机工作的监视状态分为没有风机运行、只有 1 台风机运行和 2 台及以上风机运行 3 种情况，可以通过 3 个辅助继电接触器分别保存这 3 种状态，风机工作状态检测程序如图 6-2 所示。

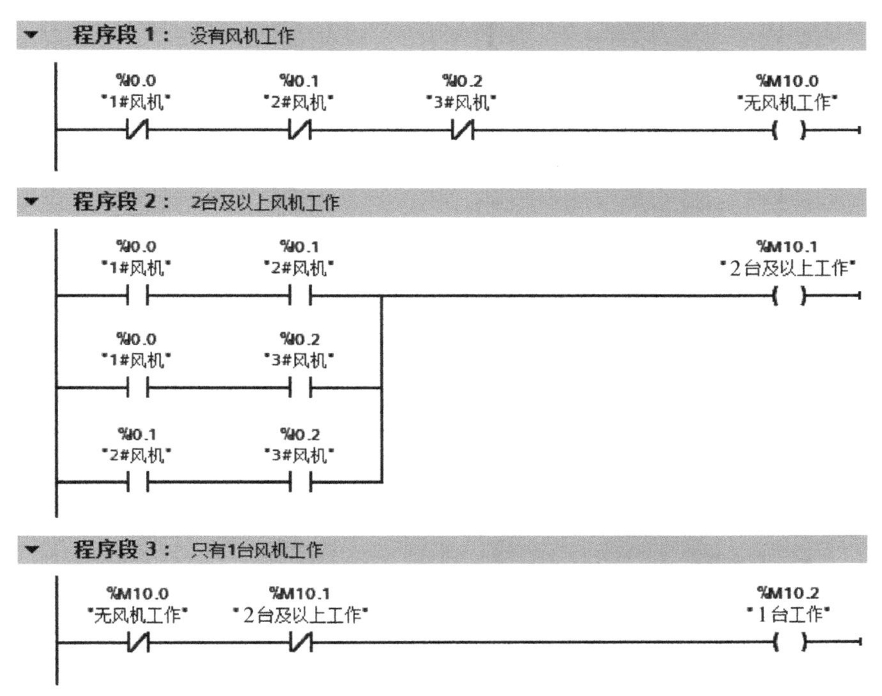

图 6-2　风机工作状态检测程序

（2）闪烁功能的实现

根据控制要求，需要产生 2Hz 和 0.5Hz 两种频率的闪烁信号，本例采用了两组定时器分别提供 2Hz 和 0.5Hz 的时钟信号，新建 4 个“IEC_TIMER”数据类型的数据块（DB1～DB4），分别作为定时器 T0（250ms）、T1（250ms）、T2（1s）、T3（1s）的背景数据块。闪烁功能的实现程序如图 6-3 所示。实际应用时也可直接采用系统时钟存储器对应位实现此功能。

（3）指示灯输出程序的实现

指示灯输出程序需要考虑风机运行状态与对应的指示灯状态要求。当没有风机运行时（M10.0 得电），指示灯按照 2Hz 的频率闪烁（M10.3 的状态），输出指示灯启动的条件是 M10.0 的常开触点与 M10.3 的触点串联；同理，当只有一台风机运行时，输出指示灯启动的条件是 M10.2 的常开触点与 M10.4 的触点串联；由于两台以上风机运行时指示灯常亮，所以只需要用其状态显示继电接触器 M10.1 的常开触点驱动输出 Q0.0 就可以，指示灯输出程序如图 6-4 所示。

为满足整个控制要求，需将以上 3 部分程序合并即可构成整个监控系统的程序。

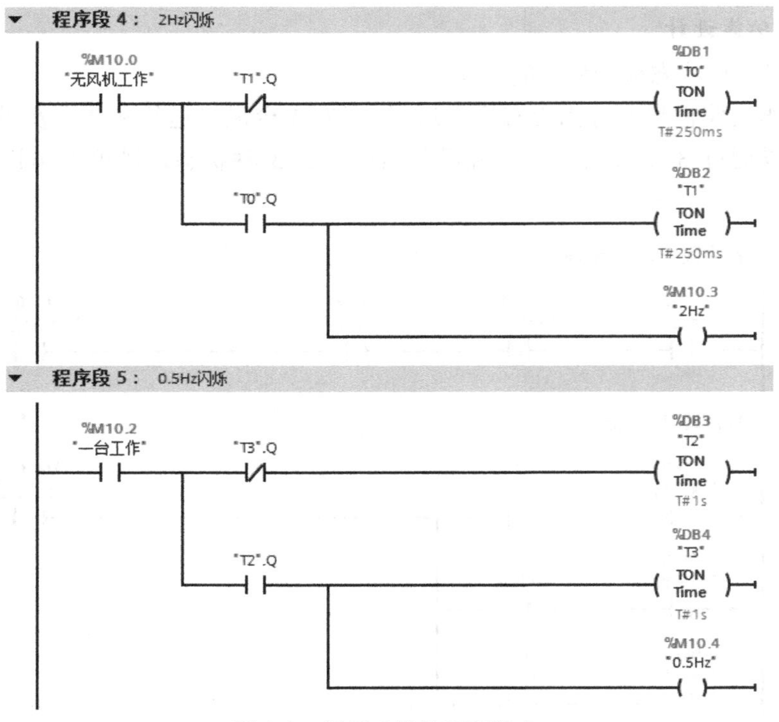

图 6-3 闪烁功能的实现程序

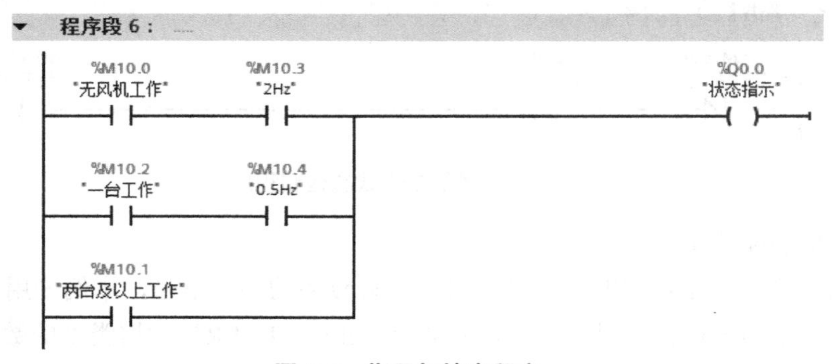

图 6-4 指示灯输出程序

6.3 液体混合搅拌器控制系统的设计与实现

1. PLC 选型及外部接线

(1) 控制要求

液体混合搅拌器如图 6-5 所示。上液位、下液位和中液位开关被液体淹没时状态为 ON，阀 A、阀 B 和阀 C 为电磁阀，线圈通电时阀门打开，线圈断电时阀门关闭。开始时容器是空的，各阀门均关闭，各限位开关状态均为 OFF。按下启动按钮后，阀 A 开启，液体 A 流入容器，中液位开关状态变为 ON 时，阀 A 关闭；阀 B 开启，液体 B 流入容器，当液面到达上液位开关时，关闭阀 B；这时电机 M 开始运行，带动搅拌器搅动液体，60s 后混合均匀，电机停止；打开阀 C，放出混合液，当液面下降至下液位开关之后延时 5s，容器放空后，关闭阀 C，如此循环运行。当按下停止按钮，在当前工作周期结束后，系统停止工作。

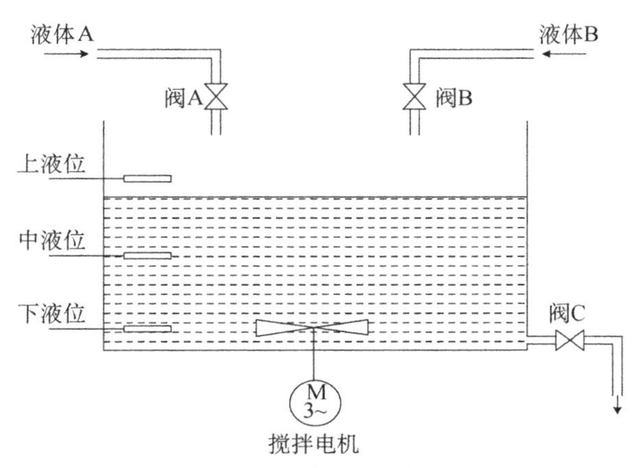

图 6-5　液体混合搅拌器

（2）分配 I/O 地址

根据控制要求，控制系统的输入有上、中、下液位传感器 3 个输入点，搅拌器启动按钮及搅拌器停止按钮共 5 个输入点，输出有阀 A、阀 B 和阀 C 3 个电磁阀线圈及驱动电机搅拌的交流接触器线圈共 4 个负载。本例采用西门子公司的 S7-1200 系列 CPU 1212C AC/DC/Rly 型号。该模块输入电源为交流 85～264V，提供 8 点数字量输入，6 点数字量输出。I/O 地址可采用系统自动分配方式，也可自行在 PLC 的“常规”属性中修改“I/O 地址”。本例采用模块自动分配的 I/O 地址（即起始地址为 0），则模块上的输入端子对应的输入地址为 I0.0～I0.7，输出端子对应的输出地址为 Q0.0～Q0.5，可以满足系统控制要求且具有一定的裕量。PLC 的 I/O 点的地址分配见表 6-2。

表 6-2　PLC 的 I/O 点的地址分配

PLC 的 I/O 点地址	连接的外部设备	在控制系统中的作用
I0.0	SQ1	上液位测量
I0.1	SQ2	中液位测量
I0.2	SQ3	下液位测量
I0.3	SB1	系统启动命令
I0.4	SB2	系统停止命令
Q0.0	YV1	控制阀 A
Q0.1	YV2	控制阀 B
Q0.2	YV3	控制阀 C
Q0.3	KM	控制电动机 M

（3）PLC 外部接线

液体混合搅拌器的 PLC I/O 外部接线如图 6-6 所示。

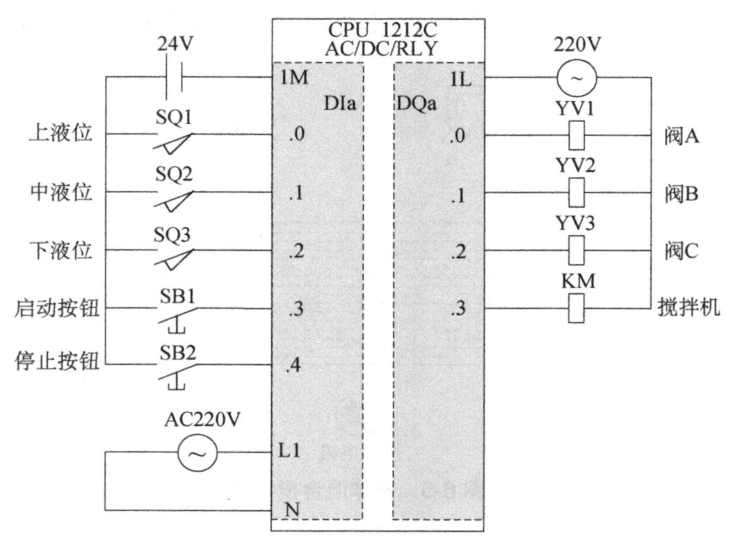

图 6-6　液体混合搅拌器的 PLC I/O 外部接线

2．控制功能的实现

在设计程序时需要注意的是当按下停止按钮 SB2 时，系统要把一个周期的动作完成后停止在初始状态，如何让系统记住曾经按下停止按钮这个信号？我们采用的方法是增加一个中间继电接触器 M10.0（系统运行状态），由它记忆停止按钮按下和停止按钮没有按下这两种状态。液体混合搅拌系统梯形图如图 6-7 所示，其中“T0”定时器背景数据块为 DB1，“T1”定时器背景数据块为 DB2。

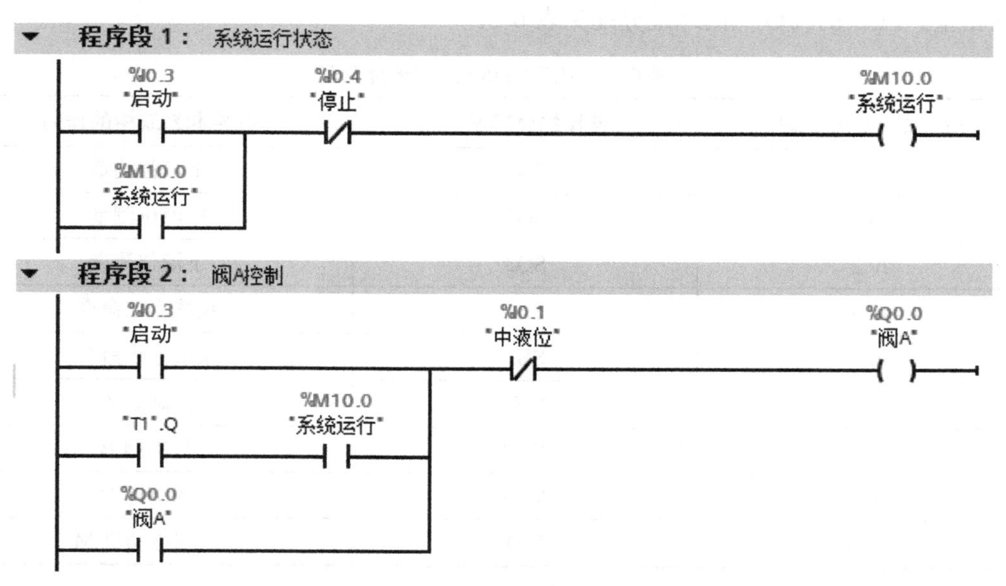

图 6-7　液体混合搅拌系统梯形图

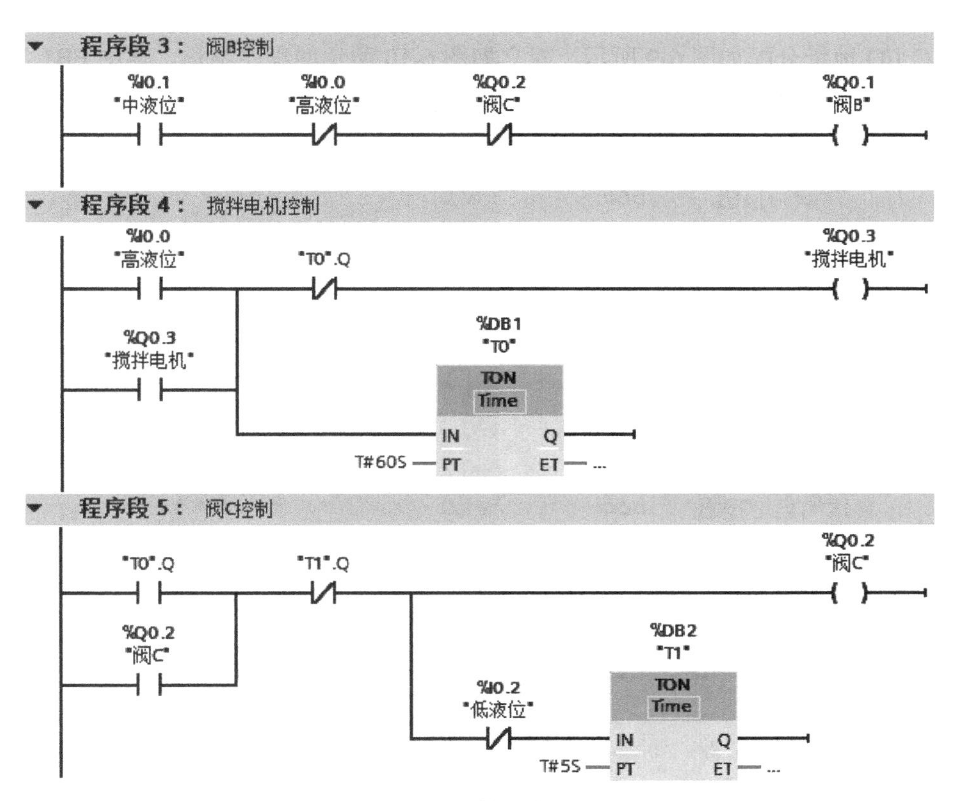

图 6-7 液体混合搅拌系统梯形图（续）

6.4 多台设备报警控制系统的设计与实现

1. 系统资源配置

某生产单元有 4 台加工机床，每台机床有缺料呼叫按钮、CNC 求援呼叫按钮和报警复位按钮操作台，所有报警信号提交车间广播系统。试编写系统控制程序以满足不同呼叫信息播放的触发。

生产单元主控制器选用 CPU 1215C DC/DC/DC，考虑生产现场已全部联网，设置 PLC IP 地址与其他生产单元连接在同一子网，IP 地址设置界面如图 6-8 所示。

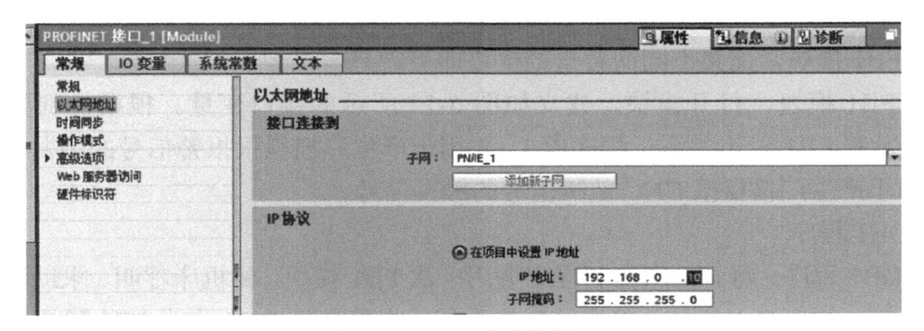

图 6-8 IP 地址设置界面

PLC I/O 地址分配如图 6-9 所示。建立如图 6-10 所示的程序结构，其中 FB1 为报警功能块，DB1～DB4 为 FB1 的背景数据块，DB5 为广播系统提供报警内容。

名称	数据类型	地址
1#缺料按钮	Bool	%I0.0
1#求援按钮	Bool	%I0.1
2#缺料按钮	Bool	%I0.2
2#求援按钮	Bool	%I0.3
3#缺料按钮	Bool	%I0.4
3#求援按钮	Bool	%I0.5
4#缺料按钮	Bool	%I0.6
4#求援按钮	Bool	%I0.7
信号复位按钮	Bool	%I1.0

图 6-9　PLC I/O 地址分配

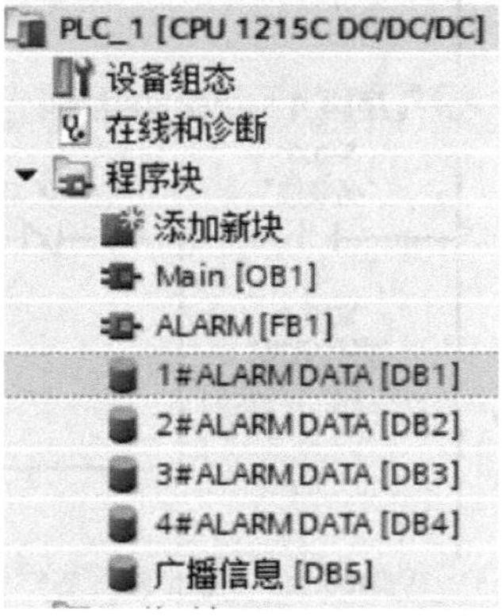

PLC_1 [CPU 1215C DC/DC/DC]
- 设备组态
- 在线和诊断
- 程序块
  - 添加新块
  - Main [OB1]
  - ALARM [FB1]
  - 1#ALARM DATA [DB1]
  - 2#ALARM DATA [DB2]
  - 3#ALARM DATA [DB3]
  - 4#ALARM DATA [DB4]
  - 广播信息 [DB5]

图 6-10　程序结构

DB5 数据块变量内容如图 6-11 所示。

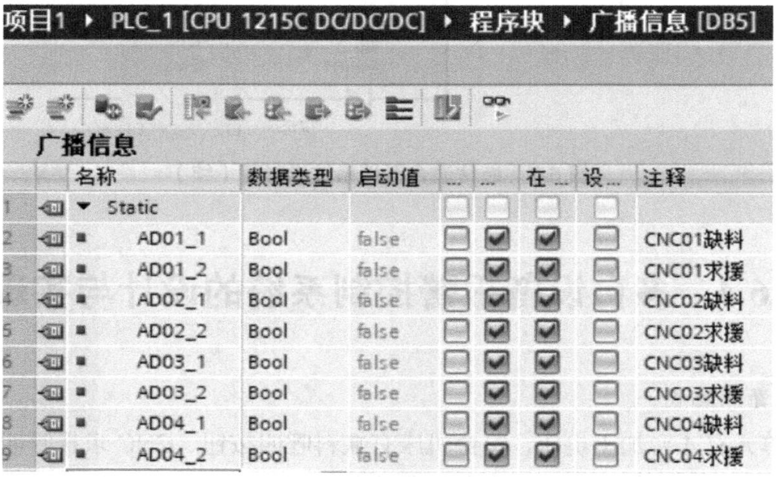

项目1 ▸ PLC_1 [CPU 1215C DC/DC/DC] ▸ 程序块 ▸ 广播信息 [DB5]

广播信息

	名称	数据类型	启动值	...	...	在 ...	设 ...	注释
1	▼ Static			☐	☐	☐	☐	
2	AD01_1	Bool	false	☐	☑	☑	☐	CNC01缺料
3	AD01_2	Bool	false	☐	☑	☑	☐	CNC01求援
4	AD02_1	Bool	false	☐	☑	☑	☐	CNC02缺料
5	AD02_2	Bool	false	☐	☑	☑	☐	CNC02求援
6	AD03_1	Bool	false	☐	☑	☑	☐	CNC03缺料
7	AD03_2	Bool	false	☐	☑	☑	☐	CNC03求援
8	AD04_1	Bool	false	☐	☑	☑	☐	CNC04缺料
9	AD04_2	Bool	false	☐	☑	☑	☐	CNC04求援

图 6-11　DB5 数据变量内容

2．程序实现

（1）FB1 程序

由于 4 台机床报警内容相同，因此建立 FB 模块，编写报警逻辑关系，每台机床控制程序调用 FB1 模块，配置不同的背景数据块即可。

新建 FB1 模块，打开模块，建立如图 6-12 所示的接口变量。根据控制要求编写如图 6-13 所示的 FB1 逻辑关系；程序段 1、2 用于产生广播播报报警信号的触发信号，程序段 3、4 用于产生广播播报 CNC 故障信号的触发信号。

（2）OB1 程序

编写 OB1 程序，每台机床控制程序调用一次 FB1 模块，将机床呼叫、求助和报警复位按钮信号作为 FB1 输入信号，将发给广播系统的报警变量 DB5 作为 FB1 输出变量，对应背景数据块分别设为 DB1、DB2、DB3 及 DB4，当广播系统获得从 0 到 1 的跳变信号则触发广播系统播报相应信号。OB1 程序如图 6-14 所示。

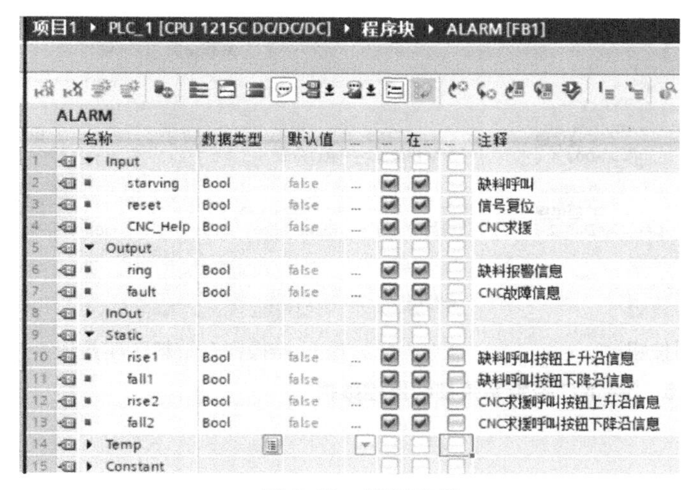

项目1 ▸ PLC_1 [CPU 1215C DC/DC/DC] ▸ 程序块 ▸ ALARM [FB1]

ALARM

	名称	数据类型	默认值	注释
1	▼ Input			
2	starving	Bool	false	缺料呼叫
3	reset	Bool	false	信号复位
4	CNC_Help	Bool	false	CNC求援
5	▼ Output			
6	ring	Bool	false	缺料报警信息
7	fault	Bool	false	CNC故障信息
8	▸ InOut			
9	▼ Static			
10	rise1	Bool	false	缺料呼叫按钮上升沿信息
11	fall1	Bool	false	缺料呼叫按钮下降沿信息
12	rise2	Bool	false	CNC求援呼叫按钮上升沿信息
13	fall2	Bool	false	CNC求援呼叫按钮下降沿信息
14	▸ Temp			
15	▸ Constant			

图 6-12 接口变量

程序段 1： 清除上一条缺料报警信息

#starving #ring
P R
#rise1
#reset

程序段 2： 播放当前缺料信息

#starving #ring
N S
#fall1

程序段 3： 清除上一条CNC故障信息

#CNC_Help #fault
P R
#rise2
#reset

程序段 4： 播放当前CNC故障信息

#CNC_Help #fault
N S
#fall2

图 6-13 FB1 逻辑关系

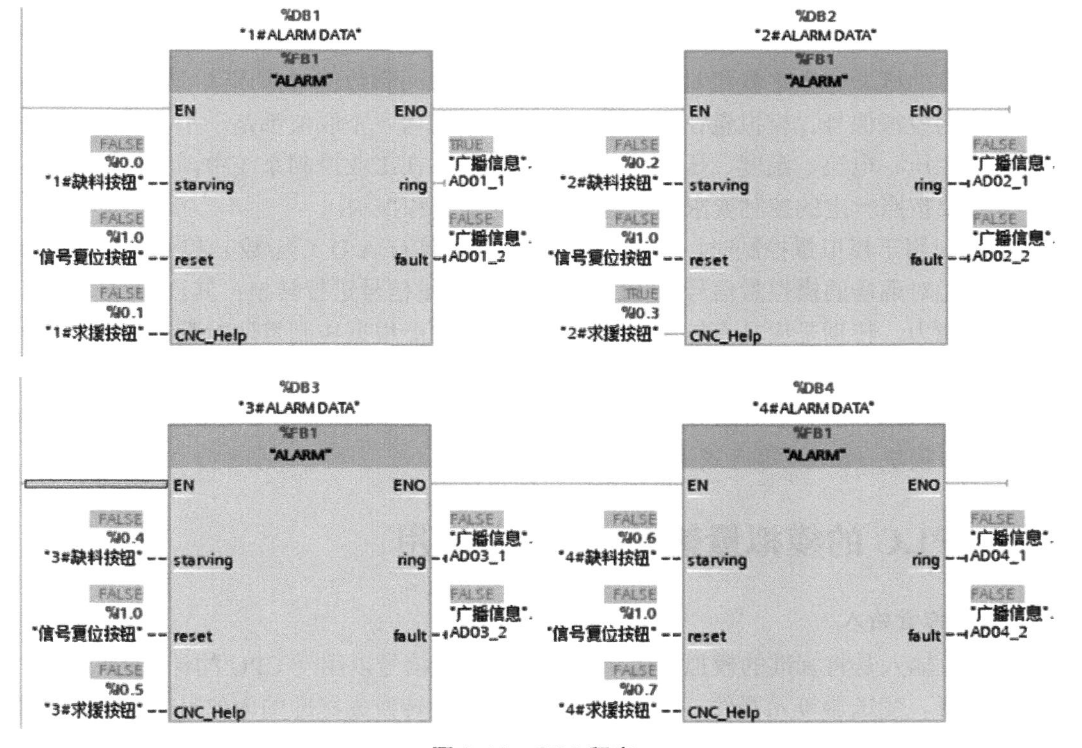

图 6-14 OB1 程序

3. 系统调试

广播系统通过以太网与车间网络连接，并通过 OPC 服务器获得 DB5 数据块信息，并触发相应的语音系统。3#CNC 报警系统在线监控数据如图 6-15 所示，当按下操作台缺料呼叫按钮，则清除 ADO3_1 上次呼叫内容，松开操作台缺料呼叫按钮，则置位 ADO3_1 变量，产生上升沿触发广播系统。

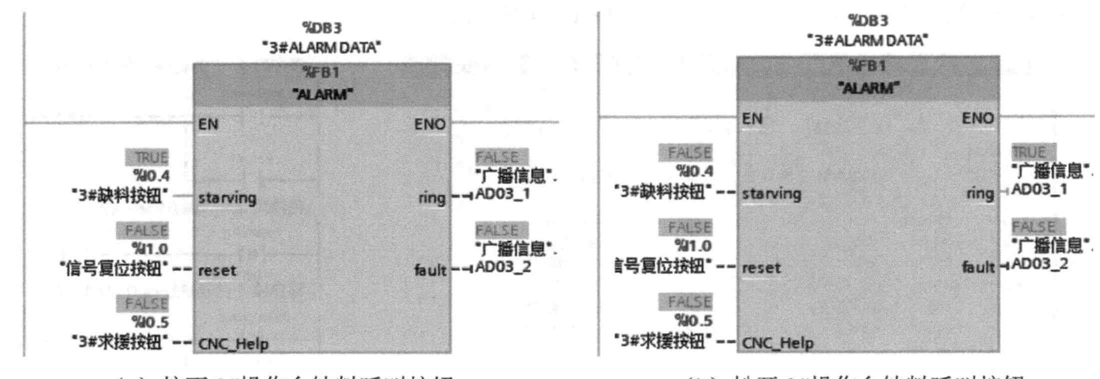

（a）按下 3#操作台缺料呼叫按钮　　（b）松开 3#操作台缺料呼叫按钮

图 6-15　3#CNC 报警系统在线监控数据

6.5　模拟量的应用示例

模拟量的概念与数字量相对应。模拟量是指在时间和数值上都连续的物理量，其表示的信号称为模拟信号。模拟量在连续的变化过程中任何一个取值都是一个具体有意义的物理量，如电压、电流、温度、压力、流量、液位等。在工业控制系统中，会经常遇到模拟量，并需要按照一定的控制要求实现对模拟量的采集和控制。

PLC 应用于模拟量控制时，首先要求 PLC 必须具有 A/D（模/数）和 D/A（数/模）转换功能，能对现场的模拟量信号与 PLC 内部的数字量信号进行转换；其次 PLC 必须具有数据处理能力，特别是应具有较强的算术运算功能，能根据控制算法对数据进行处理，以实现控制目的。

S7-1200 PLC 可通过 PLC 本体（内置的模拟量输入/输出接口）、模拟量信号板（SB）、模拟量信号模块（SM）等方式进行模拟量控制。

6.5.1　PLC 的模拟量输入（A/D）应用

1. 模拟量输入

模拟量输入是将标准的模拟量信号转换为数字量信号以用于 CPU 的计算。模拟量一般需用传感器、变送器等元器件，把工业现场的模拟量转换成标准的电信号，如标准电流信号为 0～20mA、4～20mA，标准电压信号为 0～10V、0～5V 或−10～+10V 等。

S7-1200 PLC 可以通过本体集成的模拟量输入点，或模拟量输入信号板、模拟量输入信号模块将外部模拟量标准信号传送至 PLC 中。

在 S7-1200 各型号 PLC 中，本体均内置了 2 个模拟量输入点，PLC 本体内置模拟量输入点参数见表 6-3。

表 6-3　PLC 本体内置模拟量输入点参数

<table>
<tr><th>PLC 型号</th><th>输入点数</th><th>类型</th><th>满量程范围</th><th>满量程范围（数据字）</th></tr>
<tr><td>CPU 1211C</td><td rowspan="5">2</td><td rowspan="5">电压</td><td rowspan="5">0～10 V</td><td rowspan="5">0～27648</td></tr>
<tr><td>CPU 1212C</td></tr>
<tr><td>CPU 1214C</td></tr>
<tr><td>CPU 1215C</td></tr>
<tr><td>CPU 1217C</td></tr>
</table>

模拟量输入信号板可直接插接到 SIMATIC S7-1200 CPU 中，CPU 的安装尺寸保持不变，所以更换使用方便。主要包括 SB 1231 AI 1×12 位 1 路模拟量输入板和 SB 1231 AI 1×16 位热电耦 1 路热电耦模拟量输入板，模拟量输入信号板参数见表 6-4。

表 6-4　模拟量输入信号板参数

型号	SB 1231 AI 1×12 位	SB 1231 AI 1×16 位热电耦
输入点数	1	1
类型	电压或电流	浮动 TC 和 mV
范围	±10 V、±5 V、±2.5 V 或（0～20mA）	配套热电耦
分辨率	11 位 + 符号位	温度：0.1° C/0.1° F 电压：15 位+符号
满量程范围（数据字）	−27648～27648	−27648～27648

模拟量输入信号模块安装在 CPU 右侧的相应插槽中，可提供多路模拟量输入/输出点数；模拟量输入可通过 SM 1231 模拟量输入模块或 SM 1234 模拟量输入/输出模块提供。模拟量输入模块参数见表 6-5。

表 6-5　模拟量输入模块参数

<table>
<tr><th>型号</th><th>SM1231 AI4×13 位</th><th>SM1231 AI8×13 位</th><th>SM 1231 AI 4×16 位</th><th>SM 1234 AI 4×13 位/AQ 2×14 位</th></tr>
<tr><td>输入点数</td><td>4</td><td>8</td><td>4</td><td>4</td></tr>
<tr><td>类型</td><td colspan="4">电压或电流（差动）</td></tr>
<tr><td>范围</td><td colspan="2">±10 V、 ±5 V、 ±2.5 V
0 ～20 mA 或 4～20 mA</td><td>±10 V、±5 V、±2.5V、±1.25 V
0～20 mA 或 4～20 mA</td><td>±10 V、 ±5 V、 ±2.5 V
0～20 mA 或 4～20 mA</td></tr>
<tr><td>满量程范围（数据字）</td><td colspan="4">电压：−27648～27648
电流：0～27648</td></tr>
</table>

模拟量经过 A/D 转换后的数字量，在 S7-1200 CPU 中以 16 位二进制补码表示，其中最高位（第 15 位）为符号位。如果一个模拟量模块精度小于 16 位，则模拟转换的数值将左移到最高位后，再保存到模块中。例如，某一模块分辨率为 13 位（符号位+12 位），则低三位被置零，即所有数值都是 8 的倍数。

西门子 PLC 模拟量转换的二进制数值：单极性输入信号时（如 0～10V 或 4～20mA），对应的正常数值范围为 0～27648（16#0000～16#6C00）；双极性输入信号时（如−10～10V），对应的正常数值范围为−27648～27648。在正常量程区以外，设置过冲区和溢出区，当检测值溢出时，可启动诊断中断。模拟量输入的电压测量范围（CPU）见表 6-6，给出 0～10V 模拟量输入模块的转换值与模拟量之间的对应关系。

表 6-6　模拟量输入的电压测量范围（CPU）

系　统		电压测量范围	
十进制	十六进制	0～10V	
32767	7FFF	11.852V	上溢
32512	7F00	＞11.759V	
32511	7EFF	（10～11.759］V	过冲范围
27649	6C01		
27648	6C00	10V	额定范围
20736	5100	7.5V	
34	22	12mV	
0	0	0V	

2．应用示例

（1）控制要求

采用 S7-1200 CPU 1215C 内置的模拟量输入点，通过对外部 0～10V 模拟量进行监测，并实现以下功能。

通过滑动变阻器 R，调节模拟量输入值，并通过 5 盏指示灯组合状态显示输入值的范围：当模拟量输入值≥1V 时，HL1（Q0.1）点亮；当模拟量输入值≥3V 时，HL1、HL2（Q0.1、Q0.2）点亮；当模拟量输入值≥5V 时，HL1～HL3（Q0.1、Q0.2、Q0.3）点亮；当模拟量输入值≥7V 时，HL1～HL4（Q0.1、Q0.2、Q0.3、Q0.4）点亮；当模拟量输入值≥9V 时，5 盏灯（Q0.1、Q0.2、Q0.3、Q0.4、Q0.5）全部点亮。

（2）PLC 外部接线图

根据控制要求，PLC 接线图如图 6-16 所示。

（3）程序的实现

① 新建项目及硬件组态。打开 TIA Portal 软件，新建一个项目，并添加控制器 CPU 1215C DC/DC/DC，硬件组态如图 6-17 所示。

打开 PLC_1 设备视图，并单击右侧“设备视图”箭头，展开“设备概览”界面，可以看到自动分配的模拟量输入通道的地址，模拟量输入通道地址分配如图 6-18 所示。两路模拟量输入地址分别为 IW64（通道 0）和 IW66（通道 1），模拟量输入电压值为 0～10V，对应数字量为 0～27648。

② 编写程序并调试运行。直接在 Main（OB1）块中编写程序。完成后，将程序下载到 PLC 中，进行在线调试。PLC 的模拟量输入程序如图 6-19 所示。

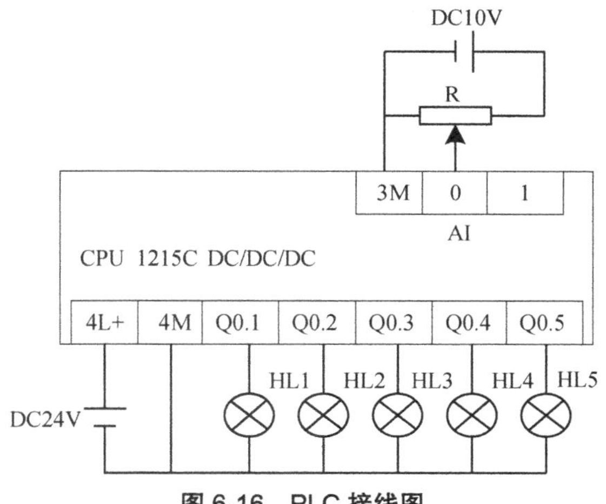

图 6-16　PLC 接线图

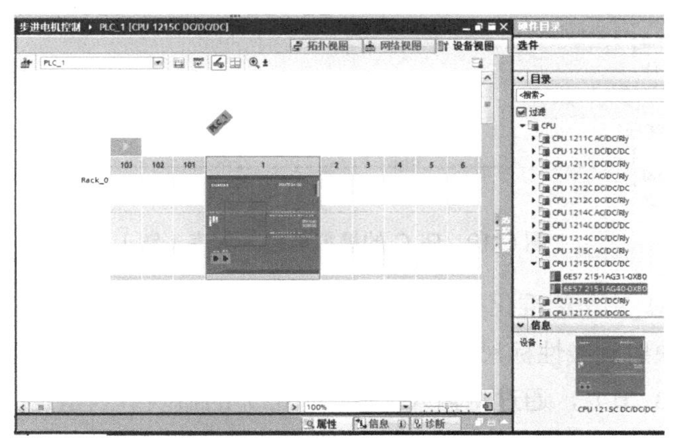

图 6-17　硬件组态

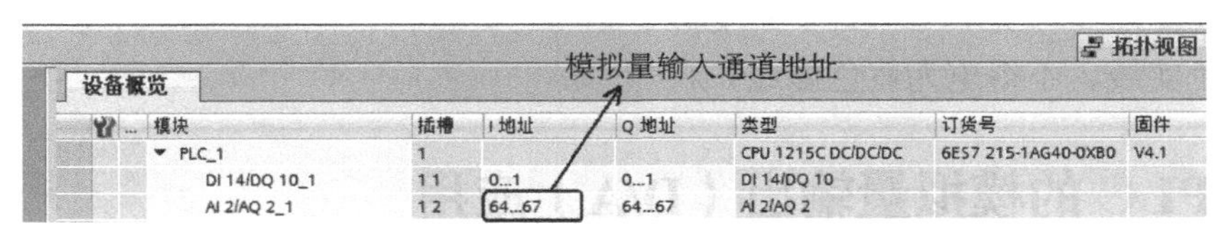

模块	插槽	I 地址	Q 地址	类型	订货号	固件
PLC_1	1			CPU 1215C DC/DC/DC	6ES7 215-1AG40-0XB0	V4.1
DI 14/DQ 10_1	1 1	0...1	0...1	DI 14/DQ 10		
AI 2/AQ 2_1	1 2	64...67	64...67	AI 2/AQ 2		

图 6-18　模拟量输入通道地址分配

图 6-19　PLC 的模拟量输入程序

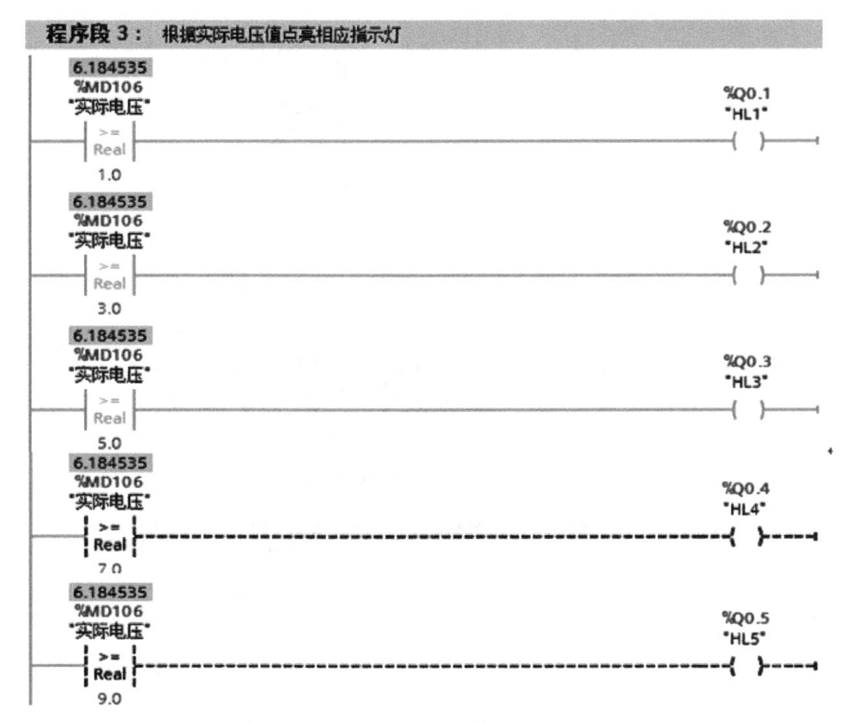

图 6-19　PLC 的模拟量输入程序（续）

程序中，NORM_X 是标准化指令（具体用法参见第 5.1.3 节），通过将输入（%MW100）的值（0～27648）映射到线性标尺（0～1）对其进行标准化处理；SCALE_X 是缩放指令（具体用法参见第 5.1.3 节），通过将输入（%MD102）的值映射到指定的（0～10V）范围对其进行电压转换与显示。从在线监控数据可见，当前模拟量输入电压为 6.184535V，该值大于 5V 但小于 7V，根据设计要求，Q0.1、Q0.2、Q0.3 灯亮（程序段 3 中，线圈输出状态得电为绿色实线、不得电为蓝色虚线）。

6.5.2　PLC 的模拟量输出（D/A）应用

1．模拟量输出

模拟量输出模块是把数字量转换成模拟量输出的 PLC 工作单元，简称 DA（数模转换）单元或 DA 模块。

S7-1200 PLC 将 16 位的数字量线性转换为标准的电压或电流信号，S7-1200 PLC 可以通过本体集成的模拟量输出点，或模拟量输出信号板、模拟量输出模块将 PLC 内部数字量转换为模拟量输出以驱动各执行机构。

在 S7-1200 各型号 PLC 中，CPU 1211C、CPU 1212C、CPU 1214C 本体没有内置模拟量输出；CPU 1215C 、CPU 1217C 内置了 2 路模拟量输出，PLC 本体内置模拟量输出参数见表 6-7。

表 6-7　PLC 本体内置模拟量输出参数

PLC 型号	输出点数	类型	满量程范围	满量程范围（数据字）
CPU 1215C	2	电流	0～20mA	0～27648
CPU 1217C				

模拟量输出信号板可直接插接到 SIMATIC S7-1200 CPU 中，CPU 的安装尺寸保持不变，所以更换方便。模拟量输出板型号为 SB 1232 AQ 1×12 位，模拟量输出信号板参数见表 6-8。

表 6-8　模拟量输出信号板参数

型号	SB 1232 AQ 1 × 12 位
输出点数	1
类型	电压或电流
范围	±10 V 或 0～20 mA
分辨率	电压：12 位；　电流：11 位
满量程范围（数据字）	电压：−27648～27648 电流：0～27648

模拟量输出模块安装在 CPU 右侧的相应插槽中，可提供多路模拟量输出。模拟量输出可通过 SM 1232 模拟量输出模块或 SM 1234 模拟量输入/输出模块提供。模拟量输出模块参数见表 6-9。

表 6-9　模拟量输出模块参数

型号	SM1232 AQ 2×14 位	SM1232 AQ 4×14 位	SM 1234 AI 4×13 位/AQ 2×14 位
输出点数	2	4	2
类型	电压或电流		
范围	±10 V、0～20 mA 或 4～20 mA		±10 V 或 0～20 mA
满量程范围（数据字）	电压：−27648～27648 电流：0～27648		

2．应用示例

（1）控制要求

采用 S7-1200 CPU 1215C 内置的模拟量输出功能，通过模拟量输出端子输出周期为 10s、幅值为 10V 的三角波，三角波波形如图 6-20 所示。

（2）PLC 外部接线图

根据控制要求，需要输出电压信号，而 CPU 1215C 内置的 2 路模拟量输出均为 0～20mA 电流输出，所以输出时需要外接一个 500Ω 的电阻，转换为 0～10V 的电压信号；在 500Ω

的电阻两端并联接入一块电压表，输出时可以看到表针在 0～10V 量程间左右匀速摆动。PLC 接线图如图 6-21 所示。

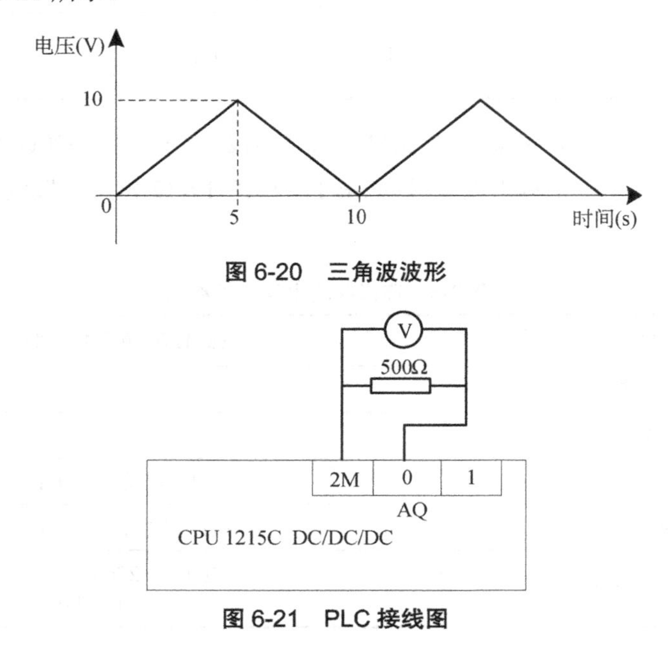

图 6-20 三角波波形

图 6-21 PLC 接线图

（3）程序的实现

① 新建项目及硬件组态。打开 TIA Portal 软件，新建一个项目，并添加控制器 CPU 1215C DC/DC/DC。完成后，打开 PLC_1 设备视图，并点击右侧“设备视图”箭头，展开“设备概览”界面，模拟量输出通道地址分配如图 6-22 所示，可以看到自动分配的模拟量输出通道的地址，两路模拟量输出地址分别为 QW64（通道 0）和 QW66（通道 1）。数字量为 0～27648 线性对应模拟量电流 0～20mA 的输出。

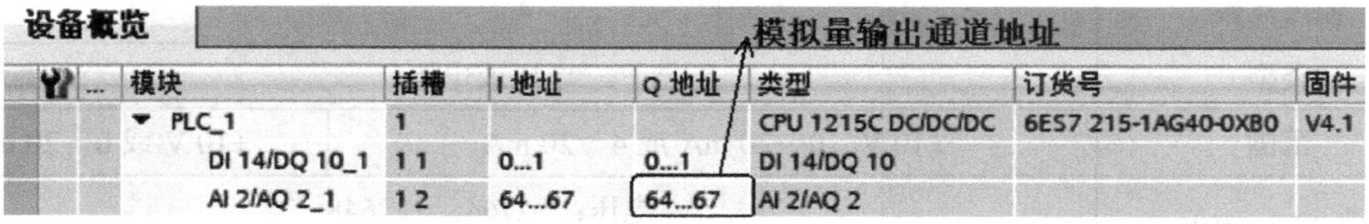

设备概览　　模拟量输出通道地址

模块	插槽	I 地址	Q 地址	类型	订货号	固件
▼ PLC_1	1			CPU 1215C DC/DC/DC	6ES7 215-1AG40-0XB0	V4.1
DI 14/DQ 10_1	1 1	0...1	0...1	DI 14/DQ 10		
AI 2/AQ 2_1	1 2	64...67	64...67	AI 2/AQ 2		

图 6-22 模拟量输出通道地址分配

② OB1 程序编写。0～10V 的电压输出，对应数值范围为 0～27648；则输出电压值 Vi 和数字量 Di 的对应关系为：Vi =（Di/27648）×10。

要连续产生周期为 10s 的三角波信号，一是需要设计一个 10s 的周期脉冲信号，可通过定时器实现；二是计算各个时间点对应的输出电压，0～5s 时，信号从 0V 匀速上升到 10V，对应 PLC 内部数值 Di 为 0～27648，计算公式 Di= Ti×27648/5；5～10s 时，信号从 10V 匀速下降到 0V，对应 PLC 内部数值 Di 为 27648～0，计算公式 Di= 27648−（Ti−5）×27648/5；程序编写时，需要注意变量数据类型的转换和匹配。

程序编写完成后，将程序下载到 PLC 中。PLC 的模拟量输出程序如图 6-23 所示。

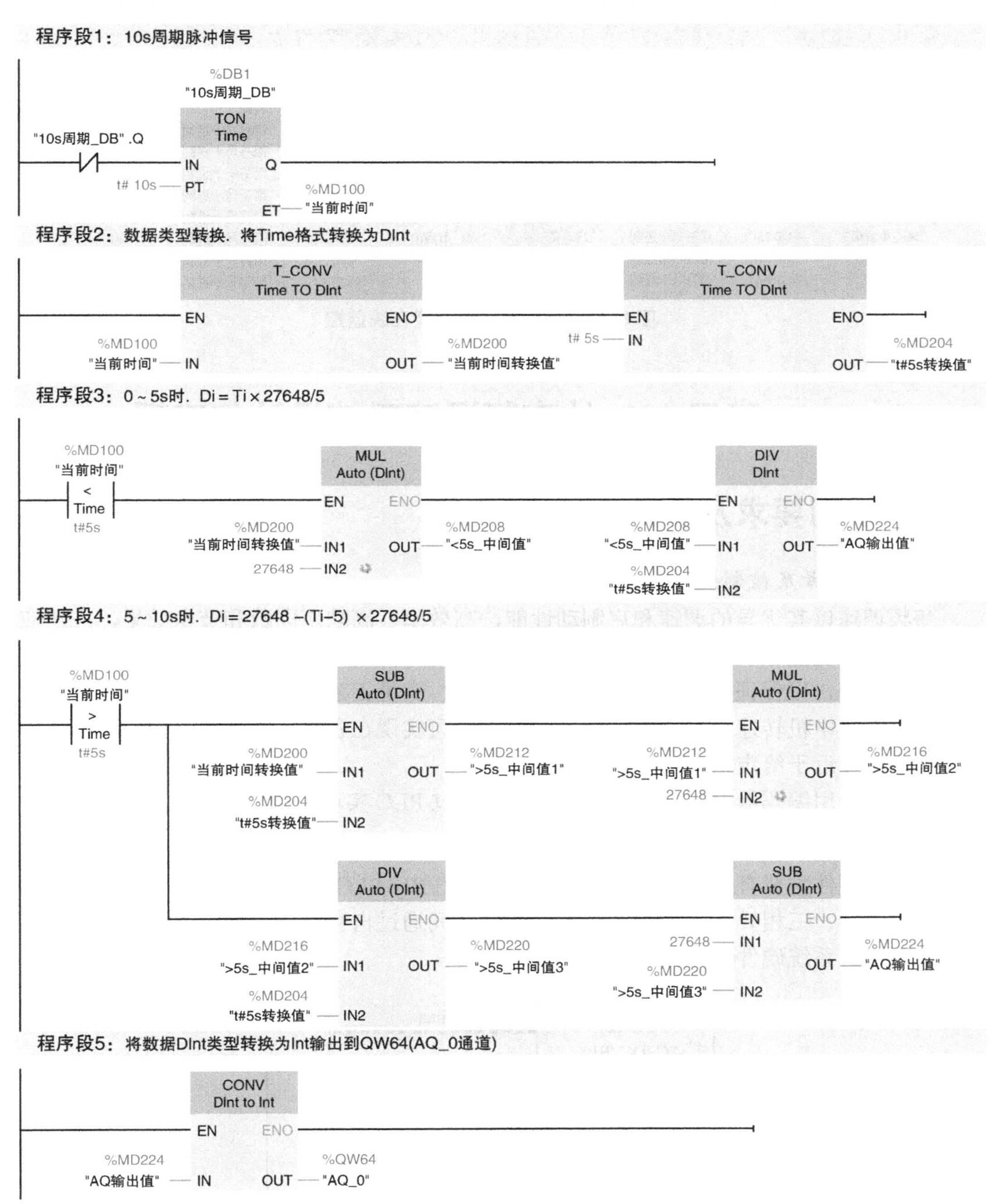

图 6-23　PLC 的模拟量输出程序

③ 在线监控。建立变量表并进行变量在线监控，模拟量输出变量在线监控如图 6-24 所示。图 6-24 左部分为程序运行在输出时间 0～5s 的一组变量值，右部分为程序运行在输出时间 5～10s 的一组变量值。读者可根据梯形图自行分析和计算变量结果。

…出示例 ▸ PLC_1 [CPU 1215C DC/DC/DC] ▸ 监控与强制表

名称	地址	显示格式	监视值
	%Q0.0	布尔型	FALSE
"当前时间"	%MD100	时间	T#3S_580MS
"当前时间转换...	%MD200	带符号十进制	3580
"t#5s转换值"	%MD204	带符号十进制	5000
"<5s_中间值"	%MD208	带符号十进制	98979840
">5s_中间值1"	%MD212	带符号十进制	4999
">5s_中间值2"	%MD216	带符号十进制	138212352
">5s_中间值3"	%MD220	带符号十进制	27642
"AQ输出值"	%MD224	带符号十进制	19795
"AQ_0"	%QW64	带符号十进制	19795

…示例 ▸ PLC_1 [CPU 1215C DC/DC/DC] ▸ 监控与强制表

名称	地址	显示格式	监视值
	%Q0.0	布尔型	FALSE
"当前时间"	%MD100	时间	T#8S_45MS
"当前时间转换...	%MD200	带符号十进制	8045
"t#5s转换值"	%MD204	带符号十进制	5000
"<5s_中间值"	%MD208	带符号十进制	138212352
">5s_中间值1"	%MD212	带符号十进制	3045
">5s_中间值2"	%MD216	带符号十进制	84188160
">5s_中间值3"	%MD220	带符号十进制	16837
"AQ输出值"	%MD224	带符号十进制	10811
"AQ_0"	%QW64	带符号十进制	10811

图 6-24　模拟量输出变量在线监控

6.6　基于 PID 的变频调速系统设计与实现

6.6.1　控制要求及硬件系统

1．项目背景及控制要求

变频调速以其优异的调速和启制动性能，高效率、高功率因数和节电效果，广泛应用于异步电动机调速系统和风机泵类负载的节能改造项目中。在一些企业生产中，往往还需要稳定的转速，以保证产品质量、提高生产效率、满足工艺要求，为达到负载所需的稳定转速，需要对电机转速进行恒速控制，PID 控制可实现在各种干扰作用下，使电机转速迅速而准确地接近于给定值。

本项目采用编码器检测电机实时转速，并通过 PLC 实现变频器的闭环恒速运行。

2．硬件系统

系统的硬件主要有：西门子 CPU 1214 AC/DC/Rly PLC、G120 变频器、施耐德增量型线驱动编码器、三相异步电机，PLC 与变频器之间通过自身的以太网口及通信线连接，实现互连互通。系统硬件结构如图 6-25 所示。

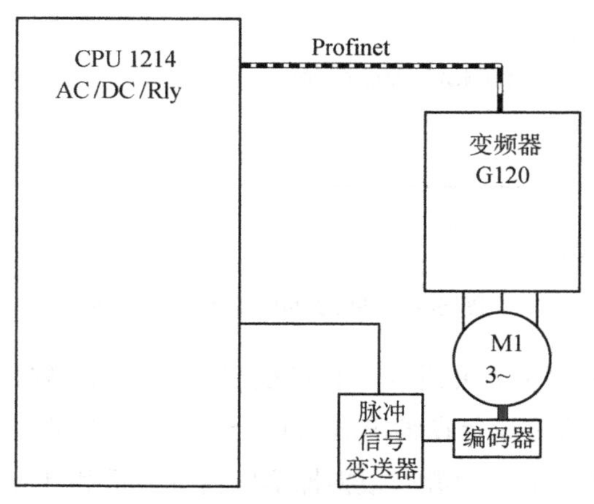

图 6-25　系统硬件结构

（1）G120 变频器

西门子 G120 是一个模块化的变频器，主要包括两部分：控制单元（CU）和功率模块（PM），功率模块支持的功率范围为 0.37～250kW。变频器的主要参数设置如下（可通过 BOP 板手动设置，也可在 TIA Portal 中通过 Startdrive 功能设置）：

P1300=0　　采用线性特性曲线的 V/f 控制；
P100=0　　IEC 电机（50 Hz，英制单位）；
P304=220　　电机额定电压；
P305=3.52　　电机额定电流；
P307=0.75　　电机额定功率；
P311=1410　　电机额定转速；
P1080=0　　电机的最低转速；
P1120=2　　电机的加速时间；
P1121=2　　电机的减速时间；
P15=7　　现场总线控制。

G120 周期性数据通信报文有效数据区域由两部分构成，即 PKW 区（参数识别值）和 PZD 区（过程数据）。PKW 用于读写参数值，用于读写变频器中的某个参数；PZD 是为控制和监测变频器而设计的，如果要控制变频器启停、设定频率等参数则需要用到 PZD，过程数据一直被传输，具有最高的优先级和最短的间隙，其数据根据传送方向不同而不同：当数据由主站传向变频器时，PZD 区由控制字 STW 和频率设定值 HSW 构成；当数据由变频器传向主站时，PZD 区由返回变频器的状态字 ZSW 和实际速度值 HIW 构成。

过程数据包括控制字（状态信息）和设定值（实际值），必须要将控制字的第 10 位置 1，选择由 PLC 控制变频器，这些过程数据才会传递到变频器。通过设置参数 P0922 可以选择不同的报文类型，例如，P0922=1（标准报文 1，2PZD）、P0922=353（标准报文 354，4PKW，6PZD）等。

控制字含义说明（STW）见表 6-10。

表 6-10　控制字含义说明（STW）

Bit7	Bit6	Bit5	Bit4	Bit3	Bit2	Bit1	Bit0
故障确认	设定值使能	斜坡发生器激活	斜坡发生器使能	脉冲使能	紧急停车（OFF3）	自由停车（OFF2）	ON/OFF1
Bit15	Bit14	Bit13	Bit12	Bit11	Bit10	Bit9	Bit8
—	电位计降速	电位计升速	—	设定值反向	PLC 控制	点动向左	点动向右

例如，QW=16#047E，表示运行准备和停止；QW=16#047F，表示正转启动；QW=16#0C7F，表示反转启动；QW=16#04FE，表示故障确认。

状态字含义说明（ZSW）见表 6-11。

表 6-11　状态字含义说明（ZSW）

Bit7	Bit6	Bit5	Bit4	Bit3	Bit2	Bit1	Bit0
驱动警告激活	激活禁止合闸状态	OFF3 激活	OFF2 激活	发生故障	操作已经使能	操作准备就绪	运行准备就绪
Bit15	Bit14	Bit13	Bit12	Bit11	Bit10	Bit9	Bit8
变频器过载	电机顺时针运行	电机过载	电机抱闸激活	电机达到电流/转矩的限定	达到最大频率	PZD 控制	设定值/实际值偏差

本例中，PLC 与变频器采用标准报文 1 方式进行通信控制；实际控制时，PLC 采用控制字和速度字通过变频器控制电机的转向和转速，如输入控制字为 16#047F（正转）、速度字为 27648（速度字 0～27648 对应变频器频率 0～50Hz），则电动机启动且正向运行，转速为 50Hz 对应的转速（如 4 极电机，则转速接近为 1500rpm）。

（2）编码器

项目采用的电机是变频调速三相异步电机，所配编码器为增量型编码器，该编码器为线驱动输出型光电编码器（分辨率为 1000，即每转产生 1000 个脉冲），电源电压为 5V。考虑 S7-1200 PLC 为高速计数脉冲提供的电压是 24V，而电机编码器提供的电压为 5V，无法直接相连，因此需在中间环节增加脉冲电位转换模块。PLC 与编码器之间转换电路连接图如图 6-26 所示。

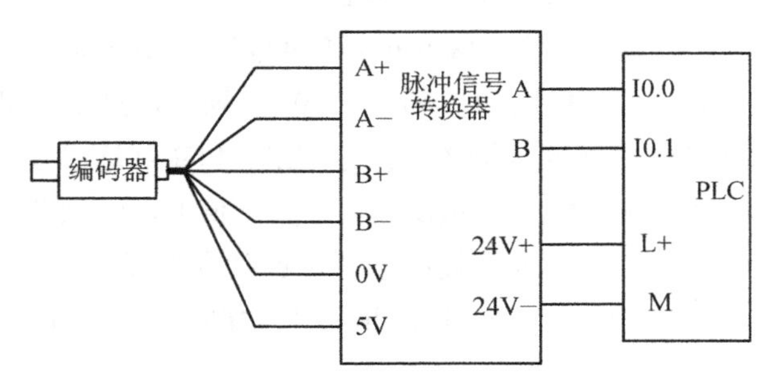

图 6-26　PLC 与编码器之间转换电路连接图

6.6.2　系统硬件组态与参数设置

1．PLC 组态与参数设置

（1）新建项目

插入 CPU，CPU 的型号为 CPU 1214C AC/DC/Rly，订货号为 6ES7 214-1BG40-0XB0，控制器型号如图 6-27 所示。

（2）IP 地址设置

进入 CPU 属性→“PROFINET 接口[X1]”→“以太网地址”，将 CPU 的 IP 地址设置为“192.168.0.1”。CPU 的 IP 地址设置如图 6-28 所示。

（3）高速计数器（HSC）参数设置

进入 CPU 属性→“高速计数器（HSC）”→“HSC1”。选择“启用该高速计数器”复选框，设置 HSC1 通道功能，“计数类型”为“频率”，“工作模式”为“A/B 计数器”，“初始计数方向”为“增计数”，“频率测量周期”为“1.0”，HSC1 功能设置界面如图 6-29 所示。

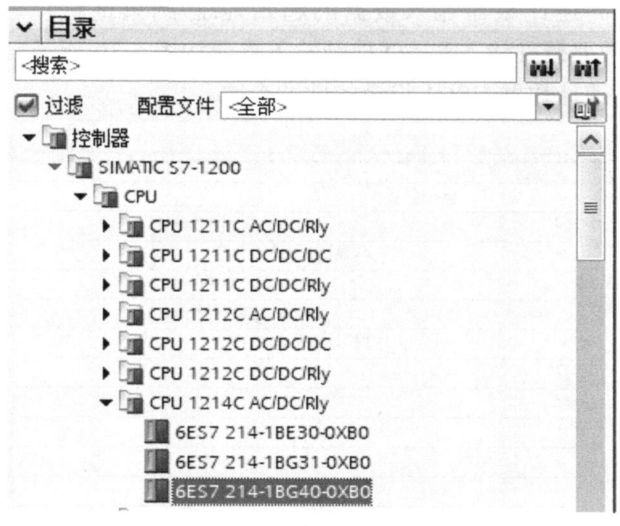

图 6-27　控制器型号

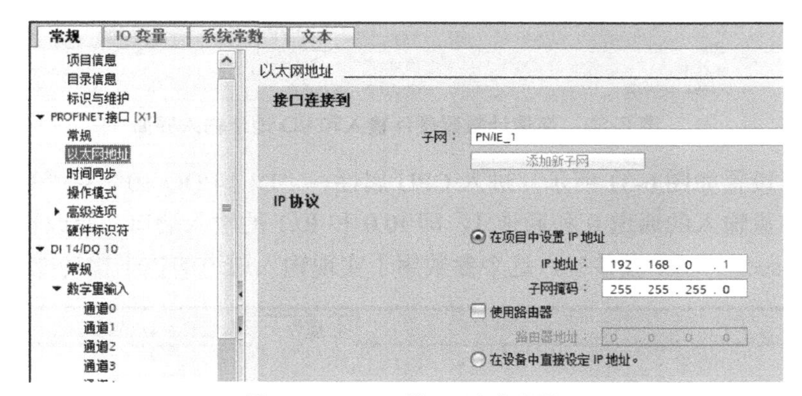

图 6-28　CPU 的 IP 地址设置

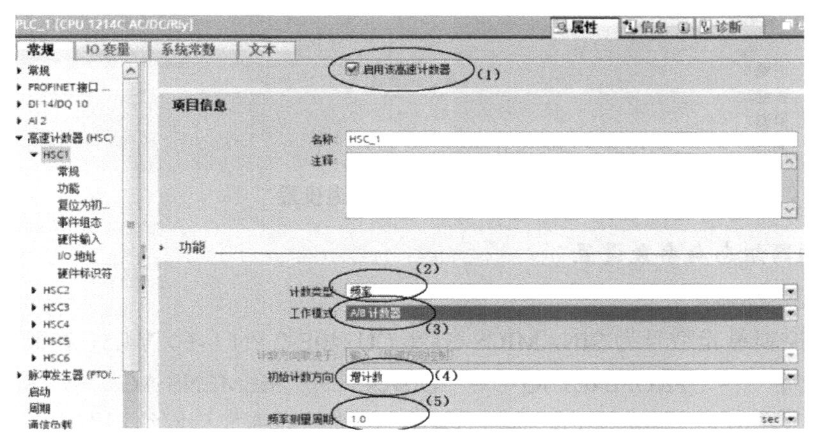

图 6-29　HSC1 功能设置界面

设置完毕后，进入 HSC1 的“硬件输入”选项，系统会默认时钟发生器 A/B 的输入点分别为 I0.0 和 I0.1，可以采用系统默认值，也可以自定义地址；同理进入 HSC1 的“I/O 地址”选项，可设置高速计数器输入数据的起始地址/结束地址，也可选择系统默认的 1000/1003，高速计数器硬件输入和 I/O 地址输入界面如图 6-30 所示。本例采用默认值，即 ID1000 为 1s 时间高速计数器 HSC1 记录的脉冲个数。

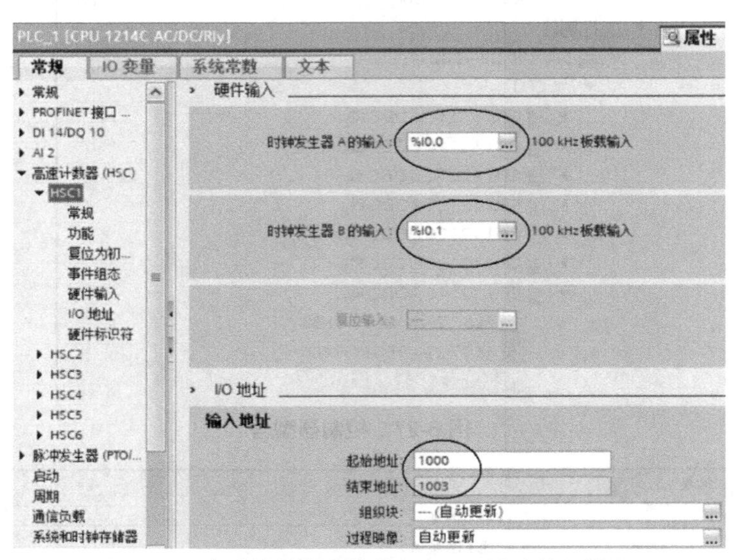

图 6-30　高速计数器硬件输入和 I/O 地址输入界面

输入通道设置如图 6-31 所示，进入 CPU 属性→“DI 14/DQ 10”→“数字量输入”，分别设置数字量输入的通道 0 和通道 1，即 I0.0 和 I0.1 的输入端口，修改输入滤波器参数为“0.1 microsec”（0.1 微秒），这个参数用于实现输入通道的抗干扰功能。

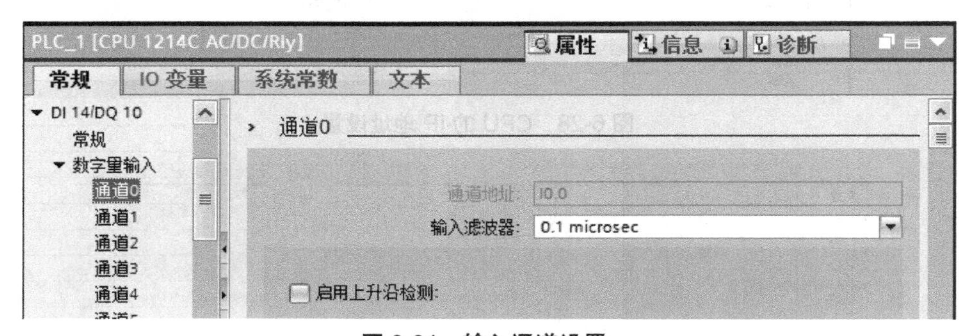

图 6-31　输入通道设置

2．变频器组态与参数设置

（1）组态变频器

变频器控制单元型号为 SINAMICS G120 CU240E-2 PN（-F）V4.5，在硬件目录下选择“其他现场设备”→“PROFINET IO”→“Drives”→“SIEMENS AG”→“SINAMICS”→“SINAMICS G120 CU240E-2 PN（-F）V4.5”，选择后拖放到网络视图中，变频器型号选择如图 6-32 所示。

图 6-32　变频器型号选择

（2）变频器参数设置

在网络视图中，双击变频器图标，打开变频器设备视图，单击“属性”→“常规”选项卡，设置变频器 IP 地址为“192.168.0.2”，变频器参数设置如图 6-33 所示。

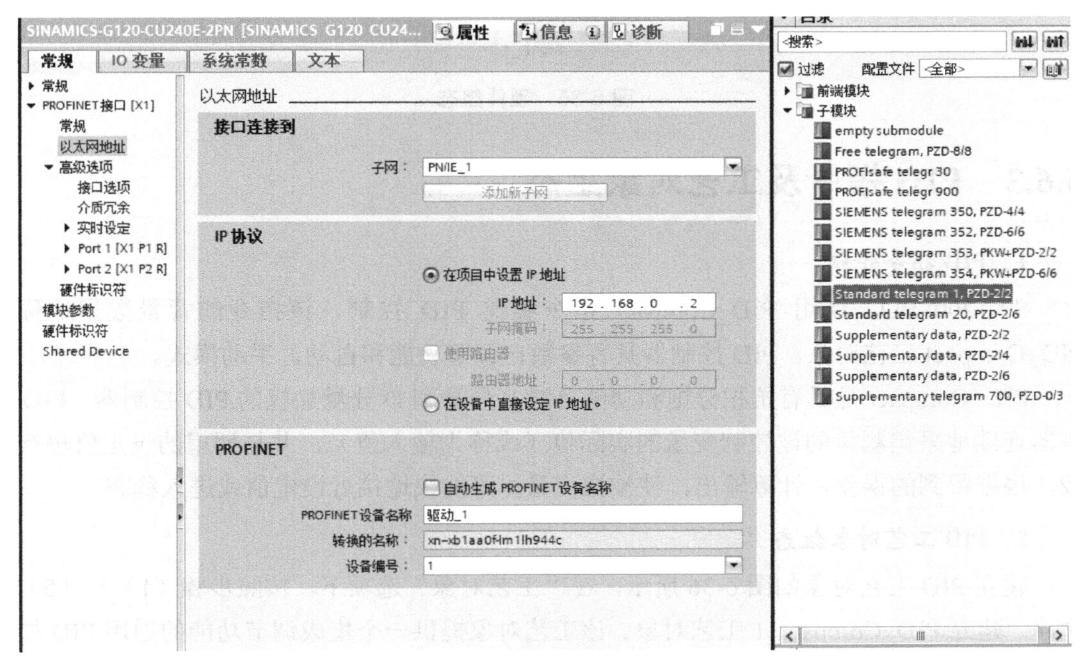

图 6-33　变频器参数设置

单击变频器设备视图右侧的向左箭头，打开“设备概览”界面；然后从左侧的子模块中，选择“标准报文 1，PZD-2/2”，即 Standard telegram 1, PZD-2/2，添加到变频器插槽中，子模块属性如图 6-34 所示。

...4C AC/DC/Rly] ▸ 分布式 I/O ▸ PROFINET IO-System (100): PN/IE_1 ▸ SINAMICS-G120-CU240E-2PN

拓扑视图 | 网络视图 | 设备视图

设备概览

模块	...	机架	插槽	I 地址	Q 地址	类型	订货号
▾ SINAMICS-G120-CU240E-2PN		0	0			SINAMICS G120 CU...	6SL3 244-0BB1x-1FAx
▾ PN-IO		0	0 X150			SINAMICS-G120-CU...	
端口1		0	0 X15...			端口1	
端口2		0	0 X15...			端口2	
▾ 驱动_1		0	1			驱动	
模块访问点		0	1 1			模块访问点	
		0	1 2				
标准报文1, PZD-2/2		0	1 3	68...71	68...71	标准报文1, PZD-2/2	

图 6-34　子模块属性

3．系统硬件组态

硬件组态如图 6-35 所示，将 PLC 与变频器用 PROFINET 网络连接起来，硬件组态完成。网络连接后，本例中可看到，其输入/输出地址默认为 IW68（状态字）、IW70（实际速度）、QW68（控制字）、QW70（速度字）。

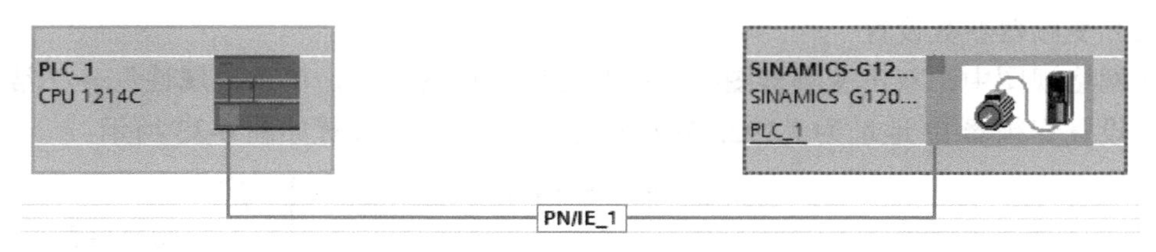

图 6-35　硬件组态

6.6.3　PID 指令及工艺对象组态

1．PID 指令介绍

S7-1200 PLC 使用 PID_Compact 指令实现 PID 控制，该指令的背景数据块称为 PID_Compact 工艺对象。PID 控制器具有参数自调节功能和自动、手动模式。

PID_Compact 是具有抗积分饱和功能且对 P 分量和 D 分量加权的 PID 控制器。PID 控制器连续地采集测量的被控制变量的实际值（或称为输入值），并与期望的设定值进行比较，根据得到的误差，计算输出，使被控变量尽可能快地接近设定值或进入稳态。

2．PID 工艺对象组态

建立 PID 工艺对象如图 6-36 所示，在“工艺对象”选项下，按照步骤（1）～（5）的顺序，建立 PID_Compact_1 工艺对象。该工艺对象提供一个集成调节功能的通用 PID 控制器，它相当于 PID_Compact 指令的背景数据块，调用 PID_Compact 指令时必须传送该数据块；PID_Compact_1 中包含针对一个特定控制回路的所有设置。图 6-37～图 6-42 为打开该工艺对象并在特定的编辑器中组态该控制器。

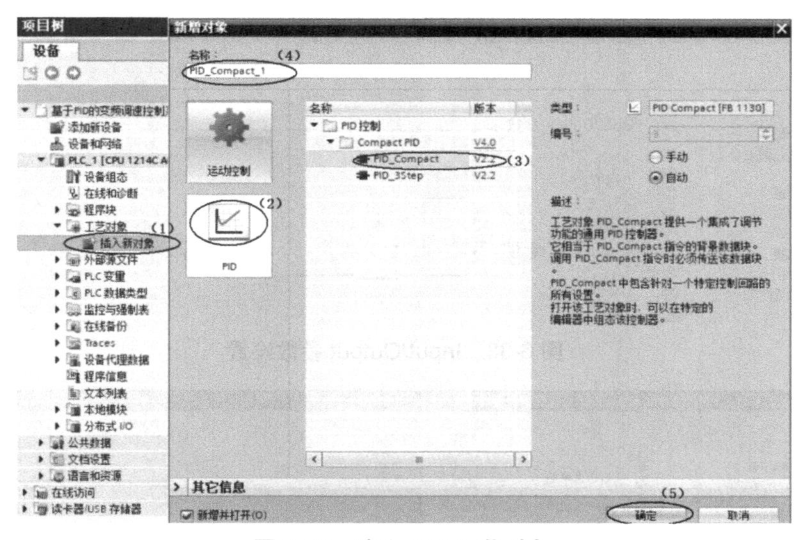

图 6-36　建立 PID 工艺对象

控制器类型选择如图 6-37 所示，“控制器类型”选择频率，单位赫兹（Hz）；PID_Compact 指令的 Mode 有自动模式、手动模式等选项，本例选择自动模式。自动模式下，PID_Compact 工艺对象根据设置的 PID 参数进行闭环控制。满足下列条件之一，控制器将进入自动模式。

① 成功地完成首次启动自调节和运行中自调节的任务。

② 在组态 PID 参数窗口中选择“启用手动输入”复选框。

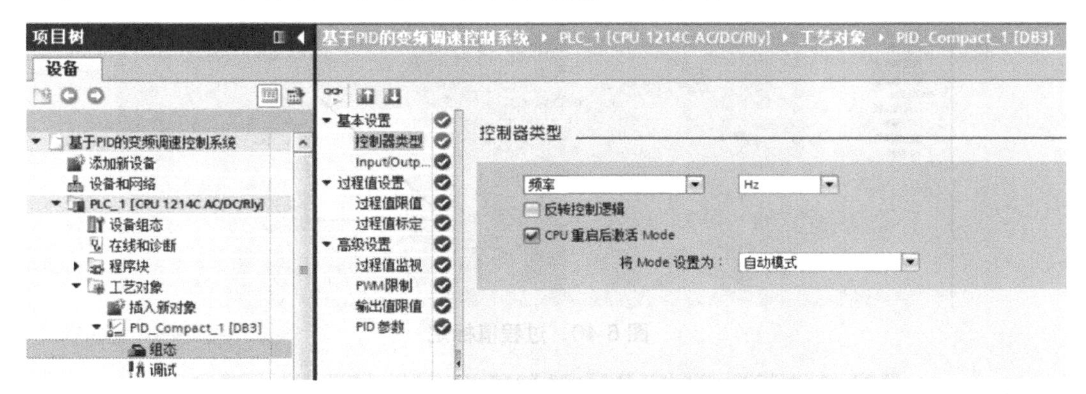

图 6-37　控制器类型选择

Input/Output 参数设置如图 6-38 所示，将 PID 控制器 Input/Output 参数选择为模拟量输入/输出。即采用模拟量作为系统的过程值 Input_PER（模拟量）和输出值 Output_PER（模拟量）。

过程值限值如图 6-39 所示，过程值上限设定为 50Hz，下限值设定为 0Hz；由于本例 Input/Output 参数配置为模拟量，所以还要进行过程值标定，如图 6-40 所示。

由图 6-40 可见，可以设置过程值的上、下限值，即将模拟量过程值 Input_PER（数值范围 0～27648 线性对应到频率值 0～50Hz）。在运行中一旦超过上限或低于下限，则停止正常控制，输出值 Output_PER 被设置为 0，输出值限定如图 6-41 所示。

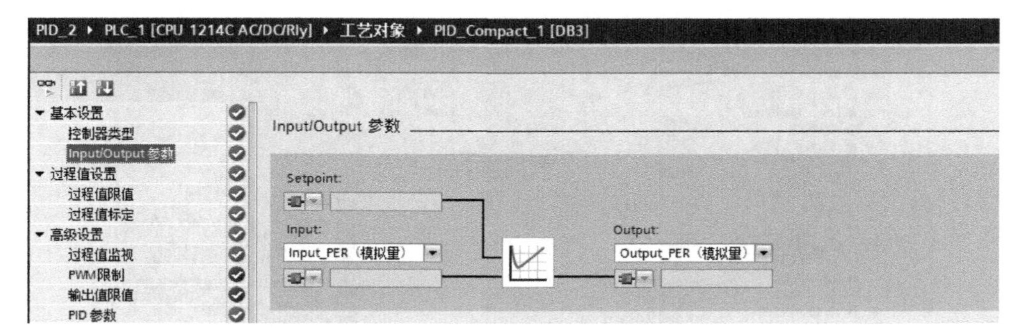

图 6-38　Input/Output 参数设置

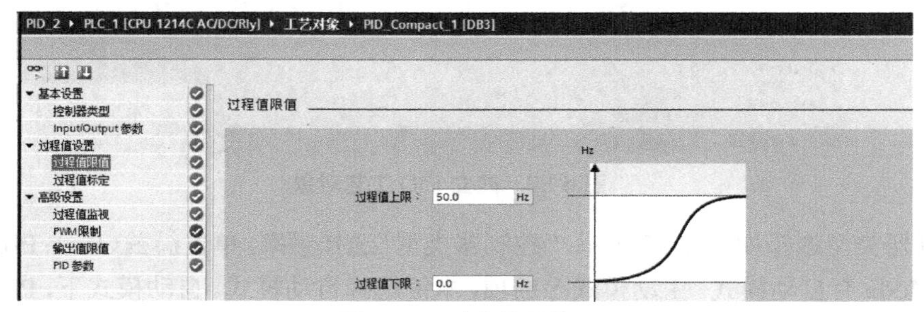

图 6-39　过程值限值

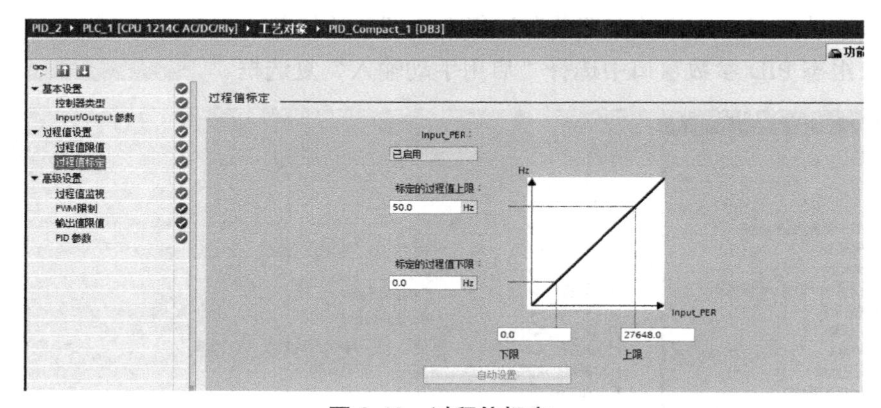

图 6-40　过程值标定

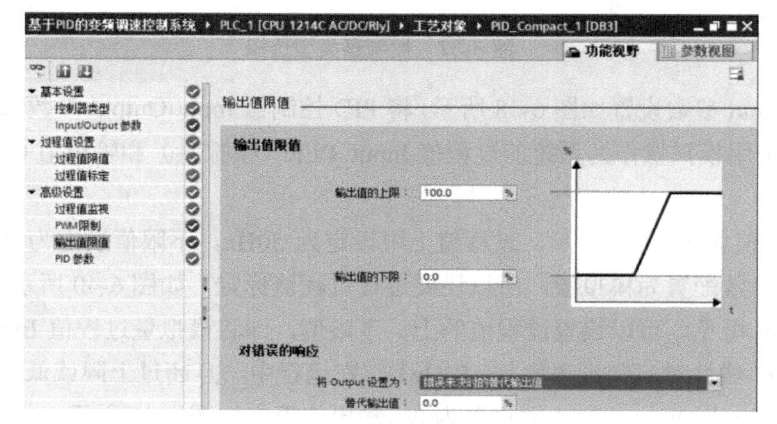

图 6-41　输出值限定

PID 参数设置可根据负载特性进行现场调节和手动输入，PID 参数设置如图 6-42 所示。

图 6-42　PID 参数设置

3．PID 指令的调用

编写程序时，选择“指令”→“工艺”→“PID 控制”路径下调用 PID_Compact 指令，PID 指令的调用如图 6-43 所示，可以在 PID 指令上直接输入指令的参数，未设置（采用默认值）的参数为灰色。单击指令框下面向下的箭头，可显示更多的参数；单击向上的箭头，将不显示指令中灰色的参数；单击某个参数的实参，可以直接输入地址或常数。PID_Compact 指令一般在循环中断组织块中调用。PID_Compact 指令块主要参数说明见表 6-12。

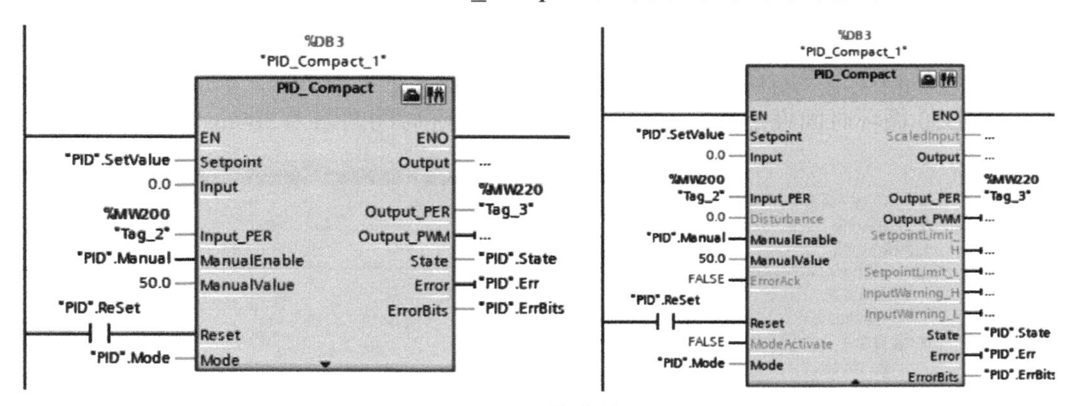

图 6-43　PID 指令的调用

表 6-12　PID_Compact 指令块主要参数说明

参数	数据类型	默认值	说明
Setpoint	REAL	0.0	PID 控制器在自动模式下的设定值
Input	REAL	0.0	用户程序的变量作为反馈值（实数类型）
Input_PER	INT	0	模拟量输入作为反馈值（整数类型）
ManualEnable	BOOL	FALSE	0 到 1 上升沿时会激活“手动模式”，1 到 0 下降沿时会激活 Mode 指定的工作模式

续表

参数	数据类型	默认值	说明
ManualValue	REAL	0.0	该值用作手动模式下的输出值
Reset	BOOL	FALSE	重新启动控制器
Mode	INT	4	在 Mode 下，指定 PID_Compact 将转换到的工作模式。选项包括：0—未激活，1—预调节，2—精确调节，3—自动模式，4—手动模式
Output	REAL	0.0	REAL 形式的输出值
Output_PER	INT	0	模拟量输出值
Output_PWM	BOOL	FALSE	脉宽调制输出值
State	INT	0	PID 控制器的当前工作模式，包括：0—未激活，1—预调节，2—精确调节，3—自动模式，4—手动模式，5—带错误监视的替代输出值
Error	BOOL	FALSE	如果 Error=TRUE，则此周期内至少有一条错误消息处于未决状态
ErrorBits	DWORD	DW#16#0	显示处于未决状态的错误消息

6.6.4 系统程序设计

1．生成循环中断组织块——OB30

调用 PID_Compact 的时间间隔称为采样时间，为了保证精确的采样时间，使用固定的时间间隔执行 PID 指令，在循环中断 OB 中调用 PID_Compact 指令。建立循环中断组织块 OB30，OB30 循环时间设定如图 6-44 所示，设置循环时间间隔为 300ms。

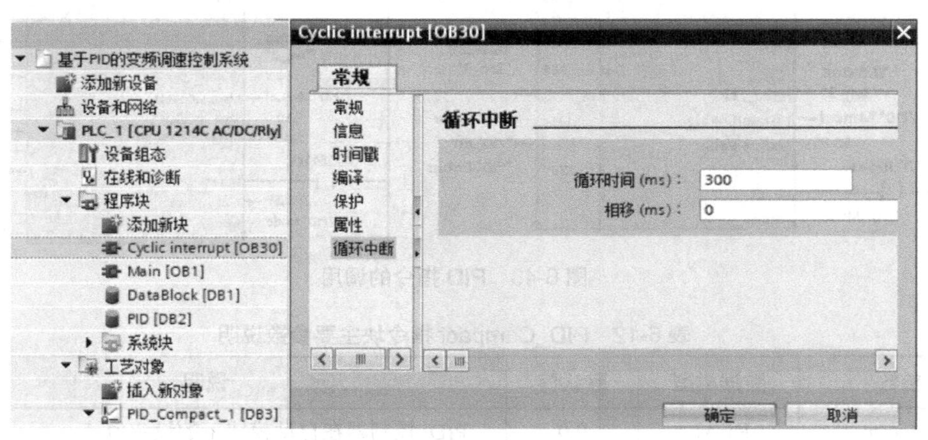

图 6-44 OB30 循环时间设定

2．OB30 程序设计

在 OB30 中，编写程序，OB30 程序如图 6-45 所示，每段程序含义见程序段注释。其中程序段 1 为反馈值处理程序，作用是将编码器读到的脉冲数转化为对应的频率值。因为电机转动一圈，得到 1000 个脉冲；所以实际脉冲数除以 1000 就是电机 1s 的转动圈数。示例中电机为四极电机，50Hz 时对应转速为 25 圈/秒，则对应频率为 $f=\dfrac{输入脉冲}{1000}\times 2$。

而反馈值要以模拟量范围表示并输入到 PID_Compact 指令块中，即 0～50Hz 频率值还要转化为 0～27648 的整数；故输出值 $Input_{PER}=\dfrac{f}{50}\times 27648=\dfrac{输入脉冲}{25000}\times 27648$。编程时，注意变量间数据类型的对应。

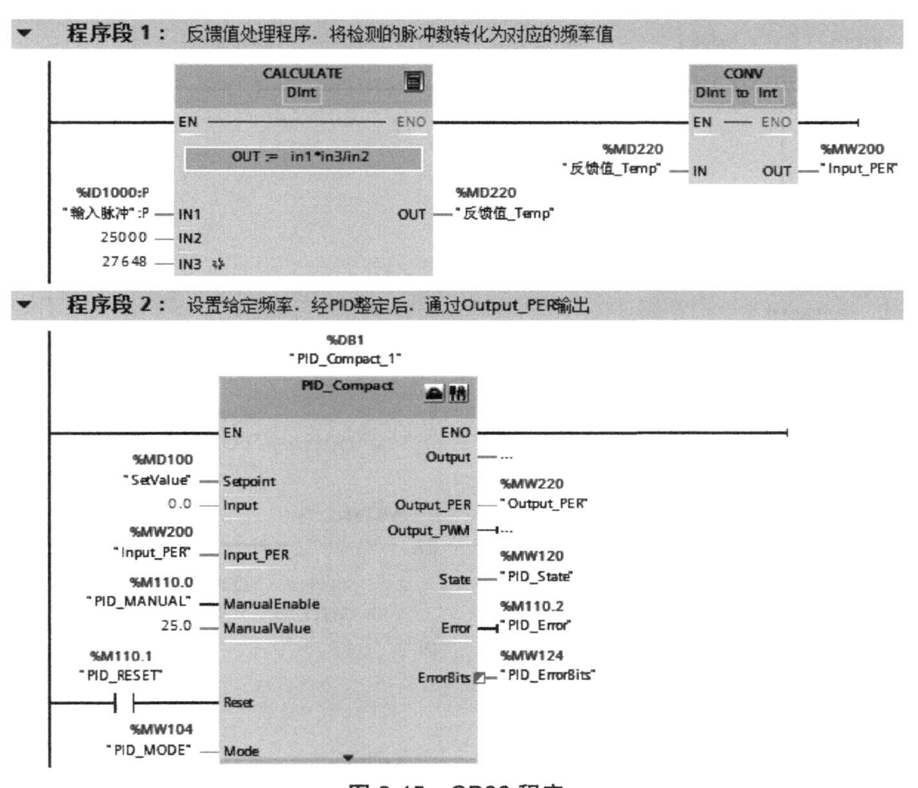

图 6-45 OB30 程序

程序段 2 为 PID_Compact 指令块，用于实现自动模式和手动模式下对电机转速进行 PID 调节。其中设定值 Setpoint 由外部 REAL 型变量 SetValue 指定；过程值（反馈量）Input_PER 由 Input_PER（MW200）反馈到程序块中；PID 运算的输出 Output_PER 传送至 Output_PER（MW220）中，经 PLC 后续处理后作为速度字发送到变频器进行转速调节。

3．OB1 程序设计

OB1 程序如图 6-46 所示，用于完成变频器的启动、停止等任务。

OB1 程序中，程序段 1 用于数值处理，将 PID 的输出值 Output_PER（模拟量，0～27648），映射到变频器速度字（SPEED_WORD）对应的范围（16 进制的 0～4000H，即 10 进制 0～16384）。公式为速度字=输出值×16384÷27648。编程时，需要注意数据类型的对应。

程序段 2～4 主要实现系统的启停和变频器的控制，其中在变频器的控制中（程序段 3），QW68 用于控制电动机状态和方向，QW70 用于控制电动机的转速变化。

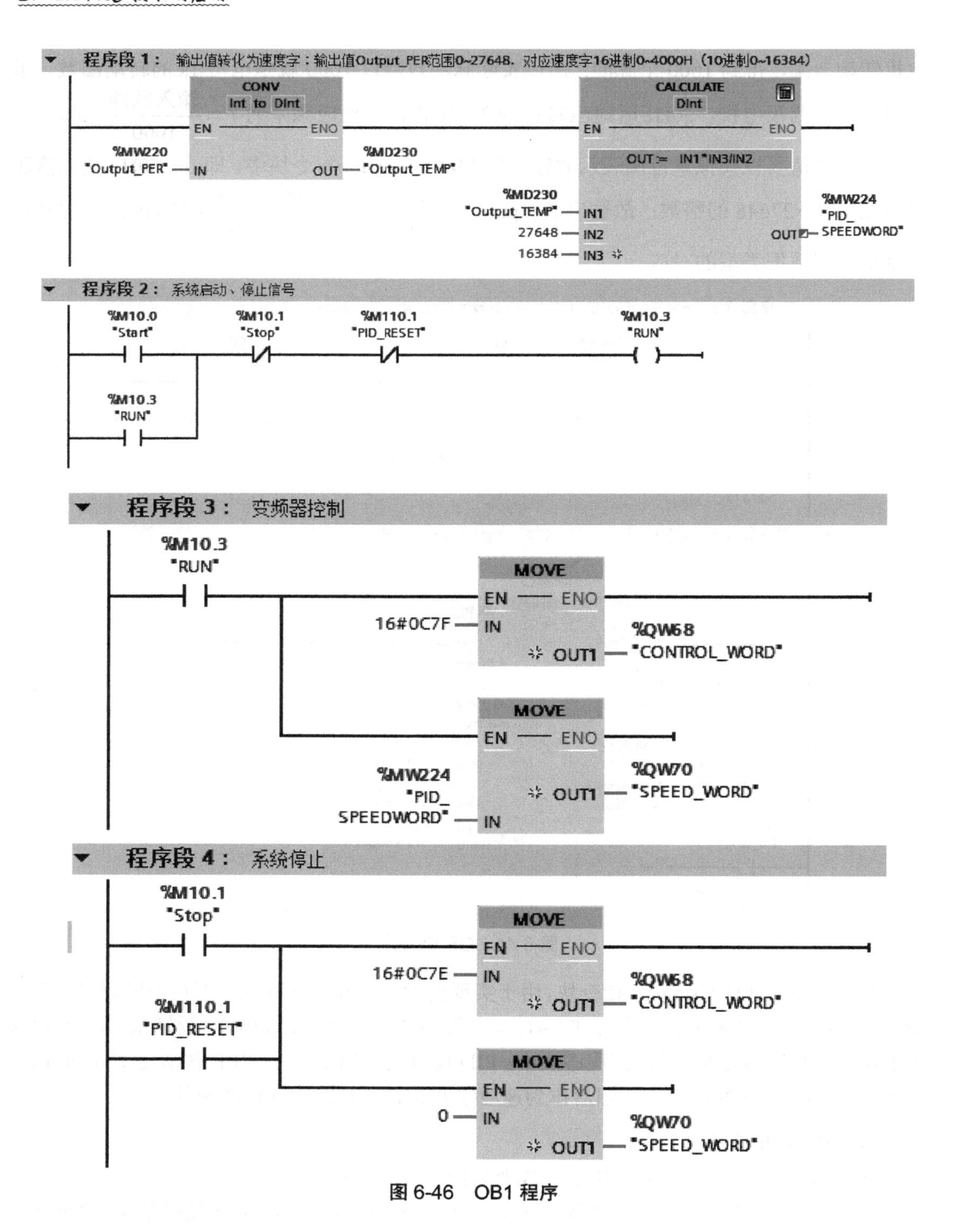

图 6-46　OB1 程序

6.6.5　系统程序调试

程序编写完成后，就可进行编译；无误后，可下载到 PLC 中对系统进行调试运行。PID_Compact 指令可通过调试窗口对相关参数进行自动调节，如预调节功能可确定对输出值跳变的过程响应，根据受控系统的最大上升速率与时间计算 PID 参数；精确调节可用于进一步调节这些参数；精确调节得出的 PID 参数通常比预调节得出的 PID 参数具有更好的主控和扰动特性；可在执行预调节和精确调节时获得最佳 PID 参数。用户不必手动确定这些参数。

运行前，还需对变频器进行相应的设定，可通过变频器面板或 Starter Driver 软件设置，主要设置内容参见前面的叙述。

1. 预调节

项目下载完成后，单击 PID_Compact 指令块右上角的调试图标，打开 PID_Compact 指令调试窗口，如图 6-47 所示。

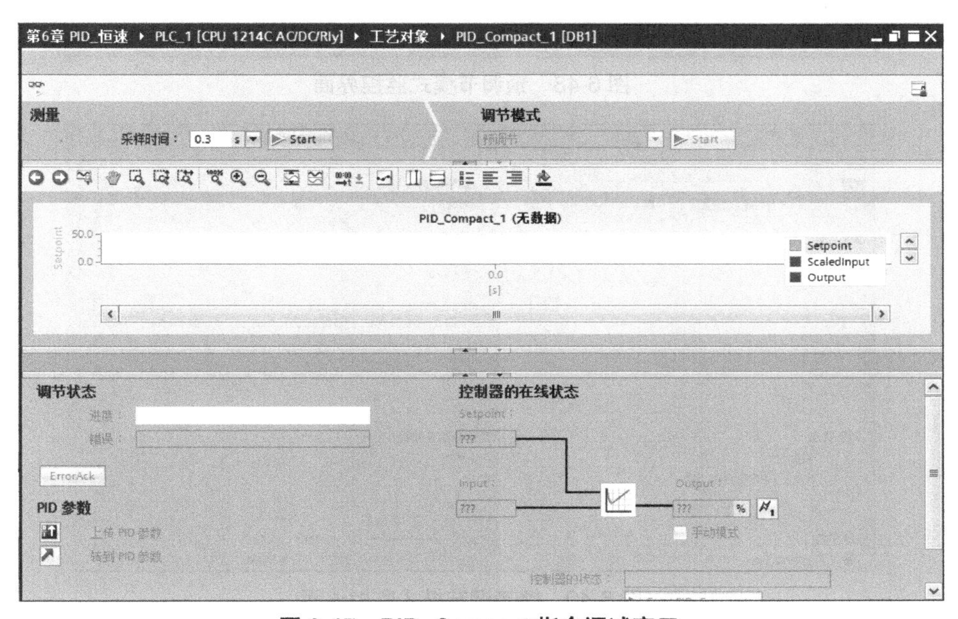

图 6-47　PID_Compact 指令调试窗口

给定一个设定值，如设置 Setpoint 为 40Hz；将 Start（M10.0）置为 1，启动系统运行；调试窗口中选择采样时间为 0.3s，单击 Start 图标；调节模式选择“预调节”，单击 Start 图标；则系统进入预调节模式。预调节模式监控界面如图 6-48 所示。

如果执行预调节时未产生错误消息，则 PID 参数已调节完毕。PID_Compact 将切换到自动模式并使用已调节的参数。在电源关闭及重启 CPU 期间，已调节的 PID 参数保持不变。如果无法实现预调节，PID_Compact 将根据已组态的响应消息对错误做出反应。

2. 精确调节

预调节完成后，可继续进行精确调节，精确调节模式监控界面如图 6-49 所示。

如果在精确调节期间未发生错误，则 PID 参数已调节完毕，PID_Compact 将切换到自动模式并使用已调节的参数。转到 PID 参数界面，可显示目前的 PID 各项参数，PID 参数监控界面如图 6-50 所示。

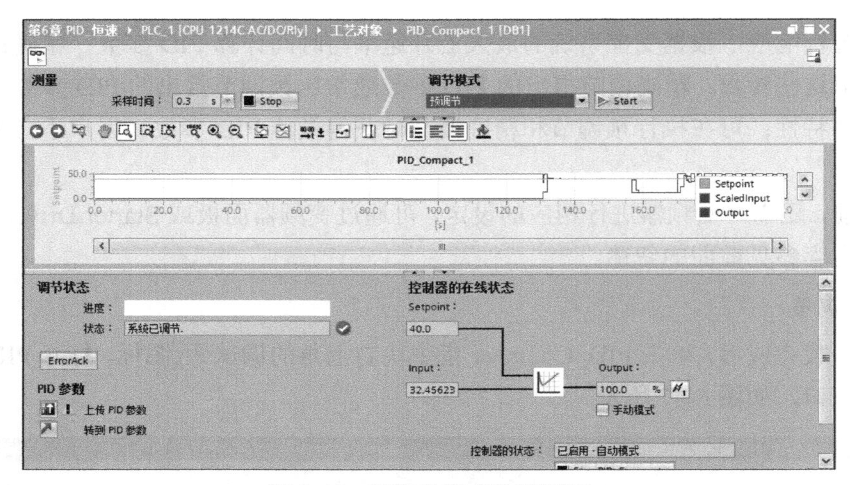

图 6-48　预调节模式监控界面

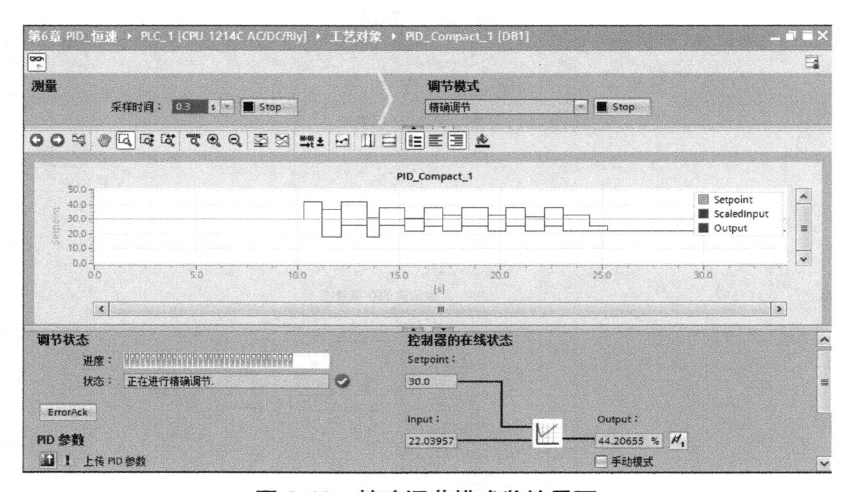

图 6-49　精确调节模式监控界面

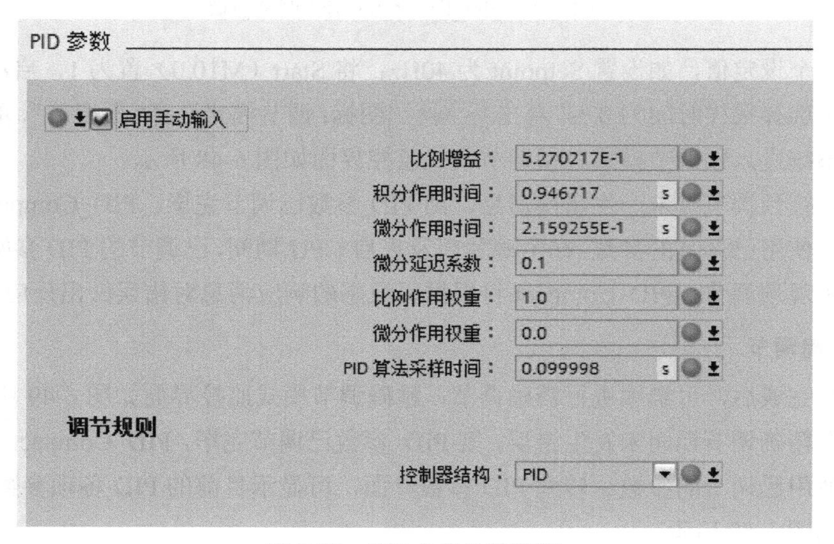

图 6-50　PID 参数监控界面

6.7 装配产线位置控制系统设计与实现

6.7.1 S7-1200 PLC 的运动控制功能及指令

TIA Portal 软件结合 S7-1200 CPU 的运动控制功能，可帮助用户控制步进电机和伺服电机。在 TIA Portal 软件中，可以组态“轴”和“命令表”工艺对象，使得 S7-1200 CPU 可以使用这些工艺对象控制驱动器的脉冲和方向输出；在用户程序中，通过运动控制指令控制轴，启动驱动器的运动任务。

DC/DC/DC 型 S7-1200 CPU 配备直接控制驱动器的板载输出，继电接触器型 CPU 需要外加信号板控制驱动器。通过脉冲接口对驱动器进行控制，脉冲输出为驱动器提供电机运动所需的脉冲，方向输出则用于控制驱动器的行进方向。

运动控制指令使用相关工艺数据块和 CPU 的专用 PTO（脉冲串输出）控制轴的运动。通过 TIA Portal 软件指令库的工艺指令，可获得如图 6-51 所示的运动控制指令。

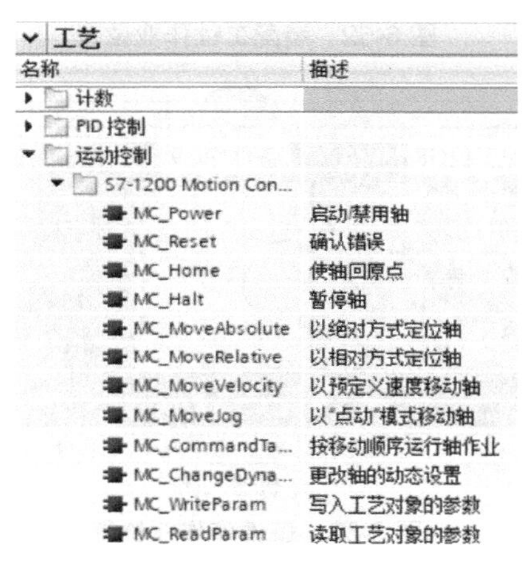

图 6-51 运动控制指令

S7-1200 PLC 在运动控制中使用“轴”的概念，通过对轴的组态，配合相关指令块使用，可以实现绝对位置、相对位置、点动、转速控制和自动寻找参考点的功能。

6.7.2 系统介绍及 PLC 外部接线

1. 装配产线介绍

本示例来自 2017 年全国职业院校工业机器人赛项。赛项的装配流水线具有 3 个工位，分别为装配工位、成品库工位和备件库工位，采用 1 台步进电机驱动；要求实际作业时，通过左右移动将对应工位移动到整条生产线中间（工作位）位置后，由机器人完成工件的抓取与放置。装配工位作业位置如图 6-52 所示，当前工作位为装配工位；当机器人需要从备件库中抓取装配零件时，则装配线左移（相对机器人侧），这时工作位为备件库位，备件库作业位置如图 6-53 所示。同理，成品库作业位右移到流水线中间的位置。

2．控制系统设计

系统控制器选择 S7-1200 CPU 1215C DC/DC/DC。

步进电机选用两相混合式步进电机，步进驱动器型号为 DM860（细分步设为 10000），采用直流 24～80V 电压供电。当 DM860 的输入接口控制信号高电平有效时，把驱动器所有控制信号的负端连在一起作为信号地（共阴极接法），当接口控制信号为低电平有效时，把驱动器所有控制信号的正端连在一起作为信号公共端（共阳极接法）。

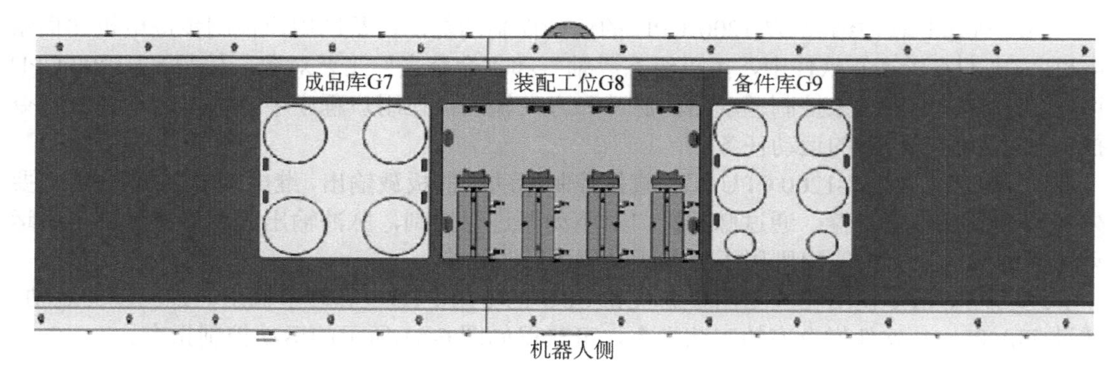

图 6-52　装配工位作业位置

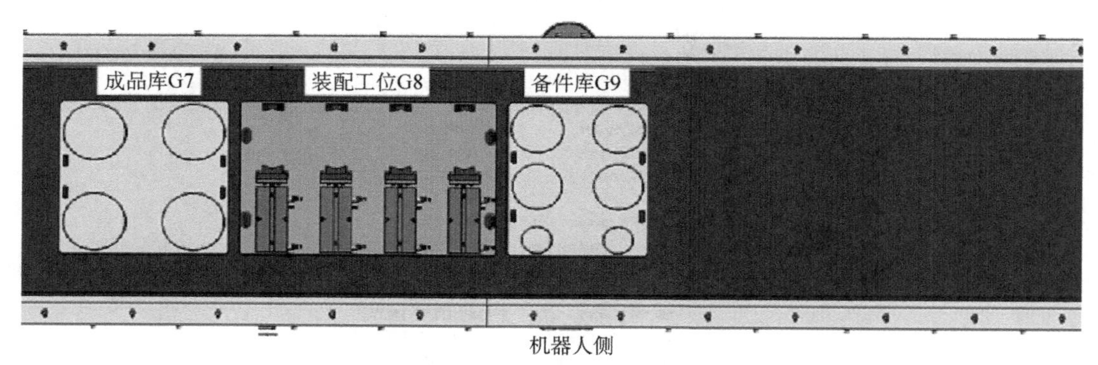

图 6-53　备件库作业位置

本例驱动器采用共阴极接线方法与 PLC 连接，PLC 为 PNP 输出，生产线原点开关接入 PLC 的 I0.0，控制系统接线图如图 6-54 所示。对于驱动器与 PLC 的接线回路，需要接限流电阻 R，R 必须接在控制器信号端；当 PLC 输出信号为 24V 时，R 为 2kΩ，输出信号为 12V 时，R 为 1kΩ，输出信号为 5V 时，直接连接。

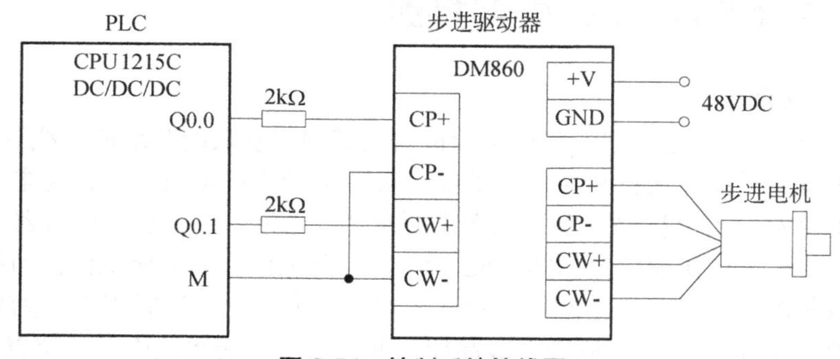

图 6-54　控制系统接线图

PLC 的 Q0.0 发出脉冲信号，Q0.1 发出方向信号，步进驱动器获得 PLC 信号后对信号处理并输出到步进电机，拖动传送带左右移动，实现装配流水线工作位置的调整和定位。

6.7.3 硬件组态及工艺对象配置

1．硬件组态

① 打开 TIA Portal 软件，新建一个项目，并添加控制器 CPU 1215C DC/DC/DC，添加 PLC 如图 6-55 所示。

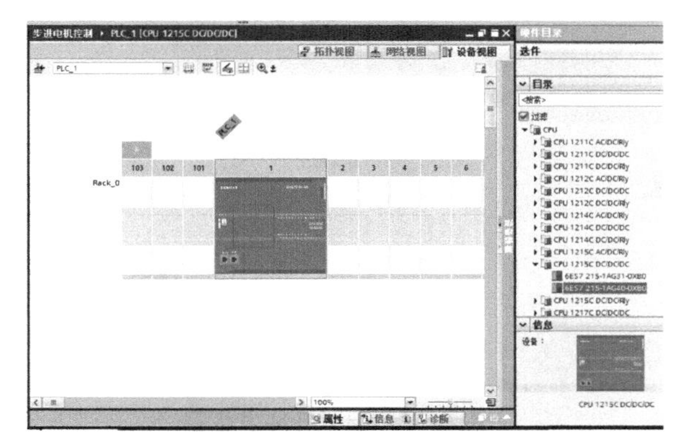

图 6-55 添加 PLC

② 打开 PLC_1 属性对话框，选择“脉冲发生器（PTO/PWM）”选项，选择“PTO1/PWM1”选项下的“启用该脉冲发生器”复选框，选择脉冲发生器如图 6-56 所示。

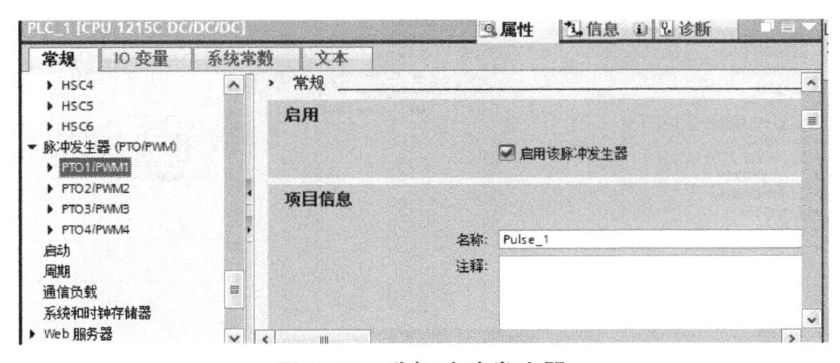

图 6-56 选择脉冲发生器

③ 在脉冲选项中，选择“信号类型”为“PTO（脉冲 A 和方向 B）”；硬件输出中，选择“脉冲输出”为“%Q0.0”，并选择“启用方向输出”复选框，“方向输出”为“%Q0.1”，配置脉冲发生器如图 6-57 所示。

2．工艺对象配置

在 S7-1200 的运动控制功能中，被控电动机以工艺对象的形式存在，所以要使用 S7-1200 进行运动控制，应按照以下的顺序对工艺对象进行组态和设置。

（1）添加一个定位轴工艺对象

创建工艺对象如图 6-58 所示。在项目树中打开“工艺对象”文件夹，双击“插入新对象”命令，将出现“新增对象”对话框。选择“运动控制”→“轴”，选择所需的工艺版本号，输入名称“轴_1”，单击“确定”按钮，工艺对象创建完成。

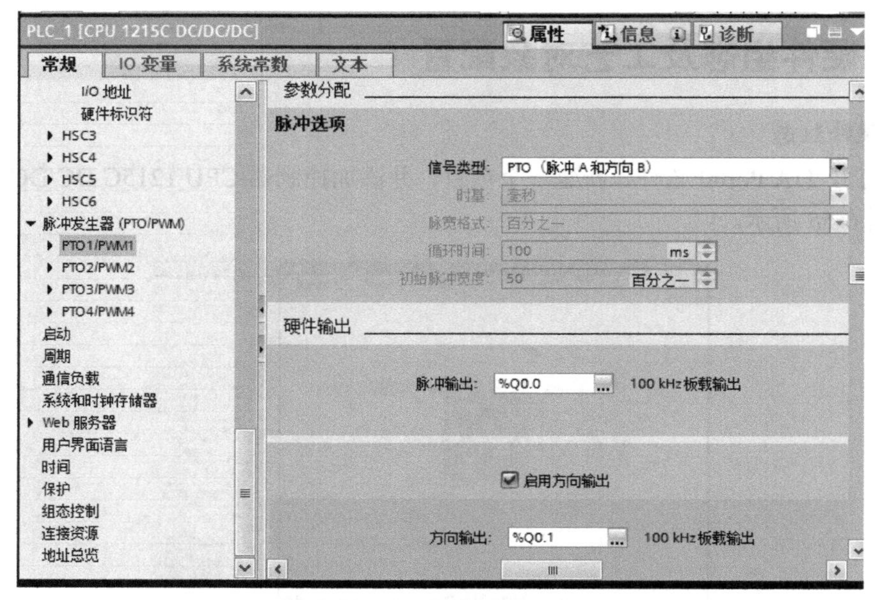

图 6-57　配置脉冲发生器

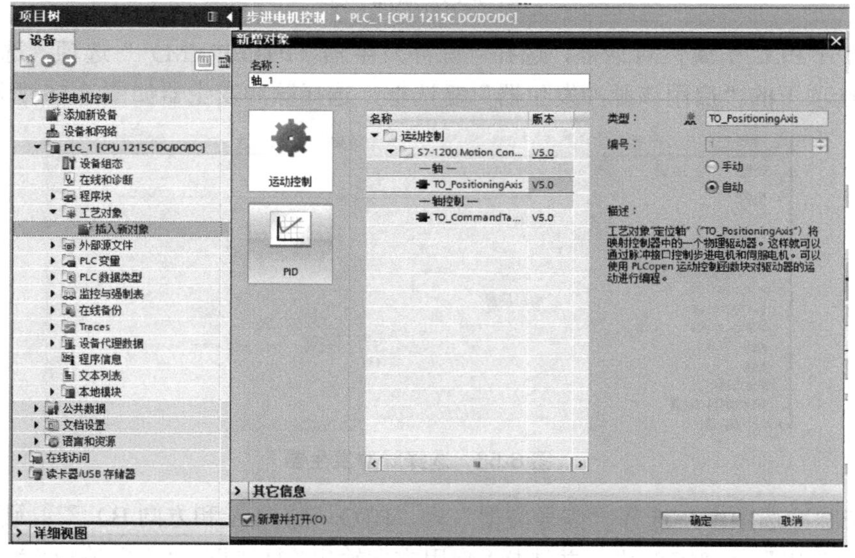

图 6-58　创建工艺对象

（2）工艺对象组态

工艺对象创建后，可在项目树下看到该工艺对象下的组态、调试和诊断条目，组态工艺对象如图 6-59 所示。

单击“组态”选项，在出现的组态窗口中，组态工艺对象的属性。组态参数分为基本参数和扩展参数，基本参数包括必须为工作轴组态的所有参数，扩展参数为特定驱动器或设备的设置参数。

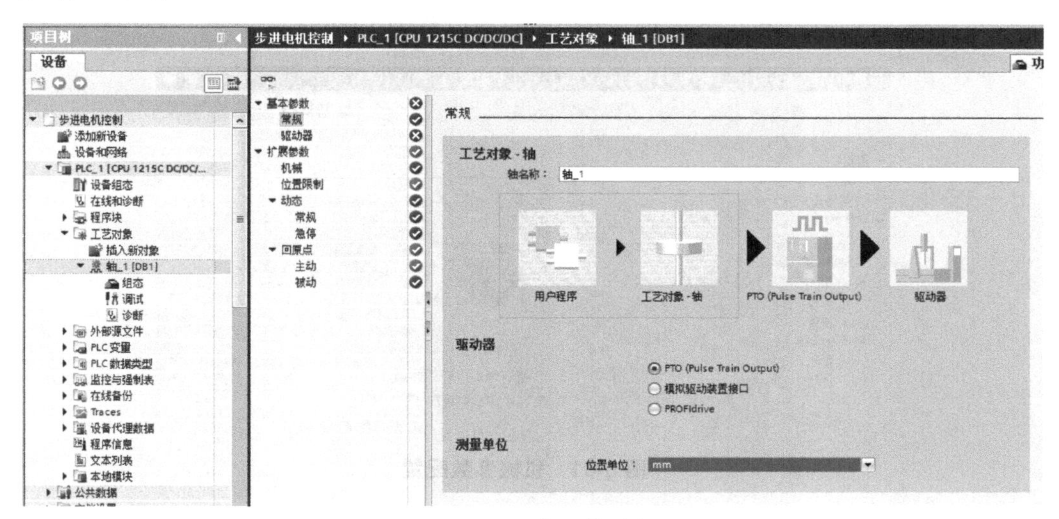

图 6-59 组态工艺对象

单击“基本参数”下的“常规”选项，工艺对象的轴名称设置为“轴_1”，设置驱动器为“PTO（Pulse Train Output）”（脉冲串控制），测量单位为“mm”，也可选择脉冲或其他计量单位。

单击“基本参数”下的“驱动器”选项，驱动器配置如图 6-60 所示。在硬件接口中“选择脉冲发生器”设置为“Pulse_1”，“信号类型”为“PTO（脉冲 A 和方向 B）”，由“%Q0.0”作为脉冲输出，“%Q0.1”作为方向输出，其他参数保持默认。

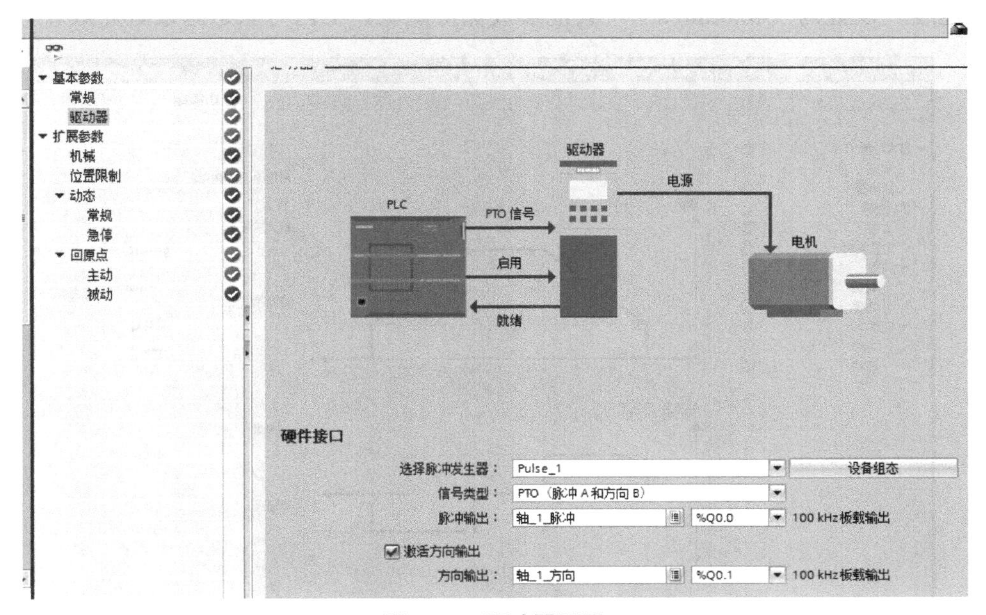

图 6-60 驱动器配置

单击“扩展参数”下的“机械”选项，机械参数配置如图 6-61 所示。如果设置的测量单位为 mm，即设置电机每旋转一圈发送的脉冲数和机械实际位移的对应关系，这里设置为电机每旋转一圈需要 1000 个脉冲，每转的负载位移为 10.0mm。

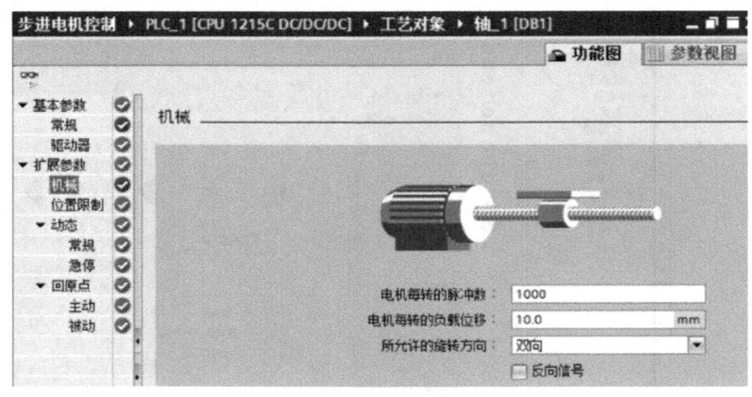

图 6-61　机械参数配置

在“扩展参数”下的“动态”→“常规”选项下，设置速度限值，速度限值设置如图 6-62 所示。首先设置“速度限制的单位”为“转/分钟”，“最大转速”设置为“500.0 转/分钟”，“启动/停止速度”设置为“50.0 转/分钟”；加、减速时间均设置为“1.0s”，急停时间也设置为“1.0s”，其他参数保持默认。

选择“扩展参数”下的“回原点”→“主动”选项，回原点设置如图 6-63 所示。“输入原点开关”设置为“%I0.0”，“选择电平”设置为“高电平”，“逼近回原点方向”设置为“负方向”，“参考点开关一侧”设置为“下侧”，“逼近速度”设置为“200.0mm/s”，“参考速度”设置为“40.0mm/s”，其他参数保持默认。工艺对象组态设置完成。

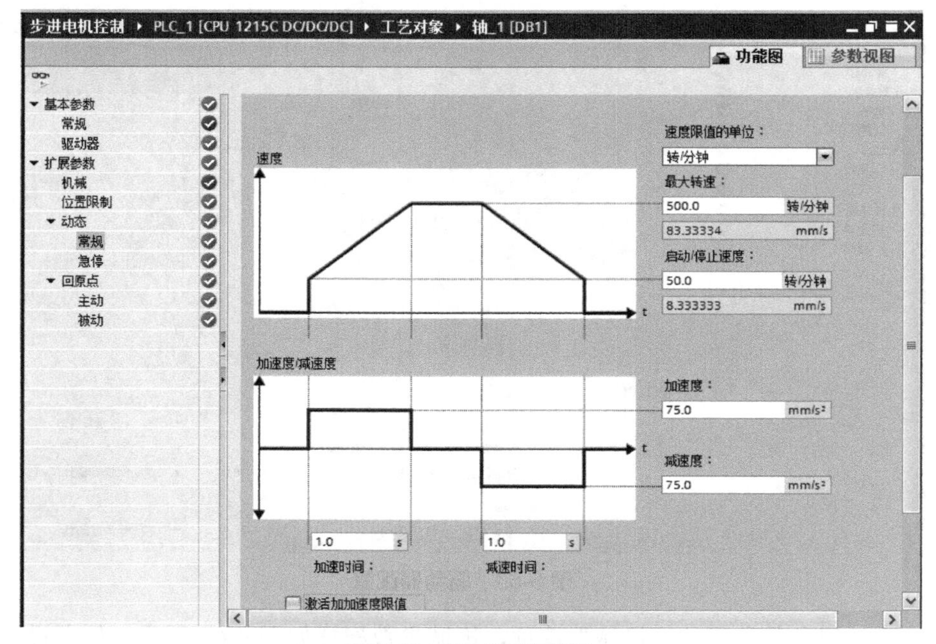

图 6-62　速度限值设置

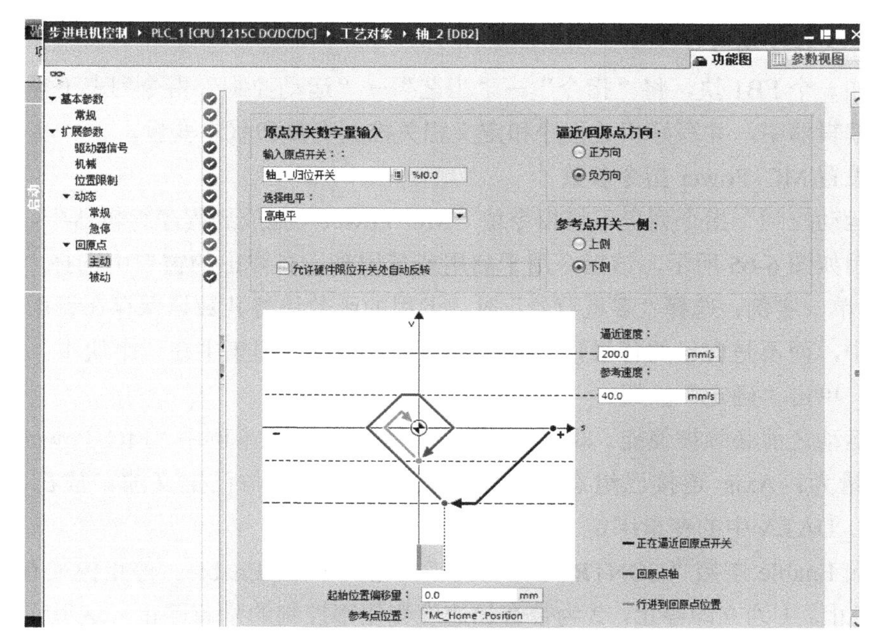

图 6-63　回原点设置

6.7.4　程序编写

1. 新建全局数据块

首先在项目树中新建全局数据块 CONTROL_DATA，定义与运动控制相关的控制变量与状态变量，CONTROL_DATA 数据块如图 6-64 所示。

步进电机控制 ▸ PLC_1 [CPU 1215C DC/DC/DC] ▸ 程序块 ▸ CONTROL_DATA [DB3]

CONTROL_DATA

	名称	数据类型	启动值	保持性	可从 HMI ...	在 HMI ...	设置值	注释
1	▼ Static			☐	☐	☐	☐	
2	MC_Power_Enable	Bool	false	☐	☑	☑	☐	
3	MC_Power_Status	Bool	false	☐	☑	☑	☐	
4	MC_Power_Error	Bool	false	☐	☑	☑	☐	
5	MC_Home_Active	Bool	false	☐	☑	☑	☐	
6	MC_Home_Done	Bool	false	☐	☑	☑	☐	
7	MC_Home_Error	Bool	false	☐	☑	☑	☐	
8	MC_Halt_Stop	Bool	false	☐	☑	☑	☐	
9	MC_Halt_Done	Bool	false	☐	☑	☑	☐	
10	MC_Halt_Error	Bool	false	☐	☑	☑	☐	
11	MC_MoveAbsolute_Start	Bool	false	☐	☑	☑	☐	
12	MC_MoveAbsolute_Position	Real	0.0	☐	☑	☑	☐	
13	MC_MoveAbsolute_Velocity	Real	0.0	☐	☑	☑	☐	
14	MC_MoveAbsolute_Done	Bool	false	☐	☑	☑	☐	
15	MC_MoveAbsolute_Error	Bool	false	☐	☑	☑	☐	
16	MC_MoveJog_FWD	Bool	false	☐	☑	☑	☐	
17	MC_MoveJog_BWD	Bool	false	☐	☑	☑	☐	
18	MC_MoveJog_Velocity	Real	0.0	☐	☑	☑	☐	
19	MC_MoveJog_InVelocity	Bool	false	☐	☑	☑	☐	
20	MC_MoveJog_Error	Bool	false	☐	☑	☑	☐	
21	P_1	Bool	false	☐	☑	☑	☐	
22	P_2	Bool	false	☐	☑	☑	☐	
23	P_3	Bool	false	☐	☑	☑	☐	

图 6-64　CONTROL_DATA 数据块

2．FB块程序编写

新添加一个FB1块，将“指令”→“工艺”→“运动控制”指令列表下需要的指令块拖到程序编辑器中，并写好相关程序和定义相关控制变量和状态变量。

（1）设置MC_Power指令参数

在“运动控制”指令列表下将指令块“MC_Power”拖放到程序编辑器中，MC_Power指令的使用如图6-65所示，该指令用于启用或禁用轴。在弹出的窗口中选择“多重背景”（也可选择单一实例；选择“多重背景”时，调用的函数块将其数据保存在调用函数块的背景数据块中，而不是自己的背景数据块中，便于将背景数据集中在一个块中），生成其背景数据块，单击“确定”按钮。

轴在运动之前必须被使能，即需要首先调用该程序块。本例中“MC_Power”程序块的各引脚变量为：Axis 连接已组态的“轴_1”；其他变量与已定义的、放在全局数据块CONTROL_DATA中的变量绑定。

使能端Enable连接“CONTROL_DATA”.MC_Power_Enable。停止模式有三个选项，0为紧急停止，1为立即停止，2为带有加速度变化率控制的紧急停止，这里我们选择0。

轴的使能状态Status表示轴是否启用，0为禁用轴、1为轴已启用；Error指示运动控制指令MC_Power或相关工艺对象是否发生错误，如果出错，错误原因可通过“ErrorID”和“ErrorInfo”进行查看。

（2）设置MC_Home指令参数

在“运动控制”指令列表下将指令块“MC_Home”拖放到程序编辑器中，MC_Home指令的使用如图6-66所示，在弹出的窗口中选择生成其背景数据块，单击“确定”按钮。该指令用于将工艺轴回到机械原点，可将轴坐标与实际物理驱动器位置匹配（本例中，机械原点位置对应装配I位的作业位置）。

输入参数Axis连接已组态的“轴_1”；执行端Execute选择变量“CONTROL_DATA”.MC_Home_Active，应使用上升沿信号；Position引脚输入实数0.0（原点位置）；Mode表示归位类型，0为直接绝对归位，1为直接相对归位，2为被动归位，3为主动归位，本例选择3，即自动执行归位步骤，按照轴组态进行归位操作，归位后将新的轴位置设置为参数Position的值。输出参数Done表示命令已完成；Error表示执行命令期间是否出错，错误原因可通过“ErrorID”和“ErrorInfo”查看。

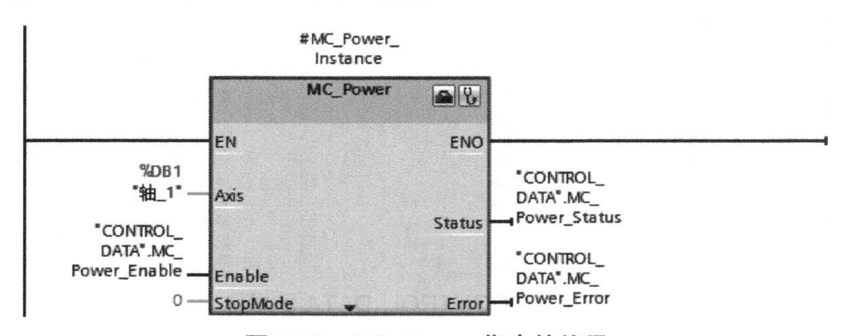

图6-65　MC_Power指令的使用

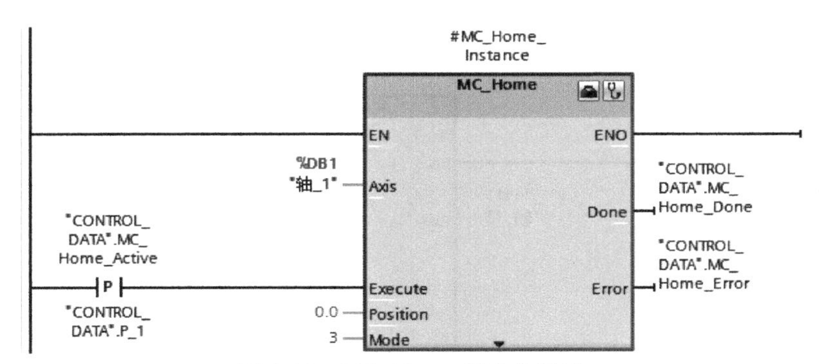

图 6-66　MC_Home 指令的使用

（3）设置 MC_Halt 指令参数

在“运动控制”指令列表下将指令块 MC_Halt 拖放到程序编辑器中，MC_Halt 指令的使用如图 6-67 所示，在弹出的窗口中选择生成其背景数据块，单击“确定”按钮。通过该指令可停止所有运动并以组态的减速度停止轴运动。

输入参数 Axis 连接已组态的“轴_1”; 执行端 Execute 选择变量“CONTROL_DATA”. MC_Halt_Stop，应使用上升沿信号；输出参数 Done 表示速度达到零；Error 表示执行命令期间是否出错，错误原因可通过“ErrorID”和“ErrorInfo”查看。

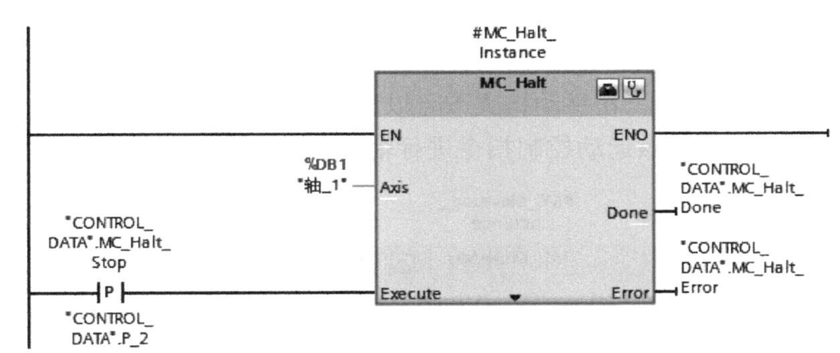

图 6-67　MC_Halt 指令的使用

（4）设置 MC_MoveAbsolute 指令参数

在“运动控制”指令列表下将指令块“MC_MoveAbsolute”拖放到程序编辑器中，MC_MoveAbsolute 指令的使用如图 6-68 所示，在弹出的窗口中选择生成其背景数据块，单击“确定”按钮。该指令用于启动轴定位运动，以将轴移动到某个绝对位置。

输入参数 Axis 连接已组态的“轴_1”；执行端 Execute 选择变量“CONTROL_DATA”.MC_MoveAbsolute_Start，应使用上升沿信号；绝对目标位置 Position 变量类型为 REAL 型（实数），连接变量“CONTROL_DATA”.MC_MoveAbsolute_Position，指示需要移动到的绝对位置的目标值；Velocity 引脚用于设置移动速度，连接变量“CONTROL_DATA”.MC_MoveAbsolute_Velocity；输出参数 Done 表示达到绝对目标位置；Error 表示执行命令期间是否出错，错误原因可通过“ErrorID”和“ErrorInfo”查看。

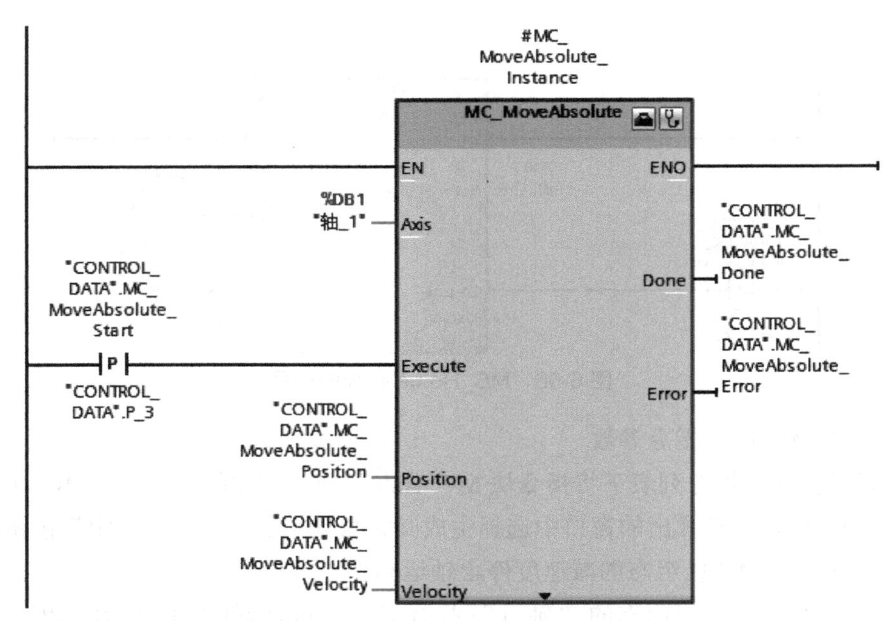

图 6-68　MC_MoveAbsolute 指令的使用

（5）设置 MC_MoveJog 指令参数

在“运动控制”指令列表下将指令块“MC_MoveJog”拖放到程序编辑器中，MC_MoveJog 指令的使用如图 6-69 所示，在弹出的窗口中选择生成其背景数据块，单击“确定”按钮。通过该指令，在手动模式下可以通过左右方向点动操作，使轴按照指定的速度左右移动，可以使用该运动控制指令进行轴的测试和调试。

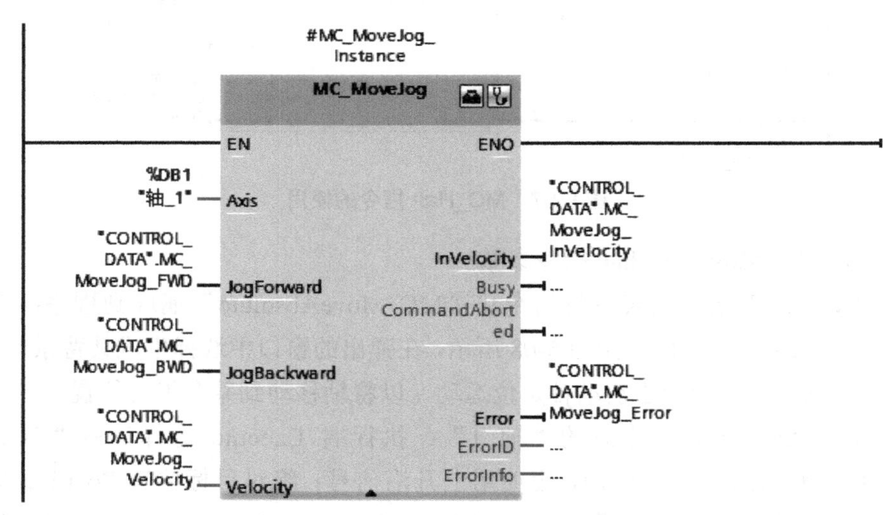

图 6-69　MC_MoveJog 指令的使用

输入参数 Axis 连接已组态的“轴_1”；JogForward 为正向点动，如果参数值为 TRUE，则轴将按参数 Velocity 中所指定的速度正向移动，连接变量“CONTROL_DATA”.MC_MoveJog_FWD; JogBackward 为反向点动，如果参数值为 TRUE，则轴将按参数 Velocity 中所指定的速度反向移动，连接变量“CONTROL_DATA”.MC_MoveJog_BWD；Velocity

为点动模式的预设速度，连接变量“CONTROL_DATA”.MC_MoveJog_Velocity，可通过对此变量赋值预设点动时的运动速度；输出参数 InVelocity 表示达到参数 Velocity 中指定的速度；Error 表示执行命令期间是否出错，错误原因可通过“ErrorID”和“ErrorInfo”查看。

3. OB1 程序编写

FB1 程序块编写完成后，打开 Main[OB1]程序，并无条件调用，OB1 程序如图 6-70 所示。

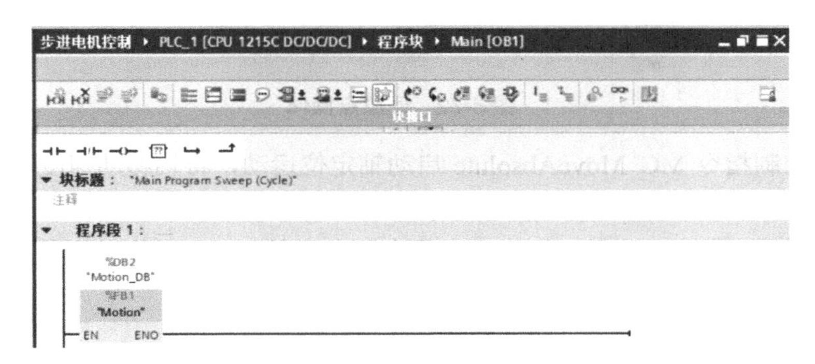

图 6-70 OB1 程序

6.7.5 系统联调

1. 编译并下载

程序编写完成后，单击“编译”按钮，无误后，可下载到 PLC 中进行调试运行。右击“项目树”中的 PLC，选择“下载到设备”→“硬件和软件”，在弹出的对话框中，选择“PG/PC 接口”，单击“开始搜索”按钮，完成后单击“下载”按钮，将项目下载到 PLC 中。

2. 运行监控

单击标题栏中的在线按钮，打开 Motion[FB1]块，单击“启用/禁止监视”选项。

① 轴对象运行前，首先需要启用轴。轴启动状态如图 6-71 所示，将指令块“MC_Power”的 Enable 引脚的变量置为 1，可以看到轴的使能状态 Status 变为 TURE，表示轴已启用。

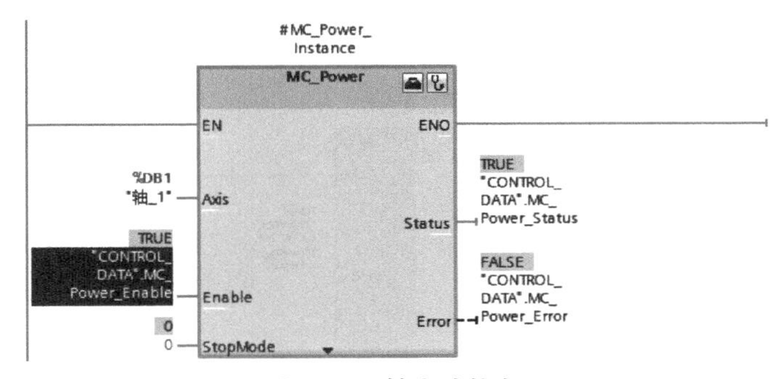

图 6-71 轴启动状态

② 轴启用后，首先应进行回原点操作。回原点操作如图 6-72 所示，将执行端 Execute 的变量“CONTROL_DATA”.MC_Home_Active，置为 1，则步进电机启动，按照 Mode 引脚设定的归位方式 3，即主动归位，开始回原点运行，执行完成后发送 Done 信号（沿信号）。

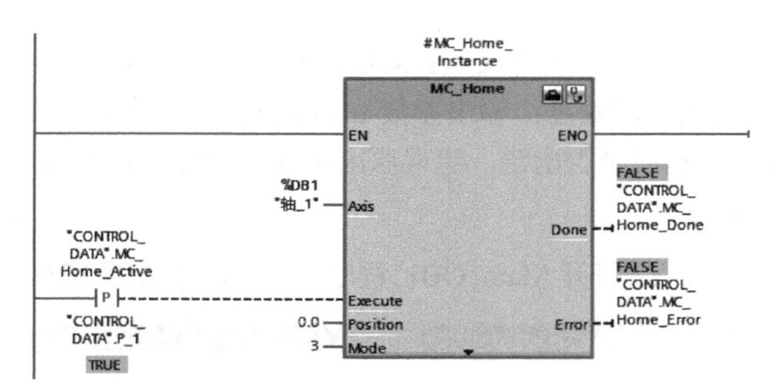

图 6-72 回原点操作

③ 运动控制指令 MC_MoveAbsolute 启动轴定位运动，将轴移动速度 Velocity 设置为 50.0，绝对目标位置 Position 设置为 50.0；完成后，将执行端 Execute 置 1（上升沿信号），轴定位运行操作如图 6-73 所示，则步进电机会正向运行 50mm（绝对位置）。

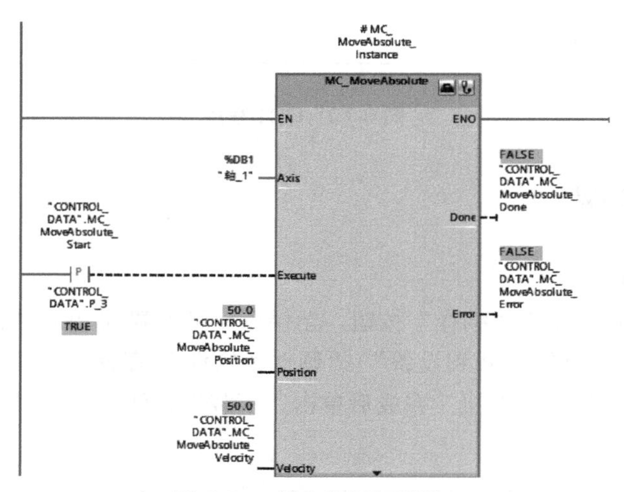

图 6-73 轴定位运行操作

④ 点动方式操作轴的正反向移动。MC_MoveJog 指令中，设置移动速度 Velocity 为 60.0，然后通过设置 JogForward（正向点动），或 JogBackward（反向点动），以点动模式操作轴按照指定的速度连续移动，点动运行操作如图 6-74 所示。

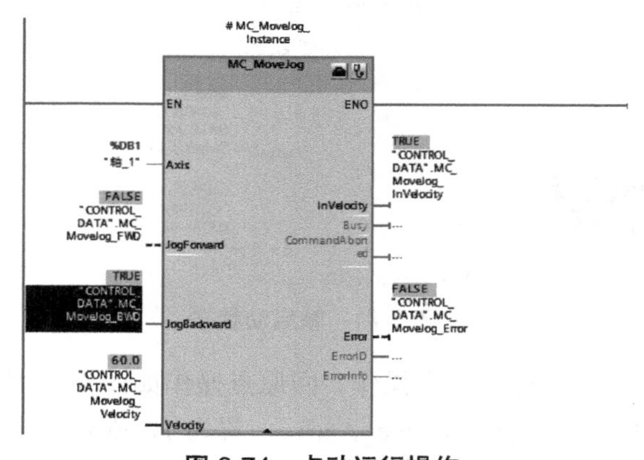

图 6-74 点动运行操作

3．步进电机状态监控

在软件中建立状态监控表，可在线观察步进电机当前运行方向、运行速度、运行位置等数据，步进电机状态监控表如图 6-75 所示。

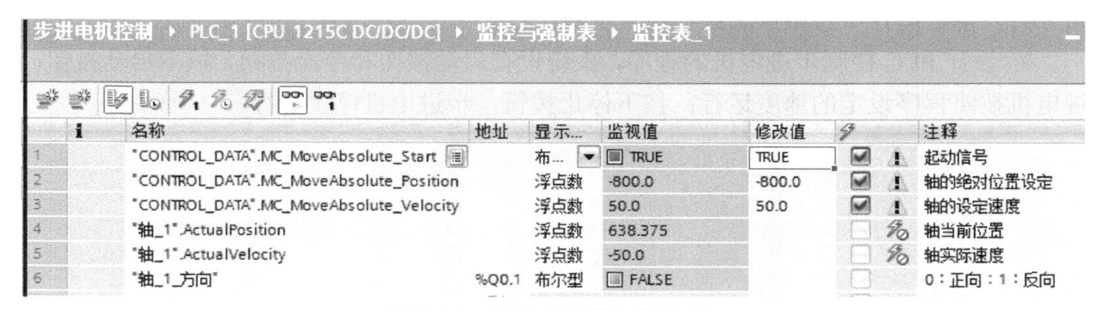

步进电机控制 ▸ PLC_1 [CPU 1215C DC/DC/DC] ▸ 监控与强制表 ▸ 监控表_1

	i	名称	地址	显示...	监视值	修改值			注释
1		"CONTROL_DATA".MC_MoveAbsolute_Start		布...	TRUE	TRUE	☑	!	起动信号
2		"CONTROL_DATA".MC_MoveAbsolute_Position		浮点数	-800.0	-800.0	☑	!	轴的绝对位置设定
3		"CONTROL_DATA".MC_MoveAbsolute_Velocity		浮点数	50.0	50.0	☑	!	轴的设定速度
4		"轴_1".ActualPosition		浮点数	638.375				轴当前位置
5		"轴_1".ActualVelocity		浮点数	-50.0				轴实际速度
6		"轴_1_方向"	%Q0.1	布尔型	FALSE				0：正向：1：反向

图 6-75　步进电机状态监控表

习题 6

1. PLC 控制系统的硬件和软件的设计原则是什么？
2. 简述 PLC 控制系统设计的基本内容。
3. 采用 PID 控制器有哪些优点？
4. PLC 实现 PID 控制的方法有哪些？
5. 试编写程序，如果环境温度高于 26℃时启动空调系统工作。
6. 编写程序完成如下控制：5 台电动机顺序启动、逆序停止；按下启动按钮，电机按照 M1～M5 的顺序，每隔 5s 启动一台，直至全部启动；按下停止按钮，电机按照 M5～M1 的顺序，每隔 10s 停止一台，直至全部停止。
7. 编写程序，实现一部电动运输车供 8 个加工点使用的控制功能。电动车的控制要求如下：PLC 上电后，车停在某个加工点（工位），若无用车呼叫（呼车）时，则各工位的指示灯亮，表示各工位可以呼车。某工作人员按本工位的呼车按钮呼车时，各工位的指示灯均灭，此时别的工位呼车无效。如停车位呼车时，车不动，呼车工位号大于停车 I 位号时，车自动向高位行驶，当呼车 I 位号小于停车 I 位号时，车自动向低位行驶，当车运行到呼车工位时自动停车。停车时间为 30s 供呼车工位使用，其他工位不能呼车。从安全角度出发，当停电再来电时，车不应自行启动。电动车运行示意图如图 6-76 所示。

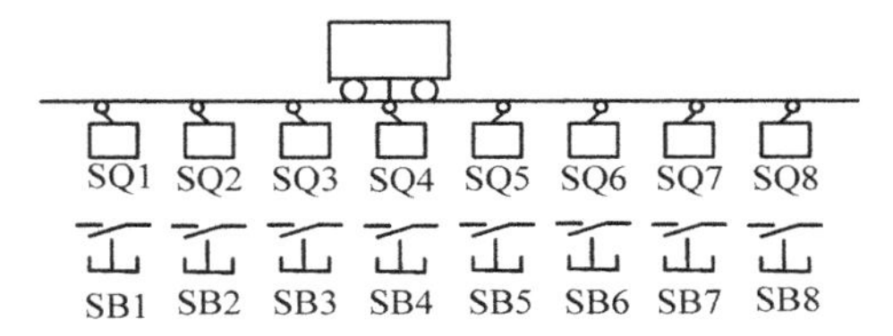

图 6-76　电动车运行示意图

8. 设计一个用 PLC 控制变频与工频切换的控制系统，控制要求如下：若将选择开关 SA1 旋至“工频运行”位置，按下启动按钮 SB1，电动机在工频电压下启动并运行；按下停止按钮 SB2，电动机停止运行。若将选择开关 SA1 旋至“变频运行”位置，按下启动按钮 SB1，电机运行状态将从工频切换至变频运行。

9. 设计 PLC 控制步进电机的程序，系统设有启动按钮和停止按钮，按下启动按钮，步进电机按照程序设定的速度运行；按下停止按钮，步进电机停止运行。

第 7 章　S7-1200 PLC 的通信

7.1　S7-1200 PLC 通信基础

1．PROFINET 接口通信

S7-1200 可实现 CPU 与编程设备、HMI 和其他 CPU 之间的多种通信。S7-1200 CPU 本体集成 1～2 个 PROFINET 以太网接口，支持以太网和基于 TCP/IP 的通信标准。该接口配置一个具有自动交叉网线功能的 RJ-45 连接器，数据传输率为 10/100MB，支持以下通信协议及服务。

① S7 通信：适用于 S7 系列 PLC 之间的通信，通过 PLC 集成的 PN 接口或 CP 模块通信口连接实现联网。

② Open IE 通信：即开放式用户通信，使用 TCP、ISO-on-TCP 及 UDP 协议实现数据交换，通过 PLC 集成的 PN 接口或 CP 模块通信口联网。

S7-1200 CPU 可以使用标准 TCP 通信协议与其他 S7-1200 CPU、STEP 7 Basic 编程设备、HMI 设备和非西门子设备通信。S7-1200 CPU 的 PROFINET 通信口所支持的最大通信连接数包括以下。

① 3 个连接用于 HMI 与 CPU 的通信。

② 1 个设备用于编程设备（PG）与 CPU 的通信。

③ 8 个连接用于 Open IE 的编程通信，使用 T-block 指令（如 TSEND_C、TRCV_C、TCON、TDISCON 等）实现。

④ 3 个连接用于被动 S7-1200 CPU 与主动 S7 CPU 的通信，可以实现与 S7-400、S7-300、S7-200 的以太网 S7 通信。

S7-1200 CPU 可以同时支持以上 15 个通信连接，这些连接数是固定不变的，不能自行修改或定义。

2．基于通信模块的通信

S7-1200 CPU 也可使用扩展通信模块或通信板完成基于其他通信协议的通信。例如，使用 CM1241 RS232 或 CM1241 RS422/485 通信模块，可提供点对点通信接口，扩展的通信模块（CM）安装在 CPU 或另一个 CM 模块的左侧，最多连接 3 个，通信模块的类型不限。RS232 或 RS422/485 通信模块具有以下特征。

① 端口经过隔离处理。

② 通过扩展指令和库功能进行组态和编程。

③ 通过模块上 LED 灯显示传送和接收活动。

④ 通过模块上 LED 灯显示诊断活动。

通信模块由 CPU 供电，不必连接外部电源；通信传输采用 RS232 或 RS485 传输介质，可连接具有串口接口的设备，如打印机、扫描仪、智能仪表等；数据传输在 CPU 自由端口模式下执行。西门子博图软件提供的编程环境，设定通信模块 CM1241 参数界面友好、操作简单，用户可自行设定模块的通信特性。

7.2 S7-1200 PLC 之间的 S7 通信

7.2.1 S7 通信及相关指令

1．S7 通信特点

S7 通信是 S7 系列 PLC 基于 MPI、PROFIBUS 和工业以太网的一种优化的通信协议，特别适用于 PLC 与 HMI、编程器之间，PLC 与 PLC 之间的通信。S7 通信特点如下。

① S7 通信服务集成在所有 SIMATIC S7 控制器中。

② S7 通信服务使用 ISO/OSI 参考模型的第七层（应用层），不依赖于使用的网络。

③ 采用客户端/服务器应用协议，服务器只能被访问。

④ 适用于 S7 站之间的数据传输。

⑤ 读写别的 S7 站的数据，通信伙伴不需要编写通信用户程序。

⑥ 具有控制功能，例如，控制通信伙伴 CPU 的停止、预热和热启动。

⑦ 具有监视功能。例如，监视通信伙伴 CPU 的运行状态。

为了在 PLC 之间传输数据，应在通信的单方或双方组态一个 S7 连接，被组态的连接在 S7 站启动时建立并一直保持；可以建立与同一个伙伴的多个连接；可以随时访问的通信伙伴的数量受到 CPU 或 CP（通信处理器）可用的连接资源的限制。S7-1200 PLC 可使用 PUT/GET 指令实现集成的 S7 通信功能。

2．S7−1200 PLC 的 S7 通信指令

PUT/GET 指令可以用于单方编程，一台 PLC 作为服务器，另一台 PLC 作为客户端；通过在客户端的 PLC 使用 PUT/GET 指令编写通信程序实现对服务器的读写操作；服务器侧只需进行相应的配置，不需要编写通信程序。

PUT 指令用于将本地数据写入远程 CPU（服务器），GET 指令用于从远程 CPU（服务器）读取数据，通信伙伴不需要编写通信程序，S7 通信指令格式如图 7-1 所示，指令参数含义及用法参见 7.2.2 节。

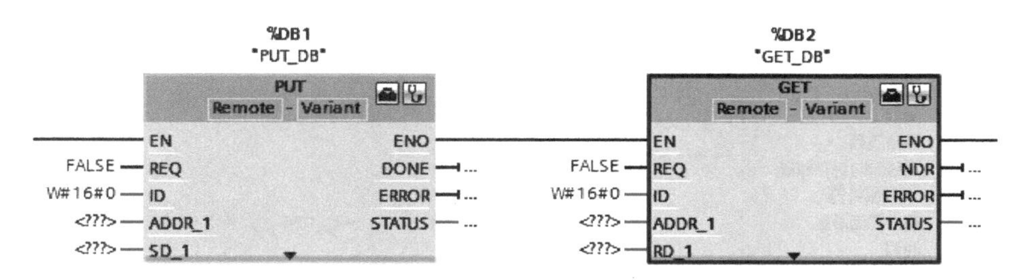

图 7-1　S7 通信指令格式

7.2.2　S7 通信功能的实现

1．控制要求

某一控制系统由两台 CPU 1215C DC/DC/DC PLC 组成，IP 地址分别设为 192.168.0.10、192.168.0.20，两台 PLC 通过以太网连接，采用 S7 通信模式分别实现两台 PLC 之间各 10 个字节的读写功能。

2．硬件组态

① 打开 TIA Portal 软件，创建新项目，项目名称自定；然后在项目树下单击“添加新设备”选项，选择 CPU 1215C DC/DC/DC，分别创建两个 S7-1200 PLC 站点。

② 设置以太网接口：设置 Station1（PLC_1）IP 地址为 192.168.0.10，掩码为 255.255.255.0；设置 Station2（PLC_2）IP 地址为 192.168.0.20，掩码为 255.255.255.0。本例中，Station1（PLC_1）作为客户端，Station2（PLC_2）作为服务器。

③ 在网络视图中，单击一台 PLC 的以太网端口并拖曳到另一台 PLC 的以太网端口，自动建立 PN/IE_1 网络连接，网络连接如图 7-2 所示。

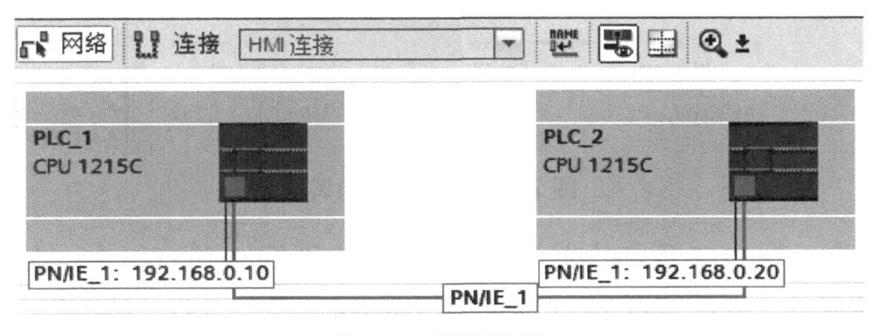

图 7-2　网络连接

④ 分别在两台 CPU 属性标签中，选择“保护”→“连接机制”，选择“允许从远程伙伴（PLC、HMI、OPC…）使用 PUT/GET 通信访问”，两台 PLC 均需设置，PLC_1 设置界面如图 7-3 所示。因为后续编程时会用到系统时钟，在 PLC_1（客户端）属性设置中需要启用时钟存储器字节，启用 PLC_1 时钟存储器字节如图 7-4 所示。

3．程序编写

① 打开 PLC_1（客户端）程序块，在 Main 程序中，直接调用通信函数，调用路径：“指令”→“通信”→“S7 通信”→“PUT/GET”，通信指令的调用如图 7-5 所示。

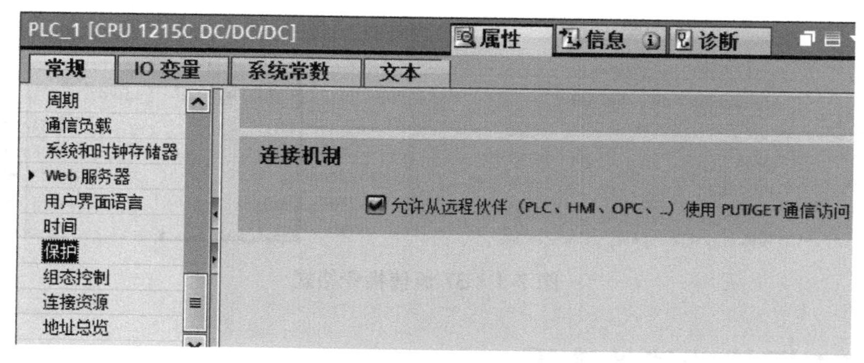

图 7-3　PLC_1 设置界面

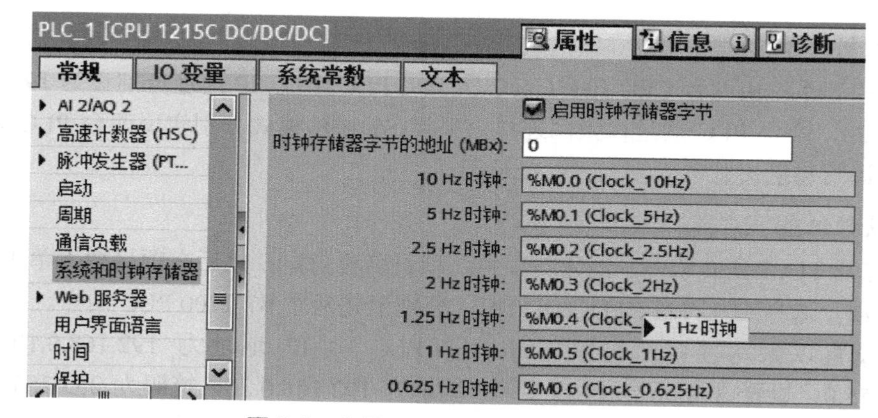

图 7-4　启用 PLC_1 时钟存储器字节

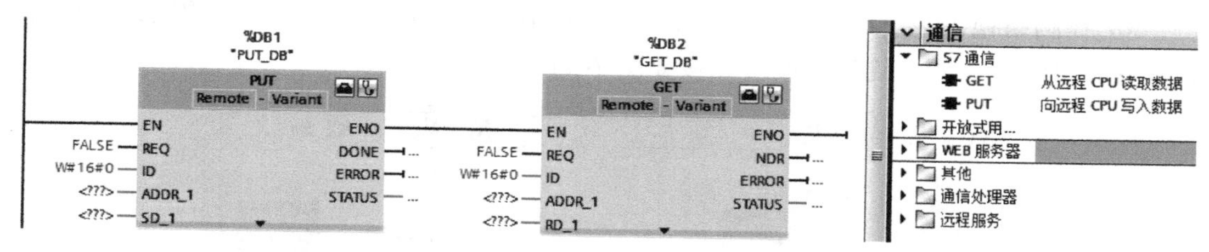

图 7-5　通信指令的调用

② 单击通信函数 PUT 程序块右上角的“组态”图标进行组态，在下方的组态窗口中，选择通信伙伴为“PLC_2（CPU 1215C DC/DC/DC）”，选择“接口”“子网名称”“地址”“连接 ID（十进制）”“连接名称”等选项内容，并选择“主动建立连接”复选框，PUT 指令组态如图 7-6 所示。

③ 连接参数设置完成后，单击“块参数”选项继续设置，PUT 块参数设置 1 如图 7-7 所示。“（启动请求）REQ”选择 CPU 时钟触发，频率为 1Hz；“写入区域（ADDR_1）”，指定写入通信伙伴（PLC_2）的起始地址、长度及数据类型（本例选择写入 PLC_2 的 DB2 数据块中，且从 DB2.DBX10.0 开始的 10 个字节）；“发送区域（SD_1）”，指定本地 PLC_1 需要发送到的 PLC_2 的数据区域，本例选择将数据放置在 DB3 数据块中，从 DB3.DBX0.0 开始的 10 个字节，注意 DB3 应设置为非优化数据块。

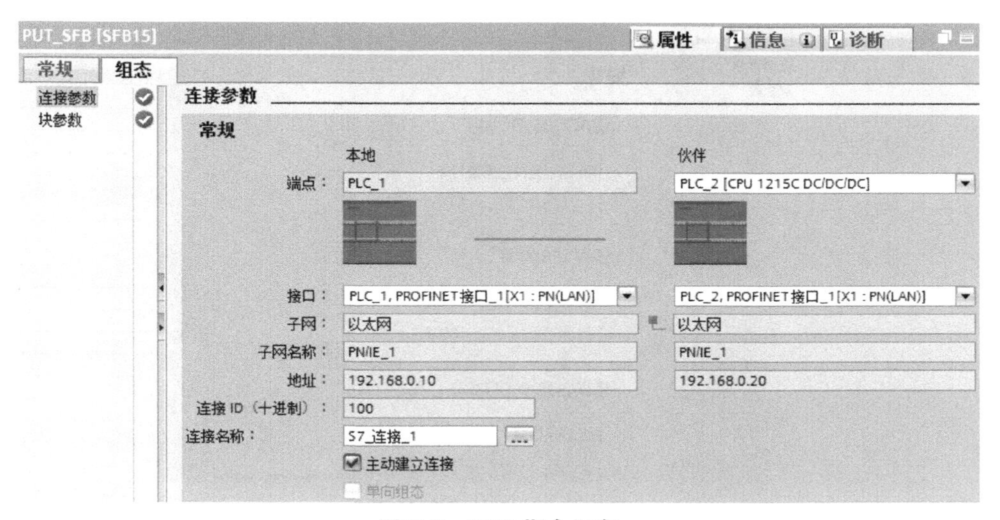

图 7-6　PUT 指令组态

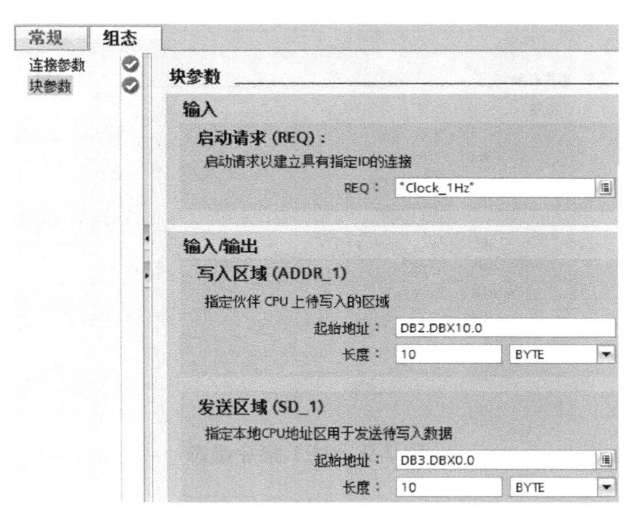

图 7-7　PUT 块参数设置 1

④ 继续设置输出状态引脚，PUT 块参数设置 2 如图 7-8 所示。输出参数中 DONE 表示每发送成功一次，输出一个上升沿，可连接到 M10.0（Tag_1）；ERROR 错误状态位，通信错误时置位 1，连接 M10.1（Tag_2）；STATUS 为通信状态字，连接 MW12（Tag_3）。

⑤ 同理，单击 GET 组态图标进行组态，方法步骤同 PUT 设置，GET 指令组态如图 7-9 所示。

⑥ GET 块参数设置。GET 参数设置如图 7-10、7-11 所示。REQ 连接 1Hz 时钟；PLC_1（客户端）将 PLC_2（服务器）中 DB2.DBB0～DB2.DBB9 计 10 字节的数据，读取并存储到 PLC_1 的 DB3.DBB10～DB3.DBB19 中；继续设置输出状态引脚，其中 NDR 表示每接收新数据一次，输出一个上升沿，连接 M11.0（Tag_4）；ERROR 标示错误状态位，通信错误时置位为 1，连接 M11.1（Tag_5）；STATUS 标示通信状态字，连接 MW14（Tag_6）。

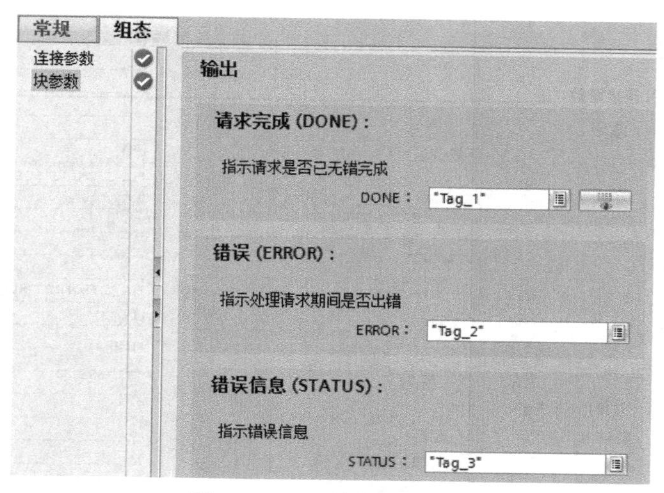

图 7-8　PUT 块参数设置 2

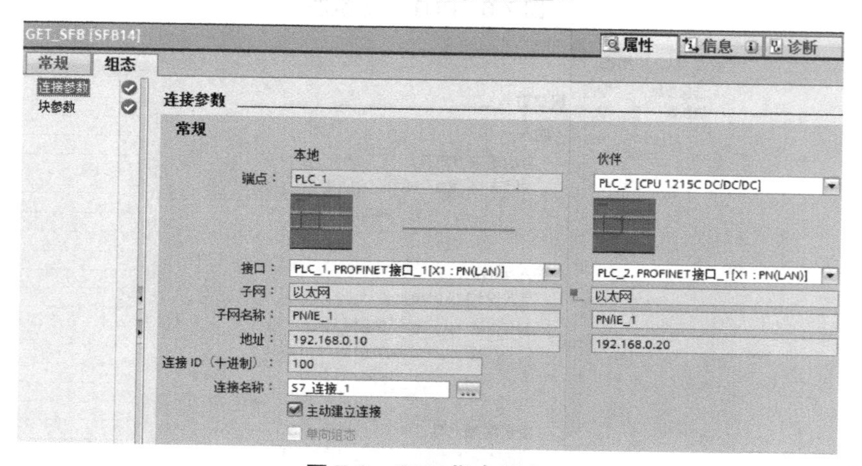

图 7-9　GET 指令组态

GET_SFB [SFB14]
属性
信息
诊断
常规
组态
连接参数
块参数
块参数
输入
启动请求 (REQ)：
启动请求以建立具有指定ID的连接
REQ： "Clock_1Hz"
输入/输出
读取区域 (ADDR_1)
指定待读取伙伴 CPU 中的区域
起始地址： DB2.DBX0.0
长度： 10 BYTE
存储区域 (RD_1)
指定本地CPU地址区用于接收读取数据
起始地址： DB3.DBX10.0
长度： 10 BYTE

图 7-10　GET 块参数设置 1

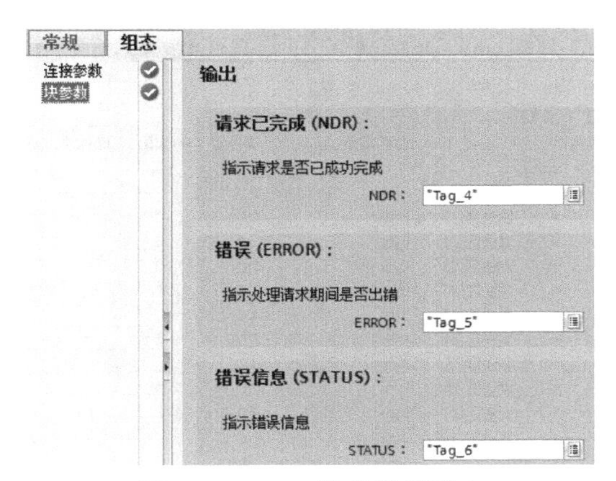

图 7-11　GET 块参数设置 2

通信函数 PUT/GET 组态完成后，各引脚连接情况如图 7-12 所示。

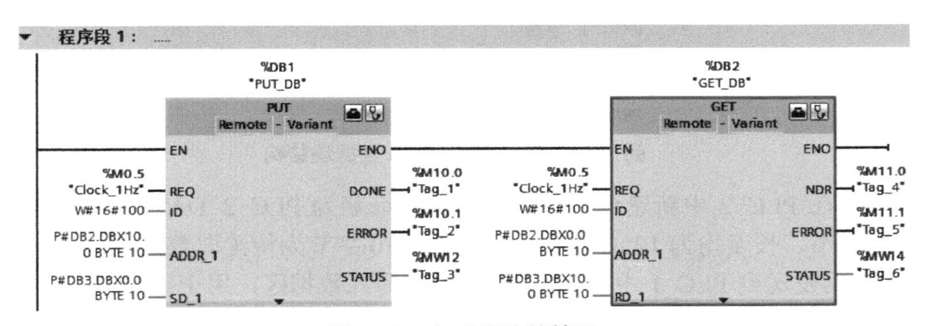

图 7-12　各引脚连接情况

4．数据块的建立

在 PLC_1（客户端）中新建全局数据块 DB3，命名为 PLC_1_DATA，在其中新建两个数据类型为字节、长度均为 10 的数组。其中前 10 字节用于发送数据，后 10 字节用于接收数据。因为本例中需要采用绝对地址的方式访问数据块，故需要将数据块属性修改为非优化的数据块，可在项目树下右击数据块 DB3，选择属性，取消选择“优化的块访问”复选框，切换全局数据块访问方式如图 7-13 所示。完成后，进行编译。PLC_1 中 DB3 数据块结构如图 7-14 所示。

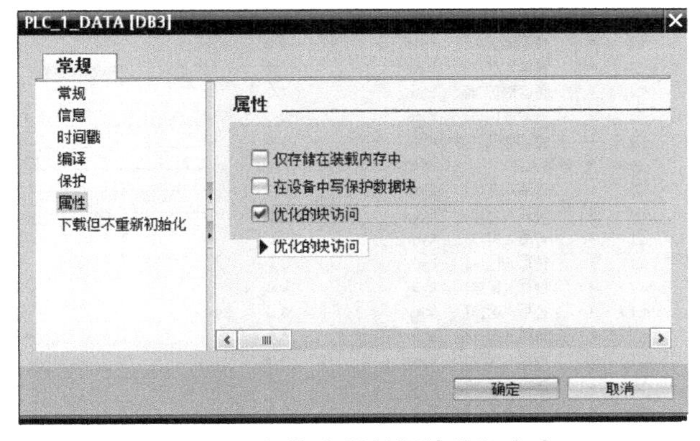

图 7-13　切换全局数据块访问方式

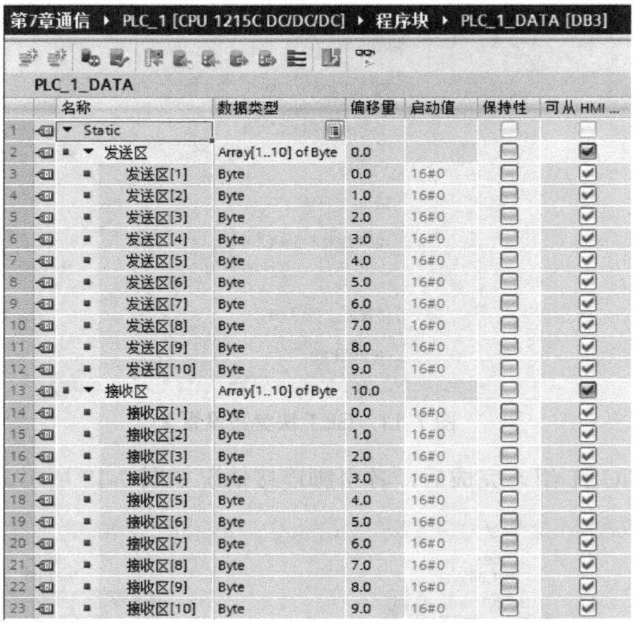

第7章通信 ▸ PLC_1 [CPU 1215C DC/DC/DC] ▸ 程序块 ▸ PLC_1_DATA [DB3]

PLC_1_DATA

	名称	数据类型	偏移量	启动值	保持性	可从 HMI ...
1	▼ Static					
2	▼ 发送区	Array[1..10] of Byte	0.0		☐	☑
3	发送区[1]	Byte	0.0	16#0	☐	☑
4	发送区[2]	Byte	1.0	16#0	☐	☑
5	发送区[3]	Byte	2.0	16#0	☐	☑
6	发送区[4]	Byte	3.0	16#0	☐	☑
7	发送区[5]	Byte	4.0	16#0	☐	☑
8	发送区[6]	Byte	5.0	16#0	☐	☑
9	发送区[7]	Byte	6.0	16#0	☐	☑
10	发送区[8]	Byte	7.0	16#0	☐	☑
11	发送区[9]	Byte	8.0	16#0	☐	☑
12	发送区[10]	Byte	9.0	16#0	☐	☑
13	▼ 接收区	Array[1..10] of Byte	10.0		☐	☑
14	接收区[1]	Byte	0.0	16#0	☐	☑
15	接收区[2]	Byte	1.0	16#0	☐	☑
16	接收区[3]	Byte	2.0	16#0	☐	☑
17	接收区[4]	Byte	3.0	16#0	☐	☑
18	接收区[5]	Byte	4.0	16#0	☐	☑
19	接收区[6]	Byte	5.0	16#0	☐	☑
20	接收区[7]	Byte	6.0	16#0	☐	☑
21	接收区[8]	Byte	7.0	16#0	☐	☑
22	接收区[9]	Byte	8.0	16#0	☐	☑
23	接收区[10]	Byte	9.0	16#0	☐	☑

图 7-14　PLC_1 中 DB3 数据块结构

同样，可在 PLC_2 中新建全局数据块 DB2，命名为 PLC_2_DATA，在其中新建两个数据类型为字节、长度均为 10 的数组。其中，前 10 字节为待读取数据区，即将 PLC_2 中的这 10 条数据发送到 PLC_1 中；后 10 字节为待写入数据区，用于接收 PLC_1 发送的 10 条数据。

因为本例中需要采用绝对地址的方式访问数据块，故需要将数据块属性修改为非优化的数据块，设置方法同上。完成后，进行编译。PLC_2 中 DB2 数据块结构如图 7-15 所示。

第7章通信 ▸ PLC_2 [CPU 1215C DC/DC/DC] ▸ 程序块 ▸ PLC_2_DATA [DB1]

PLC_2_DATA

	名称	数据类型	偏移...	启动值	保持性	可从 HMI...
1	▼ Static					
2	▼ 待读取区	Array[1..10] of Byte	0.0		☐	☑
3	待读取区[1]	Byte	0.0	16#0	☐	☑
4	待读取区[2]	Byte	1.0	16#0	☐	☑
5	待读取区[3]	Byte	2.0	16#0	☐	☑
6	待读取区[4]	Byte	3.0	16#0	☐	☑
7	待读取区[5]	Byte	4.0	16#0	☐	☑
8	待读取区[6]	Byte	5.0	16#0	☐	☑
9	待读取区[7]	Byte	6.0	16#0	☐	☑
10	待读取区[8]	Byte	7.0	16#0	☐	☑
11	待读取区[9]	Byte	8.0	16#0	☐	☑
12	待读取区[10]	Byte	9.0	16#0	☐	☑
13	▼ 待写入区	Array[1..10] of Byte	10.0		☐	☑
14	待写入区[1]	Byte	0.0	16#0	☐	☑
15	待写入区[2]	Byte	1.0	16#0	☐	☑
16	待写入区[3]	Byte	2.0	16#0	☐	☑
17	待写入区[4]	Byte	3.0	16#0	☐	☑
18	待写入区[5]	Byte	4.0	16#0	☐	☑
19	待写入区[6]	Byte	5.0	16#0	☐	☑
20	待写入区[7]	Byte	6.0	16#0	☐	☑
21	待写入区[8]	Byte	7.0	16#0	☐	☑
22	待写入区[9]	Byte	8.0	16#0	☐	☑
23	待写入区[10]	Byte	9.0	16#0	☐	☑

图 7-15　PLC_2 中 DB2 数据块结构

5．系统调试

程序编译后分别下载到两台 PLC 中并启动运行，打开变量监控表分别在线监控 PLC_1 的 DB3 数据和 PLC_2 的 DB2 数据；当在 PLC_1 中将发送区数据修改写入后，PLC_2 中的待写入区数据被更新；当在 PLC_2 中的待读取区数据修改写入后，PLC_1 中的接收区数据被更新。在线监控通信数据如图 7-16 所示。

PLC_1 [CPU 1215C DC/DC/DC] ▸ 监控与强制表 ▸ 监控表_1

	名称	地址	显示格式	监视值	修改值	
1	"PLC_1_DATA".发送区[1]	%DB3.DBB0	十六进制	16#01	16#01	☑
2	"PLC_1_DATA".发送区[2]	%DB3.DBB1	十六进制	16#02	16#02	☑
3	"PLC_1_DATA".发送区[3]	%DB3.DBB2	十六进制	16#03	16#03	☑
4	"PLC_1_DATA".发送区[4]	%DB3.DBB3	十六进制	16#04	16#04	☑
5	"PLC_1_DATA".发送区[5]	%DB3.DBB4	十六进制	16#05	16#05	☑
6	"PLC_1_DATA".发送区[6]	%DB3.DBB5	十六进制	16#06	16#06	☑
7	"PLC_1_DATA".发送区[7]	%DB3.DBB6	十六进制	16#07	16#07	☑
8	"PLC_1_DATA".发送区[8]	%DB3.DBB7	十六进制	16#08	16#08	☑
9	"PLC_1_DATA".发送区[9]	%DB3.DBB8	十六进制	16#09	16#09	☑
10	"PLC_1_DATA".发送区[10]	%DB3.DBB9	十六进制	16#10	16#10	☑
11	"PLC_1_DATA".接收区[1]	%DB3.DBB10	十六进制	16#A1		
12	"PLC_1_DATA".接收区[2]	%DB3.DBB11	十六进制	16#A2		
13	"PLC_1_DATA".接收区[3]	%DB3.DBB12	十六进制	16#A3		
14	"PLC_1_DATA".接收区[4]	%DB3.DBB13	十六进制	16#A4		
15	"PLC_1_DATA".接收区[5]	%DB3.DBB14	十六进制	16#A5		
16	"PLC_1_DATA".接收区[6]	%DB3.DBB15	十六进制	16#A6		
17	"PLC_1_DATA".接收区[7]	%DB3.DBB16	十六进制	16#A7		
18	"PLC_1_DATA".接收区[8]	%DB3.DBB17	十六进制	16#A8		
19	"PLC_1_DATA".接收区[9]	%DB3.DBB18	十六进制	16#A9		
20	"PLC_1_DATA".接收区[10]	%DB3.DBB19	十六进制	16#AA		

… ▸ PLC_2 [CPU 1215C DC/DC/DC] ▸ 监控与强制表 ▸ 监控表_1

	名称	地址	显示格式	监视值	修改值	
1	"PLC_2_DATA".待读取区[1]	%DB2.DBB0	十六进制	16#A1	16#A1	☑
2	"PLC_2_DATA".待读取区[2]	%DB2.DBB1	十六进制	16#A2	16#A2	☑
3	"PLC_2_DATA".待读取区[3]	%DB2.DBB2	十六进制	16#A3	16#A3	☑
4	"PLC_2_DATA".待读取区[4]	%DB2.DBB3	十六进制	16#A4	16#A4	☑
5	"PLC_2_DATA".待读取区[5]	%DB2.DBB4	十六进制	16#A5	16#A5	☑
6	"PLC_2_DATA".待读取区[6]	%DB2.DBB5	十六进制	16#A6	16#A6	☑
7	"PLC_2_DATA".待读取区[7]	%DB2.DBB6	十六进制	16#A7	16#A7	☑
8	"PLC_2_DATA".待读取区[8]	%DB2.DBB7	十六进制	16#A8	16#A8	☑
9	"PLC_2_DATA".待读取区[9]	%DB2.DBB8	十六进制	16#A9	16#A9	☑
10	"PLC_2_DATA".待读取区[10]	%DB2.DBB9	十六进制	16#AA	16#AA	☑
11	"PLC_2_DATA".待写入区[1]	%DB2.DBB10	十六进制	16#01		
12	"PLC_2_DATA".待写入区[2]	%DB2.DBB11	十六进制	16#02		
13	"PLC_2_DATA".待写入区[3]	%DB2.DBB12	十六进制	16#03		
14	"PLC_2_DATA".待写入区[4]	%DB2.DBB13	十六进制	16#04		
15	"PLC_2_DATA".待写入区[5]	%DB2.DBB14	十六进制	16#05		
16	"PLC_2_DATA".待写入区[6]	%DB2.DBB15	十六进制	16#06		
17	"PLC_2_DATA".待写入区[7]	%DB2.DBB16	十六进制	16#07		
18	"PLC_2_DATA".待写入区[8]	%DB2.DBB17	十六进制	16#08		
19	"PLC_2_DATA".待写入区[9]	%DB2.DBB18	十六进制	16#09		
20	"PLC_2_DATA".待写入区[10]	%DB2.DBB19	十六进制	16#10		

图 7-16　在线监控通信数据

7.3　S7-1200 PLC 之间的以太网通信

7.3.1　Modbus TCP 通信协议

1．Modbus 协议

Modbus 是 Modicon 公司于 1979 年开发的一种通用串行通信协议，是国际上第一个真正用于工业控制的现场总线协议。由于其功能完善且使用简单、数据易于处理，因而在各种智能设备中被广泛采用，现应用于如 GE、SIEMENS 等大公司，并把它作为一种标准的通信接口提供给用户。

许多工业设备包括 PLC、智能仪表等都将 Modbus 协议作为它们之间的通信标准。由于电气设备巨头施耐德公司的推动，以及相对低廉的实现成本，Modbus 现场总线在低压配电市场上所占的份额大大超过了其他现场总线，成为低压配电上应用最广泛的现场总线。Modbus 尤其适用于小型控制系统或单机控制系统，可以实现低成本、高性能的主从式计算机网络监控。1996 年施耐德公司又推出了基于以太网 TCP/IP 的 Modbus TCP 协议。2008 年 3 月 Modbus 正式成为工业通信领域现场总线技术国家标准 GB/T 19582—2008。

Modbus 协议是一种应用层报文传输协议（OSI 模型第七层），它定义一个与通信层无关的协议数据单元（Protocol Data Unit，PDU），PDU=（功能码+数据域）。Modbus 协议只定义通信消息的结构，对物理端口没有做具体规定，支持 RS232、RS422、RS485 和以太网接口，可以作为各种智能设备、仪表之间的通信标准，方便地将不同厂商生产的控制设备连接成工业网络。

Modbus 分为网口协议和串口协议，可用于不同的网络或总线。对于不同的网络或总线，Modbus 协议引入一些附加域映射成应用数据单元（Application Data Unit，ADU），ADU=（附加域+PDU），包括 TCP、RTU 和 ASCII 3 种报文类型。

2．Modbus TCP 技术介绍

Modbus 是一种客户端/服务器（主/从站）应用协议，客户端（主站）向服务器发送请求，服务器（从站）分析、处理请求，并向客户端发送应答。

Modbus TCP 是开放的协议，IANA（Internet Assigned Numbers Authority，互连网编号分配管理机构）给 Modbus 协议 TCP 编号为 502，这是目前在仪表与自动化行业中唯一分配的端口号。

Modbus TCP 是运行在 TCP/IP 上的 Modbus 报文传输协议。通过此协议，控制其通过网络和其他设备之间通信。

Modbus TCP 信息帧结构如图 7-17 所示，它是在 TCP/IP 上使用一种专用报文头识别 ADU，这种报文头被称为 MBAP 报文头（Modbus 协议报文头）。MBAP 报文头由 4 部分共 7 个字节组成，分别是事物处理标志符（2 字节）、协议标志符（2 字节）、长度（2 字节）及单元标志符（1 字节）。

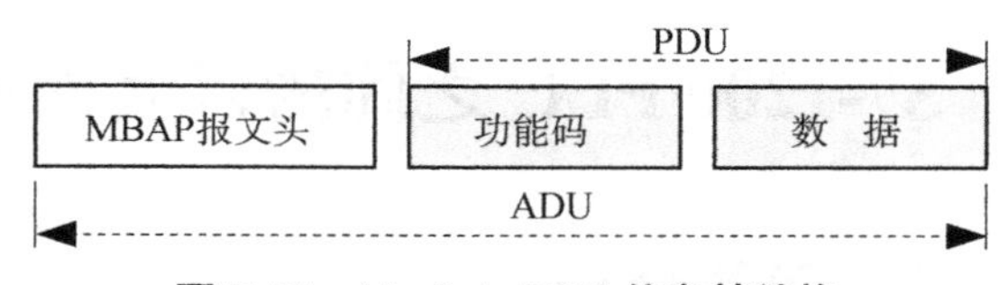

图 7-17 Modbus TCP 信息帧结构

MBAP 报文头与串行链路上使用的 Modbus ADU 的差别如下。

① 使用 MBAP 报文头中的单元标志符取代 Modbus 串行链路上通常使用的 Modbus 地址域。这个单元标志符用于设备的通信，这些设备使用单个 IP 地址支持多个独立的 Modbus 终端单元，如网桥、路由器和网关等。

② 接收者可以验证完成报文的方式，设计所有 Modbus 请求和响应。对于 Modbus PDU，有固定长度的功能码，就足够了；对于 Modbus TCP 在请求或响应中携带一个可变数据的功能码来说，数据域包括字节数。

③ 当在 TCP 上携带 Modbus 时，在 MBAP 报文头上携带附加长度信息，以便接收者能识别报文边界。

可见，Modbus TCP 通信报文被封装在 TCP/IP 数据包中，与 Modbus 串口通信方式相比，Modbus TCP 将一个标准的 Modbus 报文插入到 TCP 报文中，不再带有地址和数据校验。Modbus TCP 具有以下特点。

① 用户可免费获得协议及样板程序。

② 网络实施价格低廉，可全部使用通用网络部件。

③ 易于集成不同的设备，几乎可以找到任何现场总线连接 Modbus TCP 的网关。

④ 网络的传输能力强，但实时性较差。

目前中国已把 Modbus TCP 作为工业网络标准之一；在国外，Modbus TCP 被国际半导体产业 SEMI 定为网络标准；国际水处理、电力系统及其他越来越多的行业也把 Modbus TCP 作为应用的标准。

7.3.2 Modbus TCP 通信功能的实现

1. 控制要求

两台 PLC，其中一台型号为 S7-1200 CPU 1215C DC/DC/DC，作为客户端（PLC_1）；另一台型号为 S7-1200 CPU 1214C AC/DC/Rly，作为服务器（PLC_2）。通过 Modbus TCP 协议实现两台 PLC 的通信与数据交换，要求如下。

① PLC_1 读取 PLC_2 保持寄存器中 10 个字的数据。

② PLC_1 向 PLC_2 保持寄存器写入 10 个字的数据。

2. 系统结构

PLC_1（S7-1200 CPU 1215C DC/DC/DC）集成两台交换机，采用两根以太网电缆，分别连接 PC 和 PLC_2，完成系统的网络连接。如图 7-18 所示为系统硬件连接示意图。

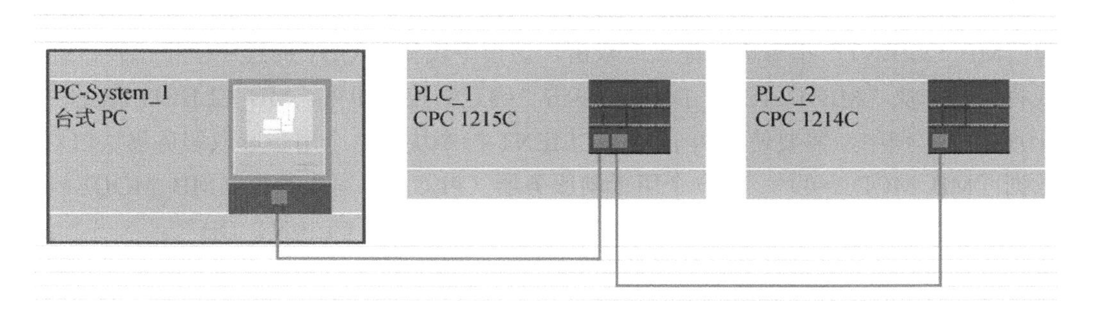

图 7-18 系统硬件连接示意图

3. 创建新项目

打开 TIA Portal V13 SP1 软件，创建新项目“MODBUS-TCP 通信示例”；然后在项目树下单击“添加新设备”选项，选择 CPU 1215C DC/DC/DC（订货号：6ES7 215-1AG40-0XB0，固件版本：V4.x），创建一个 PLC_1 站点，并将 PLC_1 的“IP 地址”设置为“192.168.0.1”，“子网掩码”设置为“255.255.255.0”，PLC_1 IP 地址设置如图 7-19 所示。

同样，继续添加新设备，选择 CPU 1214C AC/DC/Rly（订货号：6ES7 214-1BG40-0XB0，固件版本：V4.x），创建一个 PLC_2 站点，并将 PLC_2 的“IP 地址”设置为“192.168.0.2”，“子网掩码”设置为“255.255.255.0”，PLC_2 IP 地址设置如图 7-20 所示。设置完成后，在网络视图中，建立两台 PLC 之间的 PN/IE 网络连接。

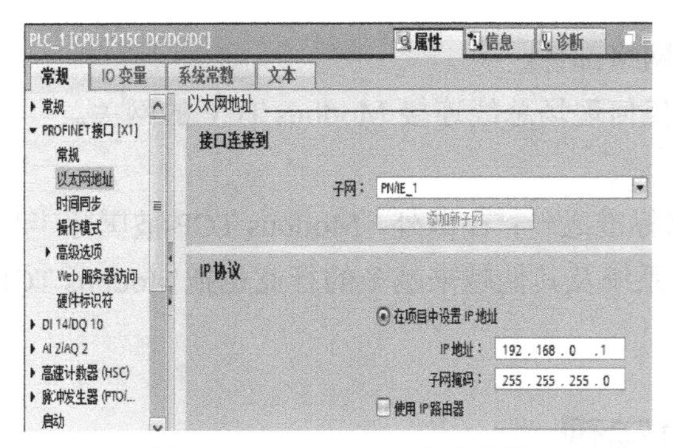

图 7-19　PLC_1 IP 地址设置

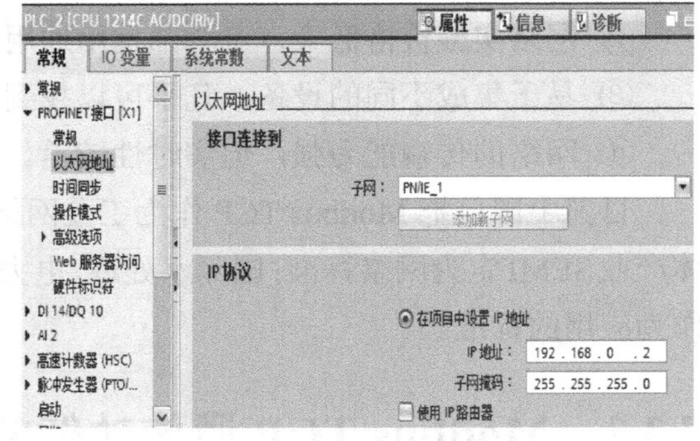

图 7-20　PLC_2 IP 地址设置

PLC 通信参数设置见表 7-1。

表 7-1　PLC 通信参数设置

参数类别	CPU 类型	IP 地址	端口号	硬件标志符
客户端	CPU 1215C	192.168.0.1	0	64
服务器	CPU 1214C	192.168.0.2	502	64

4．S7−1200 Modbus TCP 客户端参数设置与程序编写

S7-1200 客户端需要调用 MB_CLIENT 指令块，该指令块主要完成客户端和服务器的 TCP 连接、发送命令消息、接收响应，以及控制服务器断开的工作任务。

① 打开 PLC_1 主程序块 Main（OB1），进入路径：指令→通信→其他→MODBUS TCP，选择“MB_CLIENT”指令块，拖曳或双击，该指令块将在 OB1 的程序段里出现，并自动生成背景数据块“MB_CLIENT_DB”，单击“确定”按钮即可，MB_CLIENT 指令块如图 7-21 所示。本例中，需要使用两个 MB_CLIENT 指令块，一个用于读取服务器（PLC_2）的数据（MB_MODE=0），另一个用于向服务器（PLC_2）写入数据（MB_MODE=1），建议两个 MB_CLIENT 指令块使用相同的背景数据块“MB_CLIENT_DB”。

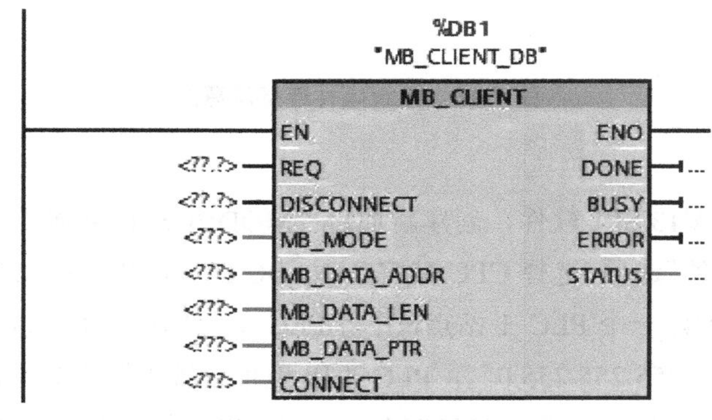

图 7-21　MB_CLIENT 指令块

② 连接两个功能块的各个引脚，功能块各个引脚定义见表 7-2。表 7-3 为 MODE 参数与 Modbus 功能之间的关系。

表 7-2　功能块各个引脚定义

引脚名称	数据类型	说明	本例实际连接
REQ	BOOL	与 Modbus TCP 服务器之间的通信请求，上升沿有效	M10.0 M20.0
DISCONNECT	BOOL	控制与 Modbus TCP 服务器建立和终止连接：0—建立连接；1—断开连接	M10.1 M20.1 默认=0
MB_MODE	USINT	选择 Modbus 请求模式（读取、写入或诊断）。主要为：0—读；1—写	0：读取 1：写入
MB_DATA_ADDR	UDINT	由 MB_CLIENT 指令所访问数据的起始地址	40001 40011
MB_DATA_LEN	UINT	数据长度：数据访问的位或字的个数	10
MB_DATA_PTR	VARIANT	指向 Modbus 数据寄存器的指针	P#DB2.DBX0.0 WORD 10 P#DB2.DBX20.0 WORD 10
CONNECT	TCON_IP_v4	指向连接描述结构的指针	数据块
DONE	BOOL	最后一个作业成功完成，立即将输出参数 DONE 置位为“1”	M10.2 M20.2
BUSY	BOOL	在建立和终止连接期间，不会设置输出参数 BUSY	M10.3 M20.3
ERROR	BOOL	0—无错误，1—出错（出错原因由参数 STATUS 指示）	M10.4 M20.4
STATUS	WORD	指令的详细状态信息	MW12 MW22

表 7-3　MODE 参数与 Modbus 功能之间的关系

MODE	Modbus 功能	数据长度 MB_DATA_LEN	Modbus 地址 MB_DATA_ADDR	功能和数据类型
0	01	1～2000	1～9999	读取输出位：1～2000
0	02	1～2000	10001～19999	读取输入位：1～2000
0	03	1～125	40001～49999 或 400001～465535	读取保持寄存器： 0～9998 或 0～65534
0	04	1～125	30001～39999	读取输入 WORD： 0～9998
1	05	1	1～9999	写入输出位：0～9998
1	06	1	40001～49999 或 400001～465535	写入保持寄存器： 0～9998 或 0～65534
1	15	2～1968	1～9999	写入多个输出位： 0～9998

续表

MODE	Modbus 功能	数据长度 MB_DATA_LEN	Modbus 地址 MB_DATA_ADDR	功能和数据类型
1	16	2～123	40001～49999 或 400001～465535	写入多个保持寄存器：0～9998 或 0～65534
2	15	1～1968	1～9999	写入一个或多个输出位：0～9998
2	16	1～123	40001～49999 或 400001～465535	写入一个或多个保持寄存器：0～9998 或 0～65534

③ CONNECT 引脚的设置：首先创建一个新的全局数据块，例如，将数据块命名为 CONNECT，建立 CONNECT 参数的全局数据块如图 7-22 所示。

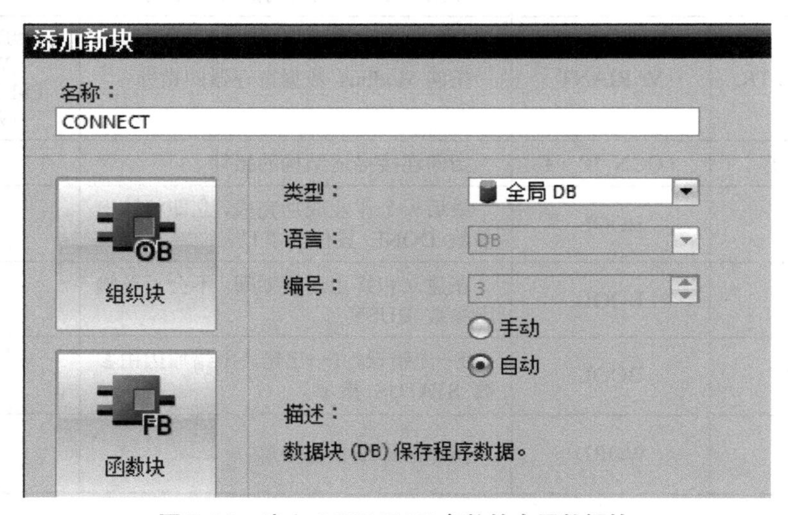

图 7-22 建立 CONNECT 参数的全局数据块

创建后，双击打开新生成的 DB 块，定义变量名称为“CONNECT”，数据类型输入“TCON_IP_v4”，然后单击回车键，全局数据块结构如图 7-23 所示，该数据类型结构创建完毕。

CONNECT

	名称	数据类型	启动值	保持性	可从 HMI ...	在 HMI ...
1	▼ Static					
2	▼ CONNECT	TCON_IP_v4		☐	☑	☑
3	InterfaceId	HW_ANY	16#0	☐	☑	☑
4	ID	CONN_OUC	16#0	☐	☑	☑
5	ConnectionType	Byte	16#0B	☐	☑	☑
6	ActiveEstablished	Bool	false	☐	☑	☑
7	▶ RemoteAddress	IP_V4		☐	☑	☑
8	RemotePort	UInt	0	☐	☑	☑
9	LocalPort	UInt	0	☐	☑	☑

图 7-23 全局数据块结构

修改全局数据块 CONNECT 的启动值。InterfaceId 为硬件标志符，具体数值可在 PLC“属性”选项卡中的“硬件标志符”选项中查看；ID 为连接 ID，取值范围为 1～4095，本例写入 1；Connection Type 为连接类型，TCP 连接时，写入 16#0B；ActiveEstablished 为是否主动建立连接，主动为 1（客户端），被动为 0（服务器）；RemoteAddress 为服务器侧的 IP 地址，设为 192.168.0.2；RemotePort 为远程端口号，即服务器侧的端口号，使用 TCP/IP 协议与客户端建立连接和通信的 IP 端口号（默认值：502）；LocalPort 为本地端口号，写入 0。启动值修改完成如图 7-24 所示。

CONNECT

	名称	数据类型	启动值	保
1	▼ Static			
2	▼ CONNECT	TCON_IP_v4		
3	InterfaceId	HW_ANY	64	
4	ID	CONN_OUC	1	
5	ConnectionType	Byte	16#0B	
6	ActiveEstablished	Bool	1	
7	▼ RemoteAddress	IP_V4		
8	▼ ADDR	Array[1..4] of Byte		
9	ADDR[1]	Byte	192	
10	ADDR[2]	Byte	168	
11	ADDR[3]	Byte	0	
12	ADDR[4]	Byte	2	
13	RemotePort	UInt	502	
14	LocalPort	UInt	0	

图 7-24　启动值修改完成

④ 创建 MB_DATA_PTR 数据缓冲区。该项目要求通过 Modbus TCP 通信，一方面，将 PLC_2 保持寄存器中 10 个字的数据读到 PLC_1 中；另一方面将 PLC_1 中的 10 个字写入 PLC_2 中，完成整个系统通信的读写功能。

创建一个全局数据块 DATA，在其中建立两个数组，分别用来存放从服务器侧 PLC_2 读取的 10 个字和写入 PLC_2 的 10 个字，客户端数据缓冲区结构如图 7-25 所示。

注意：MB_DATA_PTR 指定的数据缓冲区可以为 DB 块或 M 存储区地址。DB 块可以为优化的数据块结构，也可以为标准的数据块结构。若为优化的数据块结构，编程时需要以符号寻址的方式填写该引脚；如要设置为标准的数据块结构，可以右击 DB 块，在“属性”选项卡中取消选择“优化的块访问”复选框。本例选用标准的数据块结构（非优化的数据块）进行编程。

⑤ MB_CLIENT 指令块参数设置。按照系统通信要求，需要分别调用两个 MB_CLIENT 指令块完成读/写数据的功能，MB_CLIENT 指令块参数设置如图 7-26 所示。

将第一个 MB_CLIENT 指令块引脚 MB_MODE 设为 0（读取），用于读取服务器 PLC_2 中保持寄存器的 10 个字，并保存到客户端 PLC_1 的 DATA 数据块中的 DATA1_RD 数组中；MB_DATA_ADDR 用于设置访问服务器保持寄存器的起始地址，设为 40001；数据长度 MB_DATA_LEN 设为 10；读取的数据存放到 PLC_1 的位置由 MB_DATA_PTR 引脚指定，为 P#DB2.DBX0.0 WORD 10。

DATA

	名称	数据类型	偏移量	启动值
1	▼ Static			
2	▼ DATA1_RD	Array[1..10] of Word	0.0	
3	DATA1_RD[1]	Word	0.0	16#0
4	DATA1_RD[2]	Word	2.0	16#0
5	DATA1_RD[3]	Word	4.0	16#0
6	DATA1_RD[4]	Word	6.0	16#0
7	DATA1_RD[5]	Word	8.0	16#0
8	DATA1_RD[6]	Word	10.0	16#0
9	DATA1_RD[7]	Word	12.0	16#0
10	DATA1_RD[8]	Word	14.0	16#0
11	DATA1_RD[9]	Word	16.0	16#0
12	DATA1_RD[10]	Word	18.0	16#0
13	▼ DATA2_WR	Array[1..10] ...	20.0	
14	DATA2_WR[1]	Word	0.0	16#0
15	DATA2_WR[2]	Word	2.0	16#0
16	DATA2_WR[3]	Word	4.0	16#0
17	DATA2_WR[4]	Word	6.0	16#0
18	DATA2_WR[5]	Word	8.0	16#0
19	DATA2_WR[6]	Word	10.0	16#0
20	DATA2_WR[7]	Word	12.0	16#0
21	DATA2_WR[8]	Word	14.0	16#0
22	DATA2_WR[9]	Word	16.0	16#0
23	DATA2_WR[10]	Word	18.0	16#0

图 7-25　客户端数据缓冲区结构

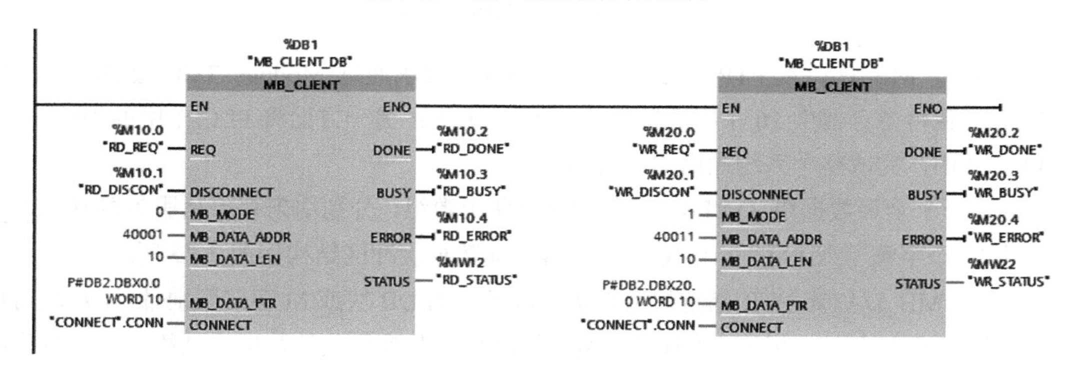

图 7-26　MB_CLIENT 指令块参数设置

第一个 MB_CLIENT 指令块设置完成后，右击 MB_CLIENT 指令块，选择"复制"，"粘贴"命令，生成第二个 MB_CLIENT 指令块，该块需完成将 PLC_1 中的 10 个字写入 PLC_2；修改引脚定义，将 MB_MODE 设为 1（写入）； MB_DATA_ADDR 用于设置写入服务器保持寄存器的起始地址，设为 40011；数据长度 MB_DATA_LEN 设为 10；待写入的数据位于 PLC_1 的位置，由 MB_DATA_PTR 引脚指定，为 P#DB2.DBX20.0 WORD 10。

⑥ 轮询程序编写。轮询程序用于系统自动、分时接通两个 MB_CLIENT 指令块与服

务器的通信，便于分别对服务器进行访问和数据的读写。轮询程序设计如图 7-27 所示。

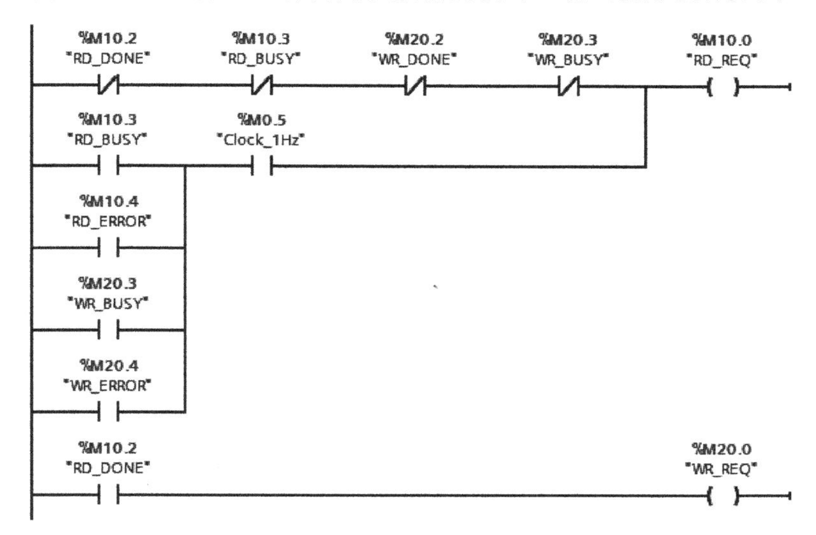

图 7-27　轮询程序设计

5．S7−1200 Modbus TCP 服务器参数设置与程序编写

S7-1200 服务器需要调用 MB_SERVER 指令块，该指令块将处理 Modbus TCP 客户端的连接请求、接收并处理 Modbus 请求和发送响应。

① 打开 PLC_2 主程序块 Main（OB1），进入路径：指令→通信→其他→MODBUS TCP，选择 MB_SERVER 指令块，拖曳或双击，该指令块将在 OB1 的程序段里出现，并自动生成背景数据块“MB_SERVER_DB”，单击“确定”按钮即可，MB_SERVER 指令块如图 7-28 所示。

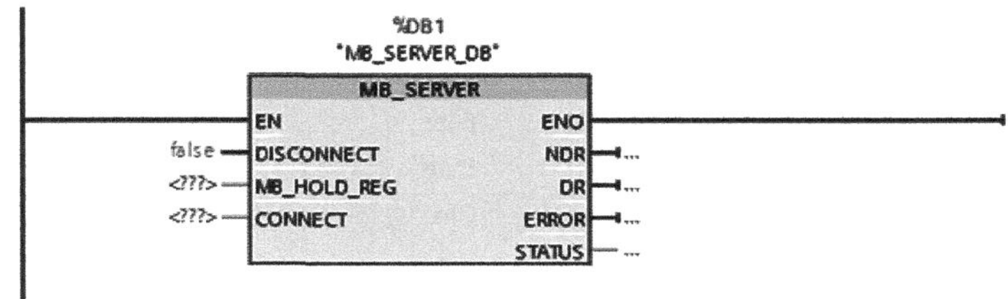

图 7-28　MB_SERVER 指令块

② 连接功能块各个引脚，MB_SERVER 功能块各个引脚定义见表 7-4。

表 7-4　MB_ SERVER 功能块各个引脚定义

引脚名称	数据类型	说　明	本例实际连接
DISCONNECT	BOOL	0—被动建立与客户端的通信连接；1—终止连接	始终连接，默认=0
MB_HOLD_REG	VARIANT	指向“MB_SERVER”指令中 Modbus 保持寄存器的指针	P#DB2.DBX0.0 WORD 20
CONNECT	TCON_IP_v4	指向连接描述结构的指针	数据块 DB2

续表

引脚名称	数据类型	说　明	本例实际连接
NDR	BOOL	New Data Ready:0—无新数据；1—从Modbus 客户端写入的新数据	M10.0
DR	BOOL	Data Read:0—未读取数据；1—从Modbus 客户端读取的数据	M10.1
ERROR	BOOL	0—无错误；1—出错（出错原因由参数STATUS 指示）	M10.2
STATUS	WORD	指令的详细状态信息	MW12

③ CONNECT 引脚的设置。同 MB_CLIENT 块 CONNECT 引脚设置步骤基本一致。修改全局数据块“CONNECT”的启动值，CONNECT 引脚的全局数据块参数设置如图 7-29 所示。

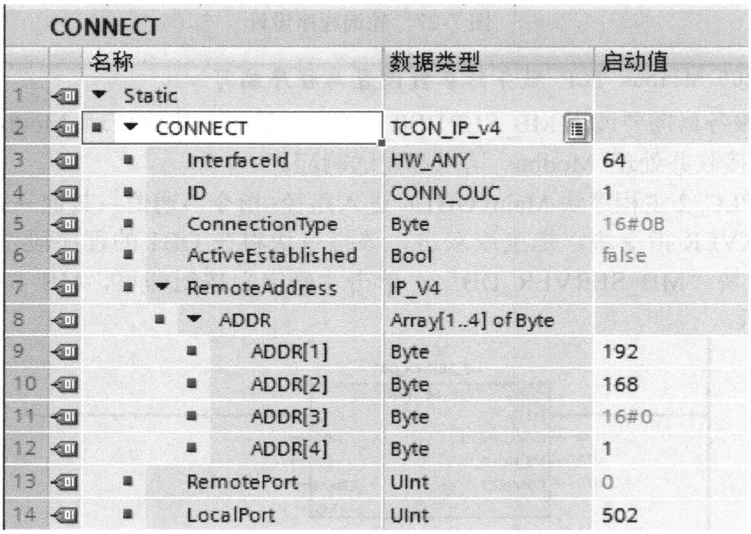

CONNECT

	名称	数据类型	启动值
1	▼ Static		
2	▼ CONNECT	TCON_IP_v4	
3	InterfaceId	HW_ANY	64
4	ID	CONN_OUC	1
5	ConnectionType	Byte	16#0B
6	ActiveEstablished	Bool	false
7	▼ RemoteAddress	IP_V4	
8	▼ ADDR	Array[1..4] of Byte	
9	ADDR[1]	Byte	192
10	ADDR[2]	Byte	168
11	ADDR[3]	Byte	16#0
12	ADDR[4]	Byte	1
13	RemotePort	UInt	0
14	LocalPort	UInt	502

图 7-29　CONNECT 引脚的全局数据块参数设置

④ 创建 MB_HOLD_REG 数据缓冲区。在 PLC_2 项目中创建一个全局数据块 DATA，分别用来存放需要读/写的 20 个字的数据，故可将 DATA 分为两个区域，DATA_1 和 DATA_2，各为 10 个字，服务器数据缓冲区结构如图 7-30 所示。

注意：MB_HOLD_REG 指定的数据缓冲区可以为 DB 块或 M 存储区地址。本例选择非优化的数据块进行编程。

6．S7—1200 Modbus TCP 通信功能调试

在客户端和服务器 PLC 项目中分别建立通信变量的监控表，并在线监控与修改变量，观察系统运行和通信数据情况，客户端/服务器之间的数据交换如图 7-31 所示。

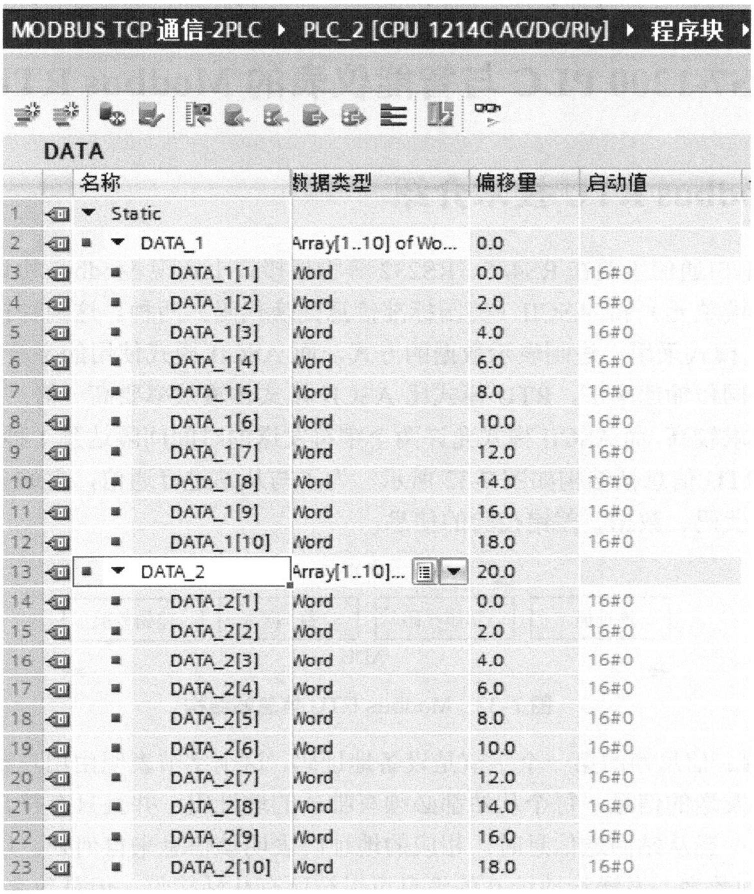

MODBUS TCP 通信-2PLC ▸ PLC_2 [CPU 1214C AC/DC/Rly] ▸ 程序块 ▸

DATA

	名称	数据类型	偏移量	启动值
1	▼ Static			
2	▼ DATA_1	Array[1..10] of Wo...	0.0	
3	DATA_1[1]	Word	0.0	16#0
4	DATA_1[2]	Word	2.0	16#0
5	DATA_1[3]	Word	4.0	16#0
6	DATA_1[4]	Word	6.0	16#0
7	DATA_1[5]	Word	8.0	16#0
8	DATA_1[6]	Word	10.0	16#0
9	DATA_1[7]	Word	12.0	16#0
10	DATA_1[8]	Word	14.0	16#0
11	DATA_1[9]	Word	16.0	16#0
12	DATA_1[10]	Word	18.0	16#0
13	▼ DATA_2	Array[1..10]...	20.0	
14	DATA_2[1]	Word	0.0	16#0
15	DATA_2[2]	Word	2.0	16#0
16	DATA_2[3]	Word	4.0	16#0
17	DATA_2[4]	Word	6.0	16#0
18	DATA_2[5]	Word	8.0	16#0
19	DATA_2[6]	Word	10.0	16#0
20	DATA_2[7]	Word	12.0	16#0
21	DATA_2[8]	Word	14.0	16#0
22	DATA_2[9]	Word	16.0	16#0
23	DATA_2[10]	Word	18.0	16#0

图 7-30　服务器数据缓冲区结构

...CPU 1214C AC/DC/Rly] ▸ 监控与强制表 ▸ 监控表_1

	名称	地址	显示格式	监视值	修改值
1	"DATA".DATA_1[1]	%DB2.DBW0	十六进制	16#0001	16#0001
2	"DATA".DATA_1[2]	%DB2.DBW2	十六进制	16#0002	16#0002
3	"DATA".DATA_1[3]	%DB2.DBW4	十六进制	16#0003	16#0003
4	"DATA".DATA_1[4]	%DB2.DBW6	十六进制	16#0004	16#0004
5	"DATA".DATA_1[5]	%DB2.DBW8	十六进制	16#0005	16#0005
6	"DATA".DATA_1[6]	%DB2.DBW10	十六进制	16#0006	16#0006
7	"DATA".DATA_1[7]	%DB2.DBW12	十六进制	16#0007	16#0007
8	"DATA".DATA_1[8]	%DB2.DBW14	十六进制	16#0008	16#0008
9	"DATA".DATA_1[9]	%DB2.DBW16	十六进制	16#0009	16#0009
10	"DATA".DATA_1[10]	%DB2.DBW18	十六进制	16#000A	16#000A
11	"DATA".DATA_2[1]	%DB2.DBW20	十六进制	16#0011	
12	"DATA".DATA_2[2]	%DB2.DBW22	十六进制	16#0022	
13	"DATA".DATA_2[3]	%DB2.DBW24	十...	16#0033	
14	"DATA".DATA_2[4]	%DB2.DBW26	十六进制	16#0044	
15	"DATA".DATA_2[5]	%DB2.DBW28	十六进制	16#0055	
16	"DATA".DATA_2[6]	%DB2.DBW30	十六进制	16#0066	
17	"DATA".DATA_2[7]	%DB2.DBW32	十六进制	16#0077	
18	"DATA".DATA_2[8]	%DB2.DBW34	十六进制	16#0088	
19	"DATA".DATA_2[9]	%DB2.DBW36	十六进制	16#0099	
20	"DATA".DATA_2[10]	%DB2.DBW38	十六进制	16#00AA	
21		%DB2.DBW40	十六进制		
22		<添加>			

...CPU 1215C DC/DC/DC] ▸ 监控与强制表 ▸ 监控表_1

	名称	地址	显示格式	监视值	修改值
1	"DATA".DATA1_RD[1]	%DB2.DBW0	十六进制	16#0001	
2	"DATA".DATA1_RD[2]	%DB2.DBW2	十六进制	16#0002	
3	"DATA".DATA1_RD[3]	%DB2.DBW4	十六进制	16#0003	
4	"DATA".DATA1_RD[4]	%DB2.DBW6	十六进制	16#0004	
5	"DATA".DATA1_RD[5]	%DB2.DBW8	十六进制	16#0005	
6	"DATA".DATA1_RD[6]	%DB2.DBW10	十六进制	16#0006	
7	"DATA".DATA1_RD[7]	%DB2.DBW12	十六进制	16#0007	
8	"DATA".DATA1_RD[8]	%DB2.DBW14	十六进制	16#0008	
9	"DATA".DATA1_RD[9]	%DB2.DBW16	十六进制	16#0009	
10	"DATA".DATA1_RD[10]	%DB2.DBW18	十六进制	16#000A	
11	"DATA".DATA2_WR	P#DB2.DBX20.0			
12	"DATA".DATA2_WR[1]	%DB2.DBW20	十六进制	16#0011	16#0011
13	"DATA".DATA2_WR[2]	%DB2.DBW22	十六进制	16#0022	16#0022
14	"DATA".DATA2_WR[3]	%DB2.DBW24	十六进制	16#0033	16#0033
15	"DATA".DATA2_WR[4]	%DB2.DBW26	十六进制	16#0044	16#0044
16	"DATA".DATA2_WR[5]	%DB2.DBW28	十六进制	16#0055	16#0055
17	"DATA".DATA2_WR[6]	%DB2.DBW30	十六进制	16#0066	16#0066
18	"DATA".DATA2_WR[7]	%DB2.DBW32	十六进制	16#0077	16#0077
19	"DATA".DATA2_WR[8]	%DB2.DBW34	十六进制	16#0088	16#0088
20	"DATA".DATA2_WR[9]	%DB2.DBW36	十六进制	16#0099	16#0099
21	"DATA".DATA2_WR[10]	%DB2.DBW38	十六...	16#00AA	16#00AA
22		<添加>			

图 7-31　客户端/服务器之间的数据交换

7.4 S7-1200 PLC 与智能仪表的 Modbus RTU 通信

7.4.1 Modbus RTU 技术介绍

Modbus 串口通信主要在 RS485、RS232 等物理接口上实现 Modbus 协议，传输模式有 RTU（远程终端单元）和 ASCII（美国标准信息交换代码）两种。这两种模式只是信息编码不同。RTU 模式采用二进制表示数据的方式，而 ASCII 模式使用的字符是 RTU 模式的两倍，即在相同传输速率下，RTU 模式比 ASCII 模式传输效率要高一倍；但 RTU 模式对系统的时间要求较高，而 ASCII 模式允许两个字符发送的时间间隔达到 1 秒而不产生错误。

Modbus RTU 信息帧结构如图 7-32 所示，为了与从站进行通信，主站会发送一段包含地址域、功能代码、数据、差错校验的信息。

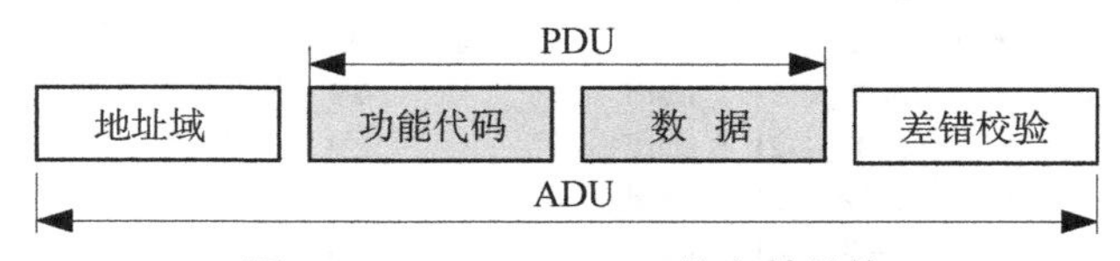

图 7-32 Modbus RTU 信息帧结构

① 地址域：信息帧的第一个字节是设备地址码，这个字节表明由用户设置地址的从站将接收由主站发送的信息。每个从站都必须有唯一的地址码，并且只有符合地址码的从站才能响应回送；当从站回送信息时，相应的地址码表明该信息来自何处。地址域是一个范围在 0～247 的数字，发送给地址 0 的消息可以被所有从站接收；但是数字 1～247 是特定设备的地址，相应地址的从站总是会对 Modbus 消息做出反应，这样主站就知道这条消息已经被从站接收。

② 功能代码：定义从站应该执行的命令，例如，读取数据、接收数据、报告状态等（功能代码见表 7-5），有些功能代码还拥有子功能代码。主站请求发送，通过功能码告诉从站执行什么动作；作为从站响应，从站发送的功能代码与从主站得到的功能代码一样，并表明从站已响应主站进行操作。功能代码的范围是 1～255，有些代码适用于所有控制器，有些代码只能应用于某种控制器，还有些代码保留以备后用。

表 7-5 功能代码

功能代码	作 用	数据类型
01	读取开关量输出状态	位
02	读取开关量输入状态	位
03	读取保持寄存器	整型、字符型、状态字、浮点型
04	读取输入寄存器	整型、状态字、浮点型
05	写入单个线圈	位
06	写入单个寄存器	整型、字符型、状态字、浮点型

续表

功能代码	作　用	数据类型
07	读取异常状态	—
08	回送诊断校验	重复回送信息
15	写入多个线圈	位
16	写入多个寄存器	整型、字符型、状态字、浮点型
XX	根据设备的不同，最多可以有255个功能代码	

③ 数据：不同的功能代码，数据区的内容会有所不同。数据区包含从站执行什么动作或由从站采集的返回信息，这些信息可以是数值、参考地址等；对于不同的从站，地址和数据信息都不相同。例如，功能代码告诉从站读取寄存器的值，则数据区必须包含要读取寄存器的起始地址及读取长度。

④ 差错校验：RTU 模式采用循环冗余校验码（CRC），该校验方式包含两个字节的错误检测码，由传输设备计算后加入消息，接收设备重新计算收到消息的CRC，并与接收到的CRC域中的值比较，如果两值不同，表明有错误。有些系统，还需对数据进行奇偶校验，奇偶校验对每个字符都可用，而帧检测CRC应用于整条消息。

典型的RTU报文帧没有起始位，也没有停止位，而是以至少3.5个字符的时间间隔标志一帧的开始或结束。报文帧由地址域、功能域、数据域和CRC校验域构成。所有字符位由16进制数0～9、A～F组成。需要注意的是，在RTU模式中，整个消息帧必须作为一个连续的数据流进行传输。如果在消息帧完成之前有超过1.5个字符的时间间隔发生，接收设备将刷新未完成的报文并假定下一个字节将是一个新消息的地址域；同样地，如果一个新消息在小于3.5个字符时间内紧跟前一个消息开始，接收设备将认为它是前一个消息的延续。如果在传输过程中有以上两种情况发生的话，就会导致CRC校验产生一个错误消息，并反馈给发送方设备。

7.4.2　智能仪表及通信参数设置

智能仪表是一种内部装有微处理器或单片机的电子仪器，不仅可以对被测信号进行测量、存储和运算，还具有自动校正、自动补偿、量程自动转换、故障自诊断等功能。智能仪表一般配有GP-IB、RS232、RS485等标准的通信接口，可以方便地与其他仪器和计算机进行数据通信，以便构成不同规模的计算机测量控制系统。下面以一款市售的智能仪表为例简单介绍智能仪表的结构及通信参数设置。

KCM系列智能温度、湿度调节仪由单片机控制，带有RS232/485通信接口，可接入多种传感器信号，具有手动/自动切换模式及报警输出等功能。

1．面板结构

智能仪表面板结构如图7-33所示。

（1）PV显示窗：用于显示温度、湿度测量值，在参数修改状态时显示参数符号。

（2）SV 显示窗：用于显示温度、湿度给定值，在参数修改状态下显示参数值。

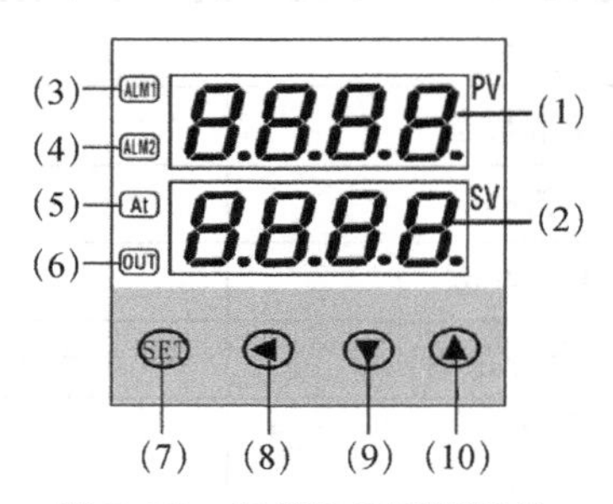

图 7-33　智能仪表面板结构

（3）～（6）4 个指示灯：位于面板左侧。ALM1 、ALM2 指示灯亮时，仪表对应 ALM1、ALM2 继电接触器有输出；AT 指示灯亮时，表示仪表正在进行 PID 自整定；OUT 指示灯亮时，仪表控制端有输出。

（7）～（10）功能键：位于面板下部，可对仪表参数进行修改、调整。（7）为 SET 按键，长按 3 秒可进入参数修改状态，轻按一下进入给定值修改状态；（8）为移位键，在修改参数状态下按此键可实现修改数字的位置移动，长按 3 秒可进入或退出手动调节；（9）、（10）为数字减小/增大键，在参数修改、给定值修改或手动调节状态下可实现数字的增减调节。

2．接口规格

为与 PC 或 PLC 等设备联机实现集中监控功能，仪表提供 RS485 通信接口。通信接口采用光电隔离，最多能连接 64 台仪表，传输距离约 1000 米。

3．通信协议

采用 Modbus RTU 通信方式，波特率有 1200、2400、4800、9600 四挡可调，数据格式为 1 个起始位、8 个数据位、1 个停止位、无校验位，可进行单字（双字节）读写通信。

4．仪表主要参数对应通信地址

温、湿度测量值的参数首地址：　1001H（十进制：4097）

主控输出状态的参数首地址：　1101H（十进制：4353）

报警输出状态的参数首地址：1200H（十进制：4608）

5．接线端子

KCM 系列智能仪表接线端子如图 7-34 所示。智能仪表输入电源采用交流 220V；信号输入可连接外部热电阻、热电耦或湿度传感器等检测元件；通信采用 RS485 两线制模式接线；输出（OUT）具有继电接触器、模拟量模式可选，以及上、下限报警输出（AL1）等。

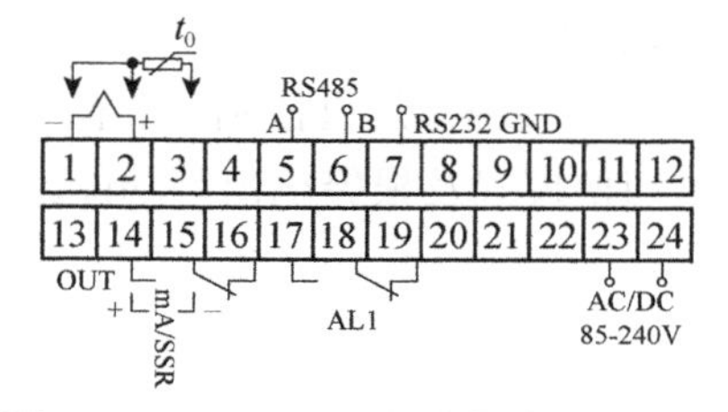

图 7-34　KCM 系列智能仪表接线端子

6．通信参数设置

KCM 智能仪表通信参数设置如图 7-35 所示，智能仪表通信参数设置主要有通信波特率（BAUD）、从站地址（ADDR）。本项目设置通信波特率为 9600bps、智能温度仪从站地址为 1、智能湿度仪从站地址为 2。

图 7-35　KCM 智能仪表通信参数设置

7.4.3　Modbus RTU 通信功能实现

1．控制要求

采用 Modbus RTU 通信方式，实现 PLC 实时读取两台智能仪表检测的现场环境温度和湿度值。

2．系统配置

系统选用型号为 S7-1200 CPU 1215C DC/DC/DC 的 1 台 PLC，并配有 CM 1241 RS485 通信模块，作为 Modbus RTU 通信系统的主站；选用两台智能仪表，型号分别为 KCM-91WRS 智能温度调节仪和 KCM-91WAS 智能湿度调节仪，作为 Modbus RTU 通信系统的从站。系统结构如图 7-36 所示。

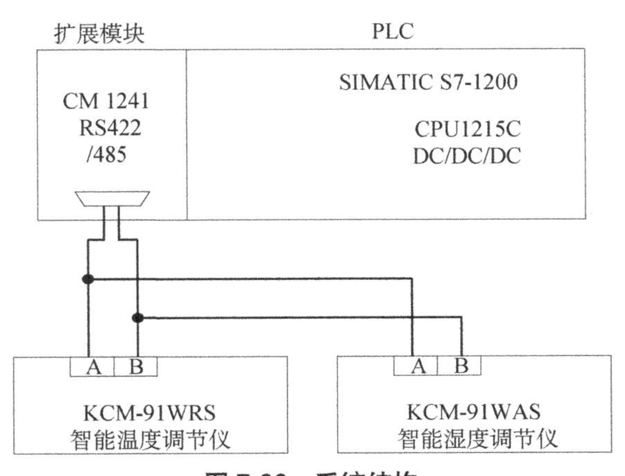

图 7-36　系统结构

3．硬件组态

① 创建新项目：在项目树下单击“添加新设备”选项，选择“CPU 1215C DC/DC/DC”，创建一个 PLC_1 站点；完成后，进入“设备视图”→“硬件目录”选项卡，然后继续选择“通信模块”→“点到点”→“CM1241（RS422/485）”通信模块，添加到 CPU 主机架的左边（101 插槽）的主机架，硬件组态如图 7-37 所示。

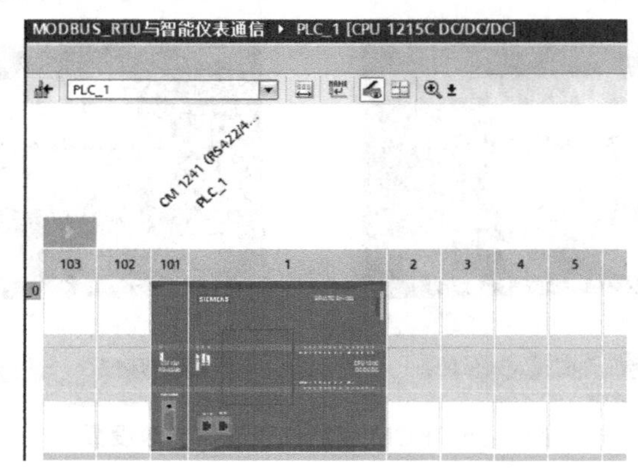

图 7-37　硬件组态

② 在“属性”选项卡中设置 PLC_1 的“IP 地址”为“192.168.0.1”，“子网掩码”为“255.255.255.0”，IP 地址设置如图 7-38 所示；选择“系统和时钟存储器”选项，选择“启用系统存储器字节”和“时钟存储器字节”复选框，以便后续编程时使用，启用系统及时钟存储器字节如图 7-39 所示。

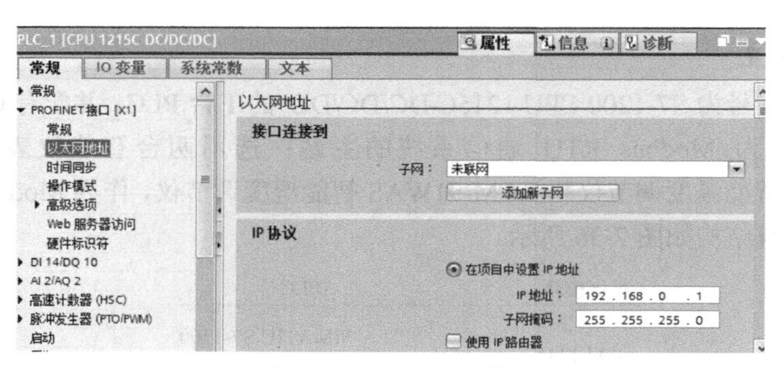

图 7-38　IP 地址设置

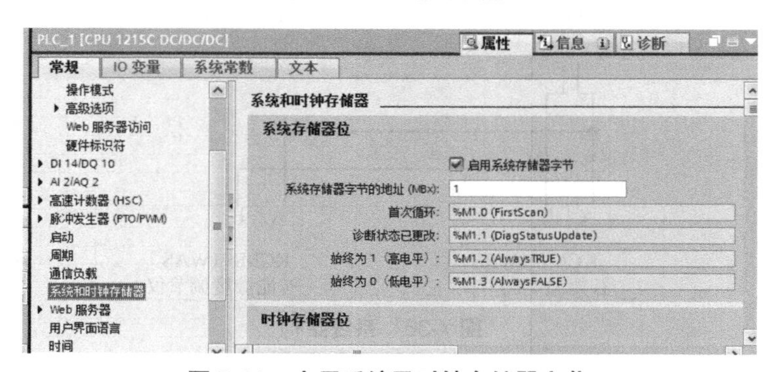

图 7-39　启用系统及时钟存储器字节

③ 组态“CM1241（RS422/485）”通信模块端口参数，保证与智能仪表通信设置相同；在“属性”→“常规”→“端口组态”选项卡中，修改“操作模式”为“半双工（RS 485）2 线制模式”；将“波特率”设置为“9.6kbps”，数据格式为 8 个数据位、1 个停止位、无奇偶校验；检查模块硬件标志符，本例中为“269”。通信端口操作模式如图 7-40 所示。通信端口数据格式如图 7-41 所示。硬件标志符界面如图 7-42 所示。

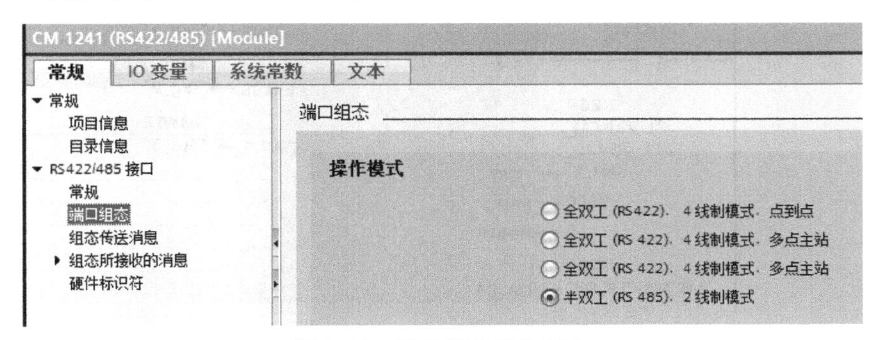

图 7-40　通信端口操作模式

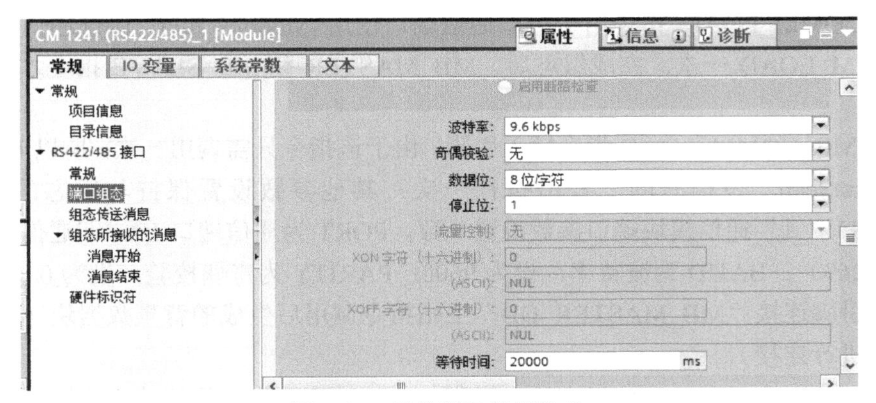

图 7-41　通信端口数据格式

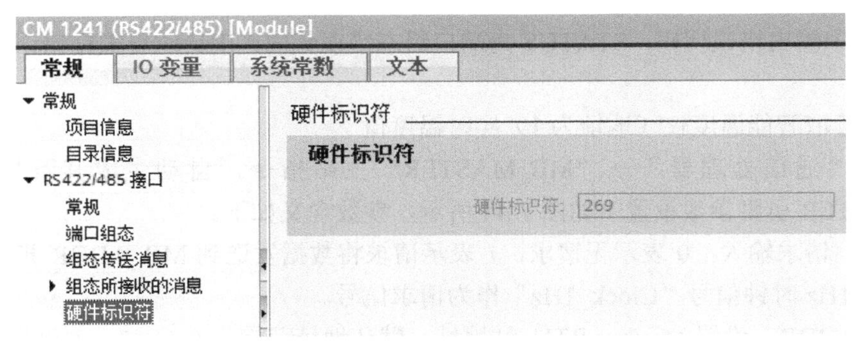

图 7-42　硬件标志符界面

4．主站程序的编写

（1）调用并设置串口参数初始化函数 MB_COMM_LOAD

打开 PLC_1 主程序块（Main），调用“通信处理器”→“MODBUS”中的组态端口指令“MB_COMM_LOAD”，单击“确定”按钮后自动生成背景数据块“MB_COMM_

LOAD_DB”，MB_COMM_LOAD 模块如图 7-43 所示。

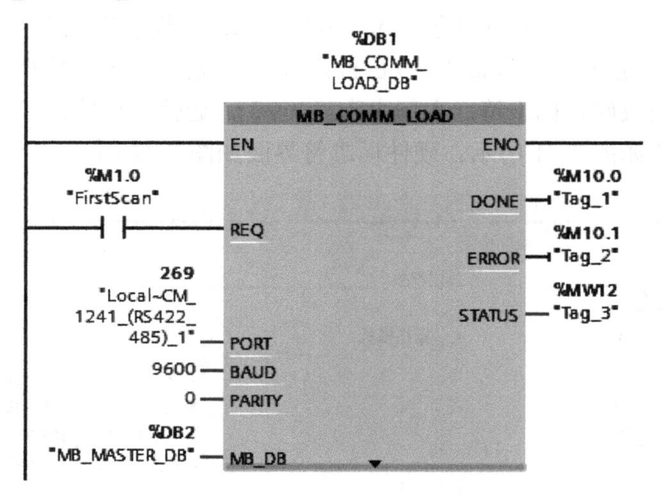

图 7-43　MB_COMM_LOAD 模块

MB_COMM_LOAD 指令用于组态通信端口使用 Modbus RTU 协议通信，必须调用 MB_COMM_LOAD 一次。完成组态后，MB_MASTER 和 MB_SLAVE 指令才可以使用该端口。

设置 MB_COMM_LOAD 指令输入引脚。由于该指令只需调用一次，所以 REQ 引脚可选择“FirstScan”位信号的上升沿执行一次；其他参数设置保持与组态的“CM1241（RS422/485）_1”通信模块端口参数设置一致。PORT 为通信端口 ID，即通信模块的硬件标志符（269）；BAUD 为波特率，设为 9600；PARITY 为奇偶校验，设为 0（无校验）；MB_DB 引脚连接“MB_MASTER_DB”主站指令调用后生成的背景数据块（在主站指令编写后再进行连接）。

设置 MB_COMM_LOAD 指令输出引脚。DONE 表示指令执行的完成情况，为 1 表示指令已完成且未出错；ERROR 为 0 表示未检测到错误，为 1 表示检测到错误，并在参数 STATUS 中输出错误代码；STATUS 为端口组态错误代码，出错时可根据错误表查询出错原因。

（2）读取智能温度仪（地址为 1）实时温度值

调用“通信处理器”→“MB_MASTER”主站指令，自动生成其背景数据块。MB_MASTER 引脚参数设置 1 如图 7-44 所示，参数含义如下。

REQ：请求输入；0 表示无请求，1 表示请求将数据发送到 MB_ADDR 指定的从站；本例选用 1Hz 时钟信号“Clock_1Hz”作为请求信号。

MB_ADDR：设置 Modbus RTU 站地址；默认地址范围为 0～247；本例为 1。

MODE：模式选择，用来指定请求类型。0 为读取，1 为写入。本例设置为 0，用于读取 Modbus 从站 1 的温度数值。

DATA_ADDR：指定 Modbus 从站中提供访问的数据的起始地址,可在 Modbus 功能表中找到有效地址为 4097，加上起始地址 40001，这里输入 44098。

DATA_LEN：数据长度，本例设置 1 个字。

DATA_PTR：该参数是指向用来写入或读取数据的数据块或位存储器的指针。本例将读取的数值放到%MW200 中，录入格式为 P#M200.0 WORD 1。

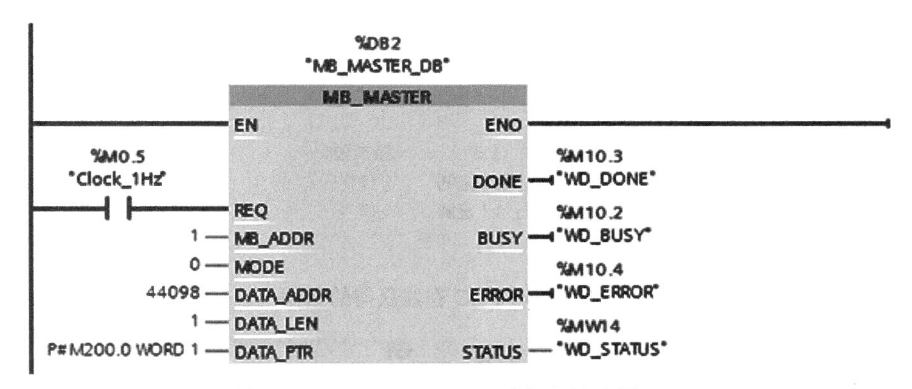

图 7-44　MB_MASTER 引脚参数设置 1

（3）读取智能湿度仪（地址为 2）实时湿度数值

右击已生成的 MB_MASTER 指令块，选择“复制”选项并在下一个程序段进行“粘贴”操作，保证其背景数据块一致。MB_MASTER 引脚参数设置 2 如图 7-45 所示，参数含义如下。

REQ：两个 MB_MASTER 指令之间采用交替方式，当温度值读取完成或出现错误时，开始读取湿度值；周期为 1s。

MB_ADDR：输入 2。

MODE：输入 0（读取）。

DATA_ADDR：输入 44098。

DATA_LEN：数据长度设为 1。

DATA_PTR：将读取的数值放到%MW202 中，录入格式为 P#M202.0 WORD 1。

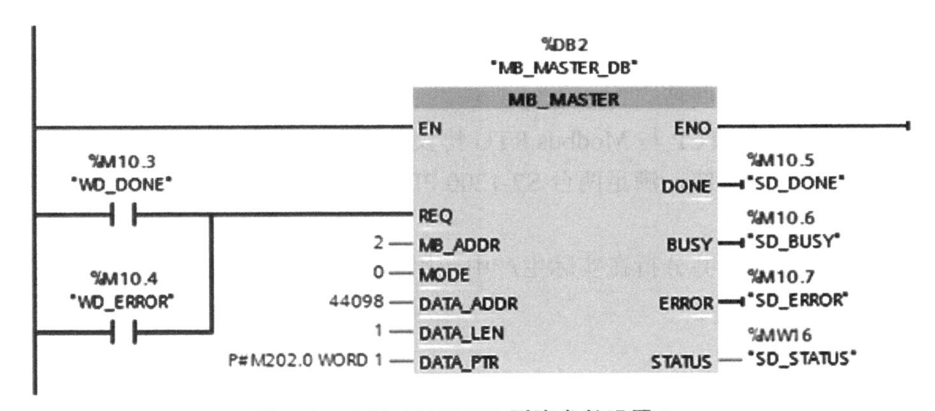

图 7-45　MB_MASTER 引脚参数设置 2

5．系统调试运行

程序编写完成后，进行编译并下载到 PLC 中。

在 PLC 的“监控与强制表”选项卡下，添加一个监控表，监控读取的实时温度、湿度数值（为实际数值的 10 倍），PLC 在线获得的数据如图 7-46 所示；智能仪表面板显示的实时温度值、湿度值如图 7-47 所示。

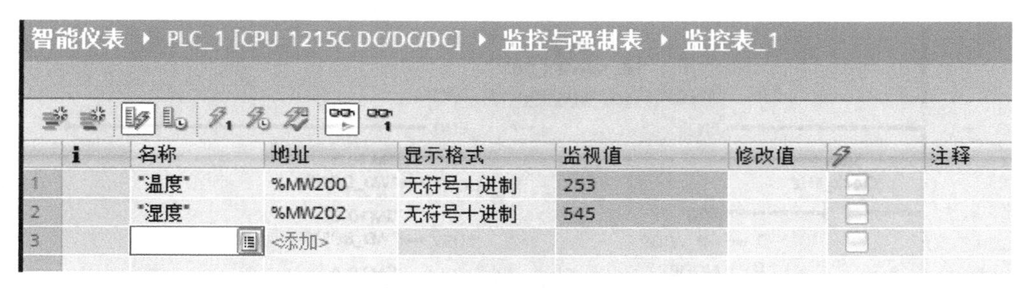

智能仪表 ▸ PLC_1 [CPU 1215C DC/DC/DC] ▸ 监控与强制表 ▸ 监控表_1

	i	名称	地址	显示格式	监视值	修改值	⚡	注释
1		"温度"	%MW200	无符号十进制	253			
2		"湿度"	%MW202	无符号十进制	545			
3			<添加>					

图 7-46　PLC 在线获得的数据

图 7-47　智能仪表面板显示的实时温度值、湿度值

习题 7

1. 工业网络与办公网络各有什么特点？
2. 以太网应用于工业现场需要解决哪些问题？
3. 工业以太网有哪些特点？
4. 试阐述 Modbus TCP 与 Modbus RTU 协议的区别与联系。
5. 设计一个控制系统，满足两台 S7-1200 PLC 进行 Modbus TCP 通信时，主站能读取从站 I0.0～I0.7 的状态。
6. 查阅资料，阅读并分析在实际生产中应用的 2～3 个基于工业以太网应用的案例。

第 8 章　SCL 编程语言

8.1　SCL 编程语言简介

1．SCL 编程语言的特点

SCL（Structured Control Language，结构化控制语言）是一种基于 PASCAL 的高级编程语言，这种语言基于标准 DIN EN 61131-3（国际标准为 IEC 1131-3），根据该标准，可对用于可编程逻辑控制器的编程语言进行标准化。SCL 编程语言实现了该标准中定义的 ST 语言（结构化文本）的 PLCopen 初级水平。相对于西门子 PLC 的其他编程语言，SCL 与计算机高级编程语言非常接近，只要使用者接触过 PASCAL 或者 VB 编程语言，实现 SCL 的快速入门是非常容易的。

SCL 语言为在 PLC 中的应用做了相应的优化处理，它不仅包含 PLC 的典型元素（例如，输入、输出、定时器或存储器），还包含高级编程语言的特性，例如，采用表达式、赋值运算、运算符、高级函数等完成数据的传送和运算；创建程序分支、选择、循环或跳转进行程序控制等。

因此，SCL 尤其适用于数据管理、过程优化、配方管理、复杂的数学计算及统计任务等应用领域。

2．SCL 的编辑界面

在 TIA 西门子博图软件中，已经集成了 SCL 编程语言环境，用户可以直接使用。

用户编程时，在程序块中单击“添加新块”选项，在弹出的“添加新块”对话框中，选择需添加的 OB、FB、FC 块后，可在语言选项中选择“SCL”，即可建立 SCL 程序块，“添加新块”对话框如图 8-1 所示。

打开新建的 SCL 程序块，可以看到 SCL 程序编辑界面，如图 8-2 所示。编辑界面主要包括以下几个部分：工具栏、接口参数区、指令调用区、程序编辑区。

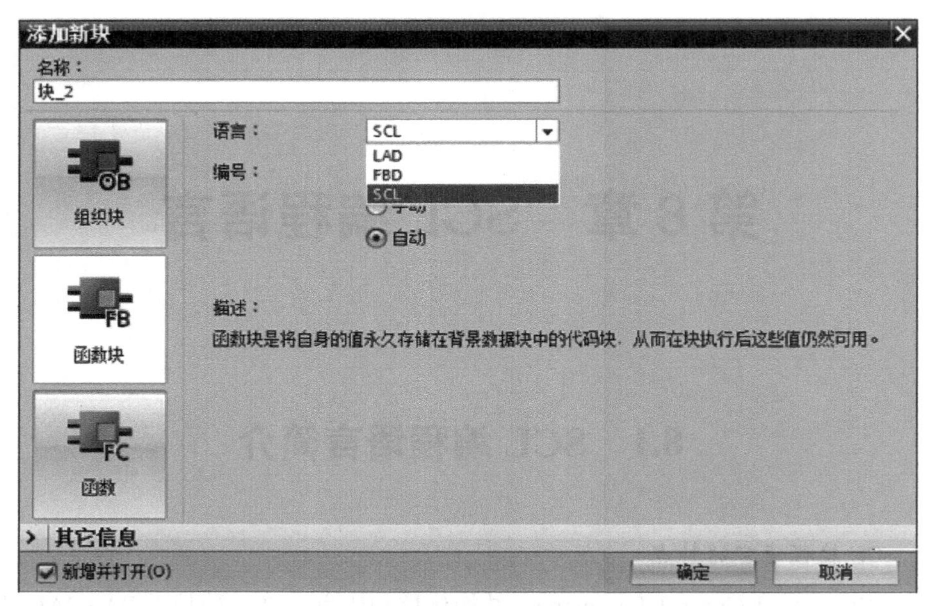

图 8-1 “添加新块”对话框

图 8-2 SCL 程序编辑界面

8.2 SCL 常用指令及语法规则

8.2.1 SCL 语言指令类型及语法规则

SCL 语言在编程时可使用以下类型的指令。

1. 赋值运算指令

赋值用于为一个变量赋予一个常数值、表达式结果或其他变量的值。赋值使用“：=”

表示，语句使用“；”结束。例如，

```
"Tag_1" := 12;     //表示将常数12赋给变量Tag_1

"MyDB".MYFB[2] := "PID_SPEEDWORD";  //将变量PID_SPEEDWORD的数值赋给数组成员MYFB[2]

#RESULT := (#A - #B) * #C / #D;      //将变量A、B、C、D的运算结果传送给RESULT
```

使用赋值运算指令时，注意数据类型应保持一致。

2. 程序控制指令

程序控制指令用于实现程序的分支、循环或跳转，如 IF、FOR、CASE、WHILE、GOTO 指令等。例如，

```
19 // 程序控制指令的示例
20 WHILE "Counter" < 10 DO
21     "MyTag" := "MyTag" + 2;
22 END_WHILE;
```

SCL 编程语言作为高级编程语言，程序控制指令使程序在处理变量寻址、复杂计算、复杂流程控制、数据和配方管理及过程优化等方面的性能有了很大改善和提高。在后面的 SCL 语言常用指令中会详细介绍。

3. “指令”任务卡中的其他指令

可在指令区直接调用可用于 SCL 程序的标准指令，主要包括基本指令、扩展指令、工艺及通信指令等，指令区 SCL 标准指令如图 8-3 所示。这些指令可通过双击或拖曳鼠标的方式在程序编辑区内进行编辑。

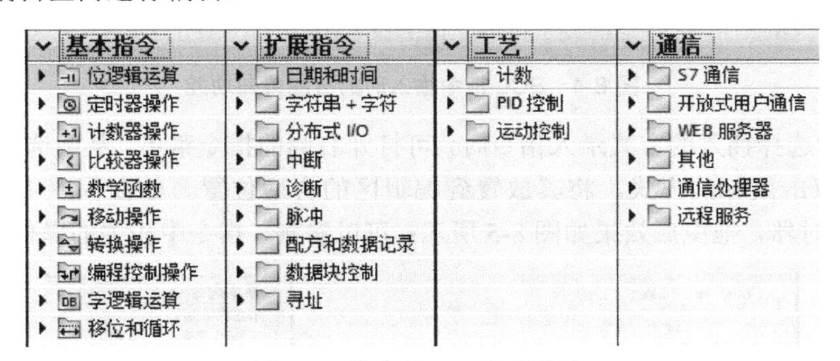

图 8-3　指令区 SCL 标准指令

4. 块调用

块调用用于调用已放置在其他块中的子例，并对这些子例的结果做进一步的处理。例如，

```
16 // 块调用的示例
17 #OUTPUT:="MyDB".MYFB[#NUMBER];
```

SCL 指令在输入编辑时需要遵守下列规则：指令可跨行输入和编辑；每个指令都以分号（；）结尾；指令输入时不区分大小写；注释（//）仅用于描述程序，而不会影响程序的执行。

8.2.2　SCL 指令输入方法

在 TIA Portal 软件中，当选择某个程序块（OB、FB、FC）的编程语言为 SCL 后，就可以打开该程序块，并在右侧的程序编辑区输入指令进行程序的编辑工作。默认情况下，SCL 程序中的关键字会以蓝色显示，有语法错误的部分会以红色显示，注释以绿色显示。

SCL 程序的录入主要有手动录入的方式和通过指令选择插入的方式来实现。

手动录入和文本方式录入，需要用户对指令足够熟悉。主要操作要点：通过键盘输入 SCL 指令及语法；输入时支持自动完成功能，即输入指令时，具有智能感知功能，当用户手动输入一个字符后，系统会自动显示相关的指令，用于提示或便于用户选择使用，如当用户编辑时输入字母“f”后，系统会自动显示与 f 相关的所有指令，SCL 指令输入时的智能感知功能如图 8-4 所示。

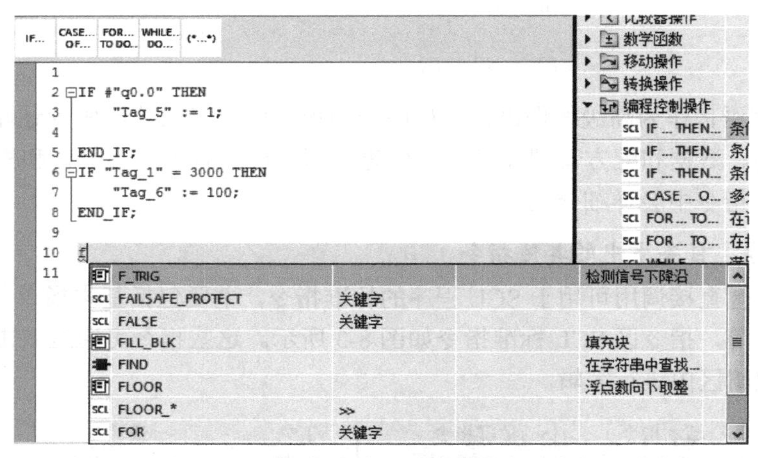

图 8-4　SCL 指令输入时的智能感知功能

通过指令选择插入的方式录入指令时，可打开右侧的指令菜单，从中选择需要的指令，通过拖曳或双击鼠标的方式，将其放置到编辑区的合适位置。如在程序中建立一个名为“T11”的定时器，拖曳后效果如图 8-5 所示；可以看到，指令中相关的操作数以占位符显

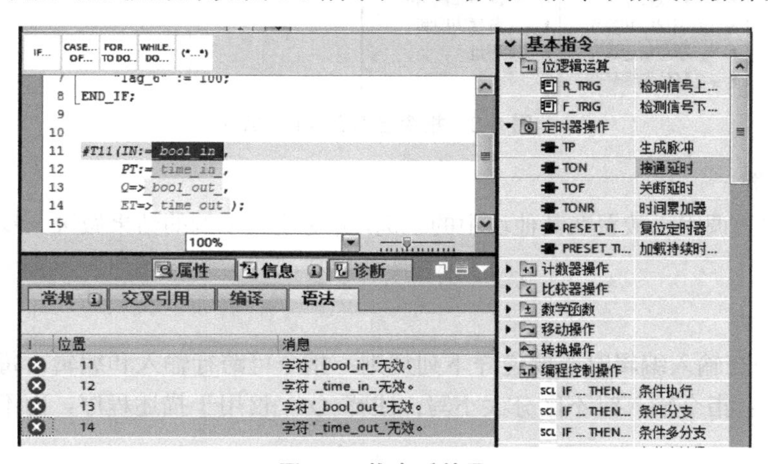

图 8-5　拖曳后效果

示，如 IN 脚的“_bool_in_”占位符，表明数据类型为 BOOL 型的输入变量，用户可使用合适的操作数进行替换。输入的程序，编程编辑器会自动进行语法检查，不正确的输入以红色斜体字显示，同时还可在下方的“信息”→“语法”栏中看到详细的错误消息。

8.2.3 SCL 语言常用指令

LAD 编程语言指令集如图 8-6 所示，SCL 编程语言指令集如图 8-7 所示。

图 8-6　LAD 编程语言指令集

图 8-7 SCL 编程语言指令集

对比两种编程语言指令集，可以看到 LAD 编程语言所用指令在 SCL 编程语言指令集中都有体现，但 SCL 编程语言作为高级编程语言，其指令集中还增加了用于实现程序的选择、分支、循环或跳转等功能的程序控制指令，使程序在处理变量寻址、复杂计算、复杂流程控制、数据和配置管理及过程优化等方面的性能有了很大改善和提高。根据不同项目特点和要求，合理运用不同编程语言的编程优势，可以大幅提高项目开发效率。下面主要介绍新增的编程控制操作指令。

1．IF 指令（条件执行指令）

条件执行指令 IF，可以根据条件控制程序流的分支。该条件是结果为布尔值（TRUE 或 FALSE）的表达式，可以将逻辑表达式或比较表达式作为条件。

执行该指令时，将对指定的表达式进行运算。如果表达式的值为 TRUE，则表示满足该条件；如果表达式的值为 FALSE，则表示不满足该条件。

（1）IF 分支（条件执行）指令

IF 分支指令的语法格式：

```
IF<条件>THEN<指令>;
END_IF;
```

该指令表示如果满足该条件，则将执行 THEN 后面的指令；如果不满足该条件，则程序将从 END_IF 后的下一条指令开始继续执行。条件执行指令流程及录入界面如图 8-8 所示。

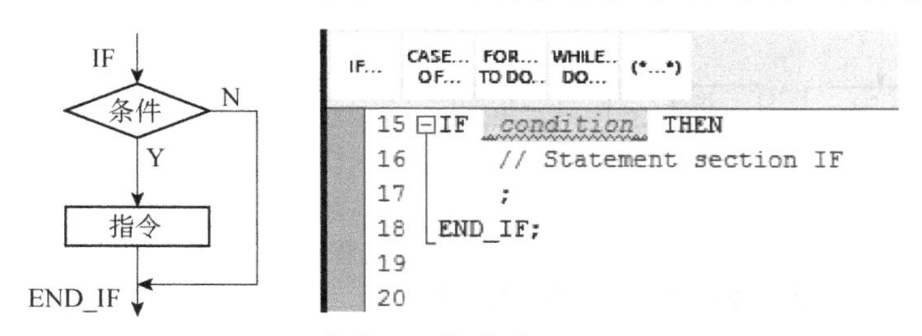

图 8-8 条件执行指令流程及录入界面

（2）IF 和 ELSE 分支（条件分支）指令

IF 和 ELSE 分支指令的语法格式：

```
IF<条件>THEN<指令 1>;
ELSE<指令 0>;
END_IF;
```

该指令表示如果满足该条件，则将执行 THEN 后面的指令；如果不满足该条件，则将执行 ELSE 后面的指令；程序将从 END_IF 后的下一条指令开始继续执行。条件分支指令流程及录入界面如图 8-9 所示。

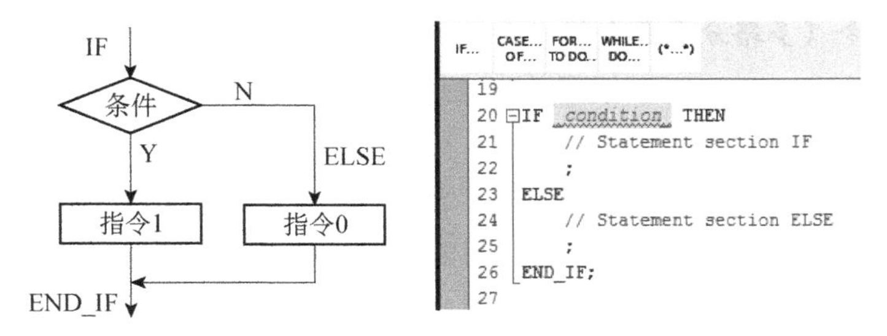

图 8-9 条件分支指令流程及录入界面

（3）IF、ELSIF 和 ELSE 分支（条件多分支）指令

IF、ELSIF 和 ELSE 分支指令的语法格式：

```
IF<条件 1>THEN<指令 1>;
ELSIF<条件 2>THEN<指令 2>;
ELSE<指令 0>;
END_IF;
```

该指令表示如果满足第一个条件（条件 1），则将执行 THEN 后的指令（指令 1）；如果不满足第一个条件，则将检查是否满足第二个条件（条件 2），如果满足第二个条件

（条件 2），则将执行 THEN 后面的指令（指令 2）；如果不满足任何条件，则先执行 ELSE 后面的指令（指令 0），再执行 END_IF 后面的程序部分。条件多分支指令流程及录入界面如图 8-10 所示。该指令实际使用时，可以嵌套任意多个 ELSIF 和 THEN 的组合，实现更多条件分支的转移和指令执行。

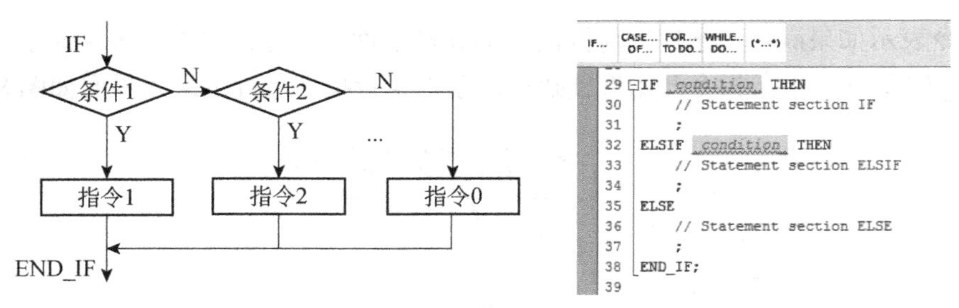

图 8-10　条件多分支指令流程及录入界面

例如，多段调速系统，要求当输入值为 1 时，转速设为 20；当输入值为 2 时，转速设为 40；当输入值为 3 时，转速设为 60；输入其他值时，转速为 0。SCL 条件多分支指令编程示例如图 8-11 所示。

```
42
43 IF "INPUT" = 1 THEN
44     "Speed_Value" := 20;
45 ELSIF "INPUT" = 2 THEN
46     "Speed_Value" := 40;
47 ELSIF "INPUT" = 3 THEN
48     "Speed_Value" := 60;
49 ELSE
50     "Speed_Value" := 0;
51 END_IF;
```

条件多分支指令运行结果

操作数	INPUT（INT 类型）	Speed_Value（INT 类型）
数值	1	20
	2	40
	3	60
	其他值	0

图 8-11　SCL 条件多分支指令编程示例

2．CASE 指令（多路分支指令）

多路分支指令 CASE，可以根据数字表达式的值（必须为整数类型），选择执行多个指令序列中的一个。

执行该指令时，会将表达式的值与多个常数的值进行比较。如果表达式的值等于某个常数的值，则将执行紧跟在该常数后面编写的指令。常数可以为以下值：整数（例如，5）；某个整数范围（例如，15…20；表示大于等于 15、小于等于 20 的数值）；由整数和范围组成的枚举（例如，10、11、15…20）。

CASE 指令的语法格式（其中 X≥3）：

```
CASE<表达式>OF
<常数 1>：<指令 1>
<常数 2>：<指令 2>;
…
<常数 X>：<指令 X>;
ELSE<指令 0>;
END_CASE;
```

该指令表示如果表达式的值等于第一个常数（常数 1）的值，则将执行紧跟在该常数后编写的指令（指令 1）。完成后，程序将从 END_CASE 后继续执行；如果表达式的值不等于第一个常数（常数 1）的值，则会将该值与下一个设定的常数值进行比较。以这种方式执行 CASE 指令直至比较的值相等为止。如果表达式的值与所有设定的常数值均不相等，则将执行 ELSE 后面编写的指令（指令 0）。ELSE 是一个可选的语法部分，也可以省略。多路分支指令流程及录入界面如图 8-12 所示。

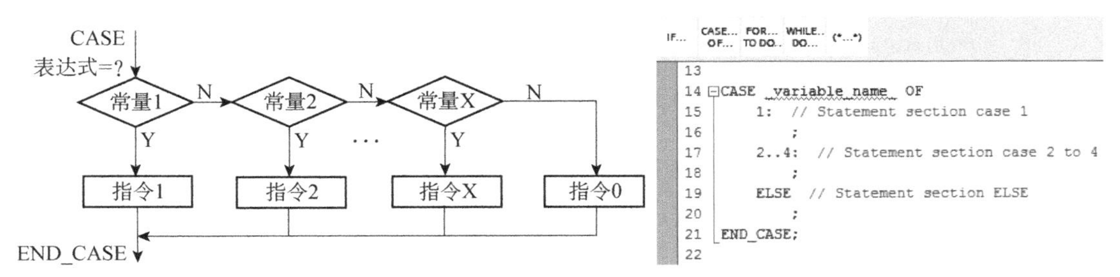

图 8-12　多路分支指令流程及录入界面

下面举例说明 CASE 指令的使用方法。CASE 指令示例及运行结果如图 8-13 所示，要求根据变量 Tag_Value 数值的不同，执行不同的分支程序。

```
14 CASE "Tag_Value" OF
15     1:
16         "Tag_1" := 1;
17     2, 3:
18         "Tag_1" := 0;
19         "Tag_2" := 1;
20     5..8:
21         "Tag_3" := 1;
22     ELSE
23         "Tag_4" := 1;
24 END_CASE;
```

CASE 指令示例运行结果

操作数	数值			
Tag_Value	1	2, 3	5, 6, 7, 8	其他
Tag_1	1	0	–	–
Tag_2	–	1	–	–
Tag_3	–	–	1	–
Tag_4	–	–	–	1

注意：图中“–”表示操作数保持不变

图 8-13　CASE 指令示例及运行结果

3．FOR 指令（循环执行指令）

使用循环执行指令 FOR，可以重复执行循环程序，直至运行变量不在指定的取值范围内。也可以嵌套程序循环，即在程序循环内，可以编写包含其他运行变量的其他程序循环。

FOR 指令执行时，可以通过指令“复查循环条件”（CONTINUE），终止当前连续运行的程序循环；也可以通过指令“立即退出循环”（EXIT）终止整个循环的执行。

循环执行指令 FOR 的语法格式：

```
FOR<执行变量>：=<起始值>TO<结束值>BY<增量>DO<指令>
END_FOR;
```

该指令表示，首次循环时，<执行变量>由<起始值>开始，执行 DO 之后的<指令>；首次循环完成后，进入二次循环，即计算<起始值>加上<增量>后赋值给<执行变量>，然后继续执行 DO 之后的<指令>；其后，依次类推；直至<执行变量>多次累加<增量>后，达到或超出<结束值>时，程序退出循环，从 END_FOR 后继续执行。

使用时注意，指令中的<执行变量><起始值><结束值><增量>都应为整数类型；还需注意，整数类型变量的取值范围及循环方向，避免出现死循环，导致程序报错，无法执行。

FOR 指令编程示例如图 8-14 所示，FOR 指令示例程序监控结果如图 8-15 所示。一个数组 B_array 内的 10 个数，如为奇数编号，乘以数值 Value2（例中为−5），如为偶数编号，乘以数值 Value1（例中为+5），发送到一个对称的数组 A_array 中。

```
IF...  CASE... OF...  FOR... TO DO...  WHILE.. DO...  (*...*)
25
26 FOR #i := 1 TO 10 BY 1 DO
27
28     IF #i  = (#i / 2) * 2 THEN
29         #A_array[#i] := #Value1 * #B_array[#i];
30
31     ELSE
32         #A_array[#i] := #Value2 * #B_array[#i];
33
34     END_IF;
35
36 END_FOR;
37
```

图 8-14　FOR 指令编程示例

名称	显示格式	监视值	名称	显示格式	监视值
"块_1_DB".B_array[1]	带符号十进制	1	"块_1_DB".A_array[1]	带符号十进制	-5
"块_1_DB".B_array[2]	带符号十进制	2	"块_1_DB".A_array[2]	带符号十进制	10
"块_1_DB".B_array[3]	带符号十进制	3	"块_1_DB".A_array[3]	带符号十进制	-15
"块_1_DB".B_array[4]	带符号十进制	4	"块_1_DB".A_array[4]	带符号十进制	20
"块_1_DB".B_array[5]	带符号十进制	5	"块_1_DB".A_array[5]	带符号十进制	-25
"块_1_DB".B_array[6]	带符号十进制	6	"块_1_DB".A_array[6]	带符号十进制	30
"块_1_DB".B_array[7]	带符号十进制	7	"块_1_DB".A_array[7]	带符号十进制	-35
"块_1_DB".B_array[8]	带符号十进制	8	"块_1_DB".A_array[8]	带符号十进制	40
"块_1_DB".B_array[9]	带符号十进制	9	"块_1_DB".A_array[9]	带符号十进制	-45
"块_1_DB".B_array[10]	带符号十进制	10	"块_1_DB".A_array[10]	带符号十进制	50

图 8-15　FOR 指令示例程序监控结果

4．WHILE 指令（满足条件时执行指令）

使用满足条件时执行指令 WHILE，可以重复执行循环程序，直至不满足执行条件为止。该条件是结果为布尔值（TRUE 或 FALSE）的表达式，可以将逻辑表达式或比较表达式作为条件。

执行该指令时，将对指定的表达式进行运算。如果表达式的值为 TRUE，则表示满足该条件；如果表达式的值为 FALSE，则表示不满足该条件。该指令可以嵌套程序循环，在程序循环内，可以编写包含其他运行变量的其他循环程序。

WHILE 指令执行时，可以通过指令“复查循环条件”（CONTINUE），终止当前连续运行的程序循环；也可以通过指令“立即退出循环”（EXIT）终止整个循环的执行。

WHILE 指令的语法格式：

```
WHILE <条件> DO <指令>
END_WHILE;
```

该指令表示，条件为 TRUE 时，执行 DO 之后的指令；如果不满足条件，即条件为 FALSE 时，则程序从 END_WHILE 后继续执行。

下面举例说明 WHILE 指令的使用方法。例如，比较两个 INT 型整数“Value1”和“Value2”，如果两数不相等，则将操作数“Input”的值传送给操作数“Result”。WHILE 程序示例及运行结果监控如图 8-16 所示。

程序中，“Value1”为 100，“Value2”为 121，两数不相等，所以将“Input”的值 16384 传送给操作数“Result”；完成后，通过立即退出循环指令（EXIT）终止整个循环的执行。如果没有 EXIT 指令，“Value1”与“Value2”始终不相等，程序将进入死循环，导致报错，无法执行。

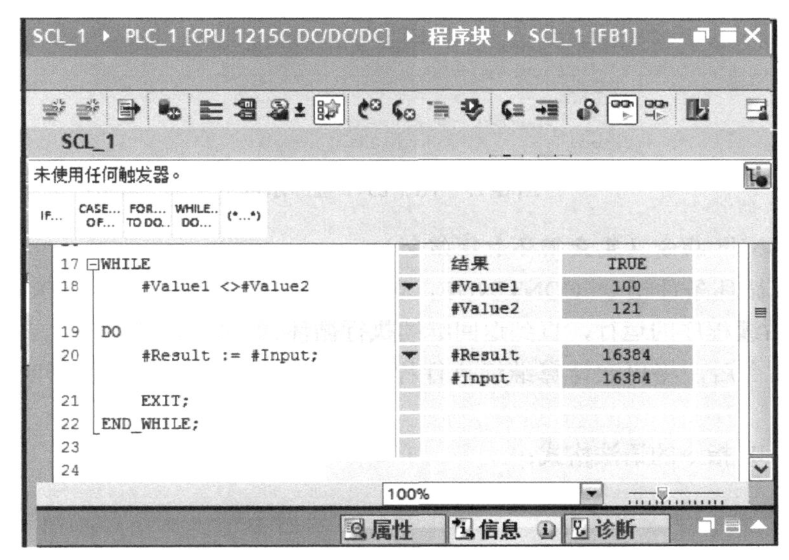

图 8-16 WHILE 程序示例及运行结果监控

5．REPEAT 指令（不满足条件时执行指令）

与 WHILE 指令相对应，使用不满足条件时执行指令 REPEAT，可以重复执行程序循环，直至满足执行条件为止。该条件是结果为布尔值（TRUE 或 FALSE）的表达式，可以将逻辑表达式或比较表达式作为条件。

执行该指令时，将对指定的表达式进行运算。如果表达式的值为 TRUE，则表示满足该条件；如果表达式的值为 FALSE，则表示不满足该条件。该指令可以嵌套程序循环，在程序循环内，可以编写包含其他运行变量的其他循环程序。

REPEAT 指令执行时，可以通过指令“复查循环条件”（CONTINUE），终止当前连续运行的程序循环；也可以通过指令“立即退出循环”（EXIT）终止整个循环的执行。

REPEAT 指令的语法格式：

```
REPEAT<指令>;
UNTIL<条件>
END_REPEAT;
```

下面举例说明 REPEAT 指令的使用方法。例如，通过 REPEAT 指令查找数组“my_array”（数据类型为 array[1..20] of int）中数值为 111 的成员编号，查到后将对应数组编号发送给#number，如数组中无此数据，将 0 发送给#number。REPEAT 程序示例如图 8-17 所示。

程序运行后，首先将“#index”的值加 1；然后检查条件，如果满足条件，退出 REPEAT 循环指令；如果条件不满足，程序可能进入死循环，导致报错，无法执行。

```
1  #index := 0;
2  REPEAT
3      #index := #index + 1;
4  UNTIL #index>20 OR #my_array[#index]=111
5  END_REPEAT;
6  IF #index > 20 THEN
7      #number := 0;
8  ELSE
9      #number := #index;
10 END_IF;
```

图 8-17　REPEAT 程序示例

6．CONTINUE 指令（复查循环条件指令）

使用复查循环条件指令 CONTINUE，可以结束 FOR、WHILE 或 REPEAT 循环中 CONTINUE 后续程序的运行，直到返回继续执行循环。

执行该指令后，将再次计算继续执行程序循环的条件。该指令将影响其所在的程序循环。

CONTINUE 指令的语法格式：

```
CONTINUE;
```

下面举例说明 CONTINUE 指令的使用方法。例如，给数组“my_array”（数据类型为 array[1..10] of int）中编号大于等于 5 的奇数成员赋值为 1。CONTINUE 程序示例及监控结果如图 8-18 所示。

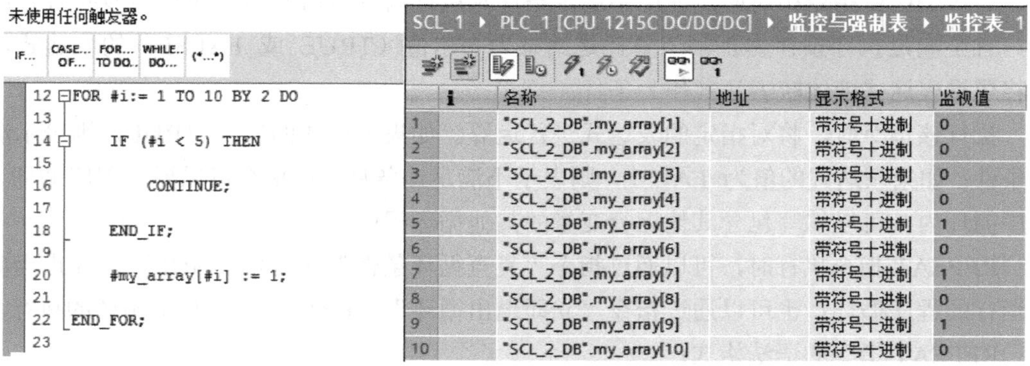

未使用任何触发器。

IF... CASE... OF... FOR... TO DO... WHILE... DO... (*...*)

```
12 FOR #i:= 1 TO 10 BY 2 DO
13
14     IF (#i < 5) THEN
15
16         CONTINUE;
17
18     END_IF;
19
20     #my_array[#i] := 1;
21
22 END_FOR;
23
```

SCL_1 ▸ PLC_1 [CPU 1215C DC/DC/DC] ▸ 监控与强制表 ▸ 监控表_1

	i	名称	地址	显示格式	监视值
1		"SCL_2_DB".my_array[1]		带符号十进制	0
2		"SCL_2_DB".my_array[2]		带符号十进制	0
3		"SCL_2_DB".my_array[3]		带符号十进制	0
4		"SCL_2_DB".my_array[4]		带符号十进制	0
5		"SCL_2_DB".my_array[5]		带符号十进制	1
6		"SCL_2_DB".my_array[6]		带符号十进制	0
7		"SCL_2_DB".my_array[7]		带符号十进制	1
8		"SCL_2_DB".my_array[8]		带符号十进制	0
9		"SCL_2_DB".my_array[9]		带符号十进制	1
10		"SCL_2_DB".my_array[10]		带符号十进制	0

图 8-18　CONTINUE 程序示例及监控结果

在 FOR 循环中，检验循环指针#i；如果“#i<5”，直接返回循环，不执行赋值指令#my_array[#i]：=1；循环指针#i 加上增量 2 后继续执行；当不满足“#i<5”（即#i>=5）时，执行赋值指令#my_array[#i]：=1。

7. EXIT 指令（立即退出循环指令）

使用立即退出循环指令 EXIT，可以随时取消 FOR、WHILE 或 REPEAT 循环的执行，而无须考虑是否满足条件；在循环结束（END_FOR、END_WHILE 或 END_REPEAT）后继续执行程序。该指令将影响其所在的程序循环。

EXIT 指令的语法格式：

```
EXIT;
```

下面举例说明 EXIT 指令的使用方法。例如，给数组“my_array”（数据类型为 array[1..10] of int）中编号小于 6 的成员赋值为 5。EXIT 指令应用编程示例及监控结果如图 8-19 所示。

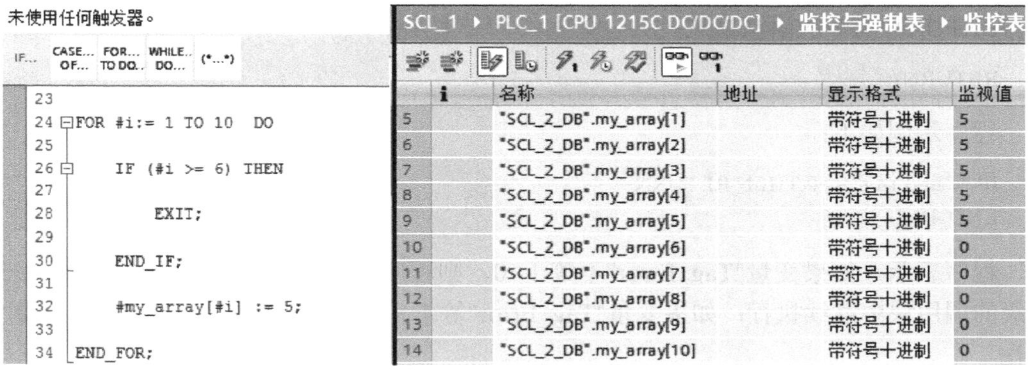

未使用任何触发器。

IF... CASE... OF... FOR... TO DO... WHILE.. DO... (*...*)

```
23
24 FOR #i:= 1 TO 10  DO
25
26     IF (#i >= 6) THEN
27
28         EXIT;
29
30     END_IF;
31
32     #my_array[#i] := 5;
33
34 END_FOR;
```

SCL_1 ▸ PLC_1 [CPU 1215C DC/DC/DC] ▸ 监控与强制表 ▸ 监控表

	i	名称	地址	显示格式	监视值
5		"SCL_2_DB".my_array[1]		带符号十进制	5
6		"SCL_2_DB".my_array[2]		带符号十进制	5
7		"SCL_2_DB".my_array[3]		带符号十进制	5
8		"SCL_2_DB".my_array[4]		带符号十进制	5
9		"SCL_2_DB".my_array[5]		带符号十进制	5
10		"SCL_2_DB".my_array[6]		带符号十进制	0
11		"SCL_2_DB".my_array[7]		带符号十进制	0
12		"SCL_2_DB".my_array[8]		带符号十进制	0
13		"SCL_2_DB".my_array[9]		带符号十进制	0
14		"SCL_2_DB".my_array[10]		带符号十进制	0

图 8-19　EXIT 指令应用编程示例及监控结果

8. GOTO 指令（跳转指令）

使用跳转指令 GOTO，可以使程序跳转到指定的标签点开始继续执行程序。

使用时注意，跳转标签和跳转指令必须在同一个块中。在一个块中，跳转标签的名称只能指定一次。每个跳转标签可以是多个跳转指令的目标。不允许从程序循环的“外部”跳转到程序循环内，但允许从循环内跳转到“外部”。

GOTO 指令的语法格式：

```
GOTO <跳转标签>
...
<跳转标签>：<指令>
```

下面举例说明 GOTO 指令的使用方法。例如，判断 INT 型变量“#VALUE1”的值，如果大于 27648，跳转到标签“LABEL1”，将 BOOL 型变量“#VoltAlarm”和“MOTOR_ON”均置为 1；如果小于等于 27648，则跳过标签“LABEL1”，直接跳转到标签“LABEL2”，BOOL 型变量“#VoltAlarm”为 0，“MOTOR_ON”置 1。GOTO 指令应用编程示例及监控结果如图 8-20 所示。

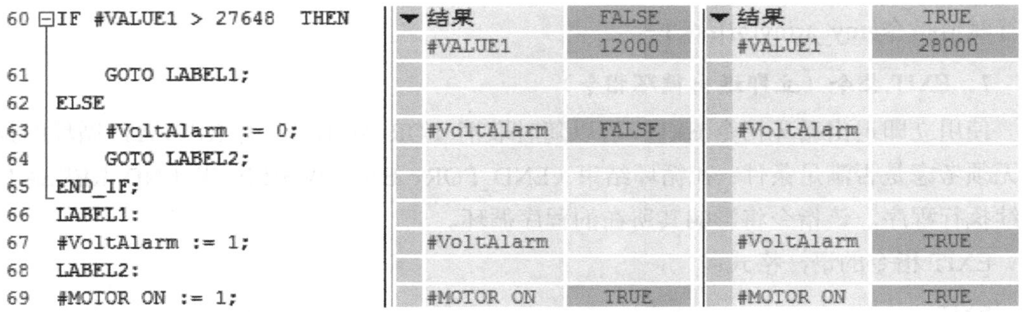

```
60 IF #VALUE1 > 27648  THEN

61     GOTO LABEL1;
62 ELSE
63     #VoltAlarm := 0;
64     GOTO LABEL2;
65 END_IF;
66 LABEL1:
67 #VoltAlarm := 1;
68 LABEL2:
69 #MOTOR ON := 1;
```

▼ 结果	FALSE	▼ 结果	TRUE
#VALUE1	12000	#VALUE1	28000
#VoltAlarm	FALSE	#VoltAlarm	
#VoltAlarm		#VoltAlarm	TRUE
#MOTOR ON	TRUE	#MOTOR ON	TRUE

图 8-20　GOTO 指令应用编程示例及监控结果

9．RETURN 指令（退出块指令）

使用退出块指令 RETURN，可以终止当前程序块（OB、FB、FC）中的程序执行，并返回到上一级的调用块中继续执行。如果 RETURN 指令出现在块结尾处，则可以忽略。

RETURN 指令的语法格式：

```
RETURN;
```

程序示例如下：

```
IF "Tag_Error" <>0 THEN RETURN;
END_IF;
```

程序表示，如果变量"Tag_Error"不等于 0，则程序跳出当前块的程序执行，返回到上一级的调用块中继续执行；如果变量"Tag_Error"等于 0，则继续当前块 END_IF 后指令的执行。

8.3　SCL 程序监控及调试

1．SCL 程序的监控

在程序编写并校对完成后，可进行程序的编译和下载；在联机下载完成后，转到在线状态，通过单击 SCL 编程窗口上方的“启用/禁用监视”按钮就可进行程序的监控。程序的监控界面如图 8-21 所示，通过监控界面，可以看到在程序右侧的状态监视栏中会显示变量的名称及状态。

程序右侧的状态监视栏中，第一列为待显示的变量名称。如果该行包含“IF”“WHILE”“REPEAT”指令，则在该行显示的指令结果为“True”或“False”；如果该行包含多个变量，则只显示第一个变量的值。

在这两种情况下，只要选择某一行，则这些行中的所有变量及其值都会显示在单独的列表中。如果将光标放在程序代码中的一个变量上，则该变量将以粗体形式显示在列表中；也可以通过单击包含多个变量的行前面的右箭头，显示这一行的其他变量；如果未执行这一行中的代码，则变量的值在表格中显示灰色。

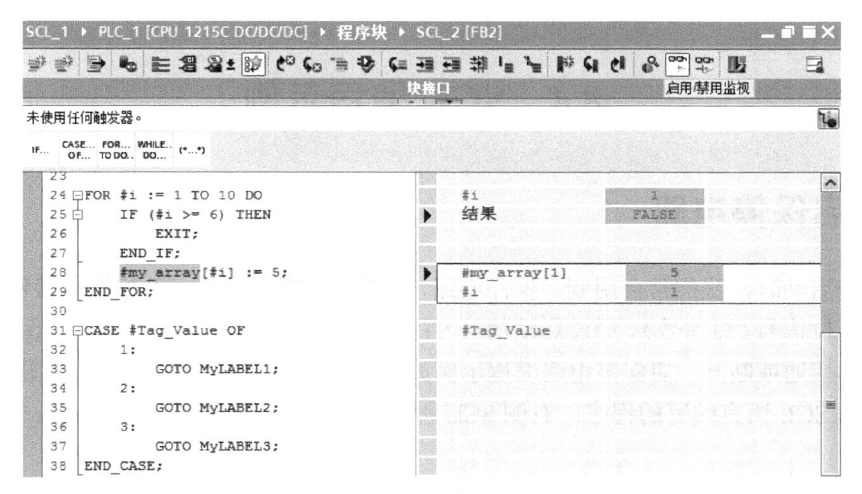

图 8-21　程序的监控界面

2．SCL 程序注释的使用

在 SCL 程序中，可以通过对程序代码添加注释的方式对程序进行解释性标注，便于阅读程序，也可以将注释灵活应用到程序调试中。

注释 SCL 程序可以采用注释行和注释段两种方式；注释行以“//”开头，直到行尾；注释段以“（*”开始，到“*）”结束，该注释可跨多个行。程序注释示例如图 8-22 所示。

```
FOR #i := 1 TO 10 DO
    IF (#i >= 6) THEN        //对数组成员1-5赋值
        EXIT;                //退出循环
    END_IF;
    #my_array[#i] := 5;      //赋值
END_FOR;

(*对数组#my_array[#i]中小于6的成员1赋值*)
FOR #i := 1 TO 10 DO
    IF (#i >= 6) THEN
        EXIT;
    END_IF;
    #my_array[#i] := 5;
END_FOR;
```

图 8-22　程序注释示例

程序调试时，如果需要不执行某段程序时，也可以通过注释的方法禁用一行或多行程序。通过注释方式禁用相关程序如图 8-23 所示，调试时，通过行注释方式禁用第 1 行和第 3 行的赋值程序，可在该行首插入“//”，则该行显示为绿色，转为注释，不再执行；还可通过注释段的方式，禁用多行程序，如行号为 8～13 的程序，只需以“（*”开始，到“*）”结束即可。

```
1  //#index := 1;
2  #my_array[8] := 10;
3  //#VALUE1 := 1234;
4  REPEAT
5      #index := #index + 1;
6  UNTIL #index>20 OR #my_array[#index]=111
7  END_REPEAT;
8  (*
9  IF #index > 20 THEN
10     #number := 0;
11 ELSE
12     #number := #index;
13 END_IF;*)
```

图 8-23　通过注释方式禁用相关程序

8.4 SCL 编程示例

8.4.1 启保停电路

在系统启动时，我们常会用到启保停电路，一般启动信号 START 和停止信号 STOP 均为短暂接通的位信号（短信号），通过启动信号 START 和停止信号 STOP 的操作，保持输出 RUN 信号的持续接通或断开。启保停电路编程示例如图 8-24 所示，左侧为采用梯形图语言的程序，右侧为采用 SCL 语言编写的程序，右侧 SCL 程序和左侧梯形图程序运行效果是一样的。

%M14.0 "START"　%M10.0 "STOP"　%M14.1 "RUN"
%M14.1 "RUN"

```
16 IF "STOP" THEN
17     "RUN" := 0;
18 ELSIF "START" THEN
19     "RUN" := 1;
20 END_IF;
```

图 8-24　启保停电路编程示例

8.4.2 定时器指令应用

应用示例 1：当按下启动按钮 SB1（I0.0），电动机 M（Q0.0）立即启动并连续运转，延时 2min 后电动机停止；电动机在运行中按下停止按钮 SB2（I0.1），电动机 M 立即停止。

SCL 程序 1 如图 8-25 所示，其梯形图程序可参见第 4.2 节定时器指令应用示例 1。

```
2 "IEC_Timer_0_DB".TP(IN := "START_BUTTON",

3                     PT := t#2m,
4                     Q => "MOTOR1");
5
6 IF "STOP_BUTTON" THEN
7     RESET_TIMER("IEC_Timer_0_DB");
8 END_IF;
```

▼	"IEC_Timer_0_DB"	%DB3
	"START_BUTTON"	%I0.0
	"MOTOR1"	%Q0.0
	"STOP_BUTTON"	%I0.1
	"IEC_Timer_0_DB"	%DB3

图 8-25　SCL 程序 1

应用示例 2：设计一个周期可调、脉冲宽度可调的振荡电路。

本例采用两个 TON 定时器实现，SCL 程序 2 如图 8-26 所示，其梯形图程序可参见第 4.2 节定时器指令应用示例 2。

```
 8 #Time_on := t#2s;
 9 #Time_off := t#3s;
10
11 "T0".TON(IN:=("START1" AND NOT "T1".Q),
12          PT:=#Time_off);
13 "T1".TON(IN:="T0".Q,
14          PT:=#Time_on);
15 #TIME_OUT := "T0".Q;
```

	#Time_on		T#2S
	#Time_off		T#3S
▶	"START1"	%M20.0	TRUE
	#Time_off		T#3S
	"T0".Q		FALSE
	#Time_on		T#2S
▶	#TIME_OUT		FALSE

图 8-26　SCL 程序 2

当 Bool 型变量“START1”为 ON 时，定时器 T0 开始计时，到达#Time_off（Time 型变量，设为 3s）设定的时间后，T0 定时器 Q 置位输出，其常开触点 T0.Q 闭合，#TIME_OUT（Bool 型）变为 ON，同时定时器 T1 开始定时；到达#Time_on（Time 型变量，设为 2s）设定的时间后，T1 定时器动作，常闭触点 T1.Q 断开，T0 定时器复位，T1 定时器也被复位，#TIME_OUT 变为 OFF，同时 T1 的常闭触点又闭合，T1 又开始定时，如此重复。通过调整 T1 和 T0 的设定值 PT（由 Time 型变量#Time_on 和#Time_off 设置），可以改变#TIME_OUT 输出 ON 和 OFF 的时间，以此来调整脉冲输出的宽度和周期。

应用示例 3：采用 SCL 语言编写程序，要求当 INT 型变量 Speed 数值低于 1000 时，按照每 5s 增加 50 的均匀速度提升到不小于 1000。

本例需要设计一个 5s 的周期自振荡电路，可采用一个 TON 定时器实现。SCL 程序 3 如图 8-27 所示。

```
19 IF "Speed" < 1000 THEN                  //判断Speed数值是否小于1000
20     IF "Timer_5s".Q THEN                //5s振荡时钟是否置1
21         "Speed" := "Speed" + 50;        //Speed数值自加50
22     END_IF;
23 END_IF;
24
25 "Timer_5s".TON(IN := NOT "Timer_5s".Q,     //5s自振荡电路
26                PT := t#5s);
```

图 8-27　SCL 程序 3

该例中，需要注意，5s 的周期自振荡电路应该放置在 IF 指令的后面；如果放置在前面，由于 PLC 使用周期扫描方式，而“Timer_5s”.Q 为沿信号，只持续一个扫描周期，所以 Speed 的数值将不会改变。

8.4.3　SCL 表达式和运算指令

SCL 表达式是用于计算值的公式。表达式由操作数和运算符（如 *、/、+ 或−）组成。通过表达式，可以实现变量赋值、逻辑运算、数学运算等功能；其操作数可以是变量、常量或表达式。

SCL 表达式的计算按一定的顺序进行，具体由以下因素决定：按照运算符定义的优先级，由高到低进行运算；优先级相同的运算符，按从左至右的顺序处理；可使用圆括号指定需要一同计算的一系列运算符。SCL 的运算符如表 8-1 所示。

表 8-1　SCL 的运算符

类型	名称	符号	优先级	类型	名称	符号	优先级
括号	圆括号	（表达式）	1	比较运算	小于	<	6
数学运算	幂	**	2		小于或等于	<=	6
	一元加	++	3		大于	>	6
	一元减	−−	3		大于或等于	>=	6
	乘法	*	4		等于	=	7
	除法	/	4		不等于	<>	7

续表

类型	名称	符号	优先级	类型	名称	符号	优先级
数学运算	取模	MOD	4	逻辑运算	取反	NOT	3
	加法	+	5		与	AND	8
	减法	−	5		异或	XOR	9
赋值	赋值	:=	11		或	OR	10

应用示例 1：完成以下运算，并给相应变量赋值。应用示例 1 程序如图 8-28 所示，程序释义见注释。

```
1  #result := #A_INT * 2 + #B_INT / 5 - (#C_INT - #D_INT);  //将数学运算结果传送给#result
2
3  IF NOT "STOP" AND #E_INT <= 1000 THEN     //如"STOP"=False 并且#E_INT数值小于等于1000
4      "RUN" := 1;                          //BOOL变量"RUN" 置1
5      #F_INT := #E_INT;                    //将#E_INT的数值传送给#F_INT
6  END_IF;
```

图 8-28　应用示例 1 程序

应用示例 2：采用 SCL 编程，计算数列$1+\frac{1}{2}+\frac{1}{3}+\cdots+\frac{1}{n}$的数值。应用示例 2 程序如图 8-29 所示。

```
1  #Temp1 := 0;
2  FOR #NUM := 1 TO #N DO
3      #Temp2 :=1.0/ INT_TO_REAL( #NUM);
4      #Temp1:= #Temp1+ #Temp2;
5  END_FOR;
6   "SERIES" := #Temp1;
7
```

#Temp1	0.000000E+000
#NUM	1
#N	10
#Temp2	1.000000E+000
#Temp1	1.000000E+000
"SERIES"	2.928968E+000
#Temp1	2.928968E+000

图 8-29　应用示例 2 程序

程序中，局部变量#NUM 和#N 为 INT 型变量，局部变量#Temp1、#Temp2 和全局变量 SERIES 为 REAL 型数据类型，所以在计算时需要注意变量间的转换；在计算#Temp2（REAL 型）时，需要将#NUM（INT 型）通过转换指令转换为 REAL 型。图中右侧的监控数据显示了当 n=10 时，计算的数值为 2.928968。

8.4.4　数值查找功能

应用示例 1：从一个 2×5 的 INT 型二维数组 DATA_Array[1..2,1...5]中查找最大值和最小值。数值查找功能示例 1 程序如图 8-30 所示。

```
14  #DATA_MAX := "DB_1".DATA_Array[1, 1];
15  #DATA_MIN := "DB_1".DATA_Array[1, 1];
16  FOR #i := 1 TO 2 DO
17      FOR #j := 1 TO 5 DO
18          IF #DATA_MAX < "DB_1".DATA_Array[#i,#j] THEN
19              #DATA_MAX :=  "DB_1".DATA_Array[#i,#j];
20          END_IF;
21          IF #DATA_MIN >  "DB_1".DATA_Array[#i,#j] THEN
22              #DATA_MIN := "DB_1".DATA_Array[#i,#j];
23          END_IF;
24      END_FOR;
25  END_FOR;
```

PLC_1 [CPU 1215C DC/DC/DC] ▸ 监控与强制表 ▸ 监控表_3

	名称	地址	显示格式	监视值
1	"SCL_4_DB".DATA_MAX		带符号十进制	890
2	"SCL_4_DB".DATA_MIN		带符号十进制	-76
3	"DB_1".DATA_Array[1, 1]	%DB10.DBW0	带符号十进制	12
4	"DB_1".DATA_Array[1, 2]	%DB10.DBW2	带符号十进制	34
5	"DB_1".DATA_Array[1, 3]	%DB10.DBW4	带符号十进制	567
6	"DB_1".DATA_Array[1, 4]	%DB10.DBW6	带符号十进制	890
7	"DB_1".DATA_Array[1, 5]	%DB10.DBW8	带符号十进制	98
8	"DB_1".DATA_Array[2, 1]	%DB10.DBW10	带符号十进制	-76
9	"DB_1".DATA_Array[2, 2]	%DB10.DBW12	带符号十进制	-5
10	"DB_1".DATA_Array[2, 3]	%DB10.DBW14	带符号十进制	43
11	"DB_1".DATA_Array[2, 4]	%DB10.DBW16	带符号十进制	21
12	"DB_1".DATA_Array[2, 5]	%DB10.DBW18	带符号十进制	76

图 8-30　数值查找功能示例 1 程序

程序中，要求将查找的最大值和最小值分别存放到局部变量#DATA_MAX 和#DATA_MIN 中；前两行为赋初值语句，将二维数组 DATA_Array 中的第一个变量赋给#DATA_MAX 和#DATA_MIN 中，避免其初始值不在数组极大值和极小值之间，出现结果错误；其后编写二维数组的两次 FOR 循环程序，通过逐个比较数据，查找数组中的最大值和最小值。

应用示例 2： 接上题，要求将查找的最大值和最小值对应的数组地址，即数组的行列编号显示出来。数值查找功能示例 2 程序如图 8-31 所示。

```
27  FOR #i := 1 TO 2 DO
28      FOR #j := 1 TO 5 DO
29          IF #DATA_MAX = "DB_1".DATA_Array[#i, #j] THEN
30              #ADDR_MAX.行:=#i;
31              #ADDR_MAX.列 := #j;
32          END_IF;
33          IF #DATA_MIN = "DB_1".DATA_Array[#i, #j] THEN
34              #ADDR_MIN.行 := #i;
35              #ADDR_MIN.列 := #j;
36          END_IF;
37      END_FOR;
38  END_FOR;
```

图 8-31 数值查找功能示例 2 程序

在示例 1 程序后，继续编写程序；在二重 FOR 循环程序内，将已找出的最大值和最小值与数组成员进行二次比较，将与其相等的数组成员的行列编号传送给对应变量即可。通过监控，可以看到最大值的行列号为[1，4]，最小值为[2，1]。

8.4.5 综合应用示例

应用示例 1： 设计一个顺序控制系统，控制要求如下。

系统有四台电动机，按下启动按钮，MOTOR_1 先启动，10s 后 MOTOR_2 启动；MOTOR_2 运行 20s 后，MOTOR_3 启动；MOTOR_3 运行 30s 后，MOTOR_4 启动。按下停止按钮，四台电动机同时停止。

按照系统控制要求，在 TIA Portal 软件中新建一个项目；在项目中添加一个 FB 块，选择语言为 SCL，添加一个 FB 块如图 8-32 所示。

图 8-32 添加一个 FB 块

打开FB块，定义块接口变量，如图8-33所示。该例中，输入变量（Input）为START（系统启动）、STOP（系统停止）；输入/输出变量（InOut）为1～4号电机控制信号MOTOR_1、MOTOR_2、MOTOR_3、MOTOR_4；静态变量（Static）为CASE指令应用的STEP变量（Int数据类型）、系统运行信号RUN（Bool类型）、RUN信号上升沿R_run（Bool类型）、三个TON型定时器TIMER_1、TIMER_2、TIMER_3。

SCL_2 ▸ PLC_1 [CPU 1215C DC/DC/DC] ▸ 程序块 ▸ 块_1 [FB3]

块_1

	名称	数据类型	默认值	保持性	可从 HMI 访...	在 HMI 中...	设置值	注释
1	▼ Input				☐	☐	☐	
2	START	Bool	false	非保持	☑	☑	☐	
3	STOP	Bool	false	非保持	☑	☑	☐	
4	▼ Output				☐	☐	☐	
5	<新增>				☐	☐	☐	
6	▼ InOut				☐	☐	☐	
7	MOTOR_1	Bool	false	非保持	☑	☑	☐	
8	MOTOR_2	Bool	false	非保持	☑	☑	☐	
9	MOTOR_3	Bool	false	非保持	☑	☑	☐	
10	MOTOR_4	Bool	false	非保持	☑	☑	☐	
11	▼ Static				☐	☐	☐	
12	STEP	Int	0	非保持	☑	☑	☐	
13	RUN	Bool	false	非保持	☑	☑	☐	
14	▸ TIMER_1	TON_TIME		非保持	☑	☑	☐	
15	▸ TIMER_2	TON_TIME		非保持	☑	☑	☐	
16	▸ TIMER_3	TON_TIME		非保持	☑	☑	☐	
17	▸ R_run	R_TRIG			☑	☑	☐	
18	▼ Temp				☐	☐	☐	
19	<新增>				☐	☐	☐	
20	▼ Constant				☐	☐	☐	
21	<新增>				☐	☐	☐	

图8-33　定义块接口变量

在程序编辑区编写程序，程序如图8-34所示，程序释义见注释。

```
1  IF #STOP THEN
2      #RUN := 0;
3  ELSIF #START THEN
4      #RUN := 1;
5  END_IF;            //系统启停控制
6
7  #R_run(CLK:=#RUN);    //检测#RUN信号上升沿
8  IF #R_run.Q THEN
9      #STEP := 1;
10 END_IF;            //将CASE指令中的#STEP设为1
11
12 #TIMER_1(IN := #MOTOR_1,
13          PT := T#10S);          //定时器TIMER_1设置
14 #TIMER_2(IN := #MOTOR_2,
15          PT := T#20S);          //定时器TIMER_2设置
16 #TIMER_3(IN := #MOTOR_3,
17          PT := T#30S);          //定时器TIMER_3设置
18
19 IF #STOP THEN
20     RESET_TIMER(#TIMER_1);
21     RESET_TIMER(#TIMER_2);
22     RESET_TIMER(#TIMER_3);
23     #MOTOR_1 := 0;
24     #MOTOR_2 := 0;
25     #MOTOR_3 := 0;
26     #MOTOR_4 := 0;
27 END_IF;            //停止(#STOP=1)时，复位相关变量
28
29 IF #RUN THEN       //系统已启动，执行CASE语句
30     CASE #STEP OF
31         1:                    //#STEP=1时
32             #MOTOR_1 := 1;        //MOTOR_1 启动
33             IF #TIMER_1.Q THEN
34                 #STEP := 2;         //定时器1延时时间到，转到2
35             END_IF;
36         2:                    //#STEP=2时
37             #MOTOR_2 := 1;         //MOTOR_2 启动
38             IF #TIMER_2.Q THEN
39                 #STEP := 3;         //定时器2延时时间到，转到3
40             END_IF;
41         3:                  //#STEP=3时
42             #MOTOR_3 := 1;          //MOTOR_3 启动
43             IF #TIMER_3.Q THEN
44                 #STEP := 4;          //定时器3延时时间到，转到4
45             END_IF;
46         4:                          //#STEP=4时
47             #MOTOR_4 := 1;        //MOTOR_4启动
48     END_CASE;
49 END_IF;
50
51
52
53
54
```

图8-34　程序

编写完成后，在Main[OB1]中调用该FB块，并绑定相关输入/输出变量，如图8-35所示。

应用示例2：设计一交通信号灯控制系统，控制要求如下。

① 实现交通灯南北方向和东西方向红绿灯的控制，各信号灯时序要求如图8-36所示。

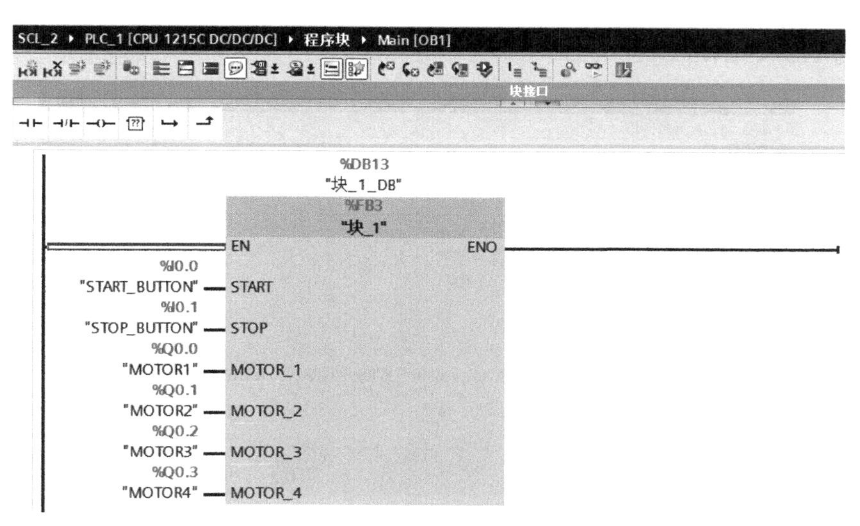

图 8-35　调用 FB 块并绑定相关输入/输出变量

② 可根据东西方向、南北方向车流情况，手动调节通行时间。分为三种情况：正常情况，南北和东西方向绿灯均点亮 20s，黄灯闪烁 3s；南北车流大，南北方向绿灯点亮 25s，东西方向绿灯点亮 20s，黄灯闪烁 3s；东西车流大，东西方向绿灯点亮 25s，南北方向绿灯点亮 20s，黄灯闪烁 3s。

③ 通过启动/停止按钮对系统进行启停控制。

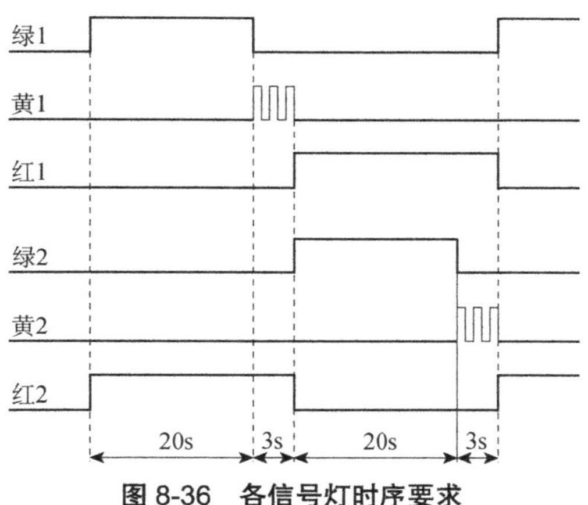

图 8-36　各信号灯时序要求

设计过程如下：

① 打开 TIA Portal 软件，新建一项目，命名为“交通灯”。

② 在项目下，添加新设备，选择 PLC 型号为 CPU 1214C AC/DC/RLY；并在 PLC 属性中启用系统和时钟存储器，以便于实现黄灯闪烁。

③ 在程序块中，单击“添加新块”选项，添加一个 FB 块，命名为“交通灯_1”；选择语言为“SCL”，单击“确定”按钮。“添加新块”对话框如图 8-37 所示。

④ 打开新添加的 FB 块，单击块接口的向下箭头，在其中定义相关变量，定义块接口变量如图 8-38 所示。本例中，输入信号为交通灯启停信号 START、STOP；南北、东西车

流调整信号 NS+、EW+。

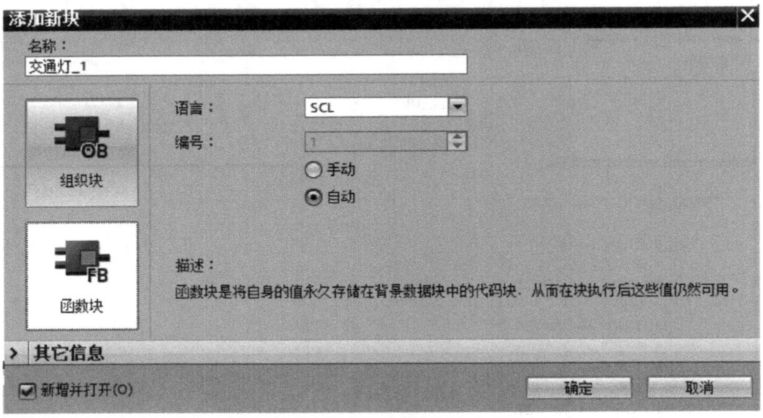

添加新块

名称：

交通灯_1

组织块　OB

函数块　FB

语言：SCL

编号：1

○手动

◉自动

描述：

函数块是将自身的值永久存储在背景数据块中的代码块，从而在块执行后这些值仍然可用。

> 其它信息

☑新增并打开(O)　　确定　　取消

图 8-37　“添加新块”对话框

输出信号为南北、东西向红、黄、绿三色信号灯，共 6 个，分别为 GREEN_NS、YELLOW_NS、RED_NS、GREEN_EW、YELLOW_ EW、RED_ EW。

静态变量为系统运行信号 RUN，数据类型为 Bool 型；五个用于输入信号灯运行时间即计算总时间的 Time 型变量，分别为南北向绿灯点亮时间 GL_ONTIME_NS，南北向黄灯点亮时间 YL_ONTIME_NS；东西向绿灯点亮时间 GL_ONTIME_EW，东西向黄灯点亮时间 YL_ONTIME_EW；用于计算信号灯一个运行周期总用时的 TOTAL_TIME；一个 TON 型定时器，采用多重背景数据块，命名为 CIRCLE_TIME。

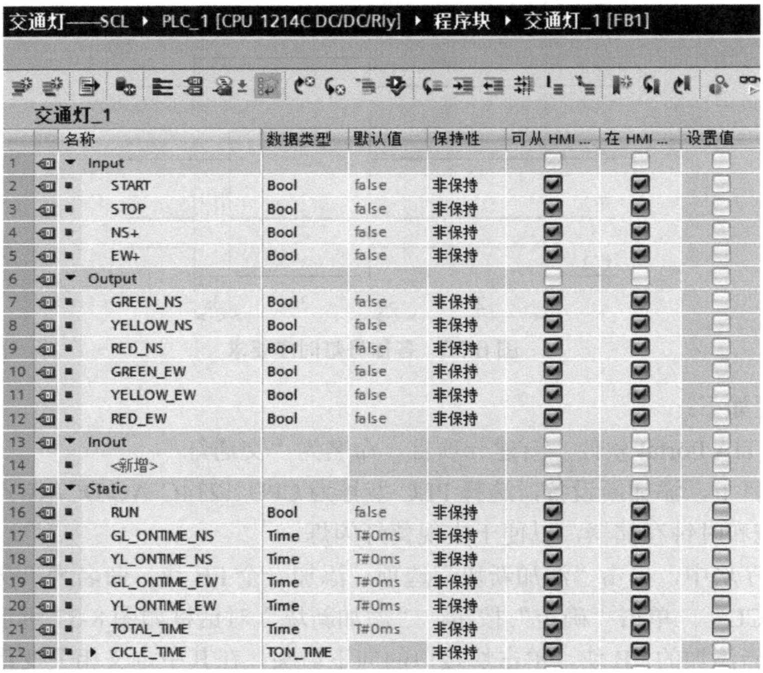

交通灯——SCL ▸ PLC_1 [CPU 1214C DC/DC/Rly] ▸ 程序块 ▸ 交通灯_1 [FB1]

交通灯_1

	名称	数据类型	默认值	保持性	可从 HMI ...	在 HMI ...	设置值
1	▼ Input				☐	☐	☐
2	START	Bool	false	非保持	☑	☑	☐
3	STOP	Bool	false	非保持	☑	☑	☐
4	NS+	Bool	false	非保持	☑	☑	☐
5	EW+	Bool	false	非保持	☑	☑	☐
6	▼ Output				☐	☐	☐
7	GREEN_NS	Bool	false	非保持	☑	☑	☐
8	YELLOW_NS	Bool	false	非保持	☑	☑	☐
9	RED_NS	Bool	false	非保持	☑	☑	☐
10	GREEN_EW	Bool	false	非保持	☑	☑	☐
11	YELLOW_EW	Bool	false	非保持	☑	☑	☐
12	RED_EW	Bool	false	非保持	☑	☑	☐
13	▼ InOut				☐	☐	☐
14	<新增>				☐	☐	☐
15	▼ Static				☐	☐	☐
16	RUN	Bool	false	非保持	☑	☑	☐
17	GL_ONTIME_NS	Time	T#0ms	非保持	☑	☑	☐
18	YL_ONTIME_NS	Time	T#0ms	非保持	☑	☑	☐
19	GL_ONTIME_EW	Time	T#0ms	非保持	☑	☑	☐
20	YL_ONTIME_EW	Time	T#0ms	非保持	☑	☑	☐
21	TOTAL_TIME	Time	T#0ms	非保持	☑	☑	☐
22	▸ CICLE_TIME	TON_TIME		非保持	☑	☑	☐

图 8-38　定义块接口变量

⑤ 在程序编辑区编写程序，交通灯应用示例程序如图 8-39 所示，程序释义见图中注释。

```
1  #TOTAL_TIME := #GL_ONTIME_NS + #YL_ONTIME_NS + #GL_ONTIME_EW + #YL_ONTIME_EW ;
2  //计算一个红绿灯变换周期的总时间，用于控制定时器周期时间
3
4  #CICLE_TIME(IN:=NOT #CICLE_TIME.Q AND #RUN, PT:=#TOTAL_TIME);
5  //设置定时器，生成一个时长为#TOTAL_TIME的周期脉冲信号
6
7  IF  #"NS+" AND NOT #"EW+" THEN        //南北车流较大时，赋值各信号灯时间
8       #GL_ONTIME_NS := T#25S;
9       #YL_ONTIME_NS := T#3S;
10      #GL_ONTIME_EW := T#20S;
11      #YL_ONTIME_EW := T#3S;
12 ELSIF NOT #"NS+" AND #"EW+" THEN     //东西向车流较大时，赋值各信号灯时间
13      #GL_ONTIME_NS := T#20S;
14      #YL_ONTIME_NS := T#3S;
15      #GL_ONTIME_EW := T#25S;
16      #YL_ONTIME_EW := T#3S;
17 ELSE                                 //正常时，赋值各信号灯时间
18      #GL_ONTIME_NS := T#20S;
19      #YL_ONTIME_NS := T#3S;
20      #GL_ONTIME_EW := T#20S;
21      #YL_ONTIME_EW := T#3S;
22 END_IF;
23
24 IF #STOP = 1 THEN                    //信号灯启停控制
25      #RUN := 0;
26 ELSIF #START THEN
27      #RUN := 1;
28 END_IF;
29
30 IF #CICLE_TIME.ET > 0 AND #CICLE_TIME.ET <= #GL_ONTIME_NS THEN
31      #GREEN_NS := 1;
32 ELSE
33      #GREEN_NS := 0;
34 END_IF;
35 //#CICLE_TIME.ET为定时器实际运行时间：在0~#GL_ONTIME_NS内，南北绿灯点亮：否则熄灭。

37 IF #CICLE_TIME.ET > #GL_ONTIME_NS AND #CICLE_TIME.ET <= (#GL_ONTIME_NS+#YL_ONTIME_NS)THEN
38      #YELLOW_NS := "Clock_1Hz";
39 ELSE
40      #YELLOW_NS  := 0;
41 END_IF;
42 //在设定的#GL_ONTIME_NS~(#GL_ONTIME_NS+#YL_ONTIME_NS)内，南北向黄灯闪烁：否则熄灭。
43
44 IF #CICLE_TIME.ET > (#GL_ONTIME_NS + #YL_ONTIME_NS) AND #CICLE_TIME.ET <= #TOTAL_TIME THEN
45      #RED_NS := 1;
46 ELSE
47      #RED_NS := 0;
48 END_IF;
49 //在设定的 (#GL_ONTIME_NS + #YL_ONTIME_NS)~#TOTAL_TIME内，南北向红灯点亮：否则熄灭。
50
51 IF #CICLE_TIME.ET > 0 AND #CICLE_TIME.ET <= (#GL_ONTIME_NS + #YL_ONTIME_NS) THEN
52      #RED_EW := 1;
53 ELSE
54      #RED_EW:= 0;
55 END_IF;
56 //在设定的0~(#GL_ONTIME_NS + #YL_ONTIME_NS) 内，东西向红灯点亮：否则熄灭。
57
58 IF #CICLE_TIME.ET > (#GL_ONTIME_NS + #YL_ONTIME_NS) AND #CICLE_TIME.ET <= (#TOTAL_TIME-#YL_ONTIME_EW) THEN
59        #GREEN_EW := 1;
60 ELSE
61      #GREEN_EW := 0;
62 END_IF;
63 //在设定的(#GL_ONTIME_NS + #YL_ONTIME_NS)~(#TOTAL_TIME-#YL_ONTIME_EW)内，东西向绿灯点亮：否则熄灭。
64
65 IF #CICLE_TIME.ET > (#TOTAL_TIME-#YL_ONTIME_EW) AND #CICLE_TIME.ET <= #TOTAL_TIME THEN
66      #YELLOW_EW := "Clock_1Hz";
67 ELSE
68      #YELLOW_EW := 0;
69 END_IF;
70 //在设定的(#TOTAL_TIME-#YL_ONTIME_EW) ~#TOTAL_TIME范围内，东西向黄灯点亮：否则熄灭。
```

图 8-39　交通灯应用示例程序

⑥ FB 块程序编写完成后，在 Main[OB1]中调用该 FB 块，并绑定相关输入/输出变量，如图 8-40 所示。

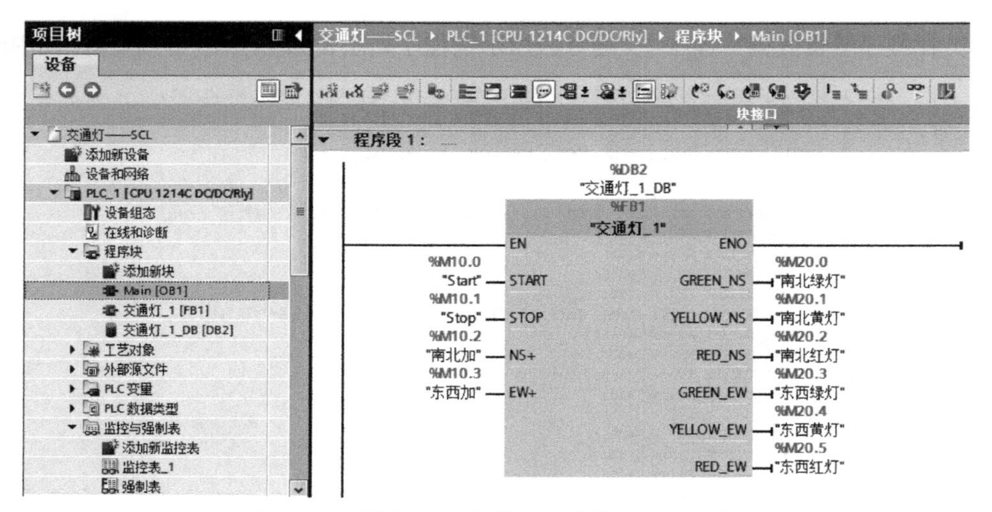

图 8-40　调用 FB 块并绑定相关输入/输出变量

参考文献

[1]郭琼. PLC 应用技术（第二版）[M]. 北京：机械工业出版社，2014.

[2]朱文杰. S7-1200PLC 编程与应用[M]. 北京：中国电力出版社，2015.

[3]崔坚. TIA 博图软件-STEP7 V11 编程指南[M]. 北京：机械工业出版社，2012.

[4]郭琼，姚晓宁. 现场总线技术及其应用（第二版）[M]. 北京：机械工业出版社，2014.

[5]郭琼. 总线控制与系统集成[M]. 北京：机械工业出版社，2018.

[6]姚晓宁，郭琼. S7-200/S7-300 PLC 基础及系统集成[M]. 北京：机械工业出版社，2015.

[7]SIEMENS. SIMATIC S7-1200 入门手册. 2009.

[8]SIEMENS. SIMATIC S7-1200 入门指南. 2009.

[9]SIEMENS. SIMATIC TIA Portal STEP7 Basic V10.5 入门指南. 2010.

[10]SIEMENS. SIMATIC S7-1200 可编程序控制器系统手册. 2009.

[11]SIEMENS. S7-1200 基于以太网通信使用指南. 2010.

[12]SIEMENS. 如何通过 S7-1200 与第三方设备实现自由口通信. 2009.

[13]SIEMENS. S7-1200 高速计数功能简介. 2010.